人民交通出版社"十二五"
高职高专土建类专业规划教材

建筑力学与结构

（第二版）

主　编　张庆霞　眭晓龙
副主编　赵海艳

人民交通出版社
China Communications Press

内 容 提 要

本书共分二十章,主要内容包括:绪论,静力学的基本概念,平面力系,截面的几何性质,平面体系的几何组成分析,静定结构的内力与内力图,杆件的应力和强度计算,压杆稳定,杆件变形和结构的位移计算,力法解超静定问题,建筑结构设计原理简介,钢筋和混凝土材料的力学性能,钢筋混凝土受弯构件承载力计算,钢筋混凝土受压构件承载力计算,预应力钢筋混凝土构件,钢筋混凝土梁板结构,高层建筑结构简介,单层工业厂房,砌体材料及砌体结构的力学性能,混合结构房屋墙和柱的设计。每章在章首提出能力目标、知识目标与学习要求,章末进行小结。为巩固基本概念,每章末都安排了复习思考题。为加强综合训练,有些章末结合工程实际设计了训练题目。

本书可作为高等专科学校、高等职业技术学校、成人高校等院校学生学习土建类专业力学与结构课程的教材,也可作为土建工程技术人员的参考用书,还可作为施工员、建造师等执业资格考试参考用书。

图书在版编目(CIP)数据

建筑力学与结构/张庆霞,眭晓龙主编. --2 版
. --北京:人民交通出版社,2013.8
ISBN 978-114-10781-8

Ⅰ. 建… Ⅱ.①张…②眭… Ⅲ.①建筑力学－力学②建筑结构 Ⅳ.①TU3

中国版本图书馆 CIP 数据核字(2013)第 161808 号

书　　　名:	建筑力学与结构(第二版)
著 作 者:	张庆霞　　眭晓龙
责 任 编 辑:	邵　江　温鹏飞
出 版 发 行:	人民交通出版社
地　　　址:	(100011)北京市朝阳区安定门外外馆斜街 3 号
网　　　址:	http://www.ccpress.com.cn
销 售 电 话:	(010)59757973
总 经 销:	人民交通出版社发行部
经　　　销:	各地新华书店
印　　　刷:	北京鑫正大印刷有限公司
开　　　本:	787×1092　1/16
印　　　张:	23
字　　　数:	580 千
版　　　次:	2007年9月　第1版　2013 年 8 月　第 2 版
印　　　次:	2013 年 8 月　第 1 次印刷　累计第 7 次印刷
书　　　号:	ISBN 978-7-114-10781-8
定　　　价:	45.00 元

(有印刷、装订质量问题的图书由本社负责调换)

高职高专土建类专业规划教材编审委员会

主任委员

吴　泽（四川建筑职业技术学院）

副主任委员

赵　研（黑龙江建筑职业技术学院）　　危道军（湖北城市建设职业技术学院）　　袁建新（四川建筑职业技术学院）
李　峰（山西建筑职业技术学院）　　　申培轩（济南工程职业技术学院）　　　王　强（北京工业职业技术学院）
许　元（浙江广厦建设职业技术学院）　韩　敏（人民交通出版社）

土建施工类分专业委员会主任委员

赵　研（黑龙江建筑职业技术学院）

工程管理类分专业委员会主任委员

袁建新（四川建筑职业技术学院）

委员　（以姓氏笔画为序）

丁春静（辽宁建筑职业学院）　　　　　马守才（兰州工业学院）　　　　　　　毛燕红（九州职业技术学院）
王　安（山东水利职业学院）　　　　　王延该（湖北城市建设职业技术学院）　王社欣（江西工业工程职业技术学院）
邓宗国（湖南城建职业技术学院）　　　田恒久（山西建筑职业技术学院）　　　边亚东（中原工学院）
刘志宏（江西城市学院）　　　　　　　刘良军（石家庄铁道职业技术学院）　　刘晓敏（黄冈职业技术学院）
吕宏德（广州城市职业学院）　　　　　朱玉春（河北建材职业技术学院）　　　张学钢（陕西铁路工程职业技术学院）
李中秋（河北交通职业技术学院）　　　李春亭（北京农业职业学院）　　　　　宋岩丽（山西建筑职业技术学院）
肖伦斌（绵阳职业技术学院）　　　　　陈年和（江苏建筑职业技术学院）　　　侯洪涛（济南工程职业技术学院）
钟汉华（湖北水利水电职业技术学院）　涂群岚（江西建设职业技术学院）　　　郭起剑（江苏建筑职业技术学院）
郭朝英（甘肃工业职业技术学院）　　　肖明和（济南工程职业技术学院）　　　蒋晓燕（浙江广厦建设职业技术学院）
韩家宝（哈尔滨职业技术学院）　　　　蔡　东（广东建设职业技术学院）　　　谭　平（北京京北职业技术学院）

顾问

杨嗣信（北京双圆工程咨询监理有限公司）　尹敏达（中国建筑金属结构协会）
杨军霞（北京城建集团）　　　　　　　　　李永涛（北京广联达软件股份有限公司）

秘书处

邵　江（人民交通出版社）　　　温鹏飞（人民交通出版社）

高职高专土建类专业规划教材出版说明

近年来我国职业教育蓬勃发展,教育教学改革不断深化,国家对职业教育的重视达到前所未有的高度。为了贯彻落实《国务院关于大力发展职业教育的决定》的精神,提高我国土建领域的职业教育水平,培养出适应新时期职业要求的高素质人才,人民交通出版社深入调研,周密组织,在全国高职高专教育土建类专业教学指导委员会的热情鼓励和悉心指导下,发起并组织了全国四十余所院校一大批骨干教师,编写出版本系列教材。

本套教材以《高等职业教育土建类专业教育标准和培养方案》为纲,结合专业建设、课程建设和教育教学改革成果,在广泛调查和研讨的基础上进行规划和展开编写工作,重点突出企业参与和实践能力、职业技能的培养,推进教材立体化开发,鼓励教材创新,教材组委会、编审委员会、编写与审稿人员全力以赴,为打造特色鲜明的优质教材做出了不懈努力,希望以此能够推动高职土建类专业的教材建设。

本系列教材先期推出建筑工程技术、工程监理和工程造价三个土建类专业共计四十余种主辅教材,随后在2~3年内全面推出土建大类中7类方向的全部专业教材,最终出版一套体系完整、特色鲜明的优秀高职高专土建类专业教材。

本系列教材适用于高职高专院校、成人高校及二级职业技术学院、继续教育学院和民办高校的土建类各专业使用,也可作为相关从业人员的培训教材。

人民交通出版社

2011 年 7 月

前言

QIANYAN

  本教材依据"高职高专土建类十二五规划教材指导性编写方案"的要求,根据高职高专院校的培养目标、施工员的岗位需求、土建类学生获取岗位证书的学习要求,参照我国《混凝土结构设计规范》(GB 50010—2010)、《砌体结构设计规范》(GB 50003—2011)、《建筑结构荷载规范》(GB 50009—2012)、《高层建筑混凝土结构技术规程》(JGJ 3—2010)等最新规范编写而成。教材编写的指导思想是:有利于培养学生综合素质的形成,有利于培养学生职业能力的形成,有利于学生学习能力的提高。

  本教材着力体现高职高专教育的特色,按照高职高专培养目标的定位要求,基本理论以基础性与够用为目标,凸显够用的原则;教材内容的系统性与实用性相结合,以实用为原则,依据高等技术应用型人才培养目标的特点,教材以工程案例为切入点,加强理论与实践的紧密结合,培养学生独立思考和解决问题的能力,体现职业能力培养的目标要求。

  本教材的主要内容为:绪论,静力学的基本概念,平面力系,截面的几何性质,平面体系的几何组成分析,静定结构的内力与内力图,杆件的应力和强度计算,压杆稳定,杆件变形和结构的位移计算,力法解超静定问题,建筑结构设计原理简介,钢筋和混凝土材料的力学性能,钢筋混凝土受弯构件承载力计算,钢筋混凝土受压构件承载力计算,预应力钢筋混凝土构件,钢筋混凝土梁板结构,高层建筑结构简介,单层工业厂房,砌体材料及砌体结构的力学性能,混合结构房屋墙和柱的设计。

  本书由张庆霞、眭晓龙担任主编,赵海艳担任副主编。第一、第二、第三章由北京农业职业学院赵海艳编写;第四、第六、第七、第八章由北京农业职业学院眭晓龙编写;第五、第九、第十章由北京农业职业学院张昊编写;第十一、第十二、第十三、第十四章由北京农业职业学院张庆霞编写;第十五章由北京农业职业学院焦有权编写;第十六章由石家庄理工职业学院邵英编写,第十七、第十八、第十九、第二十章由北京农业职业学院袁羊扣编写。

  在本书的编写过程中,得到了北京农业职业学院水利与建筑工程系的大力支持,在此表示诚挚的谢意。

  由于编者的水平有限,书中难免有不当之处,欢迎广大读者批评指正。

编者

2013 年 4 月

目 录

MULU

5

第一章 绪 论

【能力目标、知识目标】

通过本章的学习,使学生认识力学与结构的关系,建立应用力学知识解释结构问题的意识,培养学生理论联系实践的能力,树立遵守建筑法规的观念。

【学习要求】

(1)掌握建筑力学的基本概念。
(2)掌握建筑结构的基本概念。
(3)理解建筑力学与结构的关系。

【工程案例】

"鸟巢"(见图 1-1)这样的结构在中国是没有先例的。作为建筑面积 25.8 万 m²,以钢结构为主的庞然大物,其顶盖的设计质量将近 1700t,两块顶盖的面积相加比整个足球场还要大。从机械力学角度来看,顶起一个平面,最合理的是三点支撑,但是如果顶起的平面受力太大,每个受力点所承受的重量就会大大超过理想设计,刚性的三点机械支撑因为没有冗余就会形成安全隐患。为了避免这种隐患,多点冗余支撑是必需的。采用多点支撑还能使荷载均布,大大降低了建筑结构的强度要求。奥运"鸟巢"同时也是国家级的标志性工程,承担着非同寻常的重任。

图 1-1

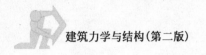

第一节　建筑结构的基本概念

建筑物中承受和传递作用的部分称为建筑结构,如厂房、桥梁、闸、坝、电视塔等。它是由工程材料制成的构件(如梁、柱等)按合理方式连接而成,能承受和传递荷载,起骨架作用,而其中结构的各组成部分称为构件。

结构按特征可分为三类:

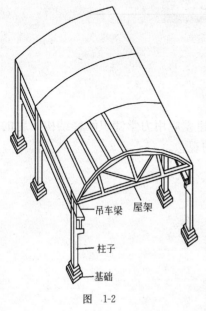

图　1-2

(1)杆系结构。长度方向的尺寸远大于横截面上其他两个方向的尺寸的构件称为杆件。由若干杆件通过适当方式相互连接而组成的结构体系称为杆系结构。例如:刚架、桁架等。

(2)板壳结构。也可称为薄壁结构,是指厚度远小于其他两个方向上尺寸的结构。其中,表面为平面形状者称为板;为曲面形状者称为壳。例如,一般的钢筋混凝土楼面均为平板结构;一些特殊形式的建筑,如悉尼歌剧院的屋面以及一些穹形屋顶就为壳式结构。

(3)实体结构。也称块体结构,是指长、宽、高三个方向尺寸相仿的结构。如重力式挡土墙、水坝、建筑物基础等均属于实体结构。

组成结构的杆件大多数可视为杆件,如图 1-2 所示的厂房结构中,组成屋架的构件以及梁和柱都是一些直的杆件。杆系结构可以分为平面杆系结构和空间杆系结构两类。凡组成结构的所有杆件的轴线都在同一平面内,并且荷载也作用于该平面内的结构,称为平面杆系结构;否则,为空间结构。空间结构在计算时,常可根据其实际受力情况,将其分解为若干平面结构来分析,使计算得以简化。本书的研究对象主要是杆件以及平面杆系结构。

第二节　建筑力学与结构的关系

建筑力学的内容包括理论力学、材料力学和结构力学。建筑结构的内容包括钢筋混凝土结构、砌体结构、钢结构和地基基础。从掌握建筑结构设计的概念性知识出发,可将内容整合为建筑力学与建筑结构。

建筑力学与建筑结构的关系是:建筑力学是建筑结构设计的基础,如前所述建筑物中承受和传递作用的部分称为建筑结构,建筑物是指房屋、厂房、烟囱、塔架、水坝、桥梁、隧道、公路等。如一幢房屋在使用过程中受力和承载关系是:屋面板支撑在屋架上,承受本身的自重及屋面活载(风荷载、雪荷载的重力)并把它传给屋架;楼板支撑在梁上,承受本身的自重和楼面活载(人群和家具的重力)并把它传给梁;屋架、梁支撑于墙、柱上,承受本身自重和屋面板、楼板

图中标注:吊车梁　屋架　柱子　基础

传来的荷载并把它传给墙、柱,然后传给基础;基础最后将这些力传给地基(即土层)。

设计一幢房屋,须对楼(屋)面板、梁(屋架)、墙(柱)、基础等结构构件做荷载计算、受力分析并计算出各个构件的内力大小,这是工程力学要解决的问题;然后根据内力的大小去确定构件采用的材料、截面尺寸和形状,这是结构设计要解决的问题。例如:钢筋混凝土梁的设计,计算梁自重和板传来的荷载,确定计算简图、计算内力(弯矩 M、剪力 V),这是工程力学要解决的问题;根据内力(弯矩 M、剪力 V)大小选择梁的截面形式和尺寸、混凝土和钢筋等级,进行抗弯强度和抗剪强度计算确定钢筋的数量,绘制配筋图,这是建筑结构要解决的问题。不做结构的受力分析和结构设计,将使结构不能承担荷载(力)的作用而造成房屋的倒塌或结构材料、尺寸选择不宜引起浪费。

第三节　建筑力学与结构的基本任务

建筑结构在承受荷载的同时还会受到支撑它的周围物体的反作用力,这些荷载和周围物体的反作用力都是建筑结构受到的外力。一般情况,结构在外力作用下,组成结构的各个构件都将受到力的作用,并且产生相应的变形。如房屋中的梁承受楼板传给它的重力,同时还要受到支撑这个梁的柱子的反作用力,在这些力的共同作用下梁会产生一定的弯曲变形。如果构件受到的力太大,将会导致构件及整个建筑结构的破坏。

结构物若能正常工作,不被破坏,就必须保证在荷载作用下,组成结构的每一个构件都能安全、正常地工作。因此,结构物及其构件在力学上必须满足以下的要求。

1. 力系的简化和平衡

一般情况下,物体总是受到若干个力的作用,作用在物体上的一群力,称为力系。使物体相对于地球保持静止或匀速直线运动的力系,称为平衡力系。讨论物体在力系作用下处于平衡时,力系所满足的条件称为力系的平衡条件。作用在物体上的力是复杂的,因此在讨论力系的平衡条件中,往往用一个力与原力系作用效果相同的简单力系来代替原来复杂的力系使得讨论比较方便,这种对力系作效果相同的代换称为力系的简化。对物体作用效果相同的力系,称为等效力系。如果一个力与一个力系等效,则该力称为此力系的合力,而力系中的各个力称为这个力的分力。力系的简化和力系的平衡问题是进行力学计算的基础,它贯穿于整本书中。

2. 强度问题

强度问题即研究材料、构件和结构抵抗破坏的能力。例如:房屋结构中的大梁,若承受过大的荷载,则梁可能发生弯曲变形,造成安全事故。因此,设计梁时要保证它在荷载作用下正常工作情况时不会发生破坏。

3. 刚度问题

刚度问题即研究构件和结构抵抗变形的能力。例如:屋面梁在荷载等因素作用下虽然满足强度要求,但由于其刚度不够,可能引起过大的变形,超出结构规范所要求的范围,而不能起作用。因此,设计时要保证其具有足够的刚度。

4. 稳定问题

稳定问题即研究结构和构件保持平衡状态稳定性的能力。例如,房屋结构中承载的柱子,如果过细过长,当压力超过一定范围时,柱子就不能保持其直线形状,而突然从原来的直线形状变成曲线形状,丧失稳定,不能继续承载,导致整个结构的坍塌。因此,设计时要保证构件具有足够的稳定性。

5.研究几何组成规则

各个构件必须按照合理的组成方式组成几何不变体才能应用于实际的建筑工程。

第四节 基本假设和基本变形

一 变形固体及其基本假设

(一)刚体与变形固体的概念

所谓刚体是指在力的作用下,物体内部任意两点之间的距离始终保持不变。实际上,这是一个理想化的力学模型,刚体在自然界中是不存在的。实际物体在力的作用下,都会产生程度不同的变形。工程中所用的固体材料,如钢、铸铁、木材、混凝土等,它们在外力作用下会或多或少地产生变形,有些变形可直接观察到,有些变形可通过仪器测出。在外力作用下,会产生变形的固体材料称为变形固体。

在静力学中,主要研究的是物体在力作用下的平衡问题。物体的微小变形对研究这种问题的影响是很小的,这时可把物体视为一个刚体来进行理论分析。而在材料力学中,主要研究的是构件在外力作用下的强度、刚度和稳定性问题。对于这类问题,即使是微小的变形往往也是主要影响因素之一,必须予以考虑而不能忽略。因此,在材料力学中,必须将组成构件的各种固体视为变形固体。

变形固体在外力作用下会产生两种不同性质的变形:一种是外力消除时,变形随着消失,这种变形称为弹性变形;另一种是外力消除后,不能消失的变形称为塑性变形。一般情况下,物体受力后,既有弹性变形,又有塑性变形。在实际工程中常用的材料,当外力不超过一定范围时,塑性变形很小,可忽略不计,认为只有弹性变形,这种只有弹性变形的变形固体称为完全弹性体。只引起弹性变形的外力范围称为弹性范围。本书主要讨论材料在弹性范围内的变形及受力。

(二)变形固体的基本假设

由于变形固体多种多样,其组成和性质很复杂,因此对于用变形固体材料做成的构件进行强度、刚度和稳定性计算时,为了使问题得到简化,常略去一些次要的性质,而保留其主要的性质。根据其主要的性质对变形固体材料作出下列假设。

1.均匀连续假设

假设变形固体在其整个体积内毫无空隙的充满了物质,并且物体各部分材料力学性能完全相同。

变形固体是由很多微粒或晶体组成的,各微粒或晶体之间是有空隙的,且各微粒或晶体彼此的性质并不完全相同。但是由于这些空隙与构件的尺寸相比是极微小的,因此这些空隙的存在以及由此引起的性质上的差异,在研究构件受力和变形时可以略去不计。

2.各向同性假设

假设变形固体沿各个方向的力学性能均相同。

实际上,组成固体的各个晶体在不同方向上有着不同的性质。但由于构件所包含的晶体数量极多,且排列也完全没有规则,变形固体的性质是这些晶粒性质的统计平均值。这样,在以构件为对象研究问题时,就可以认为是各向同性的。实际工程中使用的大多数材料,如钢材、玻璃、铜和浇灌好的混凝土,可以认为是各向同性材料。但也有一些材料,如轧制钢材、木材和复合材料等,沿其各方向的力学性能显然是不同的,称为各向异性材料。

根据上述假设,可以认为,在物体内的各处,沿各方向的变形和位移等是连续的,可以用连续函数来表示,可从物体中任一部分取出一微块来研究物体的性质,也可将那些大尺寸构件的试验结果用于微块上去。

3.小变形假设

在实际工程中,构件在荷载作用下,其变形与构件的原尺寸相比通常很小,可忽略不计,所以在研究构件的平衡和运动时,可按变形前的原始尺寸和形状进行计算。这样做,可以使计算工作大为简化,而又不影响计算结果的精度。

总的来说,在材料力学中是把实际材料看作是连续、均匀、各向同性的变形固体,且限于小变形范围。

二 杆件变形的基本形式

杆件在不同形式的外力作用下,将发生不同形式的变形。但总不外乎图 1-3 所示的几种基本变形之一,或者是几种基本变形形式的组合。

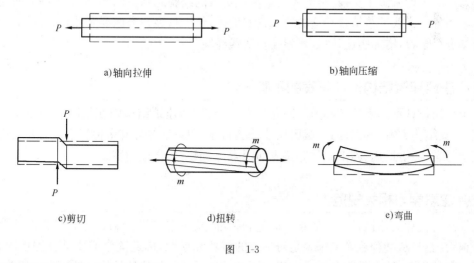

a)轴向拉伸   b)轴向压缩

c)剪切   d)扭转   e)弯曲

图 1-3

1.轴向拉伸和轴向压缩

在一对大小相等、方向相反、作用线与杆轴线重合的外力作用下,杆件的主要变形是长度的改变,这种变形称为轴向拉伸[见图 1-3a)]或轴向压缩[见图 1-3b)]。

2.剪切

在一对相距很近、大小相等、方向相反的横向外力作用下,杆件的主要变形是相邻横截面

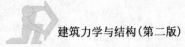

沿外力作用方向发生错动,这种变形形式称为剪切[见图1-3c]。

3. 扭转

在一对大小相等、方向相反、作用在垂直于杆轴线的两平面内的外力偶作用下,杆的任意横截面将绕轴线发生相对转动,而轴线仍然维持直线,这种变形称为扭转[见图1-3d]。

4. 弯曲

在一对大小相等、方向相反、作用在杆的纵向平面内的外力偶作用下,杆件的轴线由直线弯曲成曲线,这种变形形式称为纯弯曲[见图1-3e]。

在实际工程中,杆件可能同时承受不同形式的荷载而发生复杂的变形,但都可看作是上述基本变形的组合。由两种或两种以上基本变形组成的复杂变形称为组合变形。

第五节　课程学习要求

一　注意力学与结构的关系

力学是结构设计的基础,只有通过力学分析才能得出内力,内力是结构设计的依据。但建筑结构中的钢筋混凝土结构、砌体结构的材料不是单一均质的弹性材料,因此力学中的强度、刚度、稳定性公式不能直接应用,需考虑在结构试验和建筑经验的基础上建立,学习中要注意理解和掌握。

二　注意理论联系实际

本课程的理论来源于实践,是前人大量建筑实践的经验总结。因此,学习中一方面要通过课堂学习和各个实践环节结合身边的建筑物实例进行学习;另一方面要有计划、有针对性地到施工现场进行学习,增加感性认识,积累建筑实践经验。

三　注意建筑结构设计答案的不唯一性

建筑结构设计不同于数学和力学问题只有一个答案,建筑结构即使是同一构件在同一荷载作用下,其结构方案、截面形式、截面尺寸、配筋方式和数量等都有多种答案。需要综合考虑结构安全可靠、经济适用、施工条件等多方面因素,确定一个合理的答案。

四　注意学习相关规范

建筑结构设计的依据是国家颁布的规范和标准,从事建筑设计和施工的相关人员必须严格遵守执行,教材从某种意义上来说是对规范的解释和说明,因此同学们要结合课程内容,自觉学习相关的规范,达到熟悉和正确应用的要求。我国现行的建筑结构设计标准和规范有《建筑结构设计统一标准》(GBJ-68—1984)、《建筑结构荷载规范》(GB 50009—2012)、《混凝土结构设计规范》(GB 50010—2011)、《砌体结构设计规范》(GB 50003—2011)、《钢结构设计规范》(GB 50017—2003)、《建筑地基基础设计规范》(GB 50007—2011)、《建筑抗震设计规范》(GB 50011—2010)等。

◀本 章 小 结▶

（1）建筑结构的基本概念：力系简化和平衡的概念，强度问题、刚度问题、稳定性问题及结构的几何组成。

（2）建筑力学与结构的关系：建筑力学是建筑结构设计的基础。

（3）建筑力学与结构的基本任务：强度问题、刚度问题、稳定性问题及研究几何组成规则的概念。

（4）课程学习要求：注意力学与结构的关系，理论联系实际，建筑结构设计答案的不唯一性及学习相关规范。

（5）材料力学的基本概念：刚体与变形固体的概念，变形固体的基本假设，杆件变形的基本形式。

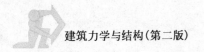
第二章
静力学的基本概念

【能力目标、知识目标】

通过本章的学习,培养学生将实际的结构简化为力学简图的能力,准确地分析物体的受力,正确画出物体的受力图。

【学习要求】

(1)物体的受力分析,即确定物体受了哪些力的作用以及每个力的作用位置和方向。

(2)学习约束的基本类型及约束反力的基本画法。掌握约束的基本类型,对物体进行正确的受力分析,是学好本课程的基础和前提。

(3)一般掌握:将约束视为一知识单元,它由四个相关的知识点组成,且其相依关系为:约束概念→约束构造→约束性质→约束反力。掌握力的概念、公理及约束等知识是正确进行受力分析的依据。

(4)熟练掌握:静力学的基本概念和公理是静力学的理论基础,对物体进行受力分析是建筑力学课程中第一个重要的基础训练。

【工程案例】

悬空寺,又名玄空寺,位于山西浑源县,距大同市 65km,悬挂在北岳恒山金龙峡西侧翠屏峰的悬崖峭壁间,全国重点文物保护单位,是国内现存的唯一的佛、道、儒三教合一的独特寺庙。悬空寺距地面高约 50m,全寺共有殿阁 40 间,表面看上去支撑它们的是十几根碗口粗的木柱,其实有的木柱根本不受力。据说在悬空寺建成时,这些木桩其实是没有的,只是人们看见悬空寺似乎没有任何支撑,害怕走上去会掉下来,为了让人们放心,所以在寺底下安置了些木柱,所以有人用"悬空寺,半天高,三根马尾空中吊"来形容悬空寺。而真正的重心是撑在峡谷的坚硬岩石里,把岩石凿成了形似直角梯形,然后插入飞梁,使其与直角梯形锐角部分充分接近,利用力学原理半插飞梁为基。

第一节　力与平衡的概念

（一）力的概念

人们在长期生活和实践中，建立了力的概念：力是物体间的相互机械作用。这种作用使物体运动状态发生改变，并使物体变形。例如，力作用在车子上可以使车由静到动，或使车的运动速度变快，与此同时人也感到车对人有力的作用；力作用在钢筋上可以使直的钢筋弯曲或使弯曲的钢筋变直，同时钢筋有力作用在施力物体上。

（二）力的作用效应

力使物体的机械运动状态发生变化，称为力的外效应——运动效应。例如，重力作用下物体加速下落；行驶的汽车制动时，靠摩擦力慢慢停下来等都属于运动状态发生变化；运动效应还有一个特例——平衡，例如房屋在重力和风力的作用下相对地球保持静止。力使物体的几何尺寸和形状发生变化，称为力的内效应——变形效应。例如，弹簧受拉后伸长；混凝土试块在压力机的压力下被压碎等都属于力的变形效应。在外力作用下几何尺寸和形状都不发生变化的物体称为刚体。

力对物体的作用效果取决于力的三要素：大小、方向和作用点。力的大小表示物体间相互作用的强弱；力的方向包括力的作用线方位和指向，反映了物体间相互作用的方向性；力的作用点表示物体相互作用的位置。力的单位为牛顿（N）或千牛顿（kN）。

（三）力系

作用在物体上的一组力，称为力系。按照力系中各力作用线分布的不同形式，力系可分为：

(1)汇交力系——力系中各作用线汇交于一点。

(2)力偶系——力系中各力可以组成若干力偶或力系由若干力偶组成。

(3)平行力系——力系中各力作用线相互平行。

(4)一般力系——力系中各力作用线既不完全交于一点，也不完全相互平行。

如前所述，按照各力作用线是否位于同一平面内，上述力系又可以分为平面力系和空间力系两大类，如平面汇交力系、空间一般力系等。

（四）刚体

实践表明，任何物体受力作用后，总会产生一些变形。但在通常情况下，绝大多数构件或零件的变形都是很微小的。研究证明，在很多情况下，这种微小的变形对物体的外效应影响甚微，可以忽略不计，即认为物体在力作用下大小和形状保持不变。我们把这种在力作用下不产生变形的物体称为刚体，刚体是对实际物体经过科学的抽象和简化而得到的一种理想模型。而当变形在所研究的问题中成为主要因素时（如在材料力学中研究变形杆件），一般就不能再把物体看作是刚体了。

第二节　静力学公理

一 公理一:二力平衡公理

作用于刚体上的两个力平衡的充分与必要条件是这两个力的大小相等、方向相反、作用线在一条直线上。

这一结论是显而易见的。如图 2-1 所示的直杆,在杆的两端施加一对大小相等的拉力(F_1、F_2)或压力(F_1、F_2),均可使杆平衡。

应当指出,该条件对于刚体来说是充分而且必要的;而对于变形刚体,该条件只是必要的而不是充分的。如柔索当受到两个等值、反向、共线的压力作用时就不能平衡。

在两个力作用下处于平衡的物体称为二力体;若为杆件,则称为二力杆。根据二力平衡公理可知,作用在二力体上的两个力,它们必须通过两个力作用点的连线(与杆件的形状无关),且等值、反向,如图 2-2 所示。

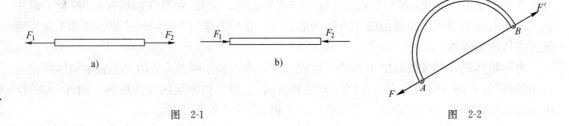

图　2-1　　　　　　　　　　　　　　　　　　图　2-2

二 公理二:加减平衡力系公理

在作用于刚体上的已知力系上,加上或减去任意一个平衡力系,不会改变原力系对刚体的作用效应。这是因为平衡力系中,诸力对刚体的作用效应相互抵消,力系对刚体的效应等于零。根据这个原理,可以进行力系的等效变换。

推论:力的可传性原理

作用于刚体上某点的力,可沿其作用线移动到刚体内任意一点,而不改变该力对刚体的作用效应。利用加减平衡力系公理,很容易证明力的可传性原理。如图 2-3 所示,设力 F 作用于

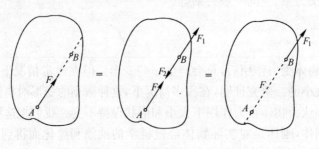

图　2-3

刚体上的 A 点。现在其作用线上的任意一点 B 加上一对平衡力系 F_1、$\overrightarrow{F_2}$，并且使 $F_1 - F_2$ $= F$，根据加减平衡力系公理可知，这样做不会改变原力 F 对刚体的作用效应，再根据二力平衡条件可知，F_2 和 F 亦为平衡力系，可以撤去。所以，剩下的力 F_1 与原力 F 等效。力 F_1 即可成为力 F 沿其作用线由 A 点移至 B 点的结果。

同样必须指出，力的可传性原理也只适用于刚体而不适用于变形体。

三 公理三：力的平行四边形法则

作用于物体同一点的两个力，可以合成一个合力，合力也作用于该点，其大小和方向由以两个力为邻边的平行四边形的对角线表示。如图 2-4 所示，其矢量表达式为：

$$\overrightarrow{F_1} + \overrightarrow{F_2} = \overrightarrow{F_R} \tag{2-1}$$

在求两共点力的合力时，为了作图方便，只需画出平行四边形的一半，即三角形便可。其方法自然是从任意点 O 开始，先画出矢量 F_1，然后再由 F_1 的终点画出另一矢量 F_2，最后由 O 点至力矢 F_2 的终点作一矢量 F_R，它就代表 F_1、F_2 的合力矢。合力的作用点仍为 F_1、F_2 的汇交点 A。这种作图法称为力的三角形法则。显然，若改变 F_1、F_2 的顺序，其结果不变，如图 2-5 所示。

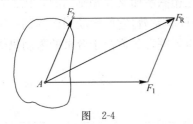

图 2-4

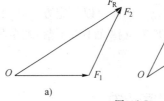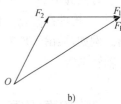

a)   b)

图 2-5

利用力的平行四边形法则，也可以把作用在物体上的一个力，分解为相交的两个分力，分力与合力作用于同一点。实际计算中，常把一个力分解为方向已知的两个力，如图 2-6 即为把一个任意力分解为方向已知且相互垂直的两个分力。

推论：三力平衡汇交定理

一刚体受不平行的三个力作用而平衡时，此三力的作用线共面且汇交于一点。

如图 2-7 所示，设在刚体上的 A、B、C 三点，分别作用不平行的三个相互平衡的力 F_1、F_2、F_3。根据力的可传性原理，将力 F_1、F_2 移到其汇交点 O，然后根据力的平行四边形法则，得合力 F_{R12}，则力 F_3 应与 F_{R12} 平衡。由二力平衡公理可知，F_3 与 F_{R12} 必共线。因此，力 F_3 的作用线必通过 O 点并与力 F_1、F_2 共面。

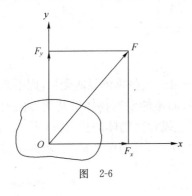

图 2-6

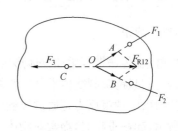

图 2-7

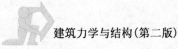

应当指出,三力平衡汇交公理只说明了不平行的三力平衡的必要条件,而不是充分条件。它常用来确定刚体在不平行三力作用下平衡时,其中某一未知力的作用线。

四 公理四:作用力与反作用力公理

两个物体间相互作用的一对力,总是大小相等、方向相反、作用线相同,并分别而且同时作用于这两个物体上。

这个公理概括了任何两个物体间相互作用的关系。有作用力,必定有反作用力。两者总是同时存在,又同时消失。因此,力总是成对地出现在两相互作用的物体上。

这里,要注意二力平衡公理和作用力与反作用力公理是不同的,前者是对一个物体而言,而后者则是对物体之间而言。

第三节 约束、约束反力和荷载

自然界中的一切事物总是以各种形式与周围事物互相联系而又互相制约的。在工程结构中,每一构件都根据工作要求以一定方式和周围其他构件联系着,它的运动因而受到一定的限制。例如,梁由于墙的支撑而不致下落,列车只能沿轨道行驶,门、窗由于合页的限制只能绕固定轴转动等。

一 约束、约束反力

凡是对一个物体的运动(或运动趋势)起限制作用的其他物体,就称为这个物体的约束。

能使物体运动(或有运动趋势)的力称为主动力。主动力往往是给定的或已知的,例如物体的重力、电磁力、水压力、土压力、风压力等。

约束既然限制物体的运动,也就给予该物体以作用力,约束施加在被约束物体上的力称为约束反力。例如,梁压在墙上,墙阻止梁下落而反作用于梁一向上的支承力,即墙给梁的约束反力。约束反力的方向总是与约束所阻止的物体运动趋势的方向相反。约束反力的方向与约束反力本身的性质有关。下面介绍几种工程中常见的约束类型。

二 约束的基本类型及其约束反力的特点

(一)柔性约束

绳索、链条、传送带等柔性物体形成的约束即柔性约束。这些物体只能受拉,而不能受压。作为约束,它们只能限制物体沿其中心伸长方向的运动,而不能限制物体沿其他方向的运动。因此,柔性约束的约束反力是通过接触点沿柔性物体中心线背离物体的拉力,以 F_T 表示。如图 2-8a)所示,起吊重物时,绳索对物体的约束反力 F_{TA} 、F_{TB} ;又如图 2-8b)所示的带传动,带对轮 O_1 和 O_2 的反约束力为 F_{T1} 、F_{T2} 和 F'_{T1} 、F'_{T2} 。

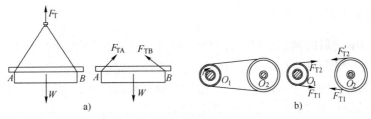

图 2-8

(二)光滑面约束

不计摩擦的光滑平面或曲面构成对物体运动的限制时,称为光滑面约束。

这种约束无论是平面还是曲面,都不能限制物体沿接触面切线方向的运动,而只能限制沿接触面公法线方向的运动。因此,光滑面约束的约束反力是在接触处沿接触面的公法线,且指向物体的压力,用 F_N 表示。

如图 2-9a)所示,一矩形构件搁置在槽中,光滑构件在 A、B、C 三点与光滑槽壁接触。三处的约束反力为垂直于接触面、指向矩形构件的压力 F_{NA}、F_{NB}、F_{NC},如图 2-9b)所示。

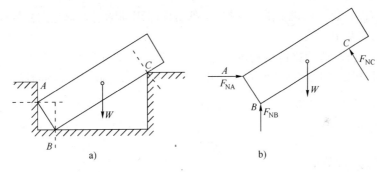

图 2-9

图 2-10 所示为光滑小球与光滑曲面接触,小球受重力 W 和约束力 F_{NA} 的作用。

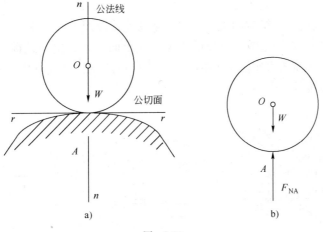

图 2-10

(三)圆柱铰链约束

圆柱铰链是用一圆柱(例如销钉),将两个构件连接在一起,如图 2-11a)所示。连接方式为用销钉插入两构件的圆孔中,且认为销钉与圆孔的表面是完全光滑的,两个构件都可绕销钉自由转动,但销钉限制了两构件的相对移动。按照光滑接触面约束反力的特点,销钉给物体的约束反力 F_N 应沿接触点 K 的公法线方向,即过销钉的中心,如图 2-11b)所示。但因接触点 K 的位置与作用在活动部分的主动力有关,一般不能预先确定,所以约束反力的方向也不能预先确定。因此,常常用通过销钉中心互相垂直的两个分力 F_{Nx}、F_{Ny} 来表示,如图 2-11c)所示。

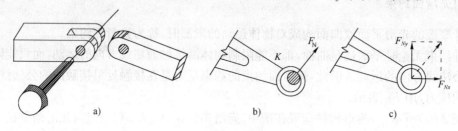

图 2-11

门、窗用的合页,燃气灶盘上的爪连接,教师讲课时用的圆规等都是圆柱铰链约束的实例。圆柱铰链约束的常见形式有:

(1)固定铰链支座:即用销钉将物体与支承面或固定机架连接起来,称为固定铰链支座,如图 2-12a)所示,其计算简图如图 2-12b)所示。其约束反力画法与圆柱铰链相同,如图 2-12c)所示。

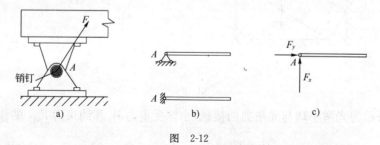

图 2-12

工程中起重机起重臂等结构同支承面或机架的连接即固定铰支座。

(2)可动铰链支座:在固定铰链支座的座体与支承面之间有辊轴就称为可动铰链支座,如图 2-13a)所示,其计算简图可用图 2-13b)表示。因为有辊轴,这种支座的约束反力必垂直于支承面,如图 2-13c)所示。

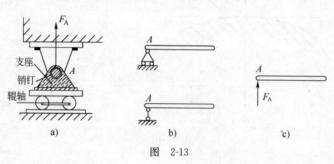

图 2-13

在工程实际中,一些钢架桥或大型钢梁通常是一端用固定铰链支座,另一端用可动铰链支座,当桥梁因热胀冷缩而长度稍有变化时,可动铰链支座相应地沿支承面滑动,从而避免由温度变化引起的不良后果。

(四)链杆约束

两端以铰链与不同的两物体分别连接且其自重不计的直杆称为链杆,例如图 2-14a)所示的 AB 杆。这种约束只能限制物体沿着链杆中心线趋向或离开链杆的运动,而不能限制其他方向的运动。所以,链杆的约束反力沿着链杆中心线,指向未定。链杆约束的简图及其反力如图 2-14b)、图 2-14c)所示。

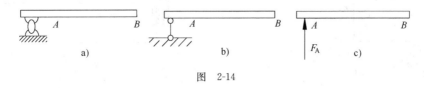

图 2-14

(五)固定端约束

工程中常将构件牢固地嵌在墙或基础内,使物件既不能在任何方向上移动,也不能自由转动,这种约束称为固定端约束。例如梁端被牢固地嵌在墙中时,如图 2-15a)所示。又如钢筋混凝土柱,插入基础部分较深,因此柱的下部被嵌固的很牢,不能产生转动和任何方向的移动,即可视为固定端约束,如图 2-15b)所示。这种既能限制物体移动,又能限制物体转动的约束称为固定端约束。

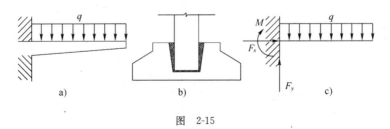

图 2-15

固定端约束的约束反力有三个:作用于嵌入处截面形心上的水平约束反力 F_x 和垂直约束反力 F_y,以及约束反力偶 M,如图 2-15c)所示。

建筑物的阳台,房屋的雨篷,埋在地里的电线杆都受固定端约束。

作用在物体上的力或力系统称为外力,物体所受的外力包括主动力和约束反力两种,其中主动力又称为荷载(即为直接作用)。如人和物体的自重、风压力、水压力等。

荷载按分布形式可简化为:

1. 集中力

载荷的分布面积远小于物体受载的面积时,可近似看成集中作用在一点上,故称为集中力。集中力在日常生活和实践中经常遇到。例如人站在地板上,人的重力就是集中力(见图 2-16)。集中力的单位是牛顿(N)或千牛顿(kN),通常用字母 F 表示。

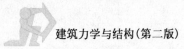

2. 均布荷载

荷载连续作用称为分布荷载,若大小各处相等,则称为均布荷载。单位面积上承受的均布荷载称为均布面荷载,通常用字母 F_q 表示,单位为牛顿/平方米(N/m^2)或千牛顿/平方米(kN/m^2)。单位长度上承受的均布荷载称为均布线荷载,通常用字母 q 表示(见图2-17),单位为牛顿/米(N/m)或千牛顿/米(kN/m)。

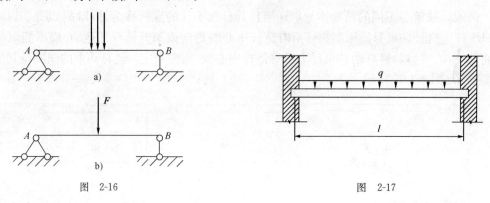

图 2-16　　　　　　　　　　图 2-17

3. 集中力偶

如图2-18所示,当荷载作用在梁上的长度远小于梁的长度时,则可简化为作用在梁上某截面处的一对反向集中力,称为集中力偶,用符号 M 表示,其单位为牛·米($N \cdot m$)或千牛·米($kN \cdot m$)。

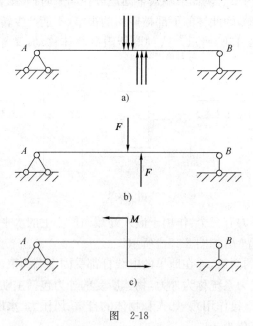

图　2-18

第四节　受力分析和受力分析图

解决力学问题时,首先要确定物体受哪些力的作用,以及每个力的作用位置和方向,然后再用图形清楚地表达出物体的受力情况。前者称为受力分析,后者称为画受力图,画受力图有两个重要步骤：

(1)根据求解问题的需要，把选定的物体(研究对象)从周围的物体中分离出来，单独画出这个物体的简图，这一步骤称为取分离体。取分离体解除了研究对象的约束。

(2)在分离体上面画出全部主动力和代表每个约束作用的约束反力，这种图形称为受力图。

主动力通常是已知力，约束反力则要根据相应的约束类型来确定，每画一个力都应明确它的施力物体；当一个物体同时有多个约束时，应分别根据每个约束单独作用的情况，画出约束反力，而不能凭主观臆测来画。

下面举例说明：

【例 2-1】 重量为 W 的小球放置在光滑的斜面上，并用一根绳拉住，如图 2-19a)所示。试画小球的受力图。

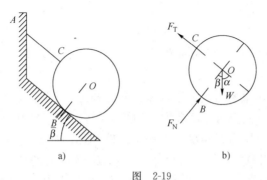

图 2-19

【解】 (1)取小球为研究对象，解除斜面和绳的约束，画出隔离体。

(2)作用在小球上的主动力是作用点在球心的重力 W，方向铅垂向下。作用在小球上的约束反力有绳和斜面的约束力。绳为柔性约束，对小球的约束反力为过 C 点沿斜面向上的拉力 F_T。斜面为光滑面的约束，对小球的约束反力为过球与斜面接触点 B，垂直于斜面指向小球的压力 F_N。

(3)根据以上分析，在隔离体相应位置上画出主动力 W，约束力 F_T 和 F_N，如图 2-19b)所示。

【例 2-2】 水平梁在 A、B 两处分别为固定铰支座和可动铰支座，梁在 C 点受一集中力 F，如图 2-20a)所示。若不考虑梁的自重，试画出梁的受力图。

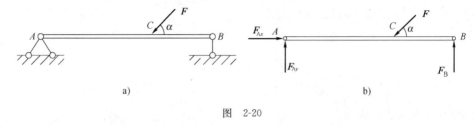

图 2-20

【解】 (1)以梁为研究对象，解除两端支座约束，画出隔离体。

(2)作用在梁上的主动力即集中力 F，其作用点与方向如图所示。A 端为固定铰支座约束，对梁的约束反力可用水平分力 F_{Ax} 和铅垂分力 F_{Ay} 表示；B 端为可动铰支座，对梁的约束

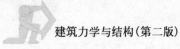

力垂直于支承面,铅垂向上,用 F_B 表示。

（3）在梁的 C 点画出主动力 F ,在 A 端画约束反力 F_{Ax} 、F_{Ay} ,在 B 端画出约束反力 F_B ,如图 2-20b)所示。

【例 2-3】 单臂旋转吊车,如图 2-21a)所示,A 、C 为固定铰支座,横梁 AB 和杆 BC 在 B 处用铰链连接,吊重为 W ,作用在 D 点。试画出梁 AB 及杆 BC 的受力图(不计结构自重)。

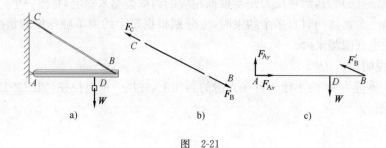

图 2-21

【解】 （1）分别取梁 AB 和杆 BC 为研究对象。解除梁 A 、B 和杆 B 、C 两端的约束,画出其隔离体。

（2）梁 AB 受主动力为吊重 W ,其作用点和方向已知。A 段为固定铰支座,其约束反力可用水平分力 F_{Ax} 、铅垂分力 F_{Ay} 表示;B 端为可动铰链约束。杆 BC 因不计自重,为用铰链连接的链杆,故 B 、C 两处约束反力必满足二力平衡条件,即沿 B 、C 连线方向。考虑到 AB 梁与 BC 杆在 B 点的相互作用力为作用力与反作用力,AB 梁 B 处的约束反力必与杆 BC 在 B 处的约束反力反向、共线、等值。即两个物体的作用力与反作用力大小相等、方向相反、作用在同一条直线上。这就是作用力与反作用力公理。

（3）按二力平衡条件画出 BC 杆受力图,如图 2-21b)所示。在 AB 梁上 D 点画吊重 W ,在 A 端画出约束反力 F_{Ax} 、F_{Ay} ,在 B 端画出与 F_B 方向相反的约束反力 F_B' ,如图 2-21c)所示。

通过以上例题分析,画受力图时应注意以下几个问题:

（1）要根据问题的条件和要求,选择合适的研究对象,画出其隔离体。隔离体的形状、方位与原物体保持一致。

（2）根据约束的类型和约束反力的特点,确定约束反力的作用位置和作用方向。

（3）分析物体受力时注意找出链杆,先画出链杆受力图,利用二力平衡条件确定某些约束反力的方向。

（4）注意作用力与反作用力必须反向。

◀ 本 章 小 结 ▶

（1）静力分析的基本概念

①力:力是物体间的相互机械作用。这种作用使物体运动状态发生改变,并使物体变形。

②力偶:大小相等、方向相反、不在同一直线上的两个力组成的力系称为力偶。

③刚体:在外力作用下几何尺寸和形状都不发生变化的物体称为刚体。

④平衡:物体相对于地球处于静止或做匀速直线运动称为平衡。

⑤约束:凡是对一个物体的运动(或运动趋势)起限制作用的其他物体,为这个物体的约束。

(2)静力分析中的公理

静力分析中的公理揭示了力的基本性质,是静力分析的理论基础。

①二力平衡公理说明了作用在一个刚体上的两个力的平衡条件。

②加减平衡力系公理是力系等效代换的基础。

③力的平行四边形公理给出了共点力的合成方法。

④作用与反作用公理说明了物体间相互作用的关系。

(3)物体受力分析,画受力图

分离体即研究对象,在其上画出受到的全部力的图形称为受力图。画受力图要明确研究对象,去掉约束,单独取出,画上所有主动力与约束反力。

◀ 复习思考题 ▶

1. 力的三要素是什么?

2. 大小相等,方向相反且作用线共线的两个力,一定是一对平衡力。此说法是否正确,为什么?

3. 哪几条公理或推论只适用于刚体?

4. 二力平衡公理和作用力与反作用力定理中,都说是二力等值、反向、共线,其区别在哪里?

5. 判断下列说法是否正确,为什么?

(1)刚体是指在外力作用下变形很小的物体。

(2)凡是两端用铰链连接的直杆都是二力杆。

(3)如果作用在刚体上的三个力共面且汇交于一点,则刚体一定平衡。

(4)如果作用在刚体上的三个力共面,但不汇交于一点,则刚体不能平衡。

◀ 习 . 题 ▶

2-1 画出下列各物体的受力图。所有的接触面都是光滑的,凡未注明的重力均不计。

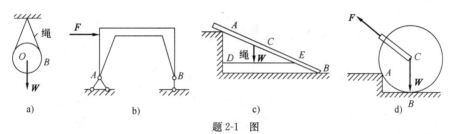

题 2-1 图

2-2 画出图示 AB 杆的受力图。

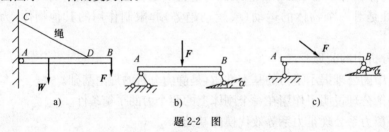

题 2-2 图

2-3 画出图中杆 AB 的受力图。

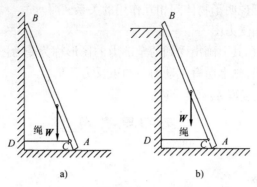

题 2-3 图

2-4 画出图中 AB 梁的受力图(梁的自重忽略不计)。

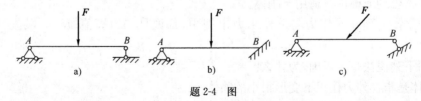

题 2-4 图

2-5 画出图中三角架 B 处的销钉和各杆的受力图(各杆的自重忽略不计)。

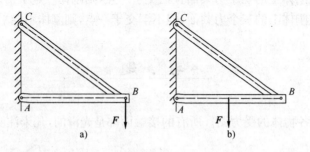

题 2-5 图

第三章 平面力系

【能力目标、知识目标】

通过本章的学习,培养学生利用平面汇交力系、平面力偶系和平面一般力系简化和平衡的理论,解决工程实际中的平衡问题的能力,如求各类支座约束反力。

【学习要求】

(1)本章介绍力学中两个基本物理量——力和力偶的概念,力系的简化方法。一般掌握:理解力和力偶以及刚体和平衡的概念。

(2)研究物体在力的作用下处于平衡状态的规律,建立平面力系的平衡条件。

熟练掌握:平面一般力系平衡条件,应用平衡条件求出未知量的大小。

(3)本章涉及两个基本的计算量——力的投影和力对点之矩。

(4)许多力学问题都可简化为平面一般力系问题来处理,因此掌握平面一般力系简化和平衡的理论,有十分重要的实际意义。

(5)要求能利用平面一般力系简化和平衡的理论,解决工程实际中的平衡问题。

【工程案例】

赵州桥,又名安济桥,位于河北赵县境内的洨河上,乃隋代匠师李春设计建造,是世界首创,又是目前世界上最古老的圆弧石拱桥。这座千年古桥在桥梁的设计和建造方面有许多独到之处,赵州桥的突出特点为:

(1)它是史料记载的最早采用圆弧拱轴线的拱桥,在这以前传统的拱轴线为半圆形,全桥长 64.4m,净跨 37.02m,弧矢径 27.2m;

(2)大弧拱的二肩上各有两个小拱——伏拱。两小拱的半径分别为 2.3m 和 1.2m,跨度分别为 3.81m 和 2.85m。这一创造性设计,不但节省石料,减轻了桥身对桥台的垂直压力和水平推力,使桥身变得更轻巧,下部结构更简单。

第一节 平面汇交力系的合成与平衡

在工程实际中常将力系分类。通常按照各力的作用线的分布情况,可把力系分为不同的类型。若各力的作用线在同一平面内称为平面力系,否则称为空间力系。在这两类力系中,若各力的作用线汇交于一点称为汇交力系。本节只研究平面汇交力系。

本节所要研究的主要问题是:

(1)汇交力系的合成与分解。

(2)汇交力系的平衡条件及其作用。

一 力在坐标轴上的投影

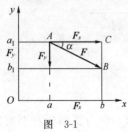

图 3-1

设力 F 作用在物体上的 A 点,在力 F 作用线所在平面内,建立直角坐标系 Oxy(见图 3-1)。

过力 F 的起点 A、终点 B 分别向 x 轴做垂线,得垂足 a、b,ab 的大小并冠以适当的正负号,称为力 F 在 x 轴上的投影,记为 F_x。投影的正负规定为:从 a 到 b 的指向与坐标轴 x 正向相同为正,反之为负。可见图 3-1 所示力 F 在 x 轴上的投影为 $F_x = F\cos\alpha$。同理可得,力 F 在 y 轴上的投影 $F_y = -F\sin\alpha$。

一般情况下,在直角坐标系 Oxy 中,若已知力 F 与 x 轴所夹的锐角为 α,则力 F 在 x、y 轴上的投影分别为:

$$\begin{cases} F_x = \pm F\cos\alpha \\ F_y = \pm F\sin\alpha \end{cases} \tag{3-1}$$

【例 3-1】 已知力 $F_1 = 30\text{N}$,$F_2 = 20\text{N}$,$F_3 = 50\text{N}$,$F_4 = 60\text{N}$,$F_5 = 30\text{N}$,各力方向如图 3-2 所示,试求各力在 x 轴和 y 轴上的投影值。

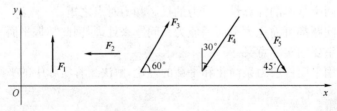

图 3-2

【解】

$F_{1x} = F_1 \cdot \cos 90° = 0$

$F_{1y} = F_1 \cdot \sin 90° = 30 \times 1 = 30\text{N}$

$F_{2x} = -F_2 \cdot \cos 0° = -20 \times 1 = -20\text{N}$

$F_{2y} = F_2 \cdot \sin 0° = 0$

$F_{3x} = F_3 \cdot \cos 60° = 50 \times \dfrac{1}{2} = 25\text{N}$

$F_{3y} = F_2 \cdot \sin 60° = 50 \times \dfrac{\sqrt{3}}{2} = 43.30\text{N}$

$F_{4x} = -F_4 \cdot \sin 30° = -60 \times \dfrac{1}{2} = -30\text{N}$

$F_{4y} = -F_4 \cdot \cos 30° = -60 \times \dfrac{\sqrt{3}}{2} = -51.96\text{N}$

$$F_{5x} = F_5 \cdot \cos 45° = 30 \times \frac{\sqrt{2}}{2} = 21.21\text{N}$$

$$F_{5y} = -F_5 \cdot \sin 45° = -30 \times \frac{\sqrt{2}}{2} = -21.21\text{N}$$

由上例计算可知：

(1)如力的作用线和坐标轴垂直,则力在该坐标轴上的投影值等于零。

(2)如力的作用线和坐标轴平行,则力在该坐标轴上的投影的绝对值等于力的大小。

二 平面汇交力系的合成

作用在物体上某一点的两个力,可以合成为作用在该点的一个合力,合力的大小和方向用这两个力为邻边所构成的平行四边形的对角线来确定,这就是平行四边形法则,如图 3-3 所示,其矢量表达式为 $F_A = F_1 + F_2$。它总结了最简单力系的合成规律,其逆运算就是力的分解法则,它是简化复杂力系的基础。在求合力 F_R 的大小和方向时,不必画出平行四边形 $ABCD$,而是画出三角形 ABC 或 ADC 即可,称为力的三角形法则。

在求两个以上平面汇交力系的合力时,可连续应用力的三角形法则。如墙上固定环上受到一组汇交力作用,各力作用线在同一平面上并汇交于 O 点,如图 3-4a)所示。为求汇交力系的合力,连续应用三角形法则,如图 3-4b)所示。F_R 就是原汇交力系(F_1、F_2、F_3、F_4)的合力。其矢量表达式表示为：

$$\vec{F_R} = \vec{F_1} + \vec{F_2} + \vec{F_3} + \vec{F_4} = \sum \vec{F}$$

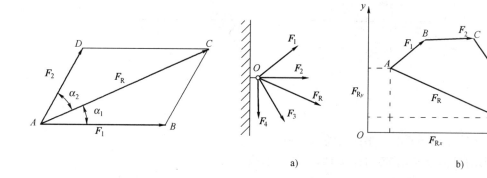

图　3-3　　　　　　　　　　　　　　　　　　图　3-4

向 x 轴、y 轴投影,则：

$$\begin{cases} F_{Rx} = F_{1x} + F_{2x} + \cdots + F_{nx} = \sum F_x \\ F_{Ry} = F_{1y} + F_{2y} + \cdots + F_{ny} = \sum F_y \end{cases} \tag{3-2}$$

上式即合力投影定理:合力在坐标轴上的投影,等于各分力在同一轴上投影的代数和。

合力投影定理虽然由平面汇交力系推出,但适用于任何力系。

由合力投影定理,可以求出平面汇交力系的合力。若刚体上作用一已知的平面汇交

力系 F_1、F_2、…、F_n,根据合力投影定理,可得 F_{Rx} 和 F_{Ry},如图 3-5b)所示,则合力的大小为:

$$\begin{cases} F_R = \sqrt{F_{Rx}^2 + F_{Ry}^2} \\[2ex] \tan\alpha = \left| \dfrac{F_{Ry}}{F_{Rx}} \right| \end{cases} \qquad (3\text{-}3)$$

式中 α 表示合力 F_R 与 x 轴所夹的锐角,具体指向可由 F_{Rx} 和 F_{Ry} 的正负确定。

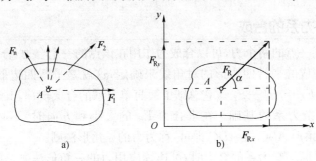

图 3-5

【例 3-2】 如图 3-6a)所示,吊钩受 F_1、F_2、F_3 三个力的作用。若 $F_1 = 732\text{N}$,$F_2 = 732\text{N}$,$F_3 = 2\,000\text{N}$。试求合力的大小和方向。

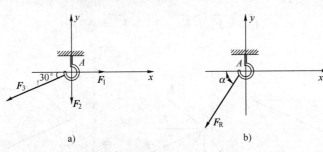

图 3-6

【解】 (1)建立图 3-6a)所示平面直角坐标系。

(2)根据力的投影公式,求各力在 x 轴,y 轴上的投影。

$$F_{1x} = 732\text{N}$$

$$F_{2x} = 0$$

$$F_{3x} = -F_3\cos30° = -2\,000 \times \left(\frac{\sqrt{3}}{2}\right)\text{N} = -1\,732\text{N}$$

$$F_{1y} = 0$$

$$F_{2y} = -732\text{N}$$

$$F_{3y} = -F_3\sin30° = -2\,000 \times 0.5 = -1\,000\text{N}$$

(3)由合力投影定理求合力。

$$F_{Rx} = F_{1x} + F_{2x} + F_{3x} = 732 + 0 - 1\,732 = -1\,000\text{N}$$

$$F_{Ry} = F_{1y} + F_{2y} + F_{3y} = 0 - 732 - 1\,000 = -1\,732\text{N}$$

则合力的大小为：

$$F_R = \sqrt{F_{Rx}^2 + F_{Ry}^2} = \sqrt{(-1\,000)^2 + (-1\,732)^2} = 2\,000\text{N}$$

由于 F_{Rx}、F_{Ry} 均为负，则合力 F 指向左下方，如图3-6b)所示，与 x 轴所夹角 α 为：

$$\tan\alpha = \left| \frac{F_{Ry}}{F_{Rx}} \right| = \left| \frac{-1\,732}{-1\,000} \right| = 1.732$$

$$\alpha = 60°$$

三 平面汇交力系的平衡

物体总是沿着合力的指向做机械运动，要使物体保持平衡，即静止或做匀速直线运动，合力必须等于零，即平面汇交力系平衡的必要和充分条件是合力 F_R 为零。因而，合力在任意两个直角坐标上的投影也为零。即

$$\begin{cases} \sum F_x = F_{1x} + F_{2x} + \cdots + F_{nx} = 0 \\ \sum F_y = F_{1y} + F_{2y} + \cdots + F_{ny} = 0 \end{cases} \tag{3-4}$$

式(3-4)称为平面汇交力系的平衡方程，它是两个独立方程，利用它可以求解两个未知量。

如前所述，利用平衡条件可以解决两类问题：

(1)检验刚体在力系作用下是否平衡。

(2)刚体处于平衡时，求解任意两个未知量。

下面举例说明利用平面汇交力系的平衡方程求解未知力的主要步骤。

【例3-3】 重 W 的物块悬于长 l 的吊索上，如图3-7所示。有人以水平力 F 将物块向右推过水平距离 x 处。已知 $W = 1.2\text{kN}$，$l = 13\text{m}$，$x = 5\text{m}$，试求所需水平力 F 的值。

【解】 (1)取物块为研究对象，画其受力图，如图3-7b)所示。

(2)建立直角坐标系，如图3-7b)所示，列平衡方程求解：

$$\sum F_y = 0, \quad F_T\cos\alpha - W = 0$$

$$F_T = \frac{W}{\cos\alpha} \tag{a}$$

$$\sum F_x = 0, \quad F - F_T\sin\alpha = 0 \tag{b}$$

由式(a)、式(b)可得：

$$F = W \cdot \tan\alpha = \frac{Wx}{\sqrt{l^2 - x^2}} = 0.5\text{kN}$$

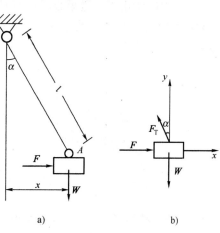

图 3-7

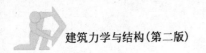
第二节 平面力偶系的合成和平衡

一 力对点的矩

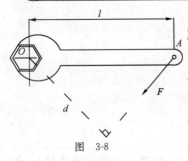

图 3-8

力对刚体的运动效应,除移动效应外还有转动效应。力对刚体的转动效应用什么度量呢?

如图 3-8 所示,用扳手拧螺母时,力 F 使扳手绕螺母中心 O 点的转动效应,不仅与力 F 的大小成正比,而且与 O 点到力 F 的作用线的垂直距离 d 成正比。因此规定,用力的大小 F 与 d 的乘积度量力 F 使扳手绕 O 点的转动效应,称为力 F 对 O 点之矩,简称力矩,用符号 $M_O(F)$ 表示。即

$$M_O(F) = \pm Fd \tag{3-5}$$

式中,O 点称为"矩心",d 称为"力臂"。在平面图形(图 3-8)中,矩心为一点,实际上它表示过该点垂直于平面的轴线,即为螺栓轴线。力矩的正负规定为:力使物体绕矩心逆时针方向转动时,力矩为正;反之为负。

可见,在平面问题中,力对点之矩包含力矩的大小和转向(以正负表示),因此,力矩为代数量。前者度量力使物体产生转动效应的大小,后者表示转动方向。力矩的单位是 N·m。

由力矩的定义式可知,力矩有下列性质:

(1)力对矩心之矩,不仅与力的大小和方向有关,而且与矩心的位置有关。

(2)力沿其作用线滑移时,力对点之矩不变,因为此时力与力臂未改变。

(3)当力的作用线通过矩心时,力矩为零,因为此时力臂为零。

【例 3-4】 大小相等的三个力,以不同的方向加在扳手的 A 端,如图 3-9a)、图 3-9b)、图 3-9c)所示。若 $F=100$N,其他尺寸如图所示。试求三种情形下力 F 对 O 点之矩。

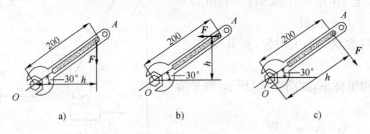

a)　　　　　　　　　b)　　　　　　　　　c)

图 3-9(尺寸单位:mm)

【解】 三种情形下,虽然力的大小、作用点均相同,矩心也相同,但由于力的作用线方向不同,因此力臂不同,所以力对 O 点之矩也不同。

对于图 3-9a)中的情况,力臂 $d = 200\cos 30°$mm。故力对 O 点之矩为:

$$M_O(F) = -Fd = -100 \times 200 \times 10^3 \cos 30° = -17.3\text{N·m}$$

对于图 3-9b)中的情况,力臂 $d = 200\sin 30°$mm,故力对 O 点之矩为:

$$M_O(F) = Fd = 100 \times 200 \times 10^3 \sin30° = -10\text{N} \cdot \text{m}$$

对于图 3-9c)中的情况,力臂 $d = 200\text{mm}$,故力对 O 点之矩为:

$$M_O(F) = -Fd = -100 \times 200 \times 10^3 = -20\text{N} \cdot \text{m}$$

可见,三种情形中,以图 3-9c)中的力对 O 点之矩数值最大,这与实践是一致的。

合力矩定理

在计算力矩时,若直接计算力臂比较困难。有时,如果将力适当地分解,计算各分力的力矩可能很简单,因此就需要建立合力对某点的力矩与其分力对同一点的力矩之间的关系。

设图 3-10 中 A 点上的作用力 F_1、F_2,且 $F_R = F_1 + F_2$,可以证明:

$$M_O(F_R) = M_O(F_1) + M_O(F_2)$$

对于由 n 个力 F_1,F_2,F_3,$\cdots$,F_n 组成的汇交力系,上式同样成立。即

$$M_O(F_R) = M_O(F_1) + M_O(F_2) + \cdots + M_O(F_n) = \sum M_O(F) \tag{3-6}$$

式(3-6)表明,平面汇交力系的合力对平面内任意一点之矩,等于力系中所有分力对同一点之矩的代数和,此关系称为合力矩定理。这个定理对任何力系均成立。

【例 3-5】 构件尺寸如图 3-11 所示,在 D 处有大小为 4kN 的力 F,试求力 F 对 A 点之矩。

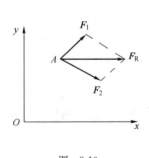

图 3-10

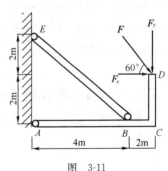

图 3-11

【解】 由于本题的力臂 d 确定比较复杂,故将力 F 正交分解为:

$$\begin{cases} F_x = F \cdot \cos60° \\ F_y = F \cdot \cos60° \end{cases}$$

由合力矩定理得:

$$M_A(F) = -M_A(F_x) - M_A(F_y) = -F \cdot F_{ny}\cos60° \times 2 - F \cdot \sin60° \times 6$$

$$= -4 \times \frac{1}{2} \times 2 - 4 \times \frac{\sqrt{3}}{2} \times 6 = -24.78\text{kN} \cdot \text{m}$$

平面力偶

汽车驾驶员用双手转动方向盘[见图 3-12a)]、钳工用铰杆和丝锥加工螺纹孔[见图 3-12b)]时,都作用了大小相等、方向相反、不共线的两个力。我们把大小相等、方向相反、不在同一直线上的两个力组成的力系称为力偶[见图 3-12c)],记为(F、F')。物体作用两个或两个以上力偶时,这些力偶组成力偶系。

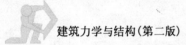

力偶使刚体产生的转动效应,用其中一个力的大小和力偶臂的乘积来度量,称为力偶矩,记为 M 或 $M(F、F')$。考虑到物体的转向,力偶矩可写成:

$$M = \pm Fd \qquad\qquad (3-7)$$

力偶矩的正负规定与力矩正负规定一致,即:使物体逆时针方向转动的力偶矩为正;反之为负。

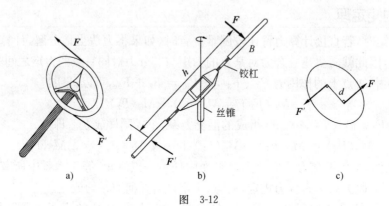

图 3-12

在平面问题中,力偶矩也是代数量。力偶矩的单位与力矩单位相同,即 N·m。

根据力偶的概念可以证明,力偶具有以下性质:

(1)力偶在其作用面上任一轴的投影为零。

(2)力偶对其作用面上任一点之矩,与矩心位置无关,恒等于力偶矩。

四 平面力偶系的合成和平衡

作用在同一物体上的若干个力偶组成一个力偶系,若力偶系中各力偶均作用在同一平面,则称为平面力偶系。

1. 合成

既然力偶对物体只有转动效应,而且转动效应由力偶矩来度量,那么平面内有若干个力偶同时作用时(平面力偶系),也只能产生转动效应,且其转动效应的大小等于力偶转动效应的总和。可以证明,平面力偶系合成的结果为一合力偶,其合力偶矩等于各分力偶矩的代数和。即

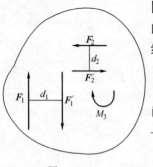

图 3-13

$$M_合 = M_1 + M_2 + \cdots + M_n = \sum M \qquad (3-8)$$

【例 3-6】 如图 3-13 所示,某物体受三个共面力偶的作用,已知 $F_1 = 9\text{kN}$、$d_1 = 1\text{m}$、$F_2 = 6\text{kN}$、$d_2 = 0.5\text{m}$、$M_3 = -12\text{kN·m}$,试求其合力偶。

【解】 由式(3-8)得:

$$M_1 = -F_1 \cdot d_1 = -9 \times 1 = -9\text{kN·m}$$

$$M_2 = F_2 \cdot d_2 = 6 \times 0.5 = 3\text{kN·m}$$

合力偶矩:

$$M_合 = M_1 + M_2 + M_3 = -9 + 3 - 12 = -18\text{kN·m}$$

2.力偶系的平衡

由于平面力偶系合成的结果是一个合力偶，所以当合力偶矩等于零时，即顺时针方向转动的力偶矩与逆时针方向转动的力偶矩相等，作用效果相互抵消，物体必处于平衡状态。因此，平面力偶系平衡的必要和充分条件是：力偶系中各力偶矩的代数和为零。即

$$M_{合} = \sum M = 0 \tag{3-9}$$

【例 3-7】 求图 3-14a)所示梁的支座反力。

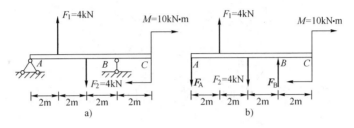

图　3-14

【解】 研究梁 AC，力 F_1 和 F_2 大小相等、方向相反、作用线互相平行，组成一力偶，梁在力偶（F_1、F_1）、M 和支座 A、B 的约束反力作用下处于平衡，因梁在主动力的作用下只有转动作用，所以 F_A 与 F_B 必组成一力偶，其指向假设，受力如图 3-14b)所示。由平面力偶系的平衡条件得：

$$\sum M_B = 0 \qquad -M - 4F_1 + 2F_2 + 6F_A = 0$$

$$F_A = 3kN$$

$$F_B = F_A = 3kN$$

以上计算结果为正值，表示支座反力的方向与假设的方向一致。

【例 3-8】 不计重量的水平杆 AB，受到固定铰支座 A 和链杆 DC 的约束，如图 3-15 所示。在杆 AB 的 B 端有一力偶作用，力偶矩的大小为 $M = 100\text{N} \cdot \text{m}$。求固定铰支座 A 和链杆 DC 的约束反力。

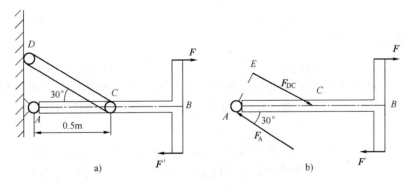

图　3-15

【解】 取杆 AB 为研究对象。由于力偶必须由力偶来平衡，支座 A 与连杆 DC 的约束反力必定组成一个力偶与力偶（F、F'）平衡。连杆 DC 为链杆，其所受的力沿杆 DC 的轴线，固

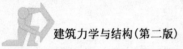

定铰支座 A 的反力 F_A 的作用线必与 F_{DC} 平行,而且 $F_A = F_{DC}$,假设它们的方向如图 3-15 所示,其作用线之间的距离为:

$$AE = AC\sin 30° = 0.5 \times 0.5\text{m} = 0.25\text{m}$$

由平面力偶系的平衡条件,有:

$$\sum M = 0 \qquad -M + F_A \cdot AE = 0$$

即

$$-100 + 0.25 F_A = 0$$

解得

$$F_A = -\frac{100}{0.25} = 400\text{N}$$

因而

$$F_{DC} = F_A = 400\text{N}$$

第三节　平面一般力系向一点的简化

一　平面一般力系的基本概念

若力系中各力作用线在同一平面内,既不完全汇交,也不完全平行,称为平面一般力系。如图 3-16a)所示,悬臂吊车的横梁 AB 受平面一般力系作用,其结构计算简图如图 3-16b)所示。

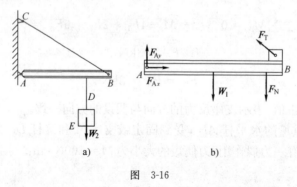

a)　　　　　　　　　　b)

图　3-16

二　力的平移定理

对于刚体,力的大小、方向、作用点变为大小、方向、作用线,这种作用在刚体上的力沿其作用线滑移时的等效性质称为力的可传性。而力的作用线平移后,将改变力对刚体的作用效果。当力作用线过轮心 O 时,轮不转动,如图 3-17a)所示;当把力平移,而作用线不过轮心时,轮则转动,如图 3-17b)所示。

由此可知,力的作用线平移后,必须附加一定条件,才能使原力对刚体的作用效果不变,力的平移定理指明了这一条件。作用于刚体上的力可向刚体上任一点平移,平移后需附加一力偶,此力偶的力偶矩等于原力对平移点之矩,这就是力的平移定理。这一定理可用图 3-18 表示。

应用力的平移定理时必须注意:

（1）力线平移时所附加的力偶矩的大小、转向与平移点的位置有关。

（2）力的平移定理只适用于刚体，对变形体不适用，并且力的作用线只能在同一刚体内平移，不能平移到另一刚体。

（3）力的平移定理的逆定理也成立。

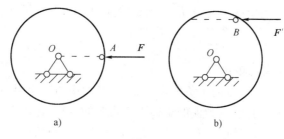

图　3-17

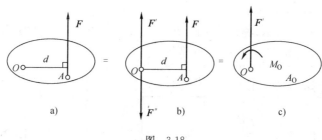

图　3-18

力的平移可以解释许多生活和工程中的现象。例如，打乒乓球时，搓球可以使乒乓球旋转；用螺纹锥攻螺纹时，单手操作容易攻偏或断锥等。

三　平面一般力系向平面内一点的简化

在不改变刚体作用效果的前提下，用简单力系代替复杂力系的过程，称为力系的简化。

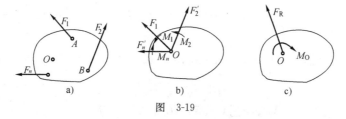

图　3-19

设刚体上作用着平面一般力系 F_1，F_2，$\cdots$，F_n，如图 3-19a）所示。在力系所在平面内任选一点 O 为简化中心，并根据力的平移定理将力系中各力平移到 O 点，同时附加相应的力偶。于是原力系等效地简化为两个力系：作用于 O 点的平面汇交力系 F_1'，F_2'，$\cdots$，F_n' 和力偶矩分别为 M_1，M_2，$\cdots$，M_n 的附加平面力偶系，如图 3-19b）所示。其中，$F_1' = F_1$，$F_2' = F_2$，$\cdots$，$F_n' = F_n$；$M_1 = M_O(F_1)$，$M_2 = M_O(F_2)$，$\cdots$，$M_n = M_O(F_n)$。分别将这两个力系合成，如图 3-19c）所示，将平面汇交系 F_1'，F_2'，$\cdots$，F_n' 合成为一个力，该力称为原力系的主矢量，记作 F_R'。即

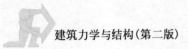

$$F_R = F'_1 + F'_2 + \cdots, F'_n = \sum F' = \sum F$$

其作用点在简化中心 O,大小、方向可用解析法计算:

$$\begin{cases} F'_{Rx} = F_{1x} + F_{2x} + \cdots + F_{nx} = \sum F_x \\ F'_{Ry} = F_{1y} + F_{2y} + \cdots + F_{ny} = \sum F_y \end{cases} \tag{3-10}$$

$$\begin{cases} F_R = \sqrt{F'^2_{Rx} + F'^2_{Ry}} = \sqrt{(\sum F_x)^2 + (\sum F_y)^2} \\ \tan\alpha = \left| \dfrac{F'_{Ry}}{F'_{Rx}} \right| = \left| \dfrac{\sum F_y}{\sum F_x} \right| \end{cases} \tag{3-11}$$

式中:α——F'_R 与 x 轴所夹的锐角。

F'_R 的指向可由 $\sum F_x$、$\sum F_y$ 的正负确定。显然,其大小与简化中心的位置无关。对于附加力偶系,可以合成为一个力偶,其力偶的矩称为原力系的主矩,记作 M'_O。即

$$M'_O = M_1 + M_2 + \cdots + M_n = M_O(F_1) + M_O(F_2) + \cdots + M_O(F_n) = \sum M_O(F_i) \tag{3-12}$$

显然,其大小与简化中心的位置有关。

【**例 3-9**】 如图 3-20 所示,物体受 F_1、F_2、F_3、F_4、F_5 五个力的作用,已知各力的大小均为 10N,试将该力系分别向 A 点和 D 点简化。

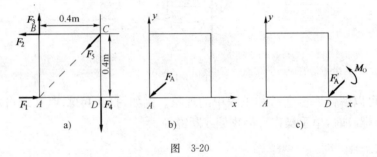

图 3-20

【**解**】 建立直角坐标系 Axy,如图 3-20b)、图 3-20c)所示。

(1)向 A 点简化,由式(3-9)得:

$$F'_{Ax} = \sum F_x = F_1 - F_2 - F_5\cos45° = 10 - 10 - 10 \times \frac{\sqrt{2}}{2} = -5\sqrt{2}N$$

$$F'_{Ay} = \sum F_y = F_3 - F_4 - F_5\sin45° = 10 - 10 - 10 \times \frac{\sqrt{2}}{2} = -5\sqrt{2}N$$

$$F'_A = \sqrt{F^2_{Ax} + F^2_{Ay}}$$

$$M'_A = \sum M_A(F) = 0.4F_2 - 0.4F_4 = 0$$

向 A 点简化的结果,如图 3-20b)所示。

(2)向 D 点简化,由式(3-9)得

$$F'_{Dx} = \sum F_x = F_1 - F_2 - F_5\cos45° = 10 - 10 - 10 \times \frac{\sqrt{2}}{2} = -5\sqrt{2}N$$

$$F'_{Dy} = \sum F_y = F_3 - F_4 - F_5\sin45° = 10 - 10 - 10 \times \frac{\sqrt{2}}{2} = -5\sqrt{2}N$$

$$F'_A = \sqrt{F^2_{Dx} + F^2_{Dy}} = \sqrt{(-5\sqrt{2})^2 + (-5\sqrt{2})^2} = 10N$$

$$M'_D = \sum M_A(F)$$

$$=0.4F_2-0.4F_3-0.4F_5\sin45°$$

$$=0.4\times10-0.4\times10+0.4\times10\times\frac{\sqrt{2}}{2}$$

$$=2\sqrt{2}\text{N}\cdot\text{m}$$

向 D 点简化的结果,如图 3-20c)所示。

此题以实例说明主矢的大小与简化中心的位置无关,而主矩则与简化中心的选取有关。

第四节 平面任意力系的平衡条件和平衡方程

平面一般力系简化后,若主矢量 F'_R 为零,则刚体无移动效应;若主矩 M'_O 为零,则刚体无转动效应。若二者均为零,则刚体既无移动效应也无转动效应,即刚体保持平衡;反之,若刚体平衡,主矢、主矩必同时为零。所以平面一般力系平衡的必要和充分条件是力系的主矢和主矩同时为零。即

$$F'_R = 0 \qquad M'_O = 0$$

由平面一般力系平衡的必要和充分条件:$F'_R = 0$、$M'_O = 0$,并用式(3-10)、式(3-12)可得:

$$\begin{cases} \sum F_x = F_{1x} + F_{2x} + \cdots + F_{nx} = 0 \\ \sum F_y = F_{1y} + F_{2y} + \cdots + F_{ny} = 0 \\ \sum M_O(F_i) = -M_O(F_1) + M_O(F_2) + \cdots + M_O(F_n) = 0 \end{cases} \qquad (3-13)$$

式(3-13)是由平衡条件导出的平面一般力系平衡方程的一般形式。前两方程为投影方程或投影式,后一方程为力矩方程或力矩式。该式可表述为平面一般力系平衡的必要与充分条件:力系中各力在任意互相垂直的坐标轴上的投影的代数和,以及力系中各力对任一点的力矩的代数和均为零。因平面一般力系有三个相互对立的平衡方程,故能求解出三个未知量。平面一般力系平衡方程还有两种常用形式,即二矩式:

$$\begin{cases} \sum F_x = 0 \\ \sum M_A(F_i) = 0 \\ \sum M_B(F_i) = 0 \end{cases} \qquad (3-14)$$

应用二矩式的条件是 A、B、C 连线不垂直于投影轴。

三矩式:

$$\begin{cases} \sum M_A(F) = 0 \\ \sum M_B(F) = 0 \\ \sum M_C(F) = 0 \end{cases} \qquad (3-15)$$

物体在平面一般力系作用下平衡,可利用平衡方程根据已知量求出未知量。其步骤为:

(1)确定研究对象。应选取同时有已知力和未知力作用的物体为研究对象,画出隔离体的受力图。

(2)选取坐标轴和矩心,列出平衡方程求解。由力矩的特点可知,如有两个未知力互相平行,可选垂直两力的直线为坐标轴;如有两个未知力相交,可选两个未知力的交点为矩心,这样可使方程很简单。

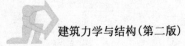
【例 3-10】 悬臂吊车如图 3-21a)所示。横梁 AB 长 $l = 2.5\text{m}$，自重 $W_1 = 1.2\text{kN}$，拉杆 BC 倾斜角 $\alpha = 30°$，自重不计。电葫芦连同重物共重 $W_2 = 7.5\text{kN}$。当电葫芦在图示位置 $a = 20\text{m}$，匀速吊起重物时，求拉杆的拉力和支座 A 的约束反力。

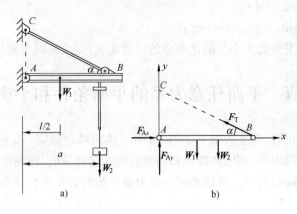

图 3-21

【解】 (1)取横梁 AB 为研究对象画其受力图，如图 3-21b)所示。

(2)建立直角坐标系 Axy，如图 3-21b)所示，列平衡方程求解：

$$\sum F_x = 0 \qquad F_{Ax} - F_T\cos\alpha = 0 \tag{a}$$

$$\sum F_y = 0 \qquad F_{Ay} - W_1 - W_2 + F_T\sin\alpha = 0 \tag{b}$$

$$\sum M_A(F) = 0 \qquad F_T\sin\alpha \cdot l - W_1\frac{l}{2} - W_2 \cdot a = 0 \tag{c}$$

由式(c)解得

$$F_T = \frac{1}{l\sin\alpha}\left(W_1\frac{l}{2} + W_2 a\right) = \frac{1}{2.5\sin30°}(1.2 \times 1.25 + 7.5 \times 2) = 13.2\text{kN}$$

将 F_T 值代入式(a)得

$$F_{Ax}F_T\cos\alpha = 13.2 \times \frac{\sqrt{3}}{2} = 11.4\text{kN}$$

将 F_T 值代入式(b)得

$$F_{Ay} = W_1 + W_2 - F_T\sin\alpha = 2.1\text{kN}$$

本题也可用二力矩式求解，即

$$\sum F_x = 0 \qquad F_{Ax} - F_T\cos\alpha = 0 \tag{d}$$

$$\sum M_A(F) = 0 \qquad F_T\sin\alpha \cdot l - W_1 - W_1\frac{l}{2} - W_2 \cdot a = 0 \tag{e}$$

$$\sum M_B(F) = 0 \qquad W_1\frac{l}{2} - F_{Ay} \cdot l + W_2(l - a) = 0 \tag{f}$$

解式(e)得 $\qquad\qquad\qquad\qquad F_T = 13.2\text{kN}$

解式(f)得 $\qquad\qquad\qquad\qquad F_{Ay} = 2.1\text{kN}$

解式(d)得 $\qquad\qquad\qquad\qquad F_{Ax} = 11.4\text{kN}$

【例 3-11】 已知各杆均铰接，如图 3-22a)所示，B 端插入地内，$P = 1\,000\text{N}$，$AE = BE = CE = DE = 1\text{m}$，杆重不计。求 AC 杆内力和 B 点的反力。

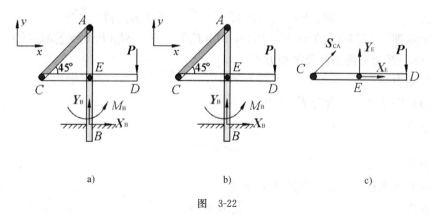

图 3-22

【解】 (1)选整体为研究对象画其受力图,如图 3-22a)所示。

(2)选坐标、取矩点,如图 3-22b)所示,列平衡方程为:

$$\sum X = 0 \qquad X_B = 0$$
$$\sum Y = 0 \qquad Y_B - P = 0$$
$$\sum M_B = 0 \qquad M_B - P \times DE = 0$$

得

$$M_B = 1\,000 \times 1 = 1\,000 \text{N} \cdot \text{m}$$

(3)再研究 CD 杆,画其受力图,如图 3-22c)所示。

取 E 为矩心,列方程:

$$\sum M_E = 0 - S_{CA} \cdot \sin45° \cdot CE - P \cdot ED = 0$$

得

$$S_{CA} = \frac{-P \cdot ED}{\sin45° \cdot CE} = -1414 \text{N}$$

◀ **本 章 小 结** ▶

(1)基本概念

力矩:力的大小 F 与力的作用线到转动中心 O 的垂直距离 d 的乘积,称为力 F 对 O 点之矩,简称力矩。

力偶矩:力偶中力的大小和力偶臂的乘积,称为力偶矩。

(2)力的投影和力矩的计算

力的投影计算

定义式

$$\begin{cases} F_x = \pm F\cos\alpha \\ F_y = \pm F\sin\alpha \end{cases}$$

α 为 F 与 x 轴所夹的锐角

合力投影定理:

$$\begin{cases} F'_{Rx} = F_{1x} + F_{2x} + \cdots + F_{nx} = \sum F_x \\ F'_{Ry} = F_{1y} + F_{2y} + \cdots + F_{ny} = \sum F_y \end{cases}$$

力矩的计算

定义式　　　　　　　$M_O(F) = \pm Fd\,(F)$　　　　　　（d 为力臂）

合力矩定理　　　$M_O(F_R) = M_O(F_1) + M_O(F_2) + \cdots + M_O(F_n) = \sum M_O(F)$

（3）平面力系的平衡条件及平衡方程

平面汇交力系

平衡的充要条件　　　合力 $F_R = 0$

平衡方程
$$\begin{cases} \sum F_x = 0 \\ \sum F_y = 0 \end{cases}$$

平面力偶系

平衡的充要条件　　　合力偶矩 $M_合 = 0$

平衡方程　　　　　　　　　　$\sum M = 0$

平面一般力系

平衡的充要条件　　　主矢 $F'_R = 0$　　　主矩 $M_O = 0$

平衡方程

一般形式
$$\begin{cases} \sum F_x = 0 \\ \sum F_y = 0 \\ \sum M_O(F) = 0 \end{cases}$$

二矩式
$$\begin{cases} \sum F_x = 0 \\ \sum M_A(F) = 0 \\ \sum M_B(F) = 0 \end{cases}$$
（A、B 连线不垂直于 x 轴）

三矩式
$$\begin{cases} \sum M_A(F) = 0 \\ \sum M_B(F) = 0 \\ \sum M_C(F) = 0 \end{cases}$$
（A、B、C 三点不在同一直线上）

（4）基本能力

画受力图：正确选取研究对象。解除约束，画出研究对象的分离体图。按已知条件在分离体上画主动力。按约束性能在解除约束处画出约束反力。作用力与反作用力必须方向相反。

平衡方程的应用：正确选取研究对象，画出分离体受力图。选取坐标轴与矩心，如有两个未知力平行，可选垂直于两力的直线为坐标轴；如有两个未知力相交，可选交点为矩心。列平衡方程，求解未知量。对解答进行讨论。

◀ 复习思考题 ▶

1. 分力与投影有什么不同？

2. 试判断下列情况下 F_x 和 F_y 的正负：

（1）F 从左下方指向右上方。

（2）F 从左上方指向右下方。

（3）F 从右下方指向左上方。

（4）F 从右上方指向左下方。

3.如果平面汇交力系的各力在任意两个互不平行的坐标轴上投影的代数和等于零,该力系是否平衡?

4.试比较力矩和力偶矩的异同点。

5.组成力偶的两个力在任一轴上的投影之和为什么必等于零?

6.怎样的力偶才是等效力偶? 等效力偶是否两个力偶的力和力臂都应该分别相等?

7."因为力偶在任意轴上的投影恒等于零,所以力偶的合力为零"这种说法对吗? 为什么?

8.试分析力与力偶的区别与联系。

9.平面一般力系向简化中心简化时,可能产生几种结果?

10.为什么说平面汇交力系、平面平行力系已包括在平面一般力系中?

11.对于原力系的最后简化结果为一力偶的情形,主矩与简化中心的位置无关,为什么?

12.平面一般力系的平衡方程有几种形式? 应用时有什么限制条件?

◀ **习　题** ▶

3-1　已知 $F_1 = 200\text{N}$, $F_2 = 150\text{N}$, $F_3 = 200\text{N}$, $F_4 = 250\text{N}$, $F_5 = 200\text{N}$,各力的方向如图所示。试求各力在 x 轴、y 轴上的投影。

3-2　已知 $F_1 = 10\text{N}$, $F_2 = 6\text{N}$, $F_3 = 8\text{N}$, $F_4 = 12\text{N}$,各力的方向如图所示。试求合力。

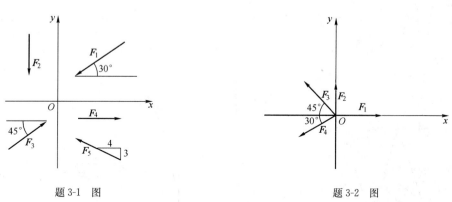

题 3-1　图　　　　　　　　　　　　　题 3-2　图

3-3　支架由杆 AB 、AC 构成,A 、B 、C 处都是铰接,在 A 点有铅垂力 W 。求图示三种情况下 AB 、AC 杆所受的力。

3-4　物体重 $W = 20\text{kN}$,利用绞车和绕过固定滑轮的绳索匀速吊起。滑轮由杆 AB 和 AC 支持,A 、B 、C 均为铰接,不计滑轮尺寸及摩擦和杆 AB 、AC 的自重。求杆 AB 、AC 所受的力。

3-5　如图所示,试求各力对 O 点之矩。

3-6　如图所示,试求 W 、F 对点 A 之矩。

3-7　如图所示,F 、M 为已知。求杆件的约束反力。

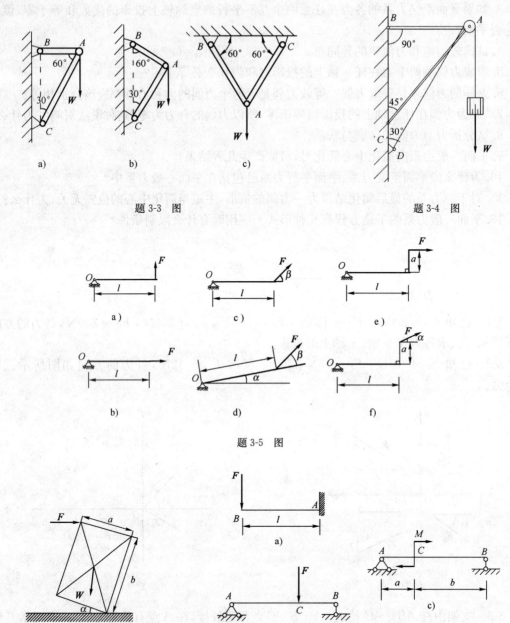

题 3-3 图   题 3-4 图

题 3-5 图

题 3-6 图   题 3-7 图

3-8　如图所示，F、q 为已知。求杆件的约束力。

3-9　某厂房柱高 9m，受力如图所示。$F_1 = 20N$，$F_2 = 50N$，$q = 4kN/m$，$W = 5kN$，F_1、F_2 至柱轴线的距离分别为 e_1、e_2，$e_1 = 0.15m$，$e_2 = 0.25m$。试求固定端 A 处的约束反力。

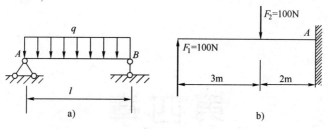

题 3-8 图

3-10　如图所示,龙门吊车的重量为 $W_1 = 100\text{kN}$,跑车和货物共重 $W_2 = 50\text{kN}$,水平风力 $F = 2\text{kN}$ 。求 A、B 两轨道的约束力。

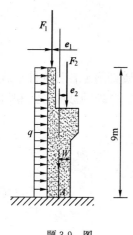

题 3-9 图

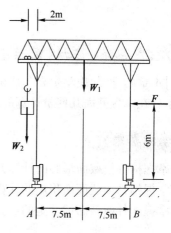

题 3-10 图

第四章
截面的几何性质

通过本章的学习,使学生充分认识到构件截面的几何性质是确定各种构件承载力、刚度的重要因素。在掌握截面几何量计算的基础上,方能选定构件的合理的截面形式和尺寸。

【学习要求】

(1)掌握构件横截面形心的计算方法。
(2)掌握构件横截面面积矩的计算方法。
(3)掌握构件横截面惯性矩的计算方法。

第一节　截面的形心位置和面积矩

一　截面的形心位置

由几何学习可知,任何图形都有一个几何中心,我们把截面图形的几何中心简称为截面形心。当平面图形具有对称中心时,其对称中心就是形心。如有两个对称轴,形心就在对称轴的交点上,如图 4-1a)所示。如有一个对称轴,其形心一定在对称轴上,具体位置必须经过计算才能确定,如图 4-1b)所示。

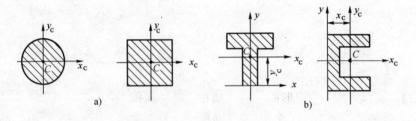

图　4-1

从图 4-1a)可以看出其 x_C，y_C 都等于零，而图 4-1b)则要求解，但可知是由几个简单的平面图形组合而成。因此，我们可以进行分割，如图 4-2 所示。

将角钢分成两个矩形的组合，令Ⅰ块面称为 A_1，形心坐标为 C_1，Ⅱ块面称为 A_2，形心坐标为 C_2，得到形心坐标公式为

$$x_C = \frac{x_1 A_1 + x_2 A_2}{A_1 + A_2} = \frac{\sum A_i x_i}{\sum A_i}$$

$$y_C = \frac{y_1 A_1 + y_2 A_2}{A_1 + A_2} = \frac{\sum A_i y_i}{\sum A_i}$$

(4-1)

式中：x_C、y_C——截面形心坐标；

A_i——组合截面中各部分简单图形的截面面积；

x_i、y_i——各部分简单图形对 x 轴、y 轴的形心坐标。

【例 4-1】 试计算图 4-2 所示不等边角钢的形心。已知 $a = 80\text{mm}$，$b = 50\text{mm}$，$t = 5\text{mm}$。

【解】 将图形分成两个矩形，坐标如图 4-2 所示。

Ⅰ块　　　　　$A_1 = 75 \times 5 = 375\text{mm}^2$

$$x_1 = 2.5\text{mm}, \quad y_1 = \frac{75}{2} + 5 = 42.5\text{mm}$$

Ⅱ块　　　　　$A_2 = 50 \times 5 = 250\text{mm}^2$

$$x_2 = 25\text{mm}, \quad y_2 = \frac{5}{2} = 2.5\text{mm}$$

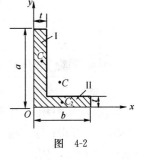

图 4-2

代入形心坐标公式：

$$x_C = \frac{x_1 A_1 + x_2 A_2}{A_1 + A_2} = \frac{2.5 \times 375 + 25 \times 250}{375 + 250} = 11.5\text{mm}$$

$$y_C = \frac{y_1 A_1 + y_2 A_2}{A_1 + A_2} = \frac{42.5 \times 375 + 2.5 \times 250}{375 + 250} = 26.5\text{mm}$$

二　截面的面积矩

平面图形的面积 A 与其形心到某一坐标轴的距离的乘积称为该平面图形对该轴的面积矩。一般用 S 来表示。即

$$S_x = A y_C \qquad S_y = A x_C \qquad (4\text{-}2)$$

面积矩为代数量，可能为正、负、零，常用单位是 m^3 或 mm^3。由式(4-2)可知，当坐标轴通过截面形心时，其面积矩为零。反之，若面积矩为零，则该轴必通过截面的形心。如图 4-3 所示，$S_x = 0$。

【例 4-2】 试计算图 4-3 槽形截面对 x 轴和 y 轴的面积矩。

【解】 将槽形截面分割成三个矩形，其面积分别为：

$$A_1 = 160 \times 20 = 3\,200\text{mm}^2$$

$$A_2 = 20 \times 200 = 4\,000\text{mm}^2$$

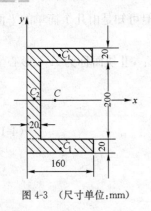

图4-3 (尺寸单位:mm)

$$A_3 = 160 \times 20 = 3\,200 \text{mm}^2$$

矩形形心的 x 坐标为:

$$x_1 = 80\text{mm}$$
$$x_2 = 10\text{mm}$$
$$x_3 = 80\text{mm}$$

代入面积矩公式计算:

$$S_y = A_1 x_1 + A_2 x_2 + A_3 x_3$$
$$= 3\,200 \times 80 + 4\,000 \times 10 + 3\,200 \times 80$$
$$= 552\,000\text{mm}^3$$

因为 x 轴是对称轴且通过截面形心,所以 $S_x = 0$。

第二节 截面的惯性矩

一 惯性矩的计算公式

任意一个构件的横截面如图4-4所示,把它分成无数个微小面积,则其面积 A 对于 z 轴和 y 轴的惯性矩定义为整个图形上微小面积 $\mathrm{d}A$ 与 z 轴(或 y 轴)距离平方乘积的总和。用 I_z (或 I_y)表示,记为:

$$I_z = \int_A y^2 \mathrm{d}A \tag{4-3}$$
$$I_y = \int_A z^2 \mathrm{d}A$$

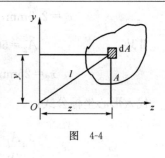

图 4-4

下脚标指对某轴的惯性矩,单位是长度的四次方,习惯用 m^4 或 mm^4。型钢的惯性矩可以查阅工程设计手册。

简单图形的惯性矩计算公式(见图4-5)如下:

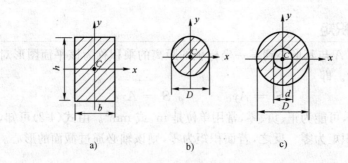

a)   b)   c)

图 4-5

矩形
$$I_x = \frac{bh^3}{12} \qquad I_y = \frac{hb^3}{12} \tag{4-4}$$

圆形
$$I_x = I_y = \frac{\pi D^4}{64} \qquad (4-5)$$

圆环
$$I_x = I_y = \frac{\pi(D^4 - d^4)}{64} \qquad (4-6)$$

二 惯性矩的平行移轴公式

同一截面对于不同坐标轴的惯性矩不相同,但它们之间都存在着一定的关系(见图 4-6),即

$$\begin{cases} I_z = I_{z_C} + a^2 A \\ I_y = I_{y_C} + b^2 A \end{cases} \qquad (4-7)$$

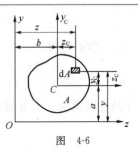

图 4-6

式(4-7)称为计算惯性矩的平行移轴公式。这个公式表明:截面对任意一个轴的惯性矩,等于截面对与该轴平行的形心轴的惯性矩加上截面的面积与两轴距离平方的乘积。

第三节 组合截面的惯性矩计算

在工程实际中常常会遇到由几个截面组合而成的截面,有的是由几个简单的图形组成[见图 4-7a)、图 4-7b)、图 4-7c)],有的是由几个型钢截面组成[见图 4-7d)]。

a)

b)

c)

d)

图 4-7

在计算组合截面对某坐标轴的惯性矩时,根据定义,可以分别计算各组成部分对该轴的惯性矩,然后再相加,即

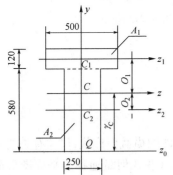

图 4-8 (尺寸单位:mm)

$$\begin{cases} I_z = \sum_{i=1}^{n} I_{zi} \\ I_y = \sum_{i=1}^{n} I_{yi} \end{cases} \qquad (4-8)$$

式中:I_{zi}、I_{yi}——组合截面中任意组成部分对于 z 轴、y 轴的惯性矩,在计算它们时,常用平行移轴公式(4-7)。

【例 4-3】 试求图 4-8 所示 T 形截面对形心轴 z 轴、y 轴的惯性矩。

【解】 (1)求截面形心的位置。因图形对称,其形心在对称轴(y 轴)上,即
$$z_C = 0$$

为计算 y_C,将截面分成 Ⅰ、Ⅱ 两个矩形,取一个参考坐标轴 z_0,将图形分成两个矩形,这

两部分的面积和形心对 z_0 的坐标分别为:

$$A_1 = 500 \times 120 = 60\ 000 \text{mm}^2$$

$$A_2 = 250 \times 580 = 145\ 000 \text{mm}^2$$

$$y_1 = 580 + \frac{120}{2} = 640 \text{mm}$$

$$y_2 = \frac{580}{2} = 290 \text{mm}$$

由公式(4-1)得:

$$y_C = \frac{A_1 y_1 + A_2 y_2}{A_1 + A_2} = \frac{60\ 000 \times 640 + 145\ 000 \times 290}{60\ 000 + 145\ 000} = 392 \text{mm}$$

(2)分别求两个矩形截面对 z、y 轴的惯性矩:

$$a_1 = 580 + \frac{120}{2} - 392 = 248 \text{mm}$$

$$a_2 = 392 - \frac{580}{2} = 102 \text{mm}$$

由平行移轴公式(4-7)得:

$$I_{1z} = I_{1C_1} + a_1^2 A_1 = \frac{500 \times 120^3}{12} + 248^2 \times 500 \times 120 = 37.6 \times 10^8 \text{mm}^4$$

$$I_{2z} = I_{2C_2} + a_2^2 A_2 = \frac{250 \times 580^3}{12} + 102^2 \times 250 \times 580 = 55.6 \times 10^8 \text{mm}^4$$

$$I_{1y} = \frac{120 \times 580^3}{12} = 12.5 \times 10^8 \text{mm}^4$$

$$I_{2y} = \frac{580 \times 250^3}{12} = 7.55 \times 10^8 \text{mm}^4$$

(3)计算 I_y 和 I_z,整个截面对 z、y 轴的惯性矩应分别等于两个矩形 z、y 轴的惯性矩之和,即

$$I_z = I_{1z} + I_{2z} = 37.6 \times 10^8 + 55.6 \times 10^8 = 93.2 \times 10^8 \text{mm}^4$$

$$I_y = I_{1y} + I_{2y} = 12.5 \times 10^8 + 7.55 \times 10^8 = 20 \times 10^8 \text{mm}^4$$

◀ **本 章 小 结** ▶

在工程中研究构件的受力和变形时,经常会遇到一些和构件的横截面形状、尺寸有关的几何量。本章所介绍的形心、面积矩、惯性矩都是截面的几何量,这些几何量通称为平面图形截面的几何性质,截面的几何性质是确定各种构件承载能力的重要因素。

(1)截面的形心位置

$$x_C = \frac{x_1 A_1 + x_2 A_2}{A_1 + A_2} = \frac{\sum A_i x_i}{\sum A_i}$$

$$y_C = \frac{y_1 A_1 + y_2 A_2}{A_1 + A_2} = \frac{\sum A_i y_i}{\sum A_i}$$

(2)截面的面积矩

$$S_x = A y_C \qquad S_y = A x_C$$

(3)简单图形的惯性矩

矩形
$$I_x = \frac{bh^3}{12} \qquad I_y = \frac{hb^3}{12}$$

圆形
$$I_x = I_y = \frac{\pi D^4}{64}$$

圆环
$$I_x = I_y = \frac{\pi(D^4 - d^4)}{64}$$

(4)惯性矩的平行移轴公式

$$I_z = I_{zC} + a^2 A$$
$$I_y = I_{yC} + b^2 A$$

◀ 复习思考题 ▶

1.面积矩和形心有何关系?

2.何谓惯性矩?其特点是什么?

3.面积矩和惯性矩的量纲是什么?为什么它们的值有的恒为正?有的可正、可负,还可为零?

◀ 习　　题 ▶

4-1　求下列平面图形的形心坐标及其对形心轴的惯性矩。

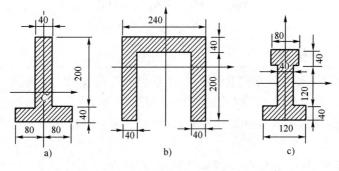

题 4-1　图(尺寸单位:mm)

第五章
平面体系的几何组成分析

通过本章的学习,培养学生判定体系是否可以作为结构的能力。为使学生正确分析结构的类型,设计合理的结构打下良好的基础。

【学习要求】

(1)通过本章内容的学习,可以判定体系是否可以作为结构。如果作为结构,是属于静定结构还是超静定结构,以确定其计算方法。

(2)本章内容作为后面章节知识的基础,其重点是熟练掌握几何不变体系的组成规则,运用规则判定体系是否为几何不变体系。

(3)本章难点是灵活运用几何不变体系的组成规则,采用合适的方法对体系进行几何组成分析。

(4)学生在学习本章时,应注重对实例的分析过程,通过对实例的分析来加深对几何不变体系的组成规则的理解,来体会对不同的体系应采用什么样合适的方法。

第一节　概　　述

一　几何组成分析的目的

由若干杆件通过某种联结方式组成体系,体系也可与地基相联结构成一个新体系。在讨论几何组成分析时,若不考虑体系因荷载作用而引起的变形,或者这种变形比起体系本身的尺寸小很多时,就可忽略体系各杆件的弹性变形,把它们视为刚性杆件。这是几何组成分析的前提。

体系受到荷载作用后,在不考虑材料应变的前提下,体系的位置或几何形状不会发生变化时,称它为几何不变体系。体系受到荷载作用后,在同样不考虑材料应变的前提下,体系的形状会发生改变时,称它为几何可变体系。在土建工程中只有几何不变体系才能作为结构。

在对结构进行分析计算时,必须先分析体系的几何组成。几何组成分析的目的是:

(1)判别体系是否为几何不变体系,从而决定它能否作为结构使用。

(2)掌握几何不变体系的组成规则,便于设计出合理的结构。

(3)对于结构,通过几何组成分析来区分静定结构和超静定结构,从而对它们采用不同的计算方法。

本章只讨论平面杆件体系的几何组成分析。

二 几个基本概念

(1)刚片:平面内的刚体称为刚片。在进行几何组成分析时,某一构件(如梁、柱等)、几何不变体系、地基基础等均可视为刚片。

(2)自由度:体系在运动时,用以完全确定体系在平面内的位置所需的独立坐标数目简称为自由度。例如确定一个点 A 的位置,需要两个坐标,因此一个点的自由度是 2,见图 5-1a);平面内的一个刚片,见图 5-1b)。若先固定刚片上任一点 A,需要两个坐标 x、y,但刚片仍可绕 A 点自由转动,若再固定刚片上任一直线 AB 的倾角 ϕ,则整个刚片的位置就可以完全确定。因此一个刚片在平面内的自由度是 3。

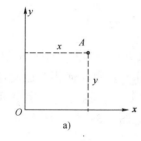 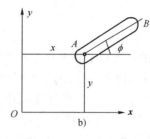

图 5-1

(3)约束:又称联系,它是体系中的构件之间或体系与基础之间的联结装置。约束使构件(刚片)之间的相对运动受到限制,因此约束的存在将会使体系的自由度减少。本书只讨论常见的三种约束:链杆、铰、刚性联结。

链杆是两端用铰与其他两个物体相联的刚性杆。链杆只限制与其联结的刚片沿链杆两铰联线方向上的运动,所以一个链杆相当于一个约束,能使体系减少一个自由度。

联结两个刚片的铰称为单铰。单铰的作用是使体系减少两个自由度,单铰相当于两个约束。同时联结两个刚片以上的铰称为复铰,联结 n 个刚片的复铰相当于 $n-1$ 个单铰,也即相当于 $2(n-1)$ 个约束。

一个单铰相当于两个约束,而一个链杆相当于一个约束,因此一个单铰相当于两个链杆。如图 5-2a)所示刚片 Ⅱ 上有两个不共线的链杆铰接于 A 点,并与刚片 Ⅰ 联结,这和单铰的情形完全一样。称这种两链杆相交于一点所构成的铰为实铰,用以区别于将要讨论的虚铰。图 5-2b)所示的刚片 Ⅰ 和刚片 Ⅱ 之间有两根链杆联结,两根链杆的延长线交于 P 点。当刚片 Ⅰ 相对于刚片 Ⅱ 运动时,刚片 Ⅰ 上的 A 点只能在与 AC 垂直的方向上发生运动,即 A 点将绕着 AC 或其延长线上的某点转动,同样的分析可知刚片 Ⅰ 上的 B 点将绕着 BD 或其延长线上的某点转动,A、B 两点同在刚片 Ⅰ 上。因此,刚片 Ⅰ 只能以 P 为瞬时转动中心进行转动,它只有一个自由度。经过一微小位移后,AC 和 BD 延长线的交点 P 的位置也就发生了改变,P 点起到了一个铰的作用,其运动是对瞬时而言的,把这种铰称为虚铰或瞬铰。图 5-2c)所示的情况是虚铰在无限远处的情形,图 5-2d)所示的情况是虚铰位于两根链杆交叉点上的情形。

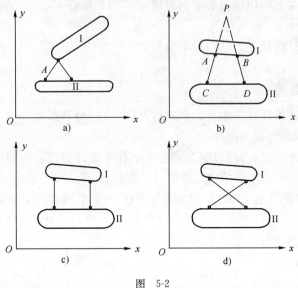

图　5-2

图 5-3a)所示的是刚片Ⅰ和刚片Ⅱ间的刚性联结方式。当两个刚片单独存在时,它们的自由度为 6,两者通过刚性联结后,刚片Ⅰ相对于刚片Ⅱ不发生任何相对运动,构成了一个刚片,这时它的自由度是 3,所以一个刚性联结相当于三个约束。这三个约束也可以用彼此既不完全平行也不交于一点的三根链杆来代替。因此,可把图 5-3a)画成图 5-3b)、图 5-3c)的情形。悬臂梁的固定端就是刚片与基础间的刚性联结。

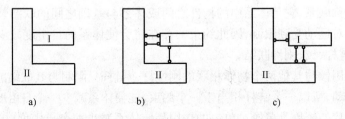

图　5-3

(4)必要约束和多余约束:凡使体系的自由度减少为零所需要的最少约束,就称为必要约束。如果在一个体系中增加一个约束,而体系的自由度并不因此而减少,则此约束称为多余约束。例如,平面内一个自由点 A 原来有两个自由度,如果用两根不共线的链杆 1 和 2 把 A 点与基础相连,如图 5-4a)所示,则 A 点即被固定,因此减少两个自由度,可见链杆 1 和 2 都是必要约束。

如果用三根不共线的链杆把 A 点与基础相连,如图 5-4b)所示,实际上仍只减少两个自由度。因此,这三根链杆中只有两根是必要约束,而有一根是多余约束(可把三根链杆中的任何一根链杆视作多余约束)。

另外,一个体系中如果有多余约束存在,那么,应当分清楚哪些约束是多余的,哪些约束是必要的。只有必要约束才对体系的自由度有影响,而多余约束则对体系的自由度没有影响。

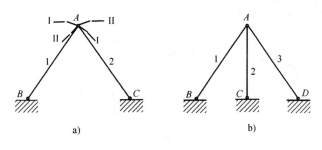

图 5-4

第二节 几何组成分析

进行平面体系的几何组成分析,需要根据几何不变体系的组成规则来判定体系是否为几何不变体系。

一 几何不变体系的组成规则

(1)三刚片规则:三个刚片用不在同一直线上的三个单铰两两相联,组成的体系几何不变,且无多余约束,如图 5-5 所示。

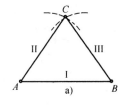

图 5-5

图 5-5a)所示铰接三角形,每一根杆件均视为一个刚片,每两个刚片间均用一个铰相联,故称为"两两相联"。假定刚片 I 不动(例如看成地基),则刚片 II 只能绕 A 转动,其上的 C 点只能在以 A 为圆心,以 AC 为半径的圆弧上运动;而刚片 III 只能绕铰 B 转动,其上的 C 点只能在以 B 为圆心,以 BC 为半径的圆弧上运动。但是刚片 II、III 又用 C 铰相联,铰 C 不可能同时沿两个圆心不同的圆弧运动,因而只能在两个圆弧的交点处固定不动。于是各刚片间不可能发生任何相对运动。因此,这样组成的体系是几何不变的。

当然,"两两相联"的铰也可以是由两根链杆构成的实铰或虚铰,如图 5-5b)所示。

(2)两刚片规则:两个刚片用一个铰和其一根延长线不通过此铰的链杆相连,组成的体系为几何不变,且无多余约束,如图 5-6a)所示。

图 5-6a)所示体系,显然也是按"三刚片规则"构成的。只要将图 5-5a)所示体系中的 AB、AC 两杆视为刚片 I、刚片 II,杆 BC 看作是链杆,则此体系即与图 5-6a)所示体系完全等效。因有时用"两刚片规则"来分析问题更方便些,故也将它列为一则。

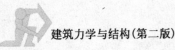

推论:两个刚片用三根不完全平行也不交于一点的链杆相连,组成的体系为几何不变,且无多余约束,如图 5-6b)、图 5-6c)所示。

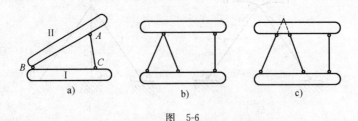

图 5-6

前面已指出,两根链杆的约束作用相当于一个铰的约束作用。因此,若将图 5-6a)所示体系中的铰 B 用两根链杆来代替即成为如图 5-6b)、图 5-6c)所示的两刚片用三根不完全平行也不交于一点的链杆相联。

如果联结两刚片的三根链杆完全平行或者交于一点,则体系是瞬变体系。所谓瞬变体系,是指体系原本几何可变,经过微小位移后变成几何不变的体系。工程中不允许采用瞬变体系作为结构。

二 体系几何组成分析的方法

1. 从基础出发进行装配

【例 5-1】 试对图 5-7 所示体系进行几何组成分析。

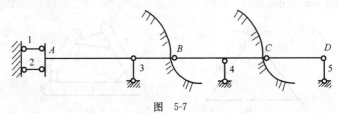

图 5-7

【解】 (1)把基础视为刚片,AB 杆亦视为刚片,两刚片间用 1、2、3 三根既不交于一点又不完全平行的链杆相联,根据两刚片规则,它们组成几何不变体系,且无多余约束。再把这个体系视为较大的刚片。

(2)把 BC 杆视为刚片,它与较大刚片之间用铰 B 和链杆 4 相联,由两刚片规则可知它们组成几何不变体系,且无多余约束。这个体系可视为更大的刚片。

(3)把 CD 杆视为刚片,它与所得的更大的刚片间,用铰 C 和链杆 5 相联,再用两刚片法则,可知它们组成几何不变体系,且无多余约束。

由此可以看出图 5-7 所示的体系为几何不变且无多余约束的体系。

2. 从内部出发进行装配

【例 5-2】 试对图 5-8a)所示体系进行几何组成分析。

【解】 (1)先分析基础以上部分,见图 5-8b)。把链杆 12 作为刚片,再依次扩展到 1-3-2、2-4-3、3-5-4、4-6-5、5-7-6、6-8-7,就可得到图 5-8b)所示的体系。根据三刚片规则此体系为几何不变体系,且无多余约束。

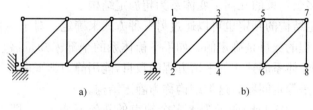

图 5-8

（2）把所得到的如图 5-8b)所示的几何不变体系视为刚片,它与地基用三根既不完全平行也不交于一点的链杆相联,根据两刚片规则图 5-8a)是几何不变体系且无多余约束。

注意:虚铰的应用

【例 5-3】 试对图 5-9 所示体系进行几何组成分析。

【解】 （1）选定刚片。把 BCE 视为刚片 I,地基视为刚片 II。

（2）刚片 I 和刚片 II 之间,用 AB、CD(可用图中虚线链杆)、EF 三根链杆相联结,这三根链杆的延长线相交于一点 P。所以此体系是一个瞬变体系。

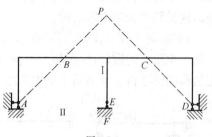

图 5-9

【例 5-4】 试对图 5-10a)所示体系进行几何组成分析。

【解】 方法一:用两刚片规则

（1）在图 5-10b)中,把铰接三角形 ABC 视为刚片 I,把铰接三角形 $A_1B_1C_1$ 视为刚片 II。

（2）刚片 I 和刚片 II 之间,用三根链杆 AA_1、BB_1、CC_1 相联结。

由两刚片规则可知体系为几何不变体系,且无多余约束。

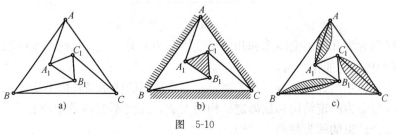

图 5-10

方法二:用三刚片规则

（1）在图 5-10c)中,分别选链杆 AA_1、BB_1、CC_1 为三个刚片。

（2）刚片 AA_1 和刚片 BB_1 之间由链杆 AB、A_1B_1 相联结;刚片 BB_1 与刚片 CC_1 之间由链杆 BC、B_1C_1 相联结;刚片 CC_1 与刚片 AA_1 之间由链杆 AC、A_1C_1 相联结。

由三刚片规则可知体系为几何不变体系,且无多余约束。

第三节　几何组成分析的应用

对体系进行几何组成分析,若为几何不变体系可作结构。其中,没有多余约束的几何不变体系为静定结构,有多余约束的几何不变体系为超静定结构。

静定结构、超静定结构的判定也可以通过另一种方式来确定。对于一个平衡的体系来说,可能列出独立平衡方程的数目是确定的。如果平衡体系的全部未知量(包括需要求出和不需要求出的)的数目,等于体系的独立的平衡方程的数目,能用静力学平衡方程求解全部未知量,则所研究的平衡问题是静定问题。这类结构称为静定结构。

例如,对图 5-11a)、图 5-11b)所示为无多余约束的几何不变体系,即无多余联系的结构,其未知的约束反力数目均为三个,每个结构可列三个独立的静力学平衡方程,所有未知力都可由平衡方程确定,是静定结构。

工程中为了减少结构的变形,增加其强度和刚度,常常在静定结构上增加约束,形成有多余约束的几何不变体系,即有多余联系的结构,从而增加了未知量的数目。未知量的数目大于独立的平衡方程的数目,仅用平衡方程不能求解出全部未知量,则所研究的问题为超静定问题。这类结构为超静定结构。

例如,图 5-12a)、图 5-12b)所示为有多余约束的几何不变体系,因为有多余联系,增加了未知约束反力的数目,仅用静力平衡方程无法求出全部未知约束反力,故为超静定结构。超静定结构的解法将在本书第十章中介绍。

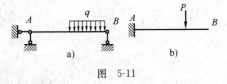

图 5-11

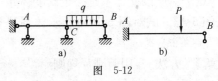

图 5-12

◀ 本 章 小 结 ▶

(1)体系可以分为几何不变体系和几何可变体系两大类。只有几何不变体系才能作结构,几何可变及瞬变体系不能作结构。

(2)几何不变体系组成规则有三条。满足这三条规则的体系是几何不变体系。

(3)结构可以分为静定结构和超静定结构两大类。几何不变体系中没有多余约束的称为静定结构,有多余约束的称为超静定结构。

◀ 复习思考题 ▶

1.什么是体系?什么是几何不变体系、几何可变体系、瞬变体系?工程中的结构不能使用哪些体系?

2.什么是约束?什么是必要约束?什么叫多余约束?几何可变体系就一定没有多余约束吗?

3.体系组成分析有哪几个基本规则?它们能够对所有的体系进行几何组成分析吗?

4.什么是几何组成分析?几何组成分析的目的是什么?

5.悬臂梁固定支座相当于几个约束？它可以用几根支座链杆来代替？

6.体系几何组成分析中,常用的等价代换是什么？

◀ 习 题 ▶

对题 5-1 图～题 5-8 图所示体系做几何组成分析。

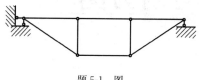

题 5-1 图

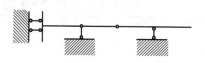

题 5-2 图

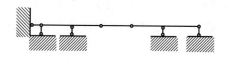

题 5-3 图

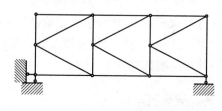

题 5-4 图

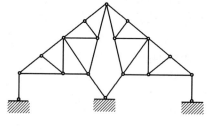

题 5-5 图

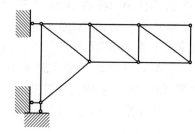

题 5-6 图

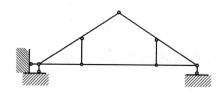

题 5-7 图

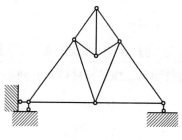

题 5-8 图

第六章
静定结构的内力与内力图

【能力目标、知识目标】

通过本章的学习,培养学生正确进行杆件的轴向拉伸(压缩)、剪切、扭转、弯曲四种基本变形的内力计算和内力图的绘制以及静定结构的内力计算。为学生熟练应用建筑力学知识进行结构荷载效应的计算奠定基础。

【学习要求】

(1)掌握构件轴向拉伸(压缩)变形时的内力计算及内力图的作法。

(2)掌握构件剪切和扭转变形时的内力计算及内力图的作法。

(3)掌握平面弯曲梁的内力计算及内力图的作法。

(4)掌握静定单跨梁、静定多跨连续梁的内力计算及内力图的作法。

(5)掌握静定刚架的内力计算及内力图的作法。

(6)掌握简单桁架的内力计算及内力图的作法。

第一节 轴向拉伸和压缩的内力和内力图

一 轴向拉伸和压缩的概念和实例

轴向拉伸与压缩是指杆件在其两端沿着轴线受到拉力而伸长或受到压力而缩短。

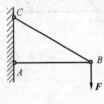
a)

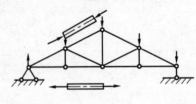
b)

图 6-1

在实际工程中,构件受到轴向拉伸或压缩的实例很多。如图 6-1a)所示的支架中,BC 和 AB 两杆就是受到轴向拉伸和轴向压缩的构件;又如图 6-1b)所示的屋架,上弦杆是压杆,下弦杆是拉杆。

⚫ 内力的概念

物体是由质点组成的,物体未受到外力作用时,各质点间本来就有相互作用力。物体在外力作用下,其内部各质点的相对位置将发生改变,其质点的相互作用力也会发生变化。这种相互作用力由于物体受到外力作用而引起的改变量,称为"附加内力",通常简称为内力。

显然,杆件的内力随外力的增加而增加,但是各个受力杆所能承受的内力是有一定限度的,超过了这一限度,杆件就会发生破坏,所以研究某一杆件的承载能力的大小,就必须研究其内力的大小。研究杆件的内力时,通常采用截面法。

⚫ 截面法 · 轴力 · 轴力图

用如图 6-2 所示的等直杆来介绍如何利用截面法求杆任一截面 m-m 上的内力。

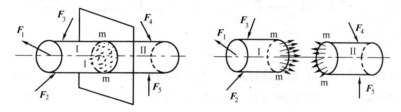

图 6-2

(1)截开

可用一假想的平面将杆件沿横截面 m-m 截成两段,任意保留其中一部分作为研究对象,而移去另一部分。

(2)代替(显示内力)

用作用在截面上的内力代替移去部分对保留部分的作用。

(3)平衡(确定内力)

作用在保留部分上的外力和内力使保留部分保持平衡,建立平衡方程,求得截面上内力的大小和方向。

现在介绍轴向拉压杆的内力——轴力。

如图 6-3a)所示为一受轴向拉力的等直杆,欲求该杆某一横截面 m-m 上的内力。

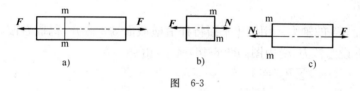

图 6-3

用截面法将杆件沿该截面截开,取左段杆(也可取右段杆)为研究对象,作用在横截面 m-m

上的内力,用 N 表示。可按照静力平衡条件:

$$\sum F_x = 0 \qquad N - F = 0$$

得

$$N = F$$

内力 N 的作用线沿着杆的轴线,称为该杆在横截面 m-m 上的轴力。杆件产生拉伸变形时,轴力的方向离开横截面;产生压缩变形时,轴力的方向指向横截面。通常规定:轴力的符号拉伸时取正号,压缩时取负号。轴力的单位为牛顿(N)或千牛顿(kN)。

【例 6-1】 如图 6-4a)所示为一变截面圆钢杆 $ABCD$ 称为阶梯杆。已知 $F_1 = 20\text{kN}$,$F_2 = 35\text{kN}$,$F_3 = 35\text{kN}$,求杆各横截面的轴力。

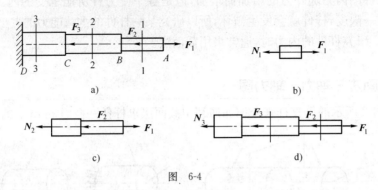

图 6-4

【解】 (1)求横截面 1-1 上的轴力。沿 1-1 截面将杆件假想地截开,取右段为隔离体。在 1-1 截面上假设轴力为拉力(正轴力),并用 N_1 表示,受力图如图 6-4b)所示,由静力平衡方程得:

$$\sum F_x = 0 \qquad N_1 - F_1 = 0$$

则

$$N_1 = F_1 = 20\text{kN}$$

计算结果为正,说明 1-1 截面上的轴力与图 6-4b)中假设的方向一致,即 1-1 截面上的轴力为拉力。

(2)求横截面 2-2 的轴力。沿横截面 2-2 将杆假想地截开,仍取右段,以 N_2 表示 2-2 截面上的轴力,并设为拉力,受力图如图 6-4c)所示,由

$$\sum F_x = 0 \qquad N_2 - F_1 + F_2 = 0$$

则

$$N_2 = F_1 - F_2 = 20 - 35 = -15\text{kN}$$

计算结果为负,说明 N_2 的实际方向与图中假设相反,即 2-2 截面上的轴力不是图中假设的拉力,而是压力。

(3)求横截面 3-3 的轴力。用假想平面将杆沿横截面 3-3 截开,仍取右段,以 N_3 表示 3-3 截面上的轴力,并设为拉力,受力图如图 6-4d)所示,由

$$\sum F_x = 0 \qquad N_3 - F_1 + F_2 + F_3 = 0$$

则

$$N_3 = F_1 - F_2 - F_3 = 20 - 35 - 35 = -50\text{kN}$$

计算结果为负,说明 N_3 的实际方向与图中假设相反,即 3-3 截面上的轴力是压力。

必须指出:在采用截面法之前,是不能随意使用力的可传性和力偶的可移性原理的。这是因为将外力移动后就改变了杆件的变形性质,并使内力也随之改变。

当杆件受到多于两个的轴向外力作用时,在杆的不同截面上轴力将不相同,在这种情况下,对杆件进行强度计算时,都要以杆的最大轴力作为依据。为此就必须知道杆的各个横截面上的轴力,以确定最大轴力。为了直观地看出轴力沿横截面位置的变化情况,可按选定的比例尺,用平行于轴线的坐标表示横截面的位置,用垂直于杆轴线的坐标表示各横截面轴力的大小,绘出表示轴力与截面位置关系的图线,称为轴力图。画图时,习惯上将正值的轴力画在上侧,负值的轴力画在下侧。

【例 6-2】 杆件受力如图 6-5a)所示。试求杆内的轴力并作出轴力图。

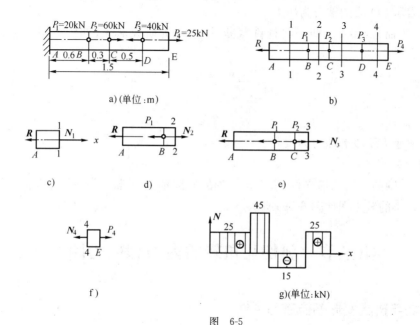

图 6-5

【解】 (1)为了计算方便,首先求出支座反力 R [见图 6-5b)],整个杆的平衡方程:

$$\sum F_x = 0$$
$$-R + 60 - 20 - 40 + 25 = 0$$
$$R = 25\text{kN}$$

(2)求各段杆的轴力

求 AB 段的轴力:用 1-1 截面将杆件在 AB 段内截开,取左段为研究对象,如图 6-5c)所示,以 N_1 表示截面上的轴力,并假设为拉力,由平衡方程:

$$\sum F_x = 0$$
$$-R + N_1 = 0$$
$$N_1 = R = 25\text{kN}$$

得正号,表示 AB 段的轴力为拉力。

求 BC 段的轴力:用 2-2 截面将杆件截断,取左段为研究对象,如图 6-5d)所示,由平衡方程：

$$\sum F_x = 0$$
$$-R + N_2 - 20 = 0$$
$$N_2 = 20 + R = 45\text{kN}$$

得正号，表示 BC 段的轴力为拉力。

求 CD 段的轴力：用 3-3 截面将杆件截断，取左段为研究对象，如图 6-5e)所示，由平衡方程：

$$\sum F_x = 0$$
$$-R - 20 + 60 + N_3 = 0$$
$$N_3 = -15\text{kN}$$

得负号，表示 CD 段的轴力为压力。

求 DE 段的轴力：用 4-4 截面将杆件截断，取右段为研究对象，如图 6-5f)所示，由平衡方程：

$$\sum F_x = 0$$
$$25 - N_4 = 0$$
$$N_4 = 25\text{kN}$$

得正号，表示 DE 段的轴力为拉力。

（3）画轴力图

以平行于杆轴的 x 轴为横坐标，垂直于杆轴的坐标轴为 N 轴，按一定比例将各段轴力标在坐标轴上，作出的轴力图如图 6-5g)所示。

第二节　剪切与扭转的内力和内力图

一　剪切与挤压变形的概念与实例

在工程上有很多受到剪切的构件，例如图 6-6a)所示的两块用铆钉连接起来的钢板，在其两端受到拉力 F 作用时，连接钢板的铆钉就是受到剪切的构件。从图 6-6b)可看出，铆钉的上下两段的相应侧面各受到合力为 F 的分布力的作用，而这两个合力 F 的大小相等，方向相反，其作用线之间的距离较小。铆钉中间部分的相邻截面产生相对错动，如图 6-6c)所示。这种变形称为剪切变形，变形时发生相对错动的平面，称为剪切面。当作用在钢板上的外力增加到一定数值时，铆钉就会被剪断。

对于承受剪切的构件，除了可能发生剪切破坏以外，还可能由于在局部较小的表面上受到较大的压力而破坏。如图 6-7a)、b)、c)所示，铆钉所受到的压力 F 是由于钢板孔壁压在铆钉的圆柱形表面上而产生的，这就使铆钉和钢板孔壁之间发生局部受压，称为挤压。引起挤压的压力称为挤压力，以 F_c 表示。由于挤压作用而引起的应力，称为挤压应力，以 σ_c 表示。若挤压应力过大，就会使接触处的局部区域发生塑性变形。这时如果钢板材料比铆钉材料"软"，钢板接触面就会压溃；反之，铆钉就会压溃。总之，两者连接松动，不能再安全正常使用。

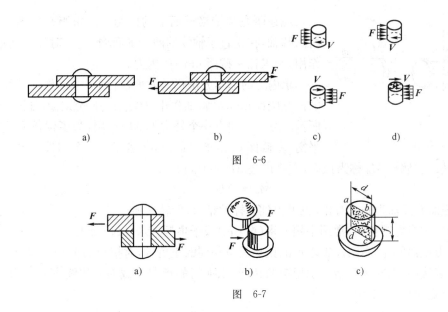

图 6-6

图 6-7

二 剪切变形时的内力

现在研究图 6-6a)所示的铆钉在外力作用下在剪切面上的内力。应用截面法,将铆钉假想地沿中间截面切开,分成上下两部分,如图 6-6c)所示,并取其中任一部分来研究。根据静力平衡条件可知,在剪切面上必有内力 V 作用,由于内力 V 与铆钉的剪切面平行,故称为剪力。由静力平衡条件得:

$$V = F$$

为了直观地看出剪力沿横截面位置的变化情况,需要绘制出剪力图。剪力图的绘制方法与轴力图相同,只是垂直于杆轴线的坐标表示各横截面剪力的大小,画图时,习惯上将正值的剪力画在上侧,负值的剪力画在下侧。

三 圆轴扭转时的内力

扭转是杆件的基本变形之一。在垂直于杆件轴线的两个平面内,作用一对大小相等、方向相反的力偶时,杆件就会产生扭转变形。扭转变形的特点是各横截面绕杆的轴线发生相对转动。杆件任意两横截面之间相对转过的角度 φ 称为扭转角,如图 6-8 所示。

工程中受扭的杆件是很多的,例如图 6-9a)、b)所示。工程中将以扭转变形为主要变形的杆件称为轴,这里只介绍圆轴扭转时的情况。

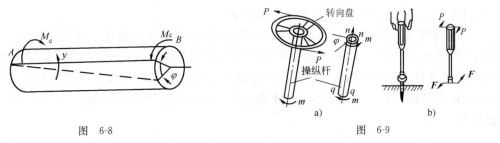

图 6-8

图 6-9

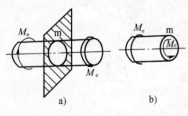

图 6-10

现在研究圆轴横截面上的内力——扭矩。如图 6-10a) 所示圆轴,在垂直于轴线的两个平面内,受一对外力偶矩 M_e 作用,现求任一截面 m-m 的内力。

求内力的基本方法仍是截面法,用一个假想横截面在轴的任意位置 m-m 处将轴截开,取左段为研究对象,如图 6-10b) 所示。由于左端有一个外力偶 M_e 作用,为了保持左段轴的平衡,左截面 m-m 的平面内,必然存在一个与外力偶相平衡的内力偶,其内力偶矩 M_n 称为扭矩,大小由 $\sum M_x = 0$,得:

$$M_n = M_e$$

如取 m-m 截面右段轴为研究对象,也可得到同样的结果,但转向相反。

扭矩的单位与力矩相同,常用牛顿·米(N·m)或千牛顿·米(kN·m)。

为了使由截面的左、右两段轴求得的扭矩具有相同的正负号,对扭矩的正、负作如下规定:采用右手螺旋法则,以右手四指表示扭矩的转向,当拇指的指向与截面外法线方向一致时,扭矩为正号;反之为负号,如图 6-11 所示。

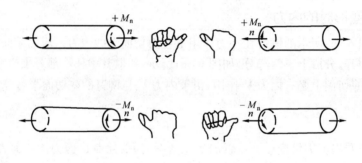

图 6-11

第三节 平面弯曲梁的内力和内力图

一 平面弯曲梁的受力特点

弯曲变形是工程中最常见的一种基本变形,例如房屋建筑中的楼面梁和阳台挑梁,受到楼面荷载和梁自重的作用,将发生弯曲变形,如图 6-12a)、c)所示。杆件受到垂直于轴线的外力作用或纵向平面内力偶的作用,杆件的轴线由直线变成了曲线,如图 6-12b)、d)所示。因此,工程上将以弯曲变形为主要变形的杆件称为梁。

工程中常见的梁都具有一根对称轴,对称轴与梁轴线所组成的平面,称为纵向对称平面,如图 6-13 所示。如果作用在梁上的所有外力都位于纵向对称平面内,梁变形后,轴线将在纵向对称平面内弯曲,成为一条曲线。这种梁的弯曲平面与外力作用面相重合的弯曲,称为平面弯曲。它是最简单、最常见的弯曲变形。本节将讨论等截面直梁的平面弯曲问题。

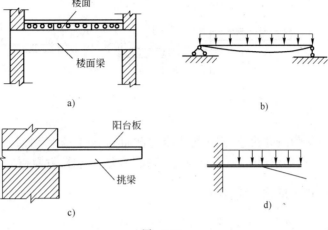

图　6-12

工程中常见的梁有三种形式：

(1)悬臂梁。梁一端为固定端，另一端为自由端，如图 6-14a)所示。

(2)简支梁。梁一端为固定铰支座，另一端为可动铰支座，如图 6-14b)所示。

(3)外伸梁。梁一端或两端伸出支座的简支梁，如图 6-14c)所示。

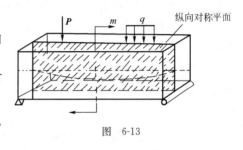

图　6-13

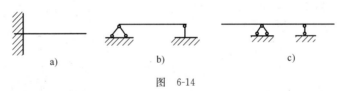

图　6-14

二　截面法求平面弯曲梁的内力

(一)剪力和弯矩

现以图 6-15a)所示简支梁为例，荷载 F 和支座反力 R_A、R_B 是作用在梁的纵向对称平面内的平衡力系。我们用截面法分析任一截面 m-m 上的内力。假想将梁沿 m-m 截面分为两段，取左段为研究对象，从图 6-15b)可见，因有支座反力 R_A 作用，为使左段满足 $\sum Y = 0$，截面 m-m 上必然有与 R_A 等值、平行且反向的内力 V 存在，这个内力 V 称为剪力。同时，因 R_A 对截面 m-m 的形心 O 点有一个力矩 $R_A \cdot a$ 的作用，为满足 $\sum M_O = 0$，截面 m-m 上也必然有一个与力矩 $R_A \cdot a$ 大小相等且转向相反的内力偶矩 M 存在，这个内力偶矩 M 称为弯矩。由此可见，梁发生弯曲时，横截面上同时存在着两个内力，即剪力和弯矩。

剪力和弯矩的大小，可由左段梁的静力平衡方程求得，即

$$\sum Y = 0, R_A - V = 0, 得 V = R_A$$
$$\sum M_O = 0, R_A \times a - M = 0, 得 M = R_A \cdot a$$

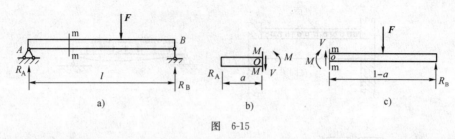

图 6-15

如果取右段梁作为研究对象,同样可以求得截面 m-m 上的 V 和 M,根据作用与反作用力的关系,它们与从右段梁求出 m-m 截面上的 V 和 M 大小相等,方向相反,如图 6-15c)所示。

(二)剪力和弯矩的正、负号的规定

为了使从左、右两段梁求得同一截面上的剪力 V 和弯矩 M 具有相同的正负号,并考虑到土建工程上的习惯要求,对剪力和弯矩的正负号特作如下规定:

(1)剪力的正负号:使梁段有顺时针转动趋势的剪力为正[见图 6-16a)];反之,为负[见图 6-16b)]。

(2)弯矩的正负号:使梁段产生下侧受拉的弯矩为正[见图 6-17a)];反之,为负[见图 6-17b)]。

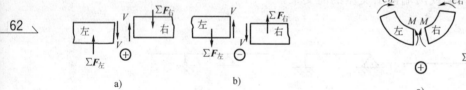

图 6-16   图 6-17

(三)用截面法计算指定截面上的剪力和弯矩

用截面法求指定截面上的剪力和弯矩的步骤如下:

(1)计算支座反力。

(2)用假想的截面在需求内力处将梁截成两段,取其中任一段为研究对象。

(3)画出研究对象的受力图(截面上的 V 和 M 都先假设为正方向)。

(4)建立平衡方程,解出内力。

【例 6-3】 简支梁如图 6-18a)所示。已知 $F_1 = 30\text{kN}$,$F_2 = 30\text{kN}$,试求截面 1-1 上的剪力和弯矩。

【解】 (1)求支座反力,考虑梁的整体平衡:

$$\sum M_B = 0 \qquad F_1 \times 5 + F_2 \times 2 - R_A \times 6 = 0$$
$$\sum M_A = 0 \qquad -F_1 \times 1 - F_2 \times 4 + R_B \times 6 = 0$$

得

$$R_A = 35\text{kN}(\uparrow) \qquad R_B = 25\text{kN}(\uparrow)$$

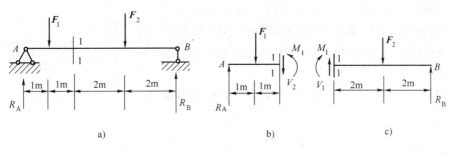

图 6-18

校核

$$\sum Y = R_A + R_B - F_1 - F_2 = 35 + 25 - 30 - 30 = 0$$

(2)求截面1-1上的内力

在截面1-1处将梁截开,取左段梁为研究对象,画出其受力图,内力 V_1 和 M_1 均先假设为正方向[见图6-18b)],列平衡方程

$$\sum Y = 0 \qquad R_A - F_1 - V_1 = 0$$

$$\sum M_1 = 0 \qquad -R_A \times 2 + F_1 \times 1 + M_1 = 0$$

得

$$V_1 = R_A - F_1 = 35 - 30 = 5kN$$

$$M_1 = R_A \times 2 - F_1 \times 1 = 35 \times 2 - 30 \times 1 = 40kN \cdot m$$

求得的 V_1 和 M_1 均为正值,表示截面1-1上内力的实际方向与假定的方向相同;按内力的符号规定,剪力、弯矩都是正的。所以,画受力图时一定要先假设内力为正方向,由平衡方程求得结果的正负号,就能直接代表内力本身的正负。

如取1-1截面右段梁为研究对象[见图6-18c)],可得出同样的结果。

三 平面弯曲梁的内力图——剪力图和弯矩图

(一)剪力方程和弯矩方程

梁内各截面上的剪力和弯矩一般随着截面的位置而变化。若横截面的位置用沿梁轴线的坐标 x 来表示,则各横截面上的剪力和弯矩都可以表示为坐标 x 的函数,即

$$V = V(x)$$

$$M = M(x)$$

以上两个函数式表示梁内剪力和弯矩沿梁轴线的变化规律,分别称为剪力方程和弯矩方程。

(二)剪力图和弯矩图

为了形象地表示剪力和弯矩沿梁轴线的变化规律,可以根据剪力方程和弯矩方程分别绘制剪力图和弯矩图。以沿梁轴线的横坐标 x 表示梁横截面的位置,以纵坐标表示相应横截面

上的剪力或弯矩。在土建工程中,习惯上把正剪力画在 x 轴上方,负剪力画在 x 轴下方;而把弯矩图画在梁受拉的一侧,即正弯矩画在 x 轴下方,负弯矩画在 x 轴上方,如图 6-19 所示。

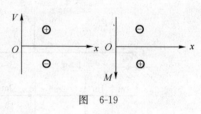

图 6-19

【例 6-4】 以图 6-20a)所示简支梁为例,作其剪力图和弯矩图。

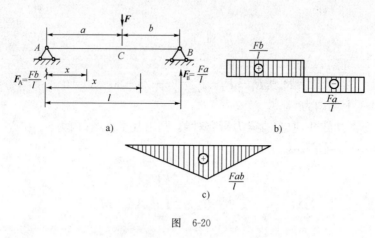

图 6-20

【解】 (1)作剪力图。AC 段梁的剪力方程为:

$$V(x) = \frac{Fb}{l} \quad (0 < x < a)$$

即 V 是一正的常数,因此可用一条水平直线表示。同理,画在横坐标轴上的 CB 段梁的剪力方程为:

$$V(x) = -\frac{Fa}{l} \quad (a < x < l)$$

即 V 是一负的常数,也可用一条水平直线表示,画在横坐标轴的下边。这样,所得整个梁的剪力图是由两个矩形所组成[见图 6-20b)]。如果 $a > b$,则最大剪力(指绝对值)将发生在 CB 段梁的横截面上,数值为:

$$|V|_{\max} = \frac{Fa}{l}$$

(2)作弯矩图[见图 6-20c)]。AC 段梁的弯矩方程为:

$$M(x) = \frac{Fb}{l}x \quad (0 \leqslant x \leqslant a)$$

这是一直线方程,只要求出该直线上的两点弯矩,就可作图。在 $x = 0$ 处,$M = 0$;在 $x = a$ 处,$M = \frac{Fab}{l}$。由此即可画出 AC 段梁的弯矩图。

CB 段梁的弯矩方程为:

$$M(x) = \frac{Fa}{l}(l - x) \quad (a \leqslant x \leqslant l)$$

这也是一直线方程。在 $x = a$ 处,$M = \frac{Fab}{l}$;在 $x = l$ 处,$M = 0$。由此即可画出 CB 段

梁的弯矩图。

所得整个梁的弯矩图为一个三角形,如图 6-20c)所示。最大弯矩发生在集中力 F 的作用点处的横截面上,其值为 $M_{max} = \dfrac{Fab}{l}$。

【例 6-5】 简支梁受均布荷载作用,如图 6-21a)所示,试画出梁的剪力图和弯矩图。

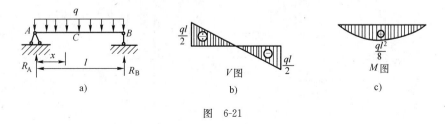

图 6-21

【解】 (1)求支座反力

因对称关系,可得:

$$R_A = R_B = \frac{1}{2}ql(\uparrow)$$

(2)列剪力方程和弯矩方程

取距 A 点(坐标原点)为 x 处的任意截面,则梁的剪力方程和弯矩方程为:

$$V(x) = R_A - qx = \frac{1}{2}ql - qx(0 < x < l) \tag{a}$$

$$M(x) = R_A x - \frac{1}{2}qx^2 = \frac{1}{2}qlx - \frac{1}{2}qx^2(0 \leqslant x \leqslant l) \tag{b}$$

(3)画剪力图和弯矩图

由式(a)可见,$V(x)$ 是 x 的一次函数,即剪力方程为一直线方程,剪力图是一条斜直线。

当 $x = 0$ 时　　$V_A = \dfrac{ql}{2}$

当 $x = l$ 时　　$V_B = -\dfrac{ql}{2}$

根据这两个截面的剪力值,画出剪力图,如图 6-21b)所示。

由式(b)知,$M(x)$ 是 x 的二次函数,说明弯矩图是一条二次抛物线,应至少计算三个截面的弯矩值,才可描绘出曲线的大致形状。

当 $x = 0$ 时　　　　　　　　$M_A = 0$

当 $x = \dfrac{l}{2}$ 时　　　　　　　$M_C = \dfrac{ql^2}{8}$

当 $x = l$ 时　　　　　　　　$M_B = 0$

根据以上计算结果,画出弯矩图,如图 6-21c)所示。

从剪力图和弯矩图中可得结论:在均布荷载作用的梁段,剪力图为斜直线,弯矩图为二次抛物线。在剪力等于零的截面上弯矩有极值。

四 荷载与剪力、弯矩的微分关系

如图 6-22a)所示,梁上作用任意的分布荷载 $q(x)$,设 $q(x)$ 以向上为正。取 A 为坐标原点,x 轴以向右为正。现取分布荷载作用下的一微段 dx 来研究,如图 6-22b)所示。

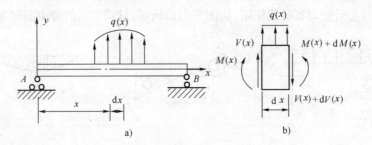

图 6-22

由于微段的长度 dx 非常小,因此,在微段上作用的分布荷载 $q(x)$ 可以认为是均布的。微段左侧横截面上的剪力是 $V(x)$、弯矩是 $M(x)$;微段右侧截面上的剪力是 $V(x)+dV(x)$,弯矩是 $M(x)+dM(x)$,并设它们都为正值。考虑微段的平衡,由

$$\sum Y = 0 \qquad V(x)+q(x)dx-[V(x)+dV(x)] = 0$$

得
$$\frac{dV(x)}{dx} = q(x) \tag{6-1}$$

结论一:梁上任意一横截面上的剪力对 x 的一阶导数等于作用在该截面处的分布荷载集度。这一微分关系的几何意义是:剪力图上某点切线的斜率等于相应截面处的分布荷载集度。

再由 $\sum M_c = 0 - M(x) - V(x)dx - q(x)dx\dfrac{dx}{2} + [M(x)+dM(x)] = 0$

上式中,C 点为右侧横截面的形心,经过整理,并略去二阶微量 $q(x)\dfrac{dx^2}{2}$ 后得:

$$\frac{dM(x)}{dx} = V(x) \tag{6-2}$$

结论二:梁上任一横截面上的弯矩对 x 的一阶导数等于该截面上的剪力。这一微分关系的几何意义是:弯矩图上某点切线的斜率等于相应截面上剪力。

将式(6-2)两边求导,可得:

$$\frac{d^2M(x)}{dx^2} = q(x) \tag{6-3}$$

结论三:梁上任一横截面上的弯矩对 x 的二阶导数等于该截面处的分布荷载集度。这一微分关系的几何意义是,弯矩图上某点的曲率等于相应截面处的荷载集度,即由分布荷载集度的正负可以确定弯矩图的凹凸方向。

第四节 多跨静定梁的内力和内力图

多跨静定是由几根梁用铰相联,并于基础相联而组成的静定结构,图 6-23a)为一用于公路桥的多跨静定梁,图 6-23b)为其计算简图。

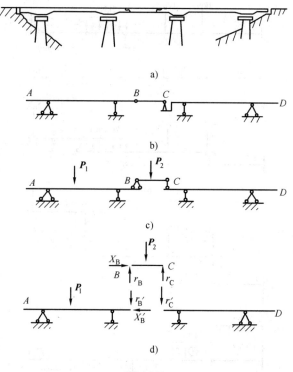

图 6-23

从几何组成上看,多跨静定梁可以分为基本部分和附属部分。如上述多跨静定梁,其中 AB 部分与 CD 部分均不依赖其他部分可独立地保持其几何不变性,我们称为基本部分,而 BC 部分则必需依赖基本部分才能维持其几何不变性,故称为附属部分。

为更清晰地表明各部分间的支承关系,可以把基本部分画在下层,而把附属部分画在上层,如图 6-23c)所示,称为层叠图。

从受力分析来看,当荷载作用于基本部分上时,将只有基本部分受力,附属部分不受力。当荷载作用于附属部分上时,不仅附属部分受力,而且附属部分的支承反力将反向作用于基本部分上,因而使基本部分也受力。由上述关系所知,在计算多跨静定梁时,因先求解附属部分的内力和反力,然后求解基本部分的内力和反力。可简便地称为:先附属部分,后基本部分。而每一部分的内力、反力计算与相应的单跨梁计算完全相同。

【例 6-6】 试作图 6-24a)所示多跨梁的内力图,并求出 C 支座反力。

【解】 由几何组成分析可知,AB 为基本部分,BCD 、DEF 均为附属部分,求解顺序为先 DEF ,后 BCD ,再 AB 。画出层次图如图 6-24b)所示。

按顺序先求出各区段支承反力,标示于图 6-24c)中,然后按上述方法逐段作出梁的剪力图和弯矩图,如图 6-24d)、图 6-24e)所示。

C 支座反力,可由图 6-24c)图中直接得到;另一种求 C 支座反力的方法,可取接点 C 为脱离体,如图 6-24f)所示,由 $\sum Y = 0$,可得:

$$Y_c = 5.5 + 3 = 8.5\text{kN}$$

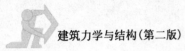

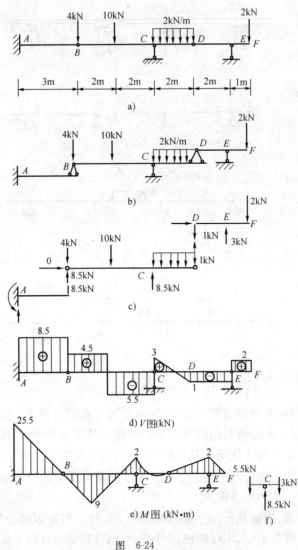

图 6-24

第五节 静定平面刚架的内力和内力图

刚架是由直杆组成的具有刚结点的结构。各杆轴线和外力作用线在同一平面内的刚架称为平面刚架。刚架整体性好,内力较均匀,杆件较少,内部空间较大,所以在工程中得到广泛应用。

静定平面刚架常见的形式有悬臂刚架、简支刚架及三铰刚架等,分别如图 6-25~图 6-27所示。

从力学角度看,刚架可看作由梁式杆件通过刚性结点联结而成。因此,刚架的内力计算和内力图绘制方法基本上与梁相同。但在梁中内力一般只有弯矩和剪力,而在刚架中除弯矩和剪力外,尚有轴力。其剪力和轴力正负号规定与梁相同,剪力图和轴力图可以绘在杆件的任一侧,但必须注明正、负号。刚架中,杆件的弯矩通常不规定正、负,计算时可任意假设一侧受拉为正,根据计算结果来确定受拉的一侧,弯矩图绘在杆件受拉边而不注正、负号。

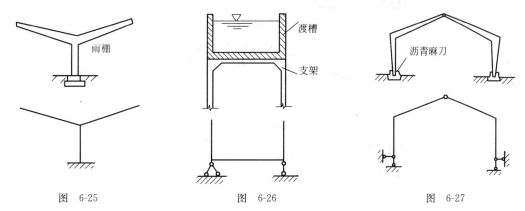

图 6-25　　　　　　　图 6-26　　　　　　　图 6-27

静定刚架计算时,一般先求出支座反力,然后求各控制截面的内力,再将各杆内力画竖标、联线即得最后内力图。

悬臂式刚架可以先不求支座反力,从悬臂端开始依次截取至控制面的杆段为脱离体,求控制截面内力。

简支式刚架可由整体平衡条件求出支座反力,从支座开始依次截取至控制截面的杆段为脱离体,求控制截面内力。

三铰刚架有四个未知支座反力,由整体平衡条件可求出两个竖向反力,再取半跨刚架,对中间铰接点处列出力矩平衡方程,即可求出水平支座反力,然后求解各控制截面的内力。当刚架系由基本部分与附臂部分组成时,亦遵循先附属部分后基本部分的计算顺序。

为明确地表示刚架上的不同截面的内力,尤其是区分汇交于同一结点的各杆截面的内力,一般在内力符号右下角引用两个角标:第一个表示内力所属截面,第二个表示该截面所属杆件的远端。例如,M_{AB} 表示 AB 杆 A 端截面的弯矩,V_{CA} 表示 AC 杆 C 端截面的剪力等。

【例 6-7】　求图 6-28a)所示悬臂刚架的内力图。

【解】　此刚架为悬臂刚架,可不必先求支座反力。

取 BC 为脱离体,如图 6-28b)所示,列平衡方程:

$\sum X=0$　　　　　$N_{BC}=0$

$\sum Y=0$　　　　　$V_{BC}=-5\times2=-10kN$

$\sum M_B=0$　　　　$M_{BC}=5\times2\times1=10kN\cdot m$(上侧受拉)

取 BD 为脱离体,如图 6-28c)所示,列平衡方程:

$\sum X=0$　　　　　$N_{BD}=0$

$\sum Y=0$　　　　　$V_{BD}=10kN$

$\sum M_B=0$　　　　$M_{BD}=10\times2=20kN\cdot m$(上侧受拉)

取 CBD 为脱离体,如图 6-28d)所示,列平衡方程:

$\sum X=0$　　　　　$V_{BA}=0$

$\sum Y=0$　　　　　$N_{BA}=-5\times2-10=-20kN$

$\sum M_B=0$　　　　$M_{BA}=5\times2\times1-10\times2=-10kN\cdot m$(左侧受拉)

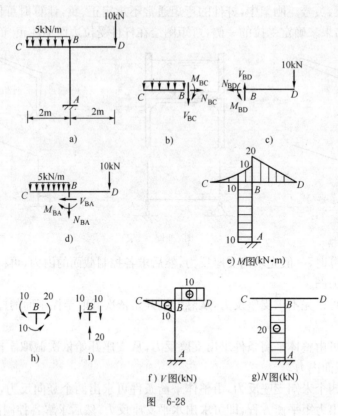

图 6-28

将上述内力绘图即可得弯矩图、剪力图、轴力图,如图 6-28e)、f)、g)所示。

将 B 接点进行弯矩、剪力、轴力的校核,如图 6-28h)、i)所示,可知弯矩、剪力、轴力均满足平衡条件。

【例 6-8】 求图 6-29a)所示刚架的内力图。

【解】 (1)求支座反力

此刚架为简支式刚架,考虑整体平衡,可得:

$\sum X=0$ $X_A=4\times 8=32kN$

$\sum M_A=0$ $4\times 8\times 4+10\times 3-R_B\times 6=0, R_B=26.3kN(\uparrow)$

$\sum Y=0$ $Y_A=R_B-10=26.3-10=16.3kN(\downarrow)$

(2)求各控制截面的内力

A、B、C、D、E 均为控制点,其中 C 点汇交了三根杆件,因此该点有三个控制截面,分别取 CD、CB、CA 为脱离体,根据平衡条件即可求出各控制截面的内力如下:

$$M_{CD}=\frac{1}{2}\times 4\times 4^2=32kN\cdot m(左侧受拉)$$

$$V_{CD}=4\times 4=16kN$$

$$N_{CD}=0$$

$$M_{CB}=26.33\times 6-10\times 3=128.0kN\cdot m(下侧受拉)$$

$$V_{CB}=26.3-10=16.3kN$$

$$N_{CB}=0$$
$$M_{CA}=32\times4-4\times4\times2=96\text{kN}\cdot\text{m}(右侧受拉)$$
$$V_{CA}=32-4\times4=16\text{kN}$$
$$N_{CA}=16.3\text{kN}$$

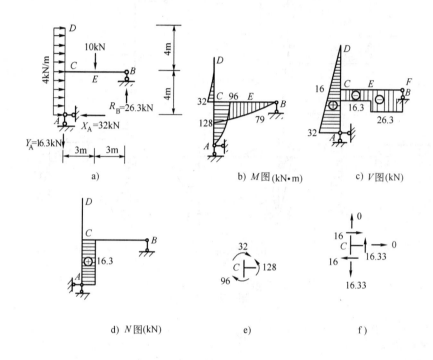

图　6-29

（3）绘内力图

CD 杆为一悬臂杆,其内力图可按悬臂梁绘出。

AC 杆和 CB 杆均可先绘出 CA 截面和 CB 截面的竖标,再根据叠加法即可绘出 M 图,如图 6-29b)所示。

剪力图可根据各支座反力求出杆件近支座端的剪力,然后与已求出的控制截面剪力连线绘图。轴力图也可同理绘出,如图 6-29c)、d)所示。

（4）校核:内力图作出后应该进行校核。对弯矩图,通常是检查刚接点处是否满足力矩平衡条件。例如,取 C 结点为脱离体,如图 6-29e)所示有:

$$\sum M_{C}=32-128+96=0$$

可见,接点 C 满足弯矩平衡条件。

为校核剪力和轴力是否正确,可取刚架的任何部分为脱离体,检验 $\sum X=0$ 和 $\sum Y=0$ 是否满足。例如取 C 接点为脱离体,如图 6-29f)所示有:

$$\sum X=16-16=0$$
$$\sum Y=16.33-16.33=0$$

故知,此结点投影平衡条件无误。

【例 6-9】 试作图 6-30a)所示三铰刚架的内力图。

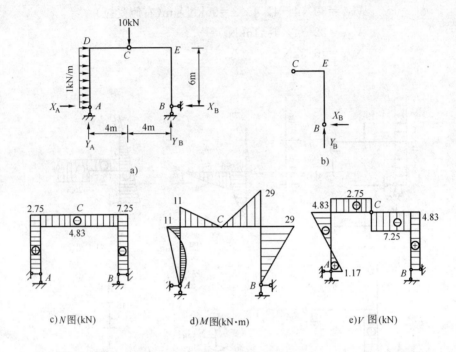

图　6-30

【解】 (1)求支座反力

由整体平衡条件得:

$$\sum M_A = 0 \quad 1 \times 6 \times 3 + 10 \times 4 - Y_B \times 8 = 0, Y_B = 7.25 \text{kN}(\uparrow)$$

$$\sum Y = 0 \quad Y_A = 10 - Y_B = 10 - 7.25 = 2.75 \text{kN}(\uparrow)$$

$$\sum X = 0 \quad X_A + 1 \times 6 - X_B = 0, X_A = X_B - 6$$

再取 CB 为脱离体,如图 6-30b)所示,由 $\sum M_C = 0$,得:

$$X_B \times 6 - Y_B \times 4 = 0$$

$$X_B = \frac{Y_B \times 4}{6} = \frac{7.25 \times 4}{6} = 4.83 \text{kN}$$

$$X_A = X_B - 6 = 4.83 - 6 = -1.17 \text{kN}$$

(2)求 D、E 各控制截面的内力如下:

$$M_{DA} = 1 \times 6 \times 3 - 1.17 \times 6 = 11 \text{kN} \cdot \text{m}(左侧受拉)$$

$$V_{DA} = -1 \times 6 - (-1.17) = -4.83 \text{kN}$$

$$N_{DA} = -Y_A = -2.75 \text{kN}$$

$$M_{DC} = 11 \text{kN} \cdot \text{m}(上侧受拉)$$

$$V_{DC} = Y_A = 2.75 \text{kN}$$

$$N_{DC} = -1 \times 6 + 1.17 = -4.83 \text{kN}$$

$$M_{EB} = X_B \times 6 = 4.83 \times 6 = 29 \text{kN} \cdot \text{m}(右侧受拉)$$

$$V_{EB} = X_B = 4.83 \text{kN}$$

$$N_{EB} = -Y_B = -7.25\text{kN}$$
$$M_{EC} = X_B \times 6 = 4.83 \times 6 = 29\text{kN} \cdot \text{m}(\text{右侧受拉})$$
$$V_{EC} = -Y_B = -7.25\text{kN}$$
$$N_{EC} = -X_B = -4.83\text{kN}$$

　　根据以上截面内力,用叠加法即可绘出刚架的轴力图、弯矩图、剪力图分别如图 6-30c)、d)、e)所示。

第六节　静定平面桁架的内力

一 桁架的特点

　　梁和刚架结构的主要内力是弯矩,由弯矩引起的杆件截面上的正应力是不均匀的,在截面上受压区与受拉区边缘的正应力最大,而靠近中性轴上的应力较小,这就造成中性轴附近的材料不能被充分利用。而桁架结构是由很多杆件通过铰结点连接而成的结构,各个杆件内主要受到轴力的作用,截面上应力分布较为均匀,因此其受力较合理。工业建筑及大跨度民用建筑中的屋架、托架、檩条等常常采用桁架结构。

　　在实际结构中,桁架的受力情况较为复杂,为简化计算,同时又不至于与实际结构产生较大的误差,桁架的计算简图常常采用下列假定:

　　(1)联结杆件的各结点,是无任何摩擦的理想铰。

　　(2)各杆件的轴线都是直线,都在同一平面内,并且都通过铰的中心。

　　(3)荷载和支座反力都作用在结点上,并位于桁架平面内。

　　满足上述假定的桁架称为理想桁架,在绘制理想桁架的计算简图时,应以轴线代替各杆件,以小圆圈代替铰结点。如图 6-31 所示为一理想桁架的计算简图。

　　实际桁架的情况并不完全与上述情况相符。例如,钢筋混凝土桁架中各杆端是整浇在一起的,钢桁架是通过节点板焊接或铆接的,在节点处必然存在一定的刚度,其结点并非理想铰。另外各杆件的初始弯曲是不可避免的,由一个结点连接的各杆件轴线并不能都交于一点,杆件自重、风荷载等也并非作用于结点上等,所有这些都会在杆件内产生弯矩和剪力,我们称这些内力为附加内力。理想

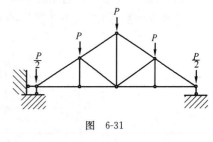

图　6-31

桁架的内力(只有轴力)叫主内力,由于附加内力的值较小,对杆件的影响也较小,因此桁架的内力分析主要考虑主内力的影响,而忽略附加内力。这样的分析结果符合计算精度的要求。

二 用结点法与截面法计算桁架的内力

　　计算桁架内力的基本方法仍然是先取隔离体,然后根据平衡方程求解,即为所求内力。当所取隔离体仅包含一个结点时,这种方法叫结点法;当所取隔离体包含两个或两个以上结点时,这种方法叫截面法。

(一)用结点法计算桁架的内力

作用在桁架某一结点上的各力(包括荷载、支座反力、各杆轴力)组成了一个平面汇交力系,根据平衡条件可以对该力系列出两个平衡方程,因此作为隔离体的结点,最多只能包含两个未知力。在实际计算时,可以先从未知力不超过两个的结点计算,求出未知杆的内力后,再以这些内力为已知条件依次进行相邻结点的计算。

计算时一般先假设杆件内力为拉力,如果计算结果为负值,说明杆件内力为压力。

在桁架中,有时会出现轴力为零的杆件,它们被称为零杆。在计算之前先断定出哪些杆件为零杆,哪些杆件内力相等,可以使后续的计算大大简化。在判别时,可以依照下列规律进行。

(1)对于两杆结点,当没有外力作用于该结点上时,则两杆均为零杆,如图 6-32a)所示;当外力沿其中一杆的方向作用时,该杆内力与外力相等,另一杆为零杆,如图 6-32b)所示。

(2)对于三杆结点,若其中两杆共线,当无外力作用时,则第三杆为零杆,其余两杆内力相等,且内力性质相同(均为拉力或压力),如图 6-32c)所示。

(3)对于四杆结点,当杆件两两共线,且无外力作用时,则共线的各杆内力相等,且性质相同,如图 6-32d)所示。

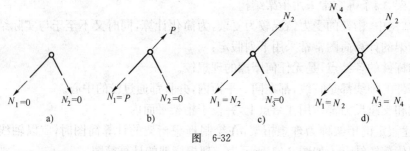

图 6-32

下面通过例题说明结点法的应用。

【例 6-10】 用结点法计算如图 6-33a)所示桁架中各杆的内力。

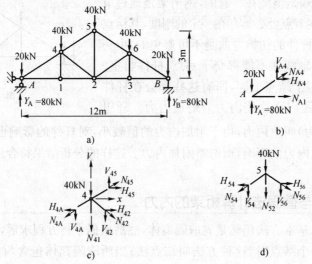

图 6-33

【解】 由于桁架和荷载都是对称的,支座反力和相应杆的内力也必然是对称的,所以只需计算半个桁架中各杆的内力即可。

(1)计算支座反力

$$Y_A = Y_B = \frac{1}{2}(3 \times 40 + 2 \times 20) = 80\text{kN}$$

(2)计算各杆内力

由于 A 结点只有两个未知力,故先从 A 结点开始计算。

A 结点,如图 6-33b)所示,得:

$$\sum Y = 0 \Rightarrow Y_A - 20 + V_{A4} = 0$$

$$V_{A4} = -60\text{kN}$$

$$N_{A4} = \frac{\sqrt{3^2 + 6^2}}{3} V_{A4} = -60 \times \sqrt{5} = -134.16\text{kN(压力)}$$

$$\sum X = 0 \Rightarrow N_{A1} + H_{A4} = 0$$

$$N_{A1} = -H_{A4} = -\frac{6}{3\sqrt{5}} N_{A4} = \frac{6}{3\sqrt{5}} \times 60 \times \sqrt{5} = 120\text{kN(拉力)}$$

以 1 结点为隔离体,可以断定 14 杆为零杆,A1 杆与 12 杆内力相等,性质相同,即

$$N_{12} = N_{A1} = 120\text{kN(拉力)}$$

以 4 结点为隔离体,如图 6-33c)所示,得:

$$\sum Y = 0 \Rightarrow V_{45} - P - V_{42} - N_{41} - V_{4A} = 0$$

$$\sum X = 0 \Rightarrow H_{45} + H_{42} - H_{4A} = 0$$

将

$$H_{45} = \frac{2}{\sqrt{5}} N_{45}, \quad V_{45} = \frac{1}{\sqrt{5}} N_{45}$$

$$H_{42} = \frac{2}{\sqrt{5}} N_{42}, \quad V_{42} = \frac{1}{\sqrt{5}} N_{42}$$

$$H_{A4} = \frac{2}{\sqrt{5}} N_{A4}, \quad V_{A4} = \frac{1}{\sqrt{5}} N_{A4}$$

$$N_{41} = 0$$

代入两式得:

$$N_{45} - N_{42} = \frac{40 \times 3\sqrt{5}}{3} + (-134.16)$$

$$N_{45} + N_{42} = -131.16$$

联立求解得:

$$N_{42} = -44.7\text{kN(压力)}$$

$$N_{45} = -89.5\text{kN(压力)}$$

以结点 5 为隔离体,如图 6-33d)所示,得:

由于对称性,所以 $N_{56} = N_{54}$。

$$\sum Y = 0 \Rightarrow V_{54} + V_{56} + N_{52} + 40 = 0$$

$$2V_{54} + N_{52} + 40 = 0$$

$$N_{52} = -40 - 2 \times \frac{1}{\sqrt{5}} \times (-89.5) = 40\text{kN}(拉力)$$

(3)校核

以结点 6 为隔离体进行校核,可以满足平衡方程。

(二)用截面法计算桁架各杆的内力

用一假想截面将桁架分为两部分,其中任一部分桁架上的各力(包括外荷载、支座反力、各截断杆件的内力),组成一个平衡的平面一般力系,根据平衡条件,对该力系列出平衡方程,即可求解被截断杆件的内力。利用截面法计算桁架中各杆件内力时,最多可以列出两个投影方程和一个力矩方程,即

$$\sum X = 0$$
$$\sum Y = 0$$
$$\sum M = 0$$

所以在用截面法计算桁架内力时,在所有被截断的杆件中,应包含最多不超过三根未知内力的杆件。

有些特殊情况下,某些个别杆件的内力可以通过单个的平衡方程直接求解。

【例 6-11】 如图 6-34a)所示的平行弦桁架,试求 a、b 杆的内力。

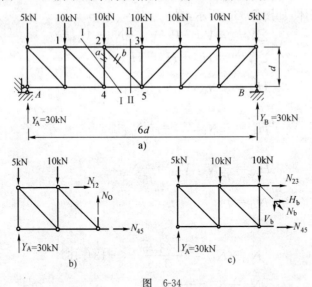

图 6-34

【解】 (1)求支座反力

$$\sum Y = 0 \Rightarrow Y_A = Y_B = \frac{1}{2}(2 \times 5 + 5 \times 10) = 30\text{kN}$$

(2)求 a 杆内力

作 I-I 截面将 12 杆、a 杆、45 杆截断,如图 6-34a)所示,并取左半跨为隔离体,如图 6-34b)所示,由于上、下弦平行,故

$$\sum Y = 0 \Rightarrow N_a + Y_A - 5 - 10 = 0$$

$$N_a = 5 + 10 - 30 = -15\text{kN}(压力)$$

(3)求 b 杆内力

作Ⅱ-Ⅱ截面将 23 杆、b 杆、45 杆截断,如图 6-34a)所示,并取左半跨为隔离体,如图 6-34c)所示,计算如下:

$$\sum Y = 0 \Rightarrow Y_A - V_b - 5 - 10 - 10 = 0$$
$$V_b = 30 - 5 - 10 - 10 = 5\text{kN}$$

根据 N_b 与其竖向分量 V_b 的比例关系,可以求得:

$$N_b = \sqrt{2}V_b = 7.07\text{kN}(拉力)$$

(三)结点法与截面法的联合应用

对于一些简单桁架,单独使用结点法或截面法求解各杆内力是可行的,但是对于一些复杂桁架,将结点法和截面法联合起来使用则更方便。如图 6-35 所示,欲求图 6-35 中 a 杆的内力,如果只用结点法计算,不论取哪个结点为隔离体,都有三个以上的未知力,无法直接求解(如取 5 结点为隔离体,就有三个未知力,无法直接求解);如果图 6-35 只用截面法计算,也需要解联立方程。为简化计算,可以先作Ⅰ-Ⅰ截面,如图 6-35 所示,取右半部分为隔离体,由于被截的四杆中,有三杆平行,故可先求 $1B$ 杆的内力,然后以 B 结点为隔离体,可较方便地求出 $3B$ 杆的内力,再以 3 结点为隔离体,即可求得 a 杆的内力。

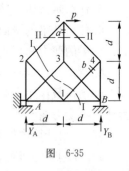

图 6-35

◀ **本 章 小 结** ▶

本章讨论了杆件的轴向拉伸(压缩)、剪切、扭转、弯曲四种基本变形的内力计算和内力图的绘制。

(1)内力:内力是因外力作用而引起的杆件内部的相互作用力。

(2)截面法:截面法是内力分析计算的基本方法,基本依据是平衡条件,其解法有三个步骤:截开、代替、平衡。

(3)几种基本变形的内力和内力图

①内力表示一个具体截面上内力的大小和方向。

②内力图表示内力沿着杆件轴线的变化规律。

本章也介绍了静定结构的内力计算。

(1)静定结构的内力特征

连续梁和刚架截面上一般都有弯矩、剪力和轴力。

桁架中的各杆都是二力杆,它只承受轴力作用。

组合结构中的链杆只承受轴力作用;梁式杆截面上一般有弯矩、剪力和轴力。

(2)静定结构的内力计算

对各种静定结构,虽然结构形式不同,但内力计算方法相同,即都是利用静力平衡方程先计算支座反力,再计算其任意截面的内力。

◀ **复习思考题** ▶

1. 什么叫内力？为什么轴向拉压杆的内力必定垂直于横截面而且沿杆轴方向作用？

2. 两根材料不同，截面面积不同的杆，受同样的轴向拉力作用时，它们的内力是否相同？

3. 剪切构件的受力和变形特点与轴向挤压比较有什么不同？

4. 试判断图示铆接头 4 个铆钉的剪切面上的剪力 V 等于多少？已知 $P=200$kN。

5. 什么叫挤压？挤压和轴向压缩有什么区别？

6. 什么是梁的平面弯曲？

7. 梁的剪力和弯矩的正负号是如何规定的？

8. 弯矩、剪力与荷载集度间的微分关系的意义是什么？

9. 当荷载作用在多跨静定梁的基本部分上时，附属部分为什么不受力？

10. 桁架计算中的基本假定，各起了什么样的简化作用？

11. 在刚架结点处，各杆内力有什么特殊性质？作刚架各杆内力图时有什么规定？

12. 在某一荷载作用下，静定桁架中若存在零力杆，则表示该杆不受力，是否可以将其拆除？

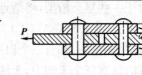

思考题 4 图

◀ **习　　题** ▶

6-1　求图示各杆 1-1、2-2 和 3-3 横截面上的轴力，并作轴力图。

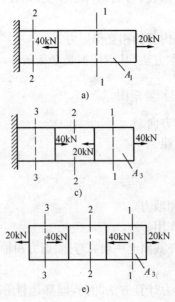

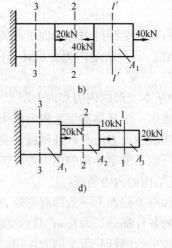

题 6-1 图

6-2 试求图示两传动轴各段的扭矩 M 。

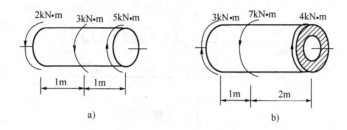

题 6-2 图

6-3 如图所示,试用截面法求下列梁中 n-n 截面上的剪力和弯矩。

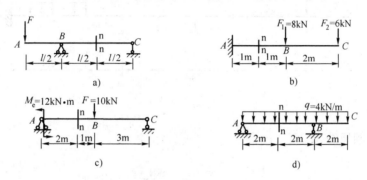

题 6-3 图

6-4 列出图中所示各梁的剪力方程和弯矩方程,画出剪力图和弯矩图。

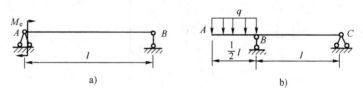

题 6-4 图

6-5 利用微分关系绘出图中各梁的剪力图和弯矩图。

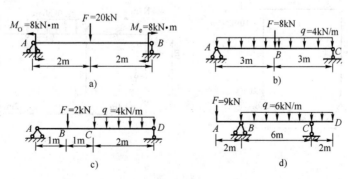

题 6-5 图

6-6　试作图所示多跨静定梁的 M 和 V 图。

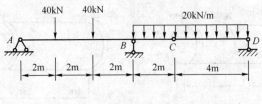

题 6-6　图

6-7　试作图所示多跨静定梁的 M 图。

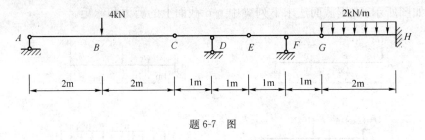

题 6-7　图

6-8　作图示刚架的 M、V、N 图。

80

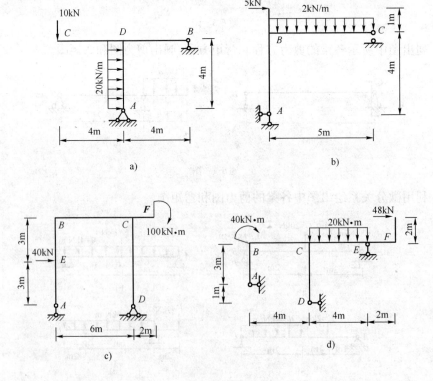

题 6-8　图

6-9 指出图中桁架中的零力杆,并求指定杆的内力。

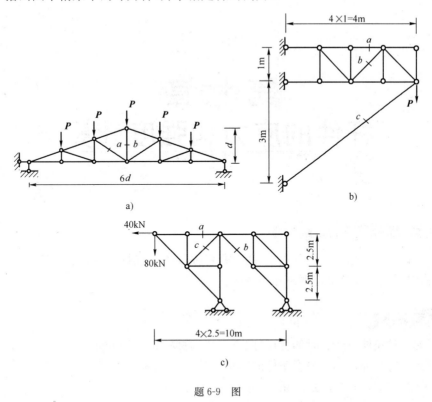

题 6-9 图

第七章
杆件的应力和强度计算

【能力目标、知识目标】

通过本章的学习,培养学生利用拉、压、剪、弯强度条件进行强度计算的能力,为学生后期学习结构构件承载力计算奠定理论知识基础。

【学习要求】

(1)了解杆件拉伸(压缩)时的变形、虎克定律和材料的力学性能。
(2)掌握杆件拉伸(压缩)强度条件的应用。
(3)掌握杆件剪切和挤压强度条件的应用。
(4)掌握平面弯曲梁正应力强度条件的应用。

第一节　应力的概念

杆件的强度不仅与内力有关,而且与杆的截面尺寸有关。因此,在研究杆的强度问题时,应该同时考虑轴力 N 和横截面面积 A 两个因素。

内力在一点处的分布集度称为应力。对于一般的受力杆件,其横截面上各点的应力是不相同的,如在微小的截面 ΔA 上有内力 ΔP,则 $\Delta P/\Delta A$ 的比值称为 ΔA 面积上的平均应力,当 ΔA 趋近于零而成为一个点时,则所取的极限值称为该点的应力。

垂直于横截面的应力称为正应力(或法向应力),用 σ 表示;平行于横截面的应力称为剪应力(或切向应力),用 τ 表示。在国际单位制中,应力的单位为牛顿/米²(N/m²),又称为帕斯卡(简称帕 Pa)。在实际应用中,由于 Pa 这个单位太小,工程中常取兆帕(MPa)和吉帕(GPa)。

$$1\text{MPa}=1\text{N/mm}^2=10^6\text{Pa}$$
$$1\text{GPa}=10^9\text{Pa}$$

第二节　材料的力学性能

对受到轴向拉伸(压缩)的杆件进行强度和变形计算时,要涉及反映材料力学性能的某些数据,如拉、压弹性模量 E 和极限应力 σ_b,反映材料在受力和变形过程中物理性质的这些数据称为材料的力学性能,它们都是通过材料的拉伸和压缩试验来测定的。

工程中使用的材料种类很多,可以根据试件在拉断时塑性变形的大小,区分为塑性材料和脆性材料。塑性材料在拉断时具有较大的塑性变形,如低碳钢、合金钢、铅、铝等;脆性材料在拉断时,塑性变形很小,如铸铁、砖、混凝土等。这两类材料其力学性能有明显的不同。试验研究中常把工程上用途较广泛的低碳钢和铸铁作为两类材料的代表性试验。

一 材料拉伸时的力学性能

低碳钢(如 A_3 钢)是工程上使用较广泛的塑性材料,它在拉伸过程中所表现的力学性能具有一定的代表性,所以常常把它作为典型的塑性材料进行重点研究。

(一)低碳钢拉伸试验

低碳钢受拉伸时的应力应变曲线如图 7-1 所示,低碳钢拉伸试验的整个过程,大致可分为四个阶段。

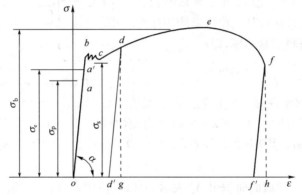

图 7-1　低碳钢受拉伸时的应力应变曲线图

1. 弹性阶段

如图 7-1 所示的 $\sigma\varepsilon$ 曲线,其中 oa 段表示材料处于弹性阶段,在此阶段内,可以认为变形全部是弹性的。这段曲线最高点 a 相对应的应力值 σ_e,称为材料的弹性极限。在弹性阶段内,试件的应力应变关系基本上符合虎克定律。在该阶段中有一段可以认为是直线的部分,如图 7-1 所示的 oa' 段。这段直线的最高点 a' 对应的应力值 σ_p,称为材料的比例极限,它是纵向应变 ε 与正应力 σ 成正比的应力最高限。低碳钢拉伸时的比例极限约为 200MPa。

2. 屈服阶段

过了 a 点,曲线平坦微弯,在 c 点附近范围内,材料所受的应力几乎不增加,但应变却迅速增加(表现在试验机的示力表盘指针停止转动,有时发生微小摆动,但试件的变形却在继续增长),这种现象称为材料的屈服或流动。在屈服阶段,曲线有微小的波动,对应于低点处的应力值,称为屈服极限或流动极限,用 σ_s 表示。低碳钢的 σ_s 约为 240MPa。

3. 强化阶段

过了屈服阶段,曲线又继续上升,即材料又恢复抵抗变形的能力,这种现象称为材料的强化。这个阶段相当于图 7-1 中的 cde 段。

荷载到达最高值时,应力也达到最高值,相当于图 7-1 中曲线的最高点 e,这个应力的最高值 σ_b 称为材料的强度极限。低碳钢的 σ_b 约为 400MPa。

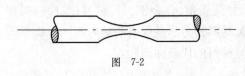

图 7-2

4.颈缩阶段

荷载到达最高值后,可以看到试件在某一小段内的横截面逐渐收缩,产生所谓的颈缩现象,如图 7-2所示。

由于局部的横截面急剧收缩,使试件继续变形所需的拉力就越来越小,因此,应力应变曲线就开始下降,最后当曲线到达 f 点时,试件就断裂而破坏。

(二)塑性指标

试件断裂后,弹性变形消失了,塑性变形残余了下来。试件断裂后所遗留下来的塑性变形大小,常用来衡量材料的塑性性能。表示塑性性能的两个指标是延伸率和截面收缩率。

1.延伸率

如图 7-3 所示试件的工作段在拉断后的长度 l_1 与原长 l 之差(即在试件拉断后其工作段总的塑性变形)除以 l 的百分比,称为材料的延伸率,即:

$$\delta = \frac{(l_1 - l)}{l} \times 100\% \qquad (7\text{-}1)$$

延伸率是衡量材料塑性的一个重要指标,一般可按延伸率的大小将材料分为两类:$\delta > 5\%$ 的材料作为塑性材料,$\delta < 5\%$ 作为脆性材料。低碳钢的延伸率为20%~30%。

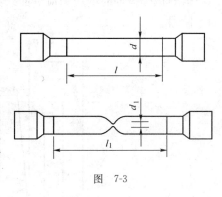

图 7-3

2.截面收缩率

试件断裂处的最小横截面面积用 A_1 表示,原截面面积为 A,则比值:

$$\psi = \frac{(A - A_1)}{A} \times 100\% \qquad (7\text{-}2)$$

称为截面收缩率。低碳钢的 ψ 值约为 60%。

(三)铸铁拉伸时的力学性能

工程上也常用脆性材料,例如铸铁、玻璃钢、混凝土及陶瓷等。这些材料在拉伸时,一直到断裂,变形都不显著,而且没有屈服阶段和颈缩现象,如图 7-4 所示,只有断裂时的强度极限 σ_b。由此可见,脆性材料在拉伸时,只有强度极限 σ_b 一个强度指标。

二 压缩时材料的力学性能

(一)塑性材料压缩时的力学性能

塑性材料在静压缩试验中,当应力小于比例极限或屈服极限时,它所表现的性能与拉伸时相似,比例极限与弹性模量的数值与受拉伸时的情况大约相等。

应力超过比例极限后,材料产生显著的塑性变形,圆柱形试件高度显著缩短,而直径则增大。由于试验机平板与试件两端之间的摩擦力,试件两端的横向变形受到阻碍,因而试件被压成鼓形。随着荷载逐渐增加,试件继续变形,最后压成饼状。塑性材料在压缩时不会发生断裂,所以测不出强度极限。

如图7-5所示为低碳钢材料受压缩时的应力应变曲线,图中虚线表示受拉伸时的应力应变曲线。

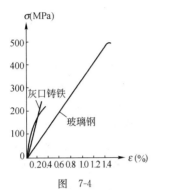

图 7-4

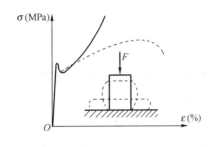

图 7-5 低碳钢材料受压缩时的应力应变曲线

由此可见,对于塑性材料,压缩试验与拉伸试验相比是较次要的,塑性材料的力学性能主要由拉伸试验来测定。

(二)脆性材料压缩时的力学性能

脆性材料压缩试验很重要。脆性材料如铸铁、混凝土及石料等受压时,也和受拉时一样,在很小的变形下就会发生破坏;但是受压缩时的强度极限,要比受拉伸时大很多倍,所以脆性材料常用作承压构件。

铸铁受压缩时的$\sigma\varepsilon$曲线,如图7-6所示,图中虚线表示受拉时的$\sigma\varepsilon$曲线。由图可见,铸铁压缩时的强度极限为受拉时的2～4倍,延伸率也比拉伸时大。铸铁试件将沿与轴线成45°的斜截面上发生破坏,即在最大剪应力所在面上破坏,说明铸铁的抗压强度高于抗拉强度。

木材是各向异性材料。其力学性能具有方向性,顺纹方向的强度要比横纹方向高得多,而且其抗拉强度高于抗压强度,如图7-7所示。

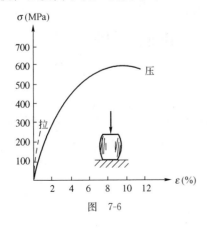

图 7-6

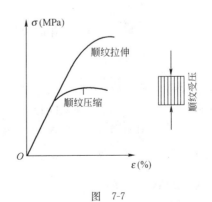

图 7-7

三 材料的极限应力

任何一种构件材料都存在一个能承受力的固有极限,称为极限应力,用 σ^0 表示。当杆内的工作应力到达此值时,杆件就会破坏。

通过材料的拉伸(或压缩)试验,可以找出材料在拉伸和压缩时的极限应力。对塑性材料,当应力达到屈服极限时,将出现显著的塑性变形,会影响构件的使用。对于脆性材料,构件达到强度极限时,会引起断裂,所以:

对塑性材料 $\qquad\qquad\qquad\qquad \sigma^0 = \sigma_s$

对脆性材料 $\qquad\qquad\qquad\qquad \sigma^0 = \sigma_b$

四 容许应力和安全系数

为了保证构件能正常工作,必须使构件工作时产生的工作应力不超过材料的极限应力。由于在实际设计计算时有许多因素无法预计,因此,设计计算时,必须使构件有必要的安全储备。即构件中的最大工作应力不超过某一限值,其极限值规定将极限应力 σ^0 缩小 K 倍,作为衡量材料承载能力的依据,称为容许应力(或称为许用应力),用 $[\sigma]$ 表示。

$$[\sigma] = \frac{\sigma^0}{K} \tag{7-3}$$

式中: K ——一个大于 1 的系数,称为安全系数。

安全系数 K 的确定相当重要又比较复杂,选用过大,设计的构件过于安全,用料增多造成浪费;选用过小,安全储备减少,构件偏于危险。

在确定安全系数时,必须考虑各方面的因素,如荷载的性质、荷载数值及计算方法的准确程度、材料的均匀程度、材料力学性能和试验方法的可靠程度、结构物的工作条件及重要性等。一般工程中:

脆性材料 $\qquad\qquad [\sigma] = \frac{\sigma_b}{K_b} \qquad (K_b = 2.5 \sim 3.0)$

塑性材料 $\qquad\qquad [\sigma] = \frac{\sigma_s}{K_s} \qquad (K_s = 1.4 \sim 1.7)$

第三节　轴向拉压杆的应力和强度计算

一 轴向拉压杆的应力

由试验证明:当杆件受到轴向拉伸(压缩)时,应力在横截面上是均匀分布的,并且垂直于横截面。于是得到杆件在轴向拉伸或压缩时横截面上正应力的计算公式为:

$$\sigma = \frac{N}{A} \tag{7-4}$$

式中: N ——横截面上的轴力;

$\quad\ A$ ——横截面面积。

通常规定:拉应力为正,压应力为负。显然,这种规定和轴力符号的规定是一致的。

【例 7-1】 在【例 6-1】所示的钢杆中,已知圆钢杆的直径分别为 $d_1=12\text{mm},d_2=16\text{mm},d_3=24\text{mm}$,试求各段横截面上由荷载引起的正应力。

【解】 (1)求内力。在【例 6-1】中已求得 1-1、2-2、3-3 各横截面上的轴力为:

$$N_1=20\text{kN(拉力)}$$
$$N_2=-15\text{kN(压力)}$$
$$N_3=-50\text{kN(压力)}$$

(2)求应力。由公式(7-4)即可分别计算出 1-1、2-2、3-3 各横截面上的应力:

AB 段: $\sigma_1=\dfrac{N_1}{A_1}=\dfrac{4\times20\times10^3}{\pi\times12^2}=176.84\text{MPa(拉应力)}$

BC 段: $\sigma_2=\dfrac{N_2}{A_2}=\dfrac{4\times(-15)\times10^3}{\pi\times16^2}=-74.60\text{MPa(压应力)}$

CD 段: $\sigma_3=\dfrac{N_3}{A_3}=\dfrac{4\times(-50)\times10^3}{\pi\times24^2}=-110.52\text{MPa(压应力)}$

二 轴向拉(压)杆的强度条件和强度计算

为了保证轴向拉伸(压缩)杆件的正常工作,必须使杆件的最大工作应力 σ 不超过杆件的材料在拉伸(压缩)时的容许应力 $[\sigma]$,即:

$$\sigma=\frac{N}{A}\leqslant[\sigma] \tag{7-5}$$

这就是杆件受轴向拉伸(压缩)时的强度条件。

在工程实际中,根据这一强度条件可以解决杆件三个方面的问题。

(1)强度校核

已知杆件的材料、横截面尺寸及杆所受轴力(即已知 $[\sigma]$、A 及 N),就可用式(7-5)来判断杆件是否可以安全工作。如杆件的工作应力小于或等于材料的容许应力,说明是可以安全工作的;如工作应力大于容许应力,则从材料的强度方面来看,这个杆件是不安全的。

(2)截面尺寸设计

已知杆件所受的轴力及所用的材料(即已知 N 及 $[\sigma]$),就可用式(7-6)计算杆件工作时所需的横截面面积。

$$A\geqslant\frac{N}{[\sigma]} \tag{7-6}$$

然后按照杆件在工程实际中的用途和性质,选定横截面的形状,算出杆件的截面尺寸。

(3)确定容许荷载

已知杆件的材料和尺寸(即已知 $[\sigma]$ 及 A),就可用式(7-7)算出杆件所能承受的轴力。

$$N\leqslant[\sigma]A \tag{7-7}$$

然后根据杆件的受力情况,确定杆件的容许荷载。

【例 7-2】 已知 Q235 号的钢拉杆受轴向拉力 $P=23\text{kN}$ 作用,杆为圆截面杆,直径 $d=$

16mm,容许应力$[\sigma]=170$MPa,试校核杆的强度。

【解】 杆的横截面面积：

$$A = \frac{1}{4}\pi d^2 = \frac{1}{4} \times 3.14 \times 16^2 = 200.96\text{mm}^2$$

杆横截面上的应力：

$$\sigma = \frac{N}{A} = \frac{P}{A} = \frac{23 \times 10^3}{200.96} = 114.45\text{N/mm}^2 = 114.45\text{MPa} < [\sigma] = 170\text{MPa}$$

所以满足强度条件。

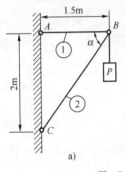
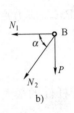

图 7-8

【例 7-3】 如图 7-8a)所示支架①杆为直径 $d=$ 14mm 的钢圆截面杆,容许应力$[\sigma]_1=160$MPa,② 杆为边长 $a=10$cm 的正方形截面杆,$[\sigma]_2=5$MPa, 在节点 B 处挂一重物 P,求容许荷载$[P]$。

【解】 (1)计算杆的轴力

取节点 B 为研究对象如图 7-8b)所示,列平衡 方程：

$$\sum X = 0 - N_1 - N_2\cos\alpha = 0$$

$$\sum Y = 0 - P - N_2\sin\alpha = 0$$

式中 α 由几何关系得：$\tan\alpha = \dfrac{2}{1.5} = 1.333$,则 $\alpha = 53.13°$

解方程得：$N_1 = 0.48P$(拉力)

$N_2 = -0.8P$(压力)

(2)计算容许荷载

先根据杆①的强度条件计算杆①能承受的容许荷载：

$$\sigma_1 = \frac{N_1}{A_1} = \frac{0.75P}{A_1} \leqslant [\sigma]_1$$

所以：

$$[P] \leqslant \frac{A_1[\sigma]_1}{0.480} = \frac{\frac{1}{4} \times 3.14 \times 14^2 \times 160}{0.480} = 5.13 \times 10^4\text{N} = 51.3\text{kN}$$

再根据杆②的强度条件计算杆②能承受的容许荷载$[P]$：

$$\sigma_2 = \frac{N_2}{A_2} = \frac{1.25P}{A_2} \leqslant [\sigma]_2$$

所以：

$$[P] \leqslant \frac{A_2[\sigma]_2}{0.800} = \frac{100^2 \times 5}{0.800} = 6.25 \times 10^4\text{N} = 62.5\text{kN}$$

比较两次所得的容许荷载,取其较小者,则整个支架的容许荷载为$[P] \leqslant 51.3$kN。

第四节　剪切与挤压变形的应力和强度计算

一　剪切的应力和强度条件

在工程上假设应力在剪切面上是均匀分布的,如图 6-6d)所示。作用在单位面积上的切应力(也称为剪应力)用 τ 表示,则有:

$$\tau = \frac{V}{A} \tag{7-8}$$

式中:τ——剪切面上的切应力(剪应力);

　A——剪切面的面积。

同剪力 V 一样,剪应力 τ 也与剪切面平行。

材料的极限剪应力在工程中是用试验法直接得出来的,用破坏时的荷载求得名义切应力 τ_b,除以安全系数得到材料的容许剪应力 $[\tau]$,常用材料的容许剪应力可在有关手册中查到。一般地,它与同种材料拉伸容许应力有如下关系:

塑性材料　　　　　　$[\tau] = (0.6 \sim 0.8)[\sigma]$

脆性材料　　　　　　$[\tau] = (0.8 \sim 1.0)[\sigma]$

确定了容许剪应力以后,就可以得到剪切强度条件为:

$$\tau = \frac{V}{A} \leqslant [\tau] \tag{7-9}$$

二　挤压的应力和强度条件

铆钉的挤压近似地发生在半个圆柱表面上,挤压应力的分布比较复杂,在假定计算中,通常取挤压面(即铆钉的半个圆柱面)为正投影面作为挤压计算面积,如图 6-7c)所示的 $abcd$ 面所示。设铆钉直径为 d,钢板厚度为 t,则挤压计算面积 $A_c = t \cdot d$。在假定计算中,也近似地认为挤压应力在面积 $abcd$ 上是均匀分布的。用假定计算所得到的挤压应力称为名义挤压应力。因此,铆钉的名义挤压应力可按下式计算,即:

$$\sigma_c = \frac{F_c}{A_c} \tag{7-10}$$

于是,挤压强度条件可写为:

$$\sigma_c = \frac{F_c}{A_c} \leqslant [\sigma_c] \tag{7-11}$$

式中:F_c——挤压力;

　A_c——挤压计算面积;

　$[\sigma_c]$——容许挤压应力。

容许挤压应力 $[\sigma_c]$ 和容许压应力 $[\sigma]$ 之间的关系是:

$$[\sigma_c] = (1.7 \sim 2.0)[\sigma]$$

【例 7-4】　如图 7-9a)所示的某起重机吊具,它由销轴将吊钩的上端与吊板连接,起吊重

物 P ,已知 $P=40\text{kN}$,销轴的直径 $d=2.2\text{cm}$,吊钩厚度 $t=2\text{cm}$,销轴许用剪应力 $[\tau]=60\text{MPa}$,许用挤压应力 $[\sigma_c]=120\text{MPa}$,试校核销轴的强度。

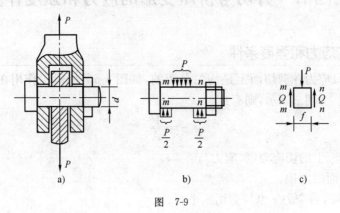

图 7-9

【解】 分析销轴受立状况。取 $m\text{-}m$, $n\text{-}n$ 两截面所截的中段,如图 7-9c)所示。销轴沿两个截面上受剪力 V 作用。

由 $\sum Y=0$ 　　　　　$2V-P=0$

得 $V=\dfrac{P}{2}=20\text{kN}$

利用公式(7-9)校核剪切强度:

$$\tau=\frac{V}{A}=\frac{20\times10^3}{\dfrac{3.14\times0.022^2}{4}}=52.63\times10^6\text{Pa}=52.6\text{MPa}<[\tau]$$

利用公式(7-11)校核挤压强度。

销轴的挤压面为半圆柱面 $A_c=t\cdot d$,

$$\sigma_c=\frac{F_c}{A_c}=\frac{40\times10^3}{4.4\times10^{-4}}=90.9\times10^6\text{Pa}\approx91\text{MPa}<[\sigma_c]$$

经过以上校核,说明销轴安全。

【例 7-5】 木结构的榫接头如图 7-10 所示。已知构件宽度 $b=10\text{cm}$,承受拉力 $P=40\text{kN}$,许用拉应力 $[\sigma]=8\text{MPa}$(顺纹),许用挤压应力 $[\sigma_c]=12\text{MPa}$,许用剪应力 $[\tau]=1.2\text{MPa}$。求 l 、a 和 h 的尺寸。

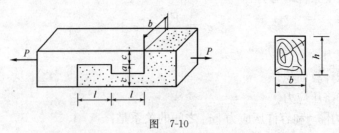

图 7-10

【解】 先判断并计算剪切面和挤压面的面积。剪切面为 $A=l\times b$;挤压面为 $A_c=a\times b$
建立强度条件:

剪切：

由

$$\tau = \frac{V}{A} \leqslant [\tau]$$

有

$$A \geqslant \frac{V}{[\tau]} = \frac{P}{[\tau]}$$

即

$$l \geqslant \frac{P}{b[\tau]} = \frac{40 \times 10^3}{0.1 \times 1.2 \times 10^6} = 0.333\text{m}, \text{取} \ l = 34\text{cm}$$

挤压：

由

$$\sigma_c = \frac{F_c}{A_c} = \frac{P}{A_c} \leqslant [\sigma_c]$$

有

$$A_c \geqslant \frac{P}{[\sigma_c]}$$

即

$$a \geqslant \frac{P}{b[\sigma_c]} = \frac{40 \times 10^3}{0.1 \times 12 \times 10^6} = 0.034\text{m}, \text{取} \ a = 4\text{cm}$$

抗拉：

接头最薄弱处的面积为 $A = c \times b$，

$$\sigma = \frac{N}{A} = \frac{P}{A} \leqslant [\sigma]$$

有

$$c \geqslant \frac{P}{b[\sigma]} = \frac{40 \times 10^3}{0.1 \times 8 \times 10^6} = 0.05\text{m} = 5\text{cm}$$

故榫接头最小高度为：$h = 2c + a = 2 \times 5 + 4 = 14\text{cm}$。

第五节 平面弯曲梁的应力和强度计算

一 平面弯曲梁的正应力

一般梁在弯曲时，横截面上有剪力 V 和弯矩 M，这两个内力都是横截面上分布内力的合成结果。显然，剪力 V 是由切向分布内力 τdA 合成的，而弯矩 M 是由法向分布内力 σdA 合成的。因而横截面上既有剪力又有弯矩时，横截面上将同时有切应力 τ 和正应力 σ。

为了方便起见，现先研究一个具有纵向对称面的简支梁，如图 7-11a)所示。在距梁的两端各为 a 处，分别作用着一个集中力 F。从梁的剪力图和弯矩图[图 7-11b)、图 7-11c)]可知，梁在中间一段内的剪力等于零，而弯矩 M 为一常数，即 $M = Fa$，梁在这种情况下的弯曲，称为纯弯曲。此时，横截面上只有正应力而无切应力。梁发生弯曲后，其横截面仍保持为平面，并在梁内存在既不伸长也不缩短的纤维层，该层称为中性层，如图 7-12 所示，中性层与横截面的交线称为中性轴，中性轴 z 通过截面的形心。

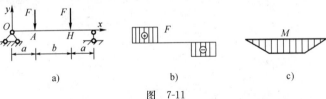

图　7-11

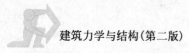

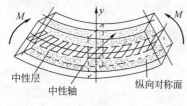

中性层　　中性轴　　　纵向对称面

图　7-12

在推导弯曲正应力公式时,通常采用产生纯弯曲变形的梁来研究。要从梁变形的几何关系、物理关系和静力学关系三个方面来考虑。

(一)梁的正应力的分布规律

由梁变形的几何关系和物理关系可以得出梁的正应力的分布规律为:

$$\sigma = E\varepsilon = -E\frac{y}{\rho} \tag{7-12}$$

式中:E——材料的弹性模量;

y——横截面上的点到中性轴的距离;

ρ——中性层的曲率半径。

这就是横截面上弯曲正应力的分布规律。它说明,梁在纯弯曲时横截面上一点的正应力与该点到中性轴的距离成正比;距中性轴同一高度上各点的正应力相等(图7-13)。显然,在中性轴上各点的正应力为零,而在中性轴的一边是拉应力,另一边是压应力;横截面上离中性轴最远的上、下边缘处,正应力的数值最大。

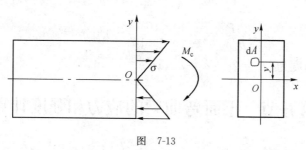

图　7-13

(二)梁的正应力的计算公式

在公式(7-12)中,中性轴的位置和曲率半径 $1/\rho$ 都不知道,因此不能用它计算弯曲正应力的数值,利用静力学的平衡方程可以得到梁在弯曲时横截面上正应力的公式,即:

$$\sigma = \frac{My}{I_x} \tag{7-13}$$

式(7-13)是梁在纯弯曲情况下导出的,但仍适用于横力弯曲(即梁的横截面不仅有弯矩,还有剪力)的情况。从式(7-13)可知,在横截面上最外边缘 $y = y_{max}$ 处的弯曲正应力最大。

(1)如果横截面对称于中性轴,例如矩形,以 y_{max} 表示最外边缘处的一个点到中性轴的距离,则横截面上的最大弯曲正应力为:

$$\sigma_{max} = \frac{My_{max}}{I_x}$$

令

$$W_x = \frac{I_x}{y_{max}} \tag{7-14}$$

则

$$\sigma_{max} = \frac{M}{W_x} \tag{7-15}$$

式中：W_x——横截面对中性轴 z 的抗弯截面模量，单位是长度的三次方（m^3 或 mm^3）。

（2）如果横截面不对称于中性轴，则横截面将有两个抗弯截面模量。如果令 y_1 和 y_2 分别表示该横截面上、下边缘到中性轴的距离，则相应的最大弯曲正应力（不考虑符号）分别为：

$$\sigma_{max1} = \frac{My_1}{I_x} = \frac{M}{W_1}$$

$$\sigma_{max2} = \frac{My_2}{I_x} = \frac{M}{W_2} \tag{7-16}$$

其中，抗弯截面模量 W_1 和 W_2 分别为：

$$W_1 = \frac{I_x}{y_1}$$

$$W_2 = \frac{I_x}{y_2} \tag{7-17}$$

二 平面弯曲梁的强度条件

一般等截面直梁弯曲时，弯矩最大（包括最大正弯矩和最大负弯矩）的横截面都是梁的危险截面。下面分别讨论各种情况下的弯曲正应力强度条件。

（一）梁的材料的拉伸和压缩许用应力相等

选取绝对值最大的弯矩所在的横截面为危险截面，最大弯曲正应力 σ_{max} 就在危险截面上、下边缘处。为了保证梁能够安全工作，最大工作应力 σ_{max} 就不得超过材料的许用弯曲应力 $[\sigma]$，于是梁弯曲正应力的强度条件为：

$$\sigma_{max} = \frac{M_{max}}{W_x} \leqslant [\sigma] \tag{7-18}$$

（二）梁的横截面不对称于中性轴

由式（7-17）可知，W_1 和 W_2 不相等，在此应取较小的抗弯截面模量。

（三）梁的材料是脆性材料

其拉伸和压缩许用应力不相等，则应分别求出最大正弯矩和最大负弯矩所在横截面上的最大拉应力和最大压应力，并列出相应的抗拉强度条件和抗压强度条件为：

$$\sigma_{tmax} = \frac{M_{max}}{W_1} \leqslant [\sigma_t] \tag{7-19}$$

$$\sigma_{cmax} = \frac{M_{max}}{W_2} \leqslant [\sigma_c] \tag{7-20}$$

式中：W_1、W_2——相应于最大拉应力 σ_{tmax} 和最大压应力 σ_{cmax} 的抗弯截面模量；

$[\sigma_t]$——材料的许用拉应力；

$[\sigma_c]$——材料的许用压应力。

三 平面弯曲梁的强度计算

(一)对梁进行强度校核

如果已知梁的荷载,截面形状尺寸以及所用材料,就可校核梁的强度是否足够。

【例 7-6】 一个简支梁受集中荷载 F 作用(图 7-14a),已知集中荷载 $F=4.5\mathrm{kN}$,$a=50\mathrm{mm}$,简支梁材料的许用弯曲应力为 $[\sigma]=150\mathrm{MPa}$,试校核梁的强度。

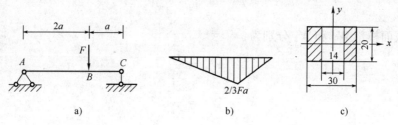

图 7-14(尺寸单位:mm)

【解】 (1)作简支梁的弯矩图[图 7-14b],最大弯矩在截面 B 上,即:

$$M_{\max}=\frac{2}{3}Fa=\frac{2}{3}\times 4.5\times 10^3\times 0.05=150\mathrm{N\cdot m}$$

(2)计算 B 截面对其中性轴的惯性矩和抗弯截面模量:

B 处截面对 x 的惯性矩:

$$I_x=\frac{30\times 20^3}{12}-\frac{14\times 20^3}{12}=10.67\times 10^3\mathrm{mm}^4$$

截面的抗弯截面模量:

$$W_x=\frac{I_x}{y_{\max}}=\frac{10.67\times 10^3}{10}=1.067\times 10^3\mathrm{mm}^3$$

(3)校核强度:

$$\sigma_{\max}=\frac{M_{\max}}{W_x}=\frac{150\times 10^3}{1.067\times 10^3}=141\mathrm{MPa}<[\sigma]=150\mathrm{MPa}$$

故梁的强度足够。

(二)选择梁的截面形状和尺寸

如果已知梁的荷载和材料的许用弯曲应力,欲设计梁的截面时,则由式(7-18)先求出梁应有的抗弯截面模量 $W_x\geqslant\dfrac{M_{\max}}{[\sigma]}$,然后选择适当的截面形状,计算所需要的截面尺寸;如采用型钢,可由型钢规格表直接查得型钢的型号。型钢的截面抗弯截面模量要尽可能接近于按公式 $W_x\geqslant\dfrac{M_{\max}}{[\sigma]}$ 算出的结果。

【例 7-7】 如图 7-15a)所示由工字钢制成的外伸梁,其许用弯曲正应力为 $[\sigma]=160\mathrm{MPa}$,试选择工字钢的型号。

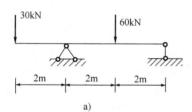
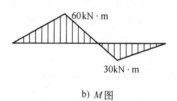

a) b) M图

图 7-15

【解】 (1)作梁的弯矩图,如图 7-15b)所示。梁所承受的最大弯矩在 B 截面上,其值为:

$$M_{max} = 60 \text{kN} \cdot \text{m}$$

(2)由正应力强度条件得梁所必需的抗弯截面模量 W_x 为:

$$W_x \geqslant \frac{M_{max}}{[\sigma]} = \frac{60 \times 10^3}{160} = 375\,000 \text{mm}^3 = 375 \text{cm}^3$$

(3)由型钢规格表可查得 25a 号工字钢的弯曲截面模量为 $402 \text{cm}^3 > 375 \text{cm}^3$,故可选用 25a 号工字钢。

(三)确定梁的许用荷载

如果已知梁的截面尺寸和材料的许用弯曲应力,就可计算该梁所能承受的最大许用荷载。为此,先按式(7-19)或式(7-20)求出最大许用弯矩 $M_{max} = W_x[\sigma]$,然后按这个数值算出许用荷载的大小。

【例 7-8】 简支梁的跨度 $l = 9.5$m(图 7-16),梁是由 25a 号工字钢制成。其自重 $q = 373.38$N/m,抗弯截面模量 $W_x = 401.9 \text{cm}^3$。外荷载为 F_1 和 F_2,F_1 为移动荷载,$F_2 = 3$kN,作用在梁中点,材料为 A_3 钢,许用弯曲应力为 $[\sigma] = 150$MPa。考虑梁的自重,试求此梁能承受的最大外荷载 F_1。

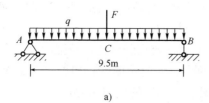
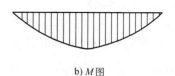

a) b) M图

图 7-16

【解】 外荷载 F_1 位于梁跨中点时,该点横截面所产生的弯矩最大。梁所受的荷载为集中力 $F = F_1 + F_2 = (F_1 + 3)$kN,均布荷载 $q = 373.38$N/m,弯矩图如图 7-16b)所示。

最大弯矩 $$M_{max} = \frac{Fl}{4} + \frac{ql^2}{8}$$

根据强度条件 $$M_{max} \leqslant W_x[\sigma]$$

有 $$\frac{Fl}{4} + \frac{ql^2}{8} \leqslant W_x[\sigma]$$

第七章 杆件的应力和强度计算

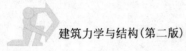

$$F = \frac{\left(W_x[\sigma] - \frac{ql^2}{8}\right) \times 4}{l}$$

$$= \frac{\left[401.9 \times 10^3 \times 150 - \frac{373.38 \times 10^{-3} \times (9.5 \times 10^3)^2}{8}\right] \times 4}{9.5 \times 10^3} = 23.6 \times 10^3 \text{N}$$

即　　$F = 23.6 \text{kN}$

由此求得梁所能承受的最大外荷载:

$$F_1 = 23.6 - 3 = 20.6 \text{kN}$$

（四）平面弯曲梁的合理截面

设计梁时,一方面要保证梁具有足够的强度,使梁在荷载作用下能安全的工作;第一方面也应使设计的梁能充分发挥材料的潜力,以节省材料,这就需要选择合理的截面形状和尺寸。

梁的强度一般是由横截面上的最大正应力控制的。当弯矩一定时,横截面上的最大正应力 σ_{max} 与抗弯截面模量 W_x 成反比,W_x 愈大就愈有利。而 W_x 的大小是与截面的面积及形状有关,合理的截面形状是在截面面积 A 相同的条件下,有较大的抗弯截面模量 W_x,也就是说比值 W_x/A 大的截面形状合理。由于在一般截面中,W_x 与其高度的平方成正比,所以尽可能地使横截面面积分布在距中性轴较远的地方,这样在截面面积一定的情况下可以得到尽可能大的抗弯截面模量 W_x,而使最大正应力 σ_{max} 减少;或者在抗弯截面模量 W_x 一定的情况下,减少截面面积以节省材料和减轻自重。所以,工字形、槽形截面比矩形截面合理、矩形截面立放比平放合理、正方形截面比圆形截面合理。

梁的截面形状的合理性。也可以从正应力分布的角度来说明。梁弯曲时,正应力沿截面高度呈直线分布,在中性轴附近正应力很小,这部分材料没有充分发挥作用。如果将中性轴附近的材料尽可能减少,而把大部分材料布置在距中性轴较远的位置处,则材料就能充分发挥作用,截面形状就显得合理。所以,工程上常采用工字形、圆环形、箱形(图 7-17)等截面形式。工程中常用的空心板、薄腹梁等就是根据这个道理设计的。

此外,对于用铸铁等脆性材料制成的梁,由于材料的抗压强度比抗拉强度大得多,所以,宜采用 T 形等对中性轴不对称的截面,并将其翼缘部分置于受拉侧(图 7-18)。为了充分发挥材料的潜力,应使最大拉应力和最大压应力同时达到材料相应的许用应力。

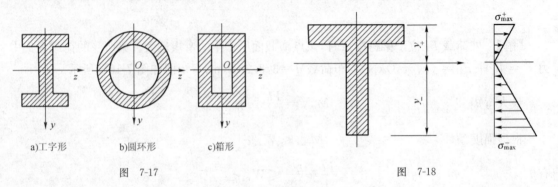

a)工字形　　　b)圆环形　　　c)箱形

图　7-17　　　　　　　　　　图　7-18

近几年在沿海地区,台风的肆虐造成了很多城市建筑幕墙的损坏,尤其是玻璃幕墙的损坏最为严重。破坏时的主要表现为玻璃板块破裂、开启扇破坏等,最为普遍的是板块的强度破坏,且表现为破坏集中,即该工程除非板块完好无损,如果产生破坏,往往是某一部位的几块玻璃板块均发生破坏。

以幕墙的破坏部位来看,发现绝大部分的破坏部位均为明显的受风荷载较大部位。同时,在建筑平面为凹形布置时的凹形内转角处,幕墙发生的破坏明显高于建筑物的其他部位。

玻璃幕墙的破坏主要原因是连接强度不足与板块本身强度不足造成。

(1)连接强度不足是指结构胶宽度不足或未采用螺栓固定副框或用自攻钉固定副框但间距过大型材壁厚不足。同时不排除个别项目的结构用胶由于老化断裂造成连接强度不足。

(2)板块的强度不足是指玻璃强度未经计算或计算不正确造成板块的抗弯强度不足或未采用钢化玻璃,材料本身强度不符要求(主要是指1996年以前施工的幕墙,大部分采用了半钢化玻璃)。

◄ **本 章 小 结** ►

本章讨论了杆件的轴向拉伸(压缩)、剪切、弯曲三种基本变形的应力和强度条件的分析计算方法。

强度计算的步骤:

(1)分析外力,画受力图,求约束反力。

(2)画内力图,确定危险截面及其内力。

(3)利用强度条件解决三类问题的计算:

①杆件的强度校核;

②设计杆件截面尺寸;

③设计杆件的许用荷载。

◄ **复 习 思 考 题** ►

1.在拉(压)杆中,轴力最大的截面一定是危险截面,这种说法对吗?为什么?

2.指出下列概念的区别:

(1)外力和内力;

(2)线应变和延伸率;

(3)工作应力、极限应力和许用应力;

(4)屈服极限和强度极限。

3.一钢筋受拉力 P 作用,已知弹性模量 $E=210\text{MPa}$,比例极限 $\sigma_\text{p}=210\text{MPa}$。设测出应

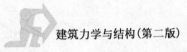

变 $\varepsilon=0.003$,问此时可否用虎克定律求它横截面上的应力?

◀▶ 习 题 ▶

7-1 作图示阶梯状直杆的轴力图,如横截面的面积 $A_1=200\text{mm}^2$,$A_2=300\text{mm}^2$,$A_3=400\text{mm}^2$,求各横截面上的应力。

7-2 图示为正方形截面短柱承受荷载 $P_1=580\text{kN}$,$P_2=660\text{kN}$。其上柱长 $a=0.6\text{m}$,边长 70mm;下柱长 $b=0.7\text{m}$,边长为 120mm,材料的弹性模量 $E=2\times10^5\text{MPa}$。试求:

(1)短柱顶面的位移;

(2)上下柱的线应变之比值。

7-3 图示实心圆钢杆 AB 和 AC 在 A 点用铰连接,在 A 点受到一个铅垂直向下的力 $P=40\text{kN}$ 的作用,已知 AB 和 AC 的直径分别为 $d_1=12\text{mm}$,$d_2=15\text{mm}$,钢的弹性模量 $E=210\text{GPa}$,试计算 A 点在铅垂方向的位移。

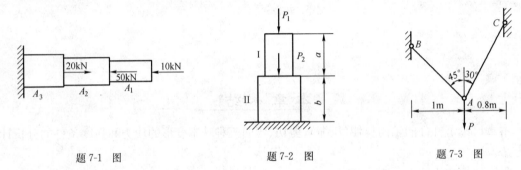

题 7-1 图　　　　题 7-2 图　　　　题 7-3 图

7-4 图示矩形截面木杆,两端的截面被圆孔削弱,中间的截面被两个切口减弱,承受轴向拉力 $P=70\text{kN}$,杆材料的容许应力 $[\sigma]=7\text{MPa}$,试校核此杆的强度。

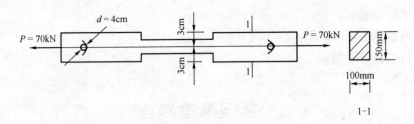

题 7-4 图

7-5 图示为一个三角托架,已知:杆 AC 是圆截面钢杆,容许应力 $[\sigma]=170\text{MPa}$,杆 BC 是正方形截面木杆,容许应力 $[\sigma]=12\text{MPa}$,荷载 $P=60\text{kN}$,试选择钢杆的直径 d 和木杆的截面边长 a。

7-6 用绳索起吊钢筋混凝土管子如图所示。若管子的重量 $G=12\text{kN}$,绳索的直径 $d=40\text{mm}$,容许应力 $[\sigma]=10\text{MPa}$,试校核绳索的强度。

7-7 如图所示,先在 AB 两点之间拉一根直径 $d=1\text{mm}$ 的钢丝,然后在钢丝中间起吊一

荷载 P。已知钢丝在力 P 作用下产生变形,其应变达到 0.09%,如果 $E=200$GPa,钢丝自重不计,试计算:(1)钢丝的应力;(2)钢丝在点 C 下降的距离;(3)荷载 P 的大小。

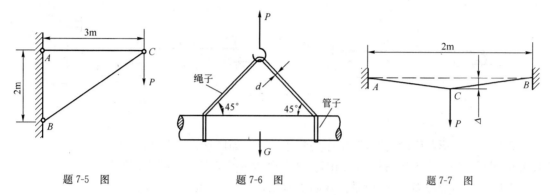

题 7-5 图　　　　　　　题 7-6 图　　　　　　　题 7-7 图

7-8　图示支架受力 $P=130$kN 作用。AC 是钢杆,直径 $d_1=30$mm,许用应力 $[\sigma]_{钢}=160$MPa。BC 是铝杆,直径 $d_2=40$mm,许用应力 $[\sigma]_{铝}=60$MPa,已知 $\alpha=30°$,试校核该结构的强度。

7-9　如图所示钢板由两个铆钉连接。已知铆钉直径 $d=2.4$cm,钢板厚度 $t=1.2$cm,拉力 $P=30$kN,铆钉许用剪应力 $[\tau]=60$MPa,许用挤压应力 $[\sigma_c]=120$MPa,试对铆钉作强度校核。

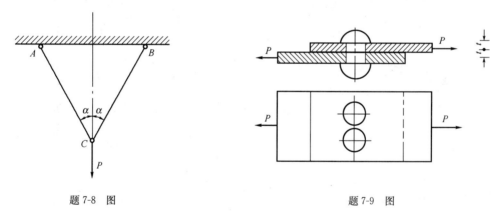

题 7-8 图　　　　　　　　　　　题 7-9 图

7-10　如图所示,厚度 $\delta=6$mm 的两块钢板用三个铆钉连接,已知 $F=50$kN,连接件的许用剪应力 $[\tau]=100$MPa,$[\sigma_c]=280$MPa,试确定铆钉的直径 d。

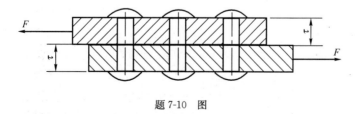

题 7-10 图

7-11　一工字形钢梁,在跨中作用有集中力 F,如图所示。已知 $l=6$m,$F=20$kN,工字钢的型号为 20a,求梁中的最大正应力和最大剪应力。

7-12 一对称 T 形截面的外伸梁,梁上作用有均布荷载,梁的尺寸如图所示,已知 $l = 1.5\text{m}$,$q = 8\text{kN/m}$,求梁中横截面上的最大拉应力和最大压应力。

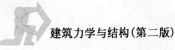
题 7-11 图

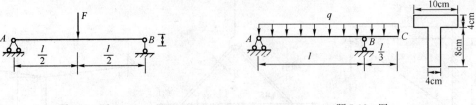
题 7-12 图

7-13 一矩形截面简支梁,跨中作用集中力 F,如图所示,已知 $l = 4\text{m}$,$b = 120\text{mm}$,$h = 180\text{mm}$,材料的许用应力 $[\sigma] = 10\text{MPa}$。试求梁能承受的最大荷载 F_{max}。

7-14 一圆形截面木梁,承受荷载如图所示,已知 $l = 3\text{m}$,$F = 3\text{kN}$,$q = 3\text{kN/m}$,木材的许用应力 $[\sigma] = 10\text{MPa}$,试选择圆木的直径 d。

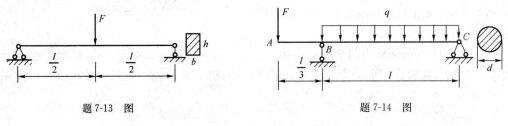

题 7-13 图   题 7-14 图

第八章
压 杆 稳 定

【能力目标、知识目标】

通过本章的学习,培养学生正确计算临界应力的大小,具备解决压杆稳定问题的能力。

【学习要求】

(1)掌握轴向压杆稳定的概念。
(2)掌握欧拉公式。
(3)掌握提高压杆稳定性的措施。

第一节　轴向压杆稳定的概念

一 工程中丧失稳定性的实例

在工程上,压杆是经常遇到的构件,例如结构的支柱、桁架中的受压杆件(图 8-1)、狭长矩形截面梁(图 8-2),它们在受横向力作用时,有可能出现失稳的现象。在设计压杆时,除了强度外,还必须考虑它平衡的稳定性,即要求压杆所受的轴向压力必须小于它的临界荷载。

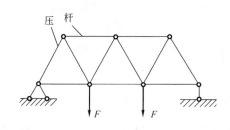

图 8-1

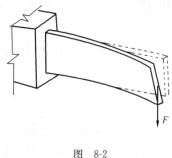

图 8-2

二 压杆稳定的概念

(一)基本概念

我们以前研究构件的强度问题时,认为构件的平衡状态总是稳定的。但工程中有些构件并非如此,例如细长压杆就有平衡是否稳定的问题。

设有一根理想的细长直杆,两端铰支,长为 l[图 8-3a)],所受压力是沿着杆的轴线作用的。当轴向压力 F_1 小于某一定值 F_{cr} 时[图 8-3b)],压杆的轴线能保持原来的直线形状。受力构件能够保持始终不变的平衡状态,称为稳定平衡状态。但是,当轴向压力 F_2 稍大于 F_{cr} 时[图 8-3c)],压杆就会突然改变原有的平衡状态,转入新的曲线形状的平衡状态,说明压杆原来直线形状下的平衡状态是不稳定的。

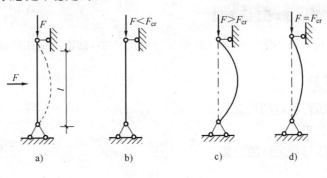

图 8-3

压杆失去原来直线形状下的平衡状态的现象称为压杆丧失稳定性,简称失稳,压杆失稳后就不能正常工作。

(二)失稳过程和临界力

压杆的平衡是否稳定,与其所受轴向压力的大小有关。在图 8-3d)中的压杆所受的力从 F_1 逐渐增加到 F_2 的过程中,必定存在着一个临界状态。在临界状态时的轴向压力,称为压杆的临界荷载或临界力,以 F_{cr} 表示。

对细长压杆来说,当轴向压力达到 F_{cr} 时,杆内的应力往往低于材料的屈服极限,有时甚至低于比例极限。因此,细长压杆丧失稳定,不是强度问题,而是稳定性不够的问题。

第二节 轴向压杆的临界力计算公式——欧拉公式

一 欧拉公式

设有一根两端受到不同支承、等截面的细长直杆,长为 l,杆的自重不计。在轴向压力 F 作用下,杆在微小弯曲的形状下保持平衡[图 8-3a)]。其所能承受的临界荷载为:

$$F_{cr} = \frac{\pi^2 EI}{(\mu l)^2} \tag{8-1}$$

式中：E——材料的弹性模量；

I——压杆横截面的惯性矩；

μ——长度系数，它反映了压杆两端不同的支承情况对临界荷载的影响；

μl——计算长度，表示杆的支承情况。

式(8-1)是欧拉公式的一般形式。

现将四种常用理想支承情况下细长压杆的长度系数 μ 列表见表8-1。

细长压杆的长度系数

表8-1

细长压杆的支承情况	长 度 系 数 μ	细长压杆的支承情况	长 度 系 数 μ
两端铰支	1	两端固定	0.5
一端固定、一端自由	2	一端固定、另一端铰支	0.7

二　欧拉公式的适用范围

在解决压杆的稳定问题时，通常用应力进行计算。将临界荷载 F_{cr} 除以压杆的横截面面积 A，所得的平均应力，称为压杆的临界应力，用 σ_{cr} 表示，即：

$$\sigma_{cr} = \frac{F_{cr}}{A} = \frac{\pi^2 EI}{(\mu l)^2 A} \tag{8-2}$$

引用记号：

$$\lambda = \frac{\mu l}{i} \tag{8-3}$$

式中：λ——压杆的柔度或长细比，是一个无量纲的量，与杆件的截面形状和尺寸、杆件的长度、杆件所受的约束情况、材料的弹性模量 E 有关。

则压杆临界应力的欧拉公式为：

$$\sigma_{cr} = \frac{\pi^2 E}{\lambda^2} \tag{8-4}$$

令

$$\lambda_p = \sqrt{\frac{\pi^2 E}{\sigma_p}} \tag{8-5}$$

则有

$$\lambda \geqslant \lambda_p \tag{8-6}$$

式中：λ_p——能够使用欧拉公式时压杆的最小柔度值。最小柔度 λ_p 与材料的弹性模量 E 和比例极限 σ_p 有关，不同的材料具有不同最小柔度值。使用时可以查阅工程手册。

式(8-6)是欧拉公式的适用范围。对于 $\lambda \geqslant \lambda_p$ 的压杆，通常称为大柔度杆这类压杆将因失稳而破坏。

当压杆的柔度 $\lambda < \lambda_p$ 时，说明压杆横截面上的应力已超过材料的比例极限 σ_p，这时欧拉公式以不再适用。在这种情况下，压杆的临界应力在工程计算中常采用建立在实验基础上的经验公式。在结构中常用抛物线型经验公式，其一般表达式为：

$$\sigma_{cr} = a - b\lambda^2 \tag{8-7}$$

上式表明，压杆的临界应力与其柔度成二次抛物线关系。其中，a、b 为与材料性质有关

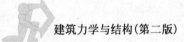

的常数,使用时可查阅工程手册。

【例 8-1】 有一钢管,长 2.5m,外径为 89mm,壁厚为 4mm。管的一端固定在混凝土基础上,而另一端为自由端,受一轴向压力 F 的作用。已知压杆的材料为 A_3 钢,弹性模量 $E=206\mathrm{GPa}$,$\lambda_p=100\mathrm{MPa}$。试求钢管的临界荷载。

【解】 (1)计算钢管的柔度。

钢管横截面的惯性半径:

$$i=\sqrt{\frac{I}{A}}=\sqrt{\frac{\frac{\pi(D^4-d^4)}{64}}{\frac{\pi(D^2-d^2)}{4}}}=\frac{\sqrt{D^2+d^2}}{4}=\frac{\sqrt{89^2+(89-2\times4)^2}}{4}=30.1\mathrm{mm}$$

$$\lambda=\frac{\mu l}{i}=\frac{2\times2\,500}{30.1}=166.1>\lambda_p=100$$

此为大柔度杆,应按欧拉公式计算钢管的临界荷载。

(2)先求截面惯性矩。

$$I=\frac{\pi}{64}(D^4-d^4)=\frac{\pi}{64}(89^4-81^4)=9.67\times10^5\mathrm{mm}^4$$

(3)确定 μ 值。由表 8-1 查得压杆的一端固定,一端自由时,$\mu=2$。

(4)确定钢管的临界荷载。

$$F_{cr}=\frac{\pi^2EI}{(\mu l)^2}=\frac{\pi^2\times206\times10^3\times9.67\times10^5}{(2\times2.5\times10^3)^2}=78.6\times10^3\mathrm{N}=78.6\mathrm{kN}$$

第三节　提高压杆稳定性的措施

要提高压杆的稳定性,关键在于提高压杆的临界力或临界应力。而压杆的临界力和临界应力,与压杆的长度、横截面形状及大小、支承条件以及压杆所用材料等有关。因此,可以从以下几个方面考虑。

一 合理选择材料

欧拉公式告诉我们,大柔度杆的临界应力,与材料的弹性模量成正比。所以选择弹性模量较高的材料,就可以提高大柔度杆的临界应力,也就提高了其稳定性。但是,对于钢材而言,各种钢的弹性模量大致相同,所以,选用高强度钢并不能明显提高大柔度杆的稳定性。而中、小柔度杆的临界应力则与材料的强度有关,采用高强度钢材,可以提高这类压杆抵抗失稳的能力。

二 选择合理的截面形状

增大截面的惯性矩,可以增大截面的惯性半径,降低压杆的柔度,从而可以提高压杆的稳定性。在压杆的横截面面积相同的条件下,应尽可能使材料远离截面形心轴,以取得较大的惯性矩,从这个角度出发,空心截面要比实心截面合理,如图 8-4 所示。在工程实际中,若压杆的截面是用两根槽钢组成的,则应采用如图 8-5 所示的布置方式,可以取得较大的惯性矩或惯性半径。

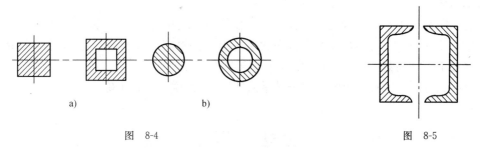

图 8-4　　　　　　　　　　　　　　　图 8-5

另外,由于压杆总是在柔度较大(临界力较小)的纵向平面内首先失稳,所以应注意尽可能使压杆在各个纵向平面内的柔度都相同,以充分发挥压杆的稳定承载能力。

三 改善约束条件、减小压杆长度

根据欧拉公式可知,压杆的临界力与其计算长度的平方成反比,而压杆的计算长度又与其约束条件有关。因此,改善约束条件,可以减小压杆的长度系数和计算长度,从而增大临界力。在相同条件下,从表 8-1 可知,自由支座最不利,铰支座次之,固定支座最有利。减小压杆长度的另一方法是在压杆的中间增加支承,把一根变为两根甚至几根。

◀ 本 章 小 结 ▶

本章讨论了轴向压杆稳定的基本概念。

(1)压杆的失稳。压杆的失稳是压杆在沿杆轴线的外力作用下,直线形状的平衡状态由稳定变成不稳定的情况。

(2)临界应力。临界应力压杆从稳定平衡到不稳定平衡状态的应力值。

(3)确定临界应力的大小,是解决压杆稳定问题的关键。

计算临界应力的公式为:

①细长杆($\lambda \geqslant \lambda_p$)使用欧拉公式:

$$\sigma_{cr} = \frac{\pi^2 E}{\lambda^2}$$

②中长杆($\lambda < \lambda_p$)使用经验公式:

$$\sigma_{cr} = a - b\lambda^2$$

③柔度。柔度是压杆长度、支承情况、截面形状和尺寸等因素的综合值:

$$\lambda = \frac{\mu l}{i} \qquad i = \sqrt{\frac{I}{A}}$$

λ 是稳定计算中的重要几何参数,有关压杆稳定计算应先计算出 λ。

▶ **复习思考题** ◀

1.如何区别压杆的稳定平衡与不稳定平衡?

2.什么叫临界力? 两端铰支的细长杆计算临界力的欧拉公式的应用条件是什么?

3.实心截面改为空心截面能增大截面的惯性矩从而提高压杆的稳定性,是否可以把材料无限制地加工使远离截面形心,以提高压杆的稳定性?

4.只要保证压杆的稳定就能够保证其承载能力,这种说法是否正确?

▶ **习   题** ◀

8-1 如图所示压杆,截面形状都为圆形,直径 $d=160$mm,材料为 Q235 钢,弹性模量 $E=200$GPa。试按欧拉公式分别计算各杆的临界力。

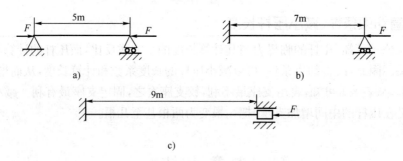

题 8-1 图

8-2 某细长压杆,两端为铰支,材料用 Q235 钢,弹性模量 $E=200$GPa,试用欧拉公式分别计算下列三种情况的临界力:

(1)圆形截面:直径 $d=25$mm,$l=1$m。

(2)矩形截面:$h=2b=40$mm,$l=1$m。

(3)No16 工字钢:$l=2$m。

8-3 如图所示某连杆,材料为 Q235 钢,弹性模量 $E=200$GPa,横截面面积 $A=44$cm²,惯性矩 $I_y=120\times10^4$mm⁴,$I_x=797\times10^4$mm⁴ 在 xy 平面内,长度系数 $\mu_z=1$;在 xz 平面内,长度系数 $\mu_y=0.5$。试计算其临界力和临界应力。

题 8-3 图

第九章
构件变形和结构的位移计算

【能力目标、知识目标】

通过本章的学习,培养学生运用单位荷载法和图乘法计算结构的位移的能力,构件的变形和结构的位移计算是保证构件满足正常使用极限状态验算的基础。

【学习要求】

(1)在工程设计和施工过程中,结构的位移计算是很重要的,概括地说,计算位移的目的有以下三个方面:

①验算结构刚度,即验算结构的位移是否超过允许的位移限制值。

②为超静定结构的计算打基础。在计算超静定结构内力时,除利用静力平衡条件外,还需要考虑变形协调条件,因此需计算结构的位移。

③在结构的制作、架设、养护过程中,有时需要预先知道结构的变形情况,以便采取一定的施工措施,因而也需要进行位移计算。

(2)通过本章的学习,学生应重点掌握结构位移计算的方法:对轴向受力构件(如桁架),应学会用单位荷载法计算其位移;对受弯构件(如梁、刚架),应学会用图乘法计算其位移。

(3)通过本章的学习,学生还应掌握结构的刚度校核方法。

(4)本章的难点是对虚功方程的深刻理解。学生在学习本章时,只有深刻理解位移计算公式中每一项的含义,深刻理解虚功的概念,才能正确计算结构位移。

第一节 概 述

杆系结构在荷载或其他因素作用下,会发生变形。由于变形,结构上各点的位置将会移动,杆件的横截面会转动,这些移动和转动称为结构的位移。

如图 9-1 所示刚架,在荷载作用下发生图中虚线所示的变形,使截面 A 的形心 A 点移到 A' 点,线段 AA' 称为 A 点的线位移,记为 Δ_A。若将 Δ_A 沿水平和竖向分解,则其分量 Δ_{AH} 和 Δ_{AV} 分别称为 A 点的水平线位移和竖向线位移。同时截面 A 还转动了一个角度,称为截面 A 的角位移。用 ϕ_A 表示。

如图 9-2 所示的悬臂梁,在纵向对称面内受横向荷载 P 的作用,梁的轴线由图中的直线变成如图所示的平面曲线。梁变形时,其上各横截面的位置都发生移动,称之为位移。位移用挠度和转角两个基本量描述。如某横截面 C 沿与梁轴线垂直的方向移到 C',线位移 CC' 称为截面 C 的挠度,以 y_c 表示。截面 C 在变形后绕中性轴转过一角度 θ_c,角位移 θ_c 称为截面 C 的转角。

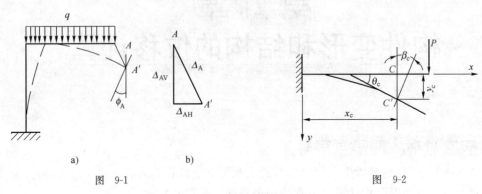

图 9-1   图 9-2

第二节　轴向拉压的变形计算

一 纵向变形、线应变

轴向拉伸或压缩杆件的变形主要是纵向伸长或缩短,相应横向尺寸也略有缩小或增大,如图 9-3 中虚线所示。在此我们只讨论它的主要方面,即纵向变形。

如图 9-3 所示的受拉杆件,原长为 l,施加一对轴向拉力 P 后,其长度增至 l_1,则杆的纵向伸长为:

$$\Delta l = l_1 - l \qquad (9-1)$$

它给出了杆的总伸长量。

为进一步了解杆的变形程度,在杆各部分都是均匀伸长的情况下,可求出每单位长度内杆的轴向伸长,称为轴向线应变,以 ε 表示,其值为:

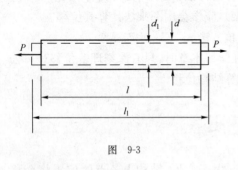

图 9-3

$$\varepsilon = \frac{\Delta l}{l} \qquad (9-2)$$

因为 Δl 与 l 具有相同量纲,所以线应变 ε 无量纲。由式(9-1)及式(9-2)不难看出,Δl 及 ε 在拉伸时为正值,在压缩时为负值。

二 虎克定律

实验表明,工程中使用的大多数材料在受力不超过一定范围时,都处在弹性变形阶段。在此范围内,轴向拉、压杆件的伸长或缩短与轴力 N 和杆长 l 成正比,与横截面面积 A 成

反比,即

$$\Delta l \propto \frac{Nl}{A}$$

引入比例常数 E,则有

$$\Delta l = \frac{Nl}{EA} \tag{9-3}$$

这一比例关系,称为虎克定律。式中:比例常数 E 互称为弹性模量,它反映了材料抵抗拉(压)变形的能力。EA 称为杆件的抗拉(压)刚度,对于长度相同、受力相同的杆件,EA 值愈大,则杆的变形 Δl 愈小;EA 值愈小,则杆的变形 Δl 愈大。因此,抗拉(压)刚度 EA,反映了杆件抵抗拉(压)变形的能力。

若将式(9-3)改写为:

$$\frac{\Delta l}{l} = \frac{1}{E} \cdot \frac{N}{A}$$

并将正应力 $\sigma = \frac{N}{A}$ 及线应变 $\varepsilon = \frac{\Delta l}{l}$ 代入,则可得出虎克定律的另一表达式:

$$\varepsilon = \frac{\sigma}{E} \tag{9-4}$$

式(9-3)和式(9-4)是虎克定律的两种表达形式,它揭示了材料在弹性范围内,力与变形或应力与应变之间的物理关系。

弹性模量 E 是一个重要的弹性常数,一般通过实验来测定。表9-1 给出几种常用材料的 E 值。

几种常用材料的 E 值　　　　　　　　　　　　表9-1

材　料	低 碳 钢	合 金 钢	铸　　铁	混 凝 土	木　材
E 值	196～216	196～216	59～162	15～35	10～12

注:E 值的量纲为 GPa。

【例 9-1】　一直杆的受力情况如图 9-4 所示,已知杆的横截面面积 $A = 10\,\text{cm}^2$,材料的弹性模量 $E = 2 \times 10^5\,\text{MPa}$,试求杆的总变形量。

【解】　先求出杆的各段轴力。

$N_{AB} = -10\text{kN}$

$N_{BC} = -5\text{kN}$

$N_{CD} = 15\text{kN}$

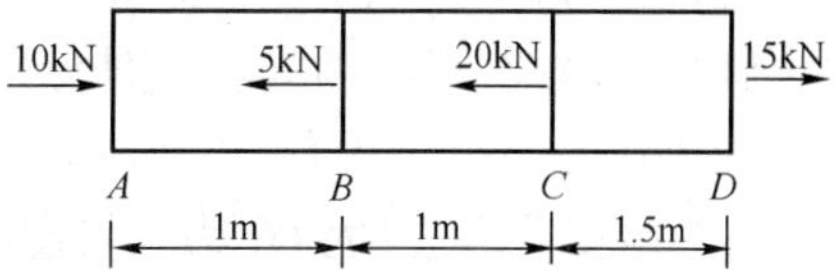

根据轴向变形公式(9-3)分别计算各段的轴向变形为:

图 9-4

$$\Delta l_{AB} = \frac{N_{AB} l_{AB}}{EA} = \frac{-10 \times 10^3 \times 1}{2 \times 10^5 \times 10^6 \times 10^{-4}} = -0.05\text{mm}$$

$$\Delta l_{BC} = \frac{N_{BC} l_{BC}}{EA} = \frac{-5 \times 10^3 \times 1}{2 \times 10^5 \times 10^6 \times 10 \times 10^{-4}} = -0.025\text{mm}$$

$$\Delta l_{CD} = \frac{N_{CD} l_{CD}}{EA} = \frac{15 \times 10^3 \times 1.5}{2 \times 10^5 \times 10^6 \times 10 \times 10^{-4}} = 0.113\text{mm}$$

$$\Delta l_{AB} = \Delta l_{AB} + \Delta l_{BC} + \Delta l_{CD} = -0.05 - 0.025 + 0.113 = 0.038\text{mm}$$

【例 9-2】 梯形杆如图 9-5 所示,已知 AB 段面积为 $A_1 = 10\text{cm}^2$,BC 段面积为 $A_2 = 20\text{cm}^2$,材料的弹性模量 $E = 2 \times 10^5\text{MPa}$,试求杆的总变形量。

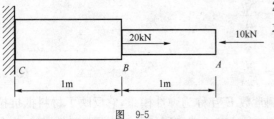

图 9-5

【解】 AB、BC 段内力分别为:

$$N_{AB} = -10\text{kN}$$

$$N_{BC} = 10\text{kN}$$

根据(9-3)式,分别计算各段的变形为:

$$\Delta l_{AB} = \frac{N_{AB}l_{AB}}{EA} = \frac{-10 \times 10^3 \times 1}{2 \times 10^5 \times 10^6 \times 10^{-4}} = -0.05\text{mm}$$

$$\Delta l_{BC} = \frac{N_{BC}l_{BC}}{EA} = \frac{10 \times 10^3 \times 1}{2 \times 10^5 \times 10^6 \times 20 \times 10^{-4}} = 0.025\text{mm}$$

$$\Delta l_{AC} = \Delta l_{AB} + \Delta l_{BC} = -0.05 + 0.025 = -0.025\text{mm}(缩短)$$

第三节　结构位移计算的一般公式

力学中计算位移的一般方法是以虚功原理为基础的。本章先介绍虚功原理,然后讨论在荷载等外界因素的影响下静定结构的位移计算方法。

一 虚功原理

1.虚功的概念

我们知道,功包含了两个要素——力和位移。当做功的力与相应位移彼此相关时,即当位移是由做功的力本身引起时,此功称为实功;当做功的力与相应于力的位移彼此独立无关时,就把这种功称为虚功。如图 9-6a)所示简支梁受力 P_1 作用,待其达到实曲线所示的弹性平衡位置后,如果由于某种外因(如其他荷载或温度变化等)使梁继续发生微小变形而达到虚曲线所示的位置,力 P_1 对相应位移 Δ_2 所做功就是虚功。在虚功中,力与位移是彼此独立无关的两个因素。因此,可将两者看成是分别属于同一体系的两种彼此无关的状态,其中力系所属状态称为力状态或第一状态[图 9-6b)],位移所属状态称为位移状态或第二状态[图 9-6c)],如用 W_{12} 表示第一状态的力在第二状态的位移上所做的虚功,则有:

$$W_{12} = P_1\Delta_2$$

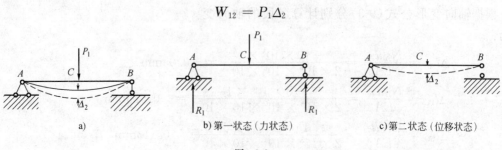

a) 　　　　　b)第一状态（力状态）　　　　　c)第二状态（位移状态）

图 9-6

对于如图 9-7 所示的一般情况,外力虚功可表示为:

$$W_{12} = P_1{}'\Delta_2{}' + P_1{}''\Delta_2{}'' + M_1\varphi_2 + R_1{}'C_2{}' + R_1{}''C_2{}'' = \sum P_1\Delta_2$$

式中:P_1 包括力状态中的集中力,集中力偶和支反力等,称为广义力;Δ_2 为与广义力相应的广义位移。

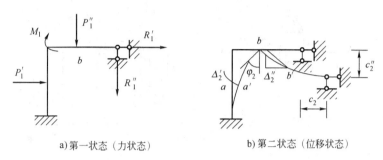

a)第一状态(力状态)　　　　　　　b)第二状态(位移状态)

图　9-7

最后必须指出,在虚功中,力状态和位移状态是彼此独立无关的。因此,不仅可以把位移状态看作是虚设的,也可以把力状态看作是虚设的,它们各有不同的应用。

2.**虚功原理**

首先讨论质点系的虚功原理,它表述为:当质点系在力系作用下处于平衡状态,如果给质点系以任何方向的虚位移,则在此过程中,所有外力所做的虚功之和为零。这里的虚位移,是为约束条件所允许的任意微小位移。在刚体中,因任何两点间的距离均保持不变,可以认为任何两点间有刚性链杆相连,故刚体是属于具有理想约束的质点系,刚体内力在刚体虚位移上所做的功恒等于零,因此虚功原理应用于刚体时可表述为:刚体在外力作用下处于平衡的充分和必要条件是,对于任何虚位移,外力所作的虚功之和恒等于零。

虚功原理应用于变形体时,外力虚功之和不等于零。对于杆系结构,变形体系的虚功原理可表述为:变形体系处于平衡的充分和必要条件是,对于任何虚位移,外力所做的虚功总和等于各微段上的内力在其变形上所做的虚功总和,或简单地说,外力虚功等于变形虚功,可写为 $W_{外} = W_{变}$。

为了简要说明上述原理的正确性,只需从物理概念上来论证其必要条件。即论证,若已知变形体系处于平衡状态,则上述关系成立。

如图 9-8a)所示表示一平面杆系结构在力系作用下处于平衡状态,图 9-8b)表示该结构由于别的原因而产生的虚位移状态,这两个状态分别称为力状态和位移状态。这里虚位移是与力状态无关的其他原因(另一组力系、温度变化、支座位移)等引起的,甚至是假想的,但虚位移必须是微小的,并满足约束条件和变形协调条件。

可用两种不同的途径来计算虚功:

(1)将力系分解为外力和内力来计算虚功。

在如图 9-8a)所示的力状态中取出一个微段来研究,作用在微段上的力除外力 q 外,两侧截面上还作用有轴力、弯矩和剪力。这些力对整个结构而言是内力,对于所取微段而言则是外力,虚功的计算是考虑整个结构,所以截面上的轴力、弯矩和剪力所做的虚功便称为内力虚功,用 $W_{内}$ 表示。

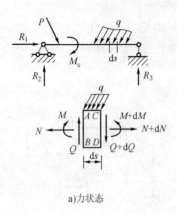

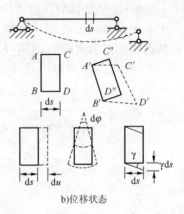

a)力状态   b)位移状态

图 9-8

在如图 9-8b)所示的位移状态中此微段由 $ABCD$ 移到 $A'B'C'D'$,于是上述作用在微段上的各力将在相应的位移上做虚功。设作用于微段上的所有各力所做的虚功为 $dW_总$,微段上外力所做的虚功为 $dW_外$,内力所做的虚功为 $dW_内$,则:

$$dW_总 = dW_外 + dW_内$$

将其沿杆段积分并将各杆段积分总和起来,使得整个结构的虚功为:

$$\sum \int dW_总 = \sum \int dW_外 + \sum \int dW_内$$

简写为

$$W_总 = W_外 + W_内$$

这里,$W_外$ 表示整个结构的所有外力(包括荷载和支座反力)在相应位移[图 9-8b)]中虚线所示,上所做虚功总和;$W_内$ 则是所有微段截面上内力所做的虚功总和,由于任意相邻微段的相邻截面上的内力互为作用力与反作用力,又由于虚位移满足变形连续条件,两微段相邻的截面总是紧贴在一起而具有相同的位移,因此每一对相邻截面上的内力所做的功总是大小相等正负号相反而互相抵消。因此,所有微段截面上内力所做的功的总和必然为零,即:

$$W_内 = 0$$

于是整个结构的总虚功便等于外力虚功:

$$W_总 = W_外 \tag{9-5}$$

(2)将位移分解为刚体位移和变形位移来计算虚功。

在图 9-8b)所示的位移状态中,把微段的虚位移分解为两步:先只发生刚体位移(由 $ABCD$ 移到 $A'B'C''D''$),然后再发生变形位移(截面 $A'B'$ 不动,$C''D''$ 移到 $C'D'$),作用在微段上的所有各力在刚体位移上所做虚功为 $dW_刚$,在变形位移上所做的虚功为 $dW_变$,于是微段上的总虚功为:

$$DW_总 = dW_刚 + dW_变$$

由于微段处于平衡状态,故由刚体虚功原理可知:

$$dW_刚 = 0$$

于是 $\qquad\qquad\qquad\qquad\qquad dW_总 = dW_变$

对于全结构有 $\qquad\qquad\qquad \sum\int dW_总 = \sum\int dW_变$

即 $\qquad\qquad\qquad\qquad\qquad W_总 = W_变 \qquad\qquad\qquad\qquad\qquad (9-6)$

比较(9-5)、(9-6)两式可得： $\qquad\quad W_外 = W_变 \qquad\qquad\qquad\qquad\qquad (9-7)$

这就是我们所要证明的结论。此式也称为变形体的虚功方程。对于平面杆系结构，微段的变形可分为轴向变形 du，弯曲变形 $d\varphi$ 和剪切变形 γds。微段上轴力、弯矩和剪力的增量 dN、dM、dQ 以及均布荷载 q 在这些变形上所做的虚功为高阶微量可略去不计，因此微段上各力在其变形上所做的虚功为：$dW_总 = Ndu + Md\varphi + Q\gamma ds$

对于整个结构： $\qquad\qquad W_变 = \sum\int Ndu + \sum\int Md\varphi + \sum\int Q\gamma ds \qquad\qquad (9-8)$

将式(9-8)代入式(9-5)有： $\qquad W_外 = \sum\int Ndu + \sum\int Md\varphi + \sum\int Q\gamma ds \qquad\qquad (9-9)$

式(9-9)称为平面杆系结构的虚功方程。

上面讨论过程中，并没有涉及到材料的物理性质，因此无论对于弹性、非弹性、线性、非线性的变形体系，虚功原理都适用。

虚功原理在具体应用时有两种方式：一种是对给定的力状态，另虚设一个位移状态，利用虚功原理求力状态中的未知力；另一种是给定位移状态，另虚设一个力状态，利用虚功方程求解位移状态中的未知位移，这时的虚功原理又可称为虚力原理，本章讨论的结构位移的计算，就是以变形体虚力原理作为理论依据的。

二　结构位移计算的一般公式

利用虚功方程(9-9)可推导出计算结构位移的一般公式。

如图 9-9a)所示刚架由于某种实际原因(荷载、温度改变、支座位移等)而发生图中虚线所示的变形，这一状态叫结构的实际状态。现在要求实际状态中 K 点沿任一指定方向 K-K 上的位移 Δ_K。

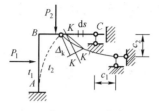

a) 位移状态（实际状态）　　　　　b) 力状态（虚拟状态）

图　9-9

为了利用虚功方程求得 Δ_K，应选取如图 9-9b)所示虚设的力状态，即在 K 点沿 K-K 方向加上一个单位集中力（$P_K = 1$）。这时 A 点的支座反力和 C 点的支座反力 $\overline{R_1}$、$\overline{R_2}$ 与单位力 P_K

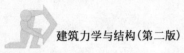

=1 构成一组平衡力系。由于力状态是虚设的,故称为虚拟状态。虚设力系的外力(包括支反力)对实际状态的位移所做的总虚功为:

$$W_外 = P_K \Delta_K + \overline{R}_1 C_1 + \overline{R}_2 C_2$$

简写为:

$$W_外 = \Delta_K + \sum \overline{R}_i C_i$$

式中:R——虚拟状态中的支反力;

　　C_i——实际状态中的位移;

$\sum \overline{R}_i C_i$——支座反力所做的虚功之和。

以 du、γds、$d\varphi$ 表示实际状态中微段 ds 的变形,以 $\overline{N}$、$\overline{M}$、$\overline{Q}$ 表示虚拟状态中同一微段 ds 的内力,则总变形虚功为:

$$W_变 = \sum \int \overline{N} du + \sum \int \overline{M} d\varphi + \sum \int \overline{Q} \gamma ds$$

根据虚功方程有:

$$\Delta_K + \sum \overline{R}_i C_i = \sum \int \overline{N} du + \sum \int \overline{M} d\varphi + \sum \int \overline{Q} \gamma ds$$

即:

$$\Delta_K = \sum \int \overline{N} du + \sum \int \overline{M} d\varphi + \sum \int \overline{Q} \gamma ds - \sum \overline{R}_i C_i \qquad (9\text{-}10)$$

这就是计算位移的一般公式。

这种利用虚功原理,沿所求位移方向虚设单位荷载($P_K=1$)求结构位移的方法,称为单位荷载法。应用这个方法,每次可以计算一种位移。在设虚单位力时其指向可以任意假设,如计算结果为正值,即表示位移方向与所虚设的单位力指向相同,否则相反。

单位荷载法不仅可以用于计算结构的线位移,而且可以计算任意的广义位移,只要所设的虚单位力与所计算的广义位移相对应即可。在计算各种位移时,可按以下方法假设虚拟状态下的单位力。

(1)设要求图 9-10a)、b)所示结构上 C 点的竖向线位移,可在该点沿所求位移方向加一单位力。

(2)设要求图 9-10c)、d)所示结构上截面 A 的角位移,可在该处加一单位力偶。若要求如图 9-10e)所示桁架中 AB 杆的角位移,则应加一单位力偶,构成这一力偶的两个集中力,各作用于该杆的两端并与杆轴垂直,其值为 $1/l$,l 为该杆长度。

(3)设要求图 9-10f)、g)所示结构上 A、B 两点沿其连线方向的相对线位移,可在该两点沿其连线加上两个方向相反的单位力。

(4)设要求梁或刚架上两个截面的相对角位移,可在这两个截面上加两个方向相反的单位力偶,图 9-10h)所示为求铰 C 处左、右两侧截面的相对角位移。若要求桁架中两根杆件的相对角位移,则应加两个方向相反的单位力偶[图 9-10i)]。

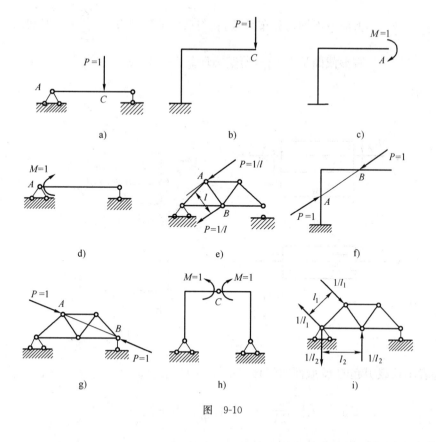

图 9-10

第四节　静定结构在荷载作用下的位移计算

一　单位荷载法

如果结构只受到荷载作用,且不考虑支座位移的影响($C_i=0$)时,则式(9-10)可简化为:

$$\Delta_K = \sum\int \overline{N}du + \sum\int \overline{M}d\varphi + \sum\int \overline{Q}\gamma ds \qquad (9\text{-}11)$$

式中微段的变形是由荷载引起的;设 N_P、M_P、Q_P 表示实际位移状态中微段 ds 上所受的轴力、弯矩和剪力[图 9-11a)],在线弹性范围内,由材料力学可知,N_P、M_P、Q_P 引起的微段 ds 上的变形可写为:

如图 9-11b)所示,　　　　　　$d\varphi = \dfrac{M_P}{EI}ds$ 　　　　　　　　　(9-12)

如图 9-11c)所示,　　　　　　$du = \dfrac{N_P}{EA}ds$ 　　　　　　　　　(9-13)

如图 9-11d)所示,　　　　　　$\gamma = k\dfrac{Q_P}{GA}ds$ 　　　　　　　　　(9-14)

式中:EA、EI、GA——杆件截面的抗拉、抗弯、抗剪刚度;

Jianzhu Lixue yu Jiegou

k——剪应力不均匀分布系数,它与截面的形状有关,对于矩形截面是 $k=\dfrac{6}{5}$,

圆形截面是 $k=\dfrac{10}{9}$,薄壁圆环截面是 $k=2$。

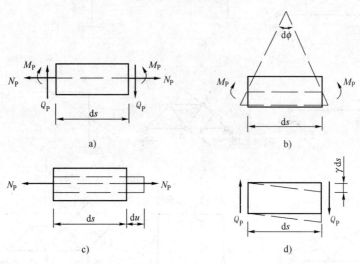

图 9-11

用 Δ_{kP} 表示荷载引起的 K 截面的位移。把式(9-12)、式(9-13)、式(9-14)代入式(9-11)得:

$$\Delta_{kP} = \sum \int \frac{N_P \overline{N}}{EA}ds + \sum \int \frac{M_P \overline{N}}{EI}ds + \sum \int k\frac{Q_P \overline{Q}}{GA}ds \qquad (9\text{-}15)$$

这就是平面杆系结构在荷载作用下的位移计算公式。

式中 $\overline{N}$、$\overline{M}$、$\overline{Q}$ 表示虚拟状态中单位力所产生的内力。在静定结构中,上述内力均可通过静力平衡条件求得,故不难利用式(9-15)求出相应的位移。

在实际计算中,根据结构的具体情况,常常可以只考虑其中的一项(或两项)。例如对于梁和刚架,位移主要是由弯矩引起的,轴力和剪力的影响很小,一般可略去,故式(9-15)可简化为:

$$\Delta_{kP} = \sum \int \frac{M_P \overline{M}}{EI}ds \qquad (9\text{-}16)$$

在桁架中只有轴向变形一项的影响,且每一杆件的轴力 $\overline{N}$、N_P 及 EA 沿杆长 l 均为常数,故式(9-15)可简化为:

$$\Delta_{kP} = \sum \int \frac{N_P \overline{N}}{EA}ds = \sum \frac{N_P \overline{N}}{EA}l \qquad (9\text{-}17)$$

【例 9-3】 试求如图 9-12a)所示刚架 C 端的水平位移 Δ_{CH} 和角位移 φ_C。已知 AB、BD 段的抗弯刚度为 EI,DC 段的抗弯刚度为 $\dfrac{1}{2}EI$。

【解】 (1)求 Δ_{CH} 时,可在 C 点加一水平单位力,得虚力状态如图 9-12b)所示。并分别设各杆的 x 坐标如图所示。实际荷载和单位荷载所引起的弯矩分别为(假定内侧受拉力为正,只要两种状态的弯矩正负号规定一致,则不影响位移计算的最后结果):

116

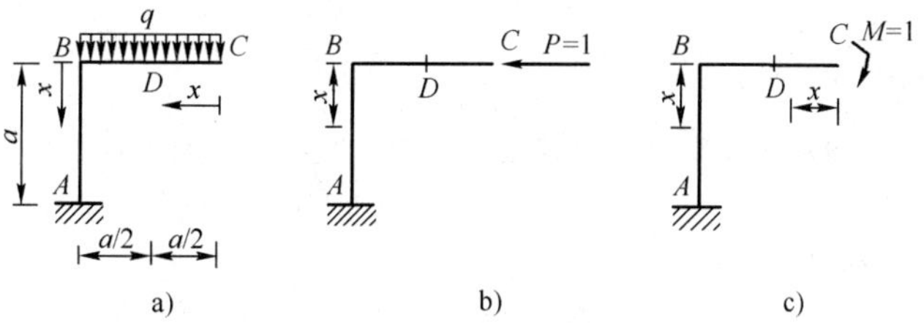

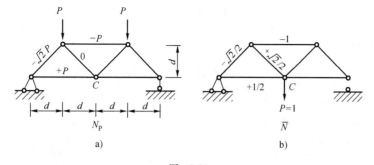

图 9-12

横梁 BC $\qquad$ $M_P = -\dfrac{1}{2}qx^2$ $\qquad$ $\overline{M} = 0$

竖柱 AB $\qquad$ $M_P = -\dfrac{1}{2}qa^2$ $\qquad$ $\overline{M} = 0$

代入式(9-16)得

$$\Delta_{CH} = \sum \int \frac{M_P \overline{M}}{EI} dx = \left[0 + \int_0^a \left(-\frac{1}{2}qa^2 \right) x \, dx \right] \frac{1}{EI} = -\frac{qa^4}{4EI} (\rightarrow)$$

(2)求 φ_C 时,在 C 点加一单位力偶,虚力状态如图 c)所示。两种状态的弯矩为:

横梁 BC $\qquad$ $M_P = -\dfrac{1}{2}qx^2$ $\qquad$ $\overline{M} = -1$

竖柱 AB $\qquad$ $M_P = -\dfrac{1}{2}qa^2$ $\qquad$ $\overline{M} = -1$

代入式(9-9),得 C 端的转角:

$$\varphi_C = \left[\int_0^{\frac{a}{2}} (-1)\left(-\frac{1}{2}qx^2 \right) dx \right] \frac{1}{2} \frac{1}{EI} + \left[\int_{\frac{a}{2}}^a (-1)\left(-\frac{1}{2}qx^2 \right) dx \right] \frac{1}{EI} +$$

$$\left[\int_0^a (-1)\left(-\frac{1}{2}qa^2 \right) dx \right] \frac{1}{EI} = \frac{33qa^3}{48EI} (\curvearrowleft)$$

【**例 9-4**】 试计算如图 9-13a)所示桁架结点 C 的竖向位移。设各杆的 EA 都相同。

图 9-13

【**解**】 由于桁架及其荷载因为对称,故只需计算一半桁架的内力。

在结点 C 加一竖向单位力,其轴力 $\overline{N}$ 示于图 9-13b),由荷载所产生的轴力 N_P 示于图 9-13a)中。由式(9-10)可得:

$$\Delta_{CV} = \sum \frac{N_P \overline{N}}{EA}l$$

$$= \frac{1}{EA}\left[(-\sqrt{2}P)\left(-\frac{\sqrt{2}}{2}\right)\times\sqrt{2}d\times 2 + P\times\frac{1}{2}\times 2d\times 2 + (-P)(-1)\times 2d\right]$$

$$= \frac{2Pd}{EA}(2+\sqrt{2})$$

$$= 6.83\frac{Pd}{EA}(\downarrow)$$

二 图乘法

在求梁和刚架的位移时,用单位荷载法给出的公式:

$$\Delta_{kP} = \sum\int\frac{M_P\overline{M}}{EI}ds \tag{9-18}$$

计算位移时,必须进行积分运算。当杆件数目较多,荷载复杂的情况下,上述积分的工作是比较麻烦的。但是,在一定条件下,式(9-18)的积分可用 $\overline{M}$ 和 M_P 两个弯矩图相乘的方法来代替,从而简化计算工作。其条件是:

(1)$EI=$ 常数;

(2)杆件轴线是直线;

(3)M_P 图和 $\overline{M}$ 图中至少有一个是直线图形。

对于等截面直杆,上述的前两个条件自然恒被满足。至于第三个条件,虽然在均布荷载作用下,其 M_P 图为曲线图形,但 $\overline{M}$ 图却总是由直线段组成的,只要分段考虑就可得到满足。于是,对于等截面直杆(包括截面分段变化阶梯形的杆件)所组成的梁和刚架,在位移计算中,均可采用图乘法来代替积分运算。

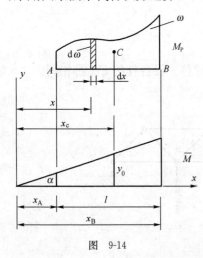

图 9-14

下面给出由积分计算到图乘法的证明。

设杆件 AB 长为 L,$\overline{M}$ 图为直线图形,M_P 图为任意的曲线图形,如图 9-14 所示。选 $\overline{M}$ 图形的直线与基线的交点为坐标原点,x、y 轴如图中给出。这样,$\overline{M}$ 图的表达式可写作:

$$\overline{M} = x\tan\alpha \qquad (x_A \leqslant x \leqslant x_B) \tag{9-19}$$

将式(9-19)代入式(9-18):

$$\Delta = \sum\frac{1}{EI}\int x\tan\alpha M_P dx$$

$$\Delta = \sum\frac{\tan\alpha}{EI}\int xM_P dx \tag{9-20}$$

积分号下 $M_P dx$ 是 M_P 图上的微面积 $d\omega$,积分 $\int x d\omega$ 是图形 M_P 相对 y 轴的静矩,而一图形相对某轴的静矩等于该图形的面积乘以该图形的形心 C 到轴的距离。如以 ω 表示 M_P 图形的面积,以 x_c 表示 M_P 图形心 C 到 y 轴的距离,则:

$$\int_L^x M_P dx = \int_\omega^x d\omega = \omega x_c \qquad (9-21)$$

将式(9-21)代入式(9-20)，$\Delta = \sum \dfrac{1}{EI} \omega x_c \tan\alpha$

从 $\overline{M}$ 图上看，如将与 M_P 图形心 C 相对应的 $\overline{M}$ 图的纵标用 y_0 表示，显然：

$$y_0 = x_c \tan\alpha$$

于是得到图乘法的位移计算公式：

$$\Delta = \sum \dfrac{1}{EI} \omega y_0 \qquad (9-22)$$

结论：当前述三个条件被满足时，位移 Δ 等于 M_P、$\overline{M}$ 二图形中曲线图形的面积乘以其形心所对应的直线图形的纵坐标，再除以 EI。

应用式(9-22)求位移时，要注意以下几点：

(1)当 M_P 图和 $\overline{M}$ 图在基线的同侧时，积 ωy_0 取正号；二者在基线的异侧时，积 ωy_0 取负号。

(2)当 M_P 图和 $\overline{M}$ 图都为直线图形时，可任选一图形计算面积 ω，以该图形形心所对应的另一图形的纵标作 y_0。

(3)$\overline{M}$ 图形不可能是曲线，只能是直线或折线。当 M_P 图形为曲线，$\overline{M}$ 图形为折线时，可分段进行图乘。如图 9-15 所示的情况，$\overline{M}$ 图的折线由两个直线段组成，M_P 图相应的分为两部分，图乘应在两段上分别进行。

$$\Delta = \dfrac{1}{EI} [\omega_1 y_{01} + \omega_2 y_{02}]$$

应用图乘法时，至关重要的是 y_0 必须在直线图形上取得。

(4)为顺利地进行图乘，需知道常见曲线图形的面积及其形心位置。现将二次标准抛物线图形的面积及其形心位置示于图 9-16 中，供查用。

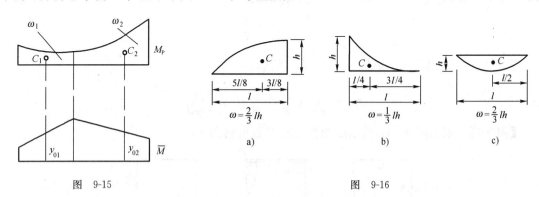

图 9-15

图 9-16

【例 9-5】 求图 9-17a)所示简支梁在力 P 作用下右支座处的转角 θ_B。

【解】 作 M_P 图[图 9-17b)]

在右端支座 B 处加单位力偶 $m = 1$，并作 $\overline{M}$ 图[图 9-17c)]。

$\overline{M}$ 图为直线图形，应在 M_P 图上计算面积 ω，在 $\overline{M}$ 图上取纵标 y_0。

M_P 图的面积 $\omega = \dfrac{1}{8} Pl^2$。

M_P 图形的形心所对应的 $\overline{M}$ 图的纵标 $y_0 = \dfrac{1}{2}$。

按式(9-22)，$\theta_B = \dfrac{1}{EI}\omega y$。

【例 9-6】 求图 9-18a)所示悬臂梁在力 P 作用下中点的位移 $\Delta_{\frac{l}{2}}$。

【解】 作 M_P 图[图 9-18b)]。

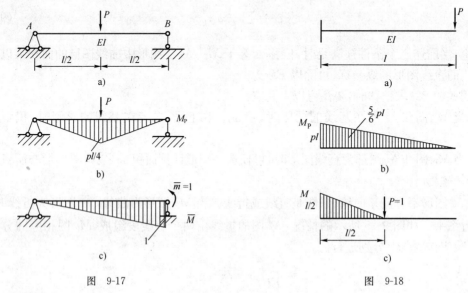

图 9-17

图 9-18

在梁中点加单位力 $\overline{P} = 1$ 并作 $\overline{M}$ 图[图 9-18c)]。

$\overline{M}$ 图沿梁长为一折线，需分两段计算。右段上面 $\overline{M} = 0$，图乘法结果自然为零。左段上 M_P 图和 $\overline{M}$ 图均为直线图形。在 $\overline{M}$ 图上计算面积：

$$\omega = \frac{1}{2} \times \frac{l}{2} \times \frac{l}{2} = \frac{l^2}{8}$$

其形心对应的 M_P 图的纵标 $y_0 = \dfrac{5}{6} Pl$，所以：

$$\Delta_{\frac{l}{2}} = \frac{1}{EI} \times \frac{l^2}{8} \times \frac{5}{6} pl = \frac{5pl^3}{48EI}$$

【例 9-7】 求如图 9-19a)所示刚架在支座 B 处的转角 θ_B。

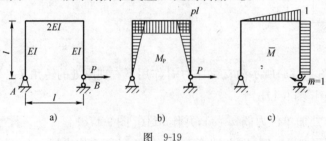

图 9-19

【解】 作 M_P 图［图 9-19b)］。

在支座 B 处加单位力偶 $\overline{m} = 1$，作 $\overline{M}$ 图［图 9-19c)］。

图乘应分段进行。左柱上面 $\overline{M} = 0$，图乘结果自然为零。右柱和横梁上，M_P 图和 $\overline{M}$ 图分别在基线的两侧，图乘结果均取负值。计算中在 M_P 图上算面积 ω，在 $\overline{M}$ 图上取纵标 y_0，按式 (9-11)，得：

$$\theta_B = -\frac{1}{EI} \times \frac{1}{2} \times l \times pl \times 1 - \frac{1}{2EI} \times l \times pl \times \frac{1}{2}$$
$$= -\frac{3Pl^2}{4EI}$$

结果为负值表明，B 支座处截面转角的方向与单位力偶 $\overline{m}$ 的方向相反。

【例 9-8】 求如图 9-20a)所示刚架的刚结点的水平位移 Δ。

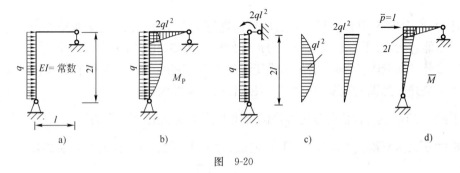

图 9-20

【解】 作 M_P 图［图 9-20b)］。为便于图乘，立柱的弯矩图形可分解为两个简单的图形：一是简支梁受均布荷载作用的弯矩图；一是简支梁受梁端力偶 $2ql^2$ 作用的弯矩图，如图 9-20c)所示。

在刚结点加水平力 $\overline{P} = 1$，作 $\overline{M}$ 图［图 9-20d)］。

图乘时，在 M_P 图上计算面积 ω，在 $\overline{M}$ 图上取纵标 y_0。图乘的次序是先算横梁段，后算立柱段。立柱段的 M_P 图按分解后的图 9-20c)考虑。

$$\Delta = \frac{1}{EI} \left[\frac{1}{2} \times l \times 2ql^2 \times \frac{2}{3} \times 2l + \frac{2}{3} \times 2l \times \frac{1}{2}ql^2 \times l + \frac{1}{2} \times 2l \times 2ql^2 \times \frac{2}{3} \times 2l \right] = \frac{14ql^4}{3EI}$$

【例 9-9】 试求如图 9-21a)所示伸臂梁 C 点的竖向位移 Δ_{cv}。设 $EI = 1.5 \times 10^5 \text{kN} \cdot \text{m}^2$。

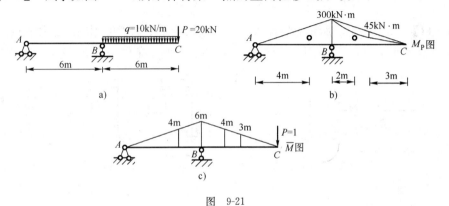

图 9-21

第九章　构件变形和结构的位移计算

【解】 荷载弯矩图和单位弯矩图如图 9-21b)、c)所示。在 AB 段,M_P 和 $\overline{M}$ 图均是三角形;在 BC 段,M_P 图中 C 点不是抛物线的顶点$\left(\text{因为}\dfrac{\mathrm{d}M}{\mathrm{d}s}=Q_c\neq0\right)$,但可将它看作是由 B、C 两端的弯矩竖标所连成的三角形与相应简支梁在均布荷载作用下的标准抛物线图[图 9-21b)]中虚线与曲线之间包含的面积)叠加而成。将上述各部分分别图乘再叠加,即得:

$$\Delta_{\mathrm{CV}} = \frac{1}{EI} \times 2 \times \left(\frac{1}{2} \times 300 \times 6 \times 4\right) - \frac{1}{EI} \times \frac{2}{3} \times 45 \times 6 \times 3$$

$$= \frac{6\,660}{EI} = 0.044\,4\mathrm{m} = 4.44\mathrm{cm}(\downarrow)$$

第五节　梁的刚度校核

设计梁时,在进行了强度计算后,有时还需进行刚度校核。也就是要求梁在荷载作用下产生的变形不能过大,否则会影响工程上的正常使用。例如,建筑中的楼板变形过大时,会使下面的抹灰层开裂和剥落;厂房中的吊车梁变形过大会影响吊车的正常运行;桥梁的变形过大会影响行车安全并引起很大的振动。因此,要进行梁的刚度校核。

对于梁的挠度,其容许值通常用容许的挠度与跨长的比值$\left[\dfrac{y}{l}\right]$作为标准。对于转角,一般用容许转角$[\theta]$作为标准。对于建筑工程中的梁,大多只校核挠度。因此梁的刚度条件可写为:

$$\frac{y_{\max}}{l} \leqslant \left[\frac{y}{l}\right] \tag{9-23}$$

式中:$y_{\max}$——梁的最大挠度值;

$\left[\dfrac{y}{l}\right]$——根据不同的工程用途,在有关规范中,均有具体的规定值。

【例 9-10】 如图 9-22 所示悬臂梁,在自由端承受集中力 $P=10\mathrm{kN}$ 作用,梁采用 32a 号工字钢,其弹性模量 $E=2.1\times10^8\mathrm{kPa}$;已知 $l=4\mathrm{m}$,$\left[\dfrac{y}{l}\right]=\dfrac{1}{400}$,试校核梁的刚度。

【解】 查得 32a 号工字钢的惯性矩为 $I_z=1.11\times10^{-4}\mathrm{m}^4$,得:

$$y_{\max} = \frac{Pl^3}{3EI_z} = \frac{10\times10^3\times4^3}{3\times2.1\times10^{11}\times1.11\times10^{-4}} = 0.92\times10^{-2}\mathrm{m}$$

【例 9-11】 如图 9-23a)所示悬臂刚架,在 D 端承受水平力 P 的作用,要求节点的水平位移 Δ_B 与 D 点的水平位移 Δ_D 之比小于 0.5,试校核这一刚度条件是否满足($EI=$ 常数)。

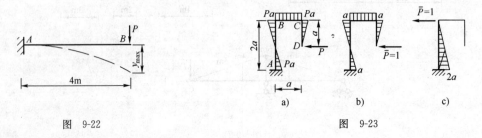

图　9-22　　　　　　　　　　　图　9-23

【解】 作 M_P 图,如图 9-23a)所示。

为求 D 点水平位移 Δ_D,在 D 点加水平力 $\overline{P}=1$,弯矩图如图 9-23b)所示,分段进行图乘,有:

$$\Delta_D = \frac{1}{EI} \times \frac{1}{2}Pa \times a \times \frac{2}{3}a \times 3 + \frac{1}{EI} \times Pa \times a \times a = \frac{2Pa^3}{EI}$$

为求 B 点水平位移 Δ_B,在点 B 加水平力 $\overline{P}=1$,弯矩图如图 9-23c)所示,分上、下两段进行图乘,有:

$$\Delta_B = \frac{1}{EI} \times \left(-\frac{1}{2}Pa \times a \times \frac{a}{3} + \frac{Pa}{2} \times a \times \frac{5}{6} \times 2a \right) = \frac{2Pa^3}{3EI}$$

两点水平位移之比:

$$\frac{\Delta_B}{\Delta_D} = \frac{2Pa^3}{3EI} \Big/ \frac{2Pa^3}{EI} = \frac{1}{3} < 0.5$$

满足刚度要求。

◀ **本 章 小 结** ▶

(1)虎克定律 $\sigma = E\varepsilon$ $\left(\text{或 } \Delta l = \dfrac{Nl}{EA}\right)$ 是一个基本定律,它揭示了在比例极限范围内应力与应变的关系。在学习时要注意理解它的意义,并运用它求轴向拉(压)变形。

(2)图乘法是求受弯构件指定截面位移的最简单方法。作图乘时,纵标 y_0 必须在直线图形上取得。当 $\overline{M}(x)$ 图形为折线,或杆件为分段等截面杆件时,图乘应分段进行。对复杂的 $M_P(x)$ 图形,可分解为几个简单图形,分别图乘后再代数相加。

(3)工程设计中,构件和结构不但要满足强度条件,还应满足刚度条件,把位移控制在允许的范围内。

◀ **复习思考题** ▶

1.虎克定律有几种表达形式?它的适用范围是什么?

2.刚体虚功原理与变形体虚功原理有何区别?

3.说明式(9-9)、式(9-10)中每一项的物理意义。

4.为什么说式(9-10)既适用于静定结构,又适用于超静定结构?既适用于计算荷载作用下引起的位移,又适用于计算温度改变、支座位移影响下的位移?

5.图乘法的使用条件是什么?

◀ **习 题** ▶

9-1 一直杆的受力情况如图所示,已知杆的横截面面积 $A=400\text{mm}^2$,材料的弹性模量 $E=2\times10^5\text{MPa}$,试求杆的总变形量。

9-2 图示桁架各杆截面均为 $A=20\text{cm}^2$,$E=2.1\times10^4\text{kN/cm}^2$,$P=40\text{kN}$,$d=2\text{m}$,试求 C 点的竖向位移。

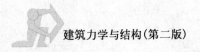

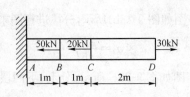

题9-1 图

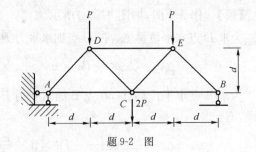

题9-2 图

9-3 求桁架节点 B 和节点 C 的水平位移,各杆 EA 相同。

9-4 用图乘法求图示梁 A 端的竖向位移 Δ_{AV} 和 A 端的转角 θ_A,已知 $EI =$ 常数。

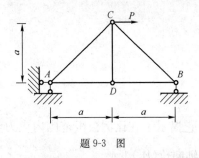

题9-3 图

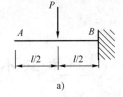
a)

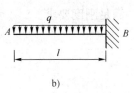
b)

题9-4 图

9-5 求刚架横梁中点的竖向位移,各杆 EI 相同。

9-6 求悬臂折杆自由端的竖向位移,各杆 EI 相同。

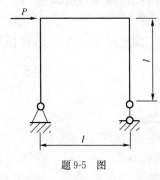

题9-5 图

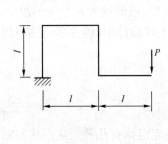

题9-6 图

9-7 求刚架下端支座处截面的转角,各杆 EI 相同。

9-8 已知 EI 为常量,用图乘法计算图示刚架的位移:

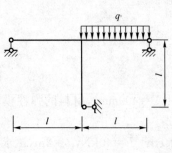

题9-7 图

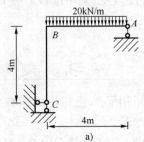
a)

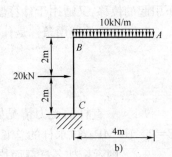
b)

题9-8 图

(1)求图 a)中 Δ_{CH}、θ_B；

(2)求图 b)中 Δ_{AV}、Δ_{AH}、θ_A。

9-9　一工字形钢的简支梁，梁上荷载如图所示。已知 $l=6\mathrm{m}$，$P=10\mathrm{kN}$，$q=4\mathrm{kN/m}$，$\left[\dfrac{y}{l}\right]=\dfrac{1}{400}$，工字钢的型号为 20b，钢材的弹性模量 $E=200\mathrm{GPa}$，试校核梁的刚度。

9-10　45a 号工字钢制成的简支梁，承受均布荷载 q，已知 $l=10\mathrm{m}$，$E=200\mathrm{GPa}$，$\left[\dfrac{y}{l}\right]=\dfrac{1}{400}$，试按刚度条件求该梁容许承受的最大均布荷载 $[q]$，及此时梁的最大正应力的数值。

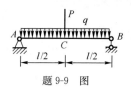

题 9-9　图

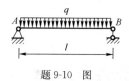

题 9-10　图

第九章　构件变形和结构的位移计算

第十章
用力法求解超静定结构

通过本章的学习,培养学生正确判断结构类型(静定或超静定结构)的能力,理解实际结构中,大部分为超静定结构的原因。培养学生利用力法计算超静定结构的能力,为梁板计算奠定坚实的基础。

【学习要求】

(1)通过本章的学习,学生应能准确判断某结构是否为超静定结构,以及超静定结构的次数。

(2)深刻理解力法的基本原理,熟练掌握用力法计算超静定结构的方法。

(3)本章重点是会用力法计算超静定结构,本章难点是用力法计算超静定结构时,怎样选择正确而且简单的基本结构。

(4)学生在学习本章时,可以采用一题多解的方法,对同一超静定结构采用不同的基本结构来解题,从而体会如何选择最优的基本结构。

(5)对力法典型方程的推导过程,学生能够理解即可。因为实际结构中,大部分为超静定结构,所以本章的学习会对学生在今后的工作中解决实际问题起到指导作用。

第一节　超静定结构的概念和超静定次数的确定

一　超静定结构的概念

一个结构,如果它的支座反力和各截面的内力都可以用静力平衡条件唯一确定,这种结构称为静定结构。如图 10-1 所示刚架是静定结构的一个例子。一个结构,如果它的支座反力和各截面的内力不能完全由静力平衡条件唯一确定,则称为超静定结构。如图 10-2 所示刚架是超静定结构的一个例子。

再从几何构造来看,如图 10-1 所示刚架和如图 10-2 所示刚架都是几何不变的。如果从图 10-1 所示刚架中去掉支杆 B,就变成几何可变体系。而从图 10-2 所示刚架中去掉支杆 B,

则仍是几何不变的,从几何组成上支杆 B 是多余联系,并称为一次超静定。由此引出如下结论:静定结构是没有多余联系的几何不变体系;超静定结构为有多余联系的几何不变系。

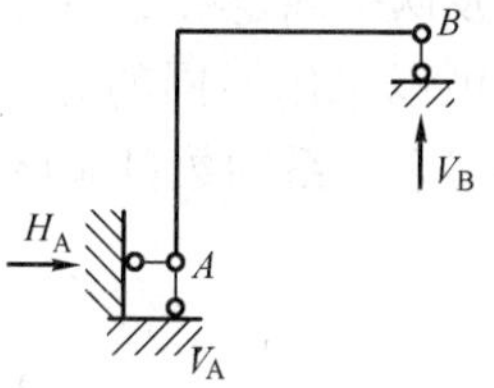

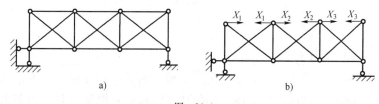

图 10-1 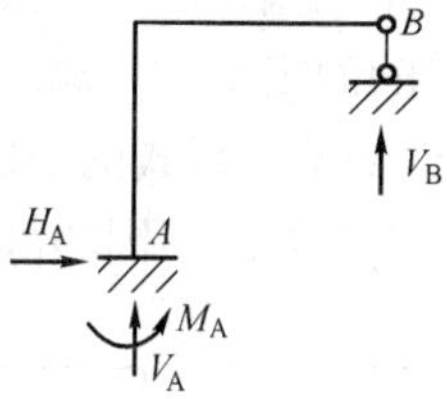　　　　　　　　　　　　　　　　图 10-2

总之,有多余联系是超静定结构区别于静定结构的基本特征。

超静定结构最基本的计算方法有两种,即力法和位移法。本章只介绍力法。

二　超静定次数的确定

超静定结构中多余联系的数目,称为超静定次数。超静定结构的次数可以这样来确定:如果从原结构中去掉 n 个联系后,结构就成为静定的,则原结构的超静定次数就等于 n。

从静力分析的角度看,超静定次数等于对应于多余联系的多余约束力的个数。

如图 10-3a)所示结构,如果将 B 支杆去掉[图 10-3b)],原结构就变成一个静定结构。这个结构具有一个多余联系,所以是一次超静定结构。如将链杆支座 B 视为多余联系,则多余约束力即为链杆支座 B 的反力 X_1。

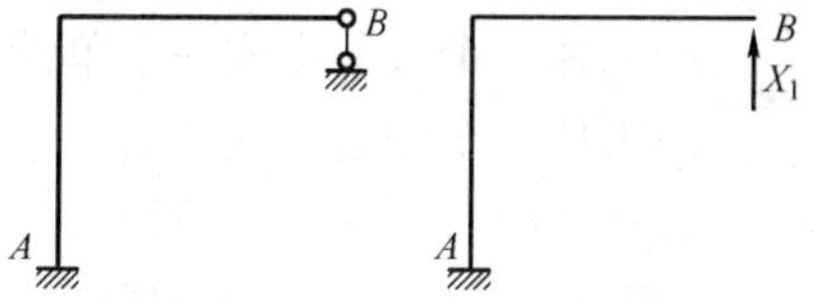

如图 10-4a)所示超静定桁架结构,如果去掉三根水平上弦杆[图 10-4b)],原结构就变成一静定结构,去掉三个杆件等于去掉三个联系,所以原桁架是三次超静定桁架。与这三个多余联系相应的多余约束力示于图 10-4b)中。

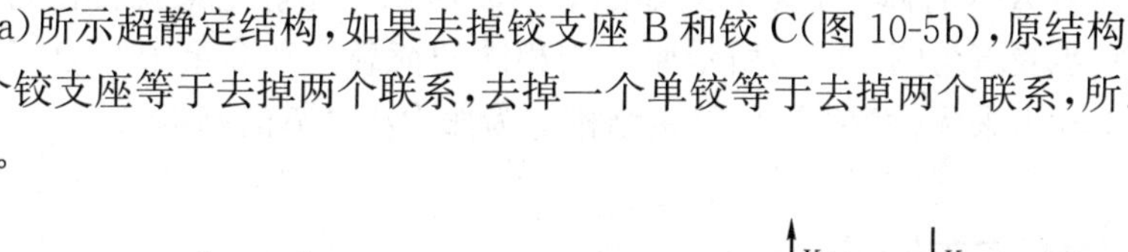

图　10-3

图　10-4

如图 10-5a)所示超静定结构,如果去掉铰支座 B 和铰 C(图 10-5b),原结构就变成一静定结构,去掉一个铰支座等于去掉两个联系,去掉一个单铰等于去掉两个联系,所以原结构是四次超静定结构。

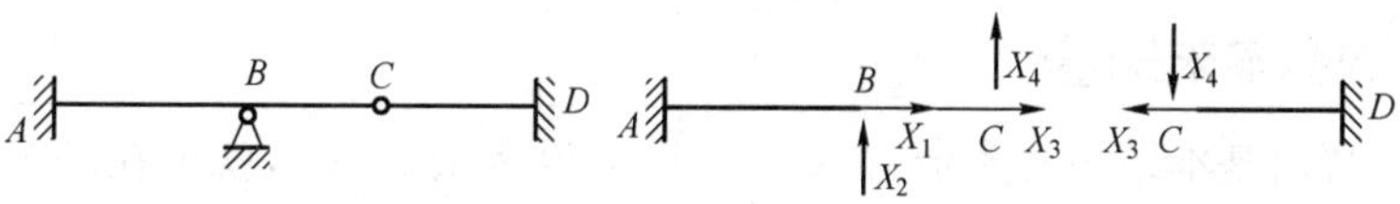

图　10-5

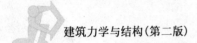

如图 10-6a)所示刚架。如果将 B 端固定支座去掉[图 10-6b)],则得到一静定结构,所以原结构是三次超静定结构。如果将原结构在横梁中间切断[图 10-6c)],这相当于去掉三个联系,仍可得到一静定结构。我们还可以将原结构横梁的中点及两个固定端支座处加铰,得到如图 10-6d)所示的静定结构。总之,对于同一个超静定结构,可以采用不同的方法去掉多余联系,因而可以得到不同形式的静定结构体系。但是所去掉的多余联系的数目应该是相同的,即超静定次数不会因采用不同的静定结构体系而改变。

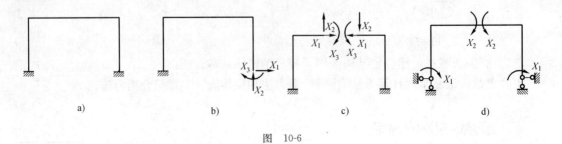

图 10-6

由上述例子可知,当将一超静定结构去掉多余联系变成静定结构时,通常可采用下述方法:

(1)去掉一个链杆支座或切断一根链杆,相当于去掉一个联系。

(2)去掉一个铰支座或一个单铰,相当于去掉两个联系。

(3)去掉一个固定端或切断一个梁式杆,相当于去掉三个联系。

(4)在连续杆上加一个单铰,相当于去掉一个联系。

采用上述方法,可以确定任何结构的超静定次数。由于去掉多余联系的方案具有多样性。所以同一超静定结构可以得到不同形式的静定结构体系,但必须注意,在去掉超静定结构的多余联系时,所得到的静定结构应是几何不变的。

第二节 力法的基本原理

一 力法的基本结构

如图 10-7a)所示,一端固定、另一端铰支的梁承受荷载 q 的作用,EI 为常数,该梁有一个多余联系,是一次超静定。对如图 10-7a)所示的原结构,如果把支杆 B 作为多余联系去掉,并代之以多余未知力 X_1(简称多余力),则如图 10-7a)所示的超静定梁就转化为如图 10-7b)所示的静定梁。它承受着与图 10-7a)所示原结构相同的荷载 q 和多余未知力 X_1,这种去掉多余联系用多余未知力来代替后得到的静定结构称为按力法计算的基本结构。

二 力法的基本未知量

现在要设法解出基本结构的多余力 X_1,一旦求得多余力 X_1,就可在基本结构上用静力平衡条件求出原结构的所有反力和内力。因此多余力是最基本的未知力,又可称为力法的基本未知量。但是这个基本未知量 X_1 不能用静力平衡条件求出,而必须根据基本结构的受力和变形与原结构相同的原则来确定。

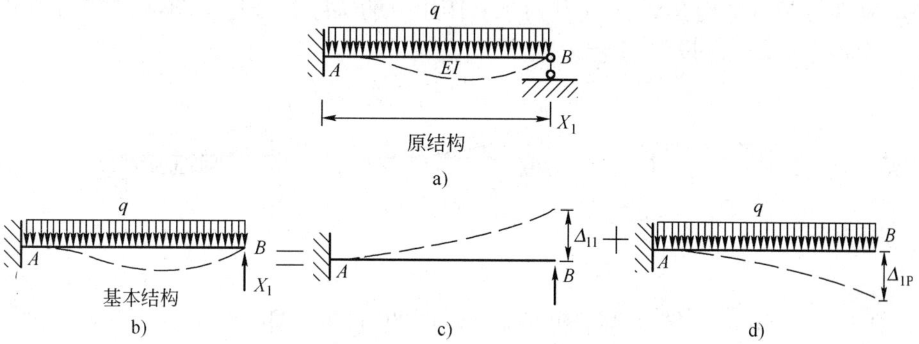

图 10-7

三 力法的基本方程

对比原结构与基本结构的变形情况可知,原结构在支座 B 处由于有多余联系(竖向支杆)而不可能有竖向位移;而基本结构则因该联系已被去掉,在 B 点处即可能产生位移;只有当 X_1 的数值与原结构支座链杆 B 实际发生的反力相等时,才能使基本结构在原有荷载 q 和多余力 X_1 共同作用下,B 点的竖向位移等于零。所以,用来确定 X_1 的条件是:基本结构在原有荷载和多余力共同作用下,在去掉多余联系处的位移应与原结构中相应的位移相等。由上述可见,为了唯一确定超静定结构的反力和内力,必须同时考虑静力平衡条件和变形协调条件。

设以 Δ_{11} 和 Δ_{1P} 分别表示多余未知力 X_1 和荷载 q 单独作用在基本结构时,B 点沿 X_1 方向上的位移[图 10-7c)、d)]。符号 Δ 右下方两个角标的含义是:第一个角标表示位移的位置和方向;第二个角标表示产生位移的原因。例如 Δ_{11} 是在 X_1 作用点沿 X_1 方向由 X_1 所产生的位移;Δ_{1P} 是在 X_1 作用点沿 X_1 方由外荷载 q 所产生的位移。为了求得 B 点总的竖向位移,根据叠加原理,应有:

$$\Delta_1 = \Delta_{11} + \Delta_{1P} = 0$$

若以 δ_{11} 表示 X_1 为单位力(即 $\overline{X_1} = 1$)时,基本结构在 X_1 作用点沿 X_1 方向产生的位移,则有 $\Delta_{11} = \delta_{11}X_1$,于是上式写成:

$$\delta_{11}X_1 + \Delta_{1P} = 0 \tag{a}$$

$$X_1 = \frac{-\Delta_{1P}}{\delta_{11}} \tag{b}$$

由于 δ_{11} 和 Δ_{1P} 都是已知力作用在静定结构上的相应位移,故均可用求静定结构位移的方法求得;从而多余未知力的大小和方向,即可由式(b)确定。

式(a)就是根据原结构的变形条件建立用以确定 X_1 的变形协调方程,即为力法基本方程。

为了具体计算位移 δ_{11} 和 Δ_{1P},可分别绘出基本结构的单位弯矩图 $\overline{M}_1$(由单位力 $X_1 = 1$ 产

生)和荷载弯矩图 M_P(由荷载 q 产生),分别如图 10-8a)、b)所示。用图乘法计算这些位移时,$\overline{M}_1$ 和 M_P 分别是基本结构在 $\overline{X}_1=1$ 和荷载 q 作用下的实际状态弯矩图,同时 $\overline{M}_1$ 图又可理解为求 B 点竖向线位移的虚设状态弯矩图。

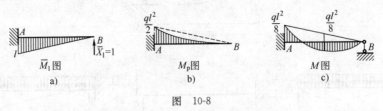

图 10-8

故计算 δ_{11} 时可用 $\overline{M}_1$,图乘 $\overline{M}_1$ 图,叫做 $\overline{M}_1$ 图的"自乘",即:

$$\delta_{11} = \sum \int \frac{\overline{M}_1\,\overline{M}_1}{EI}\mathrm{d}x = \frac{1}{EI} \times \frac{l^2}{2} \times \frac{2l}{3} = \frac{l^3}{3EI}$$

同理可用 $\overline{M}$ 图与 M_P 图相图乘计算 Δ_{1P}:

$$\Delta_{1P} = \sum \int \frac{M_P\,\overline{M}_1}{EI}\mathrm{d}x = -\frac{1}{EI}\left(\frac{1}{3} \times l \times \frac{ql^2}{2} \times \frac{3l}{4}\right) = -\frac{ql^4}{8EI}$$

将 δ_{11} 和 Δ_{1P} 之值带入式(b),即可解出多余力 X_1:

$$X_1 = \frac{-\Delta_{1P}}{\delta_{11}} = -\left(\frac{-ql^4}{8EI}\right)\Big/\frac{l^3}{3EI} = \frac{3ql}{8}(\uparrow)$$

所得结果为正值,表明 X_1 的实际方向与基本结构中所假设的方向相同。

多余力 X_1 求出后,其余所有反力和内力都可用静力平衡条件确定。超静定结构的最后弯矩图 M,可利用已经绘出的 $\overline{M}_1$ 和 M_P 图按叠加原理绘出,即:

$$M = \overline{M}_1 X_1 + M_P$$

应用上式绘制弯矩图时,可将 $\overline{M}_1$ 图的纵标乘以 X_1 倍,再与 M_P 图的相应纵标叠加,即可绘出 M 图如图 10-8c)所示。

也可不用叠加法绘制最后弯矩图,而将已求得的多余力 X_1 与荷载 q 共同作用在基本结构上,按求解静定结构弯矩图的方法即可作出原结构的最后弯矩图。

综上所述可知,力法是以多余力作为基本未知量,取去掉多余联系后的静定结构为基本结构,并根据去掉多余联系处的已知位移条件建立基本方程,将多余力首先求出,而以后的计算即与静定结构无异。

第三节　力法典型方程

由第二节可知,用力法计算超静定结构的关键在于根据位移条件建立力法的基本方程,以求解多余力。对于多次超静定结构,其计算原理与一次超静定结构完全相同。下面对多次超静定结构用力法求解的基本原理做进一步说明。

如图 10-9a)所示为一个三次超静定结构,在荷载作用下结构的变形如图中虚线所示。用力法求解时,去掉支座 C 的三个多余联系,并以相应的多余力 X_1、X_2 和 X_3 代替所去联系的作用,则得到如图 10-9b)所示的基本结构。由于原结构在支座 C 处不可能有任何位移,因此,在承受原荷载和全部多余力的基本结构上,也必须与原结构变形相符,在 C 点处沿多余力 X_1、X_2 和 X_3 方向的相应位移 Δ_1、Δ_2 和 Δ_3 都应等于零。

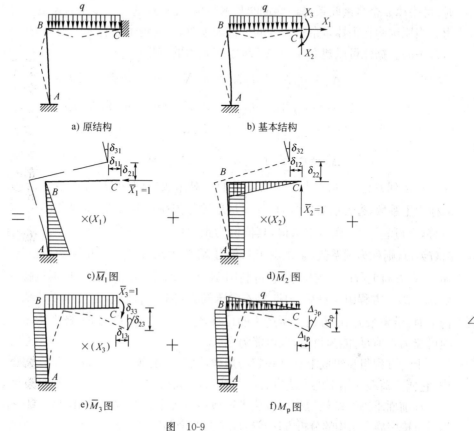

图 10-9

根据叠加原理,在基本结构上可分别求出位移 Δ_1、Δ_2 和 Δ_3。基本结构在单位力 $\overline{X}_1 = 1$ 单独作用下,C 点沿 X_1、X_2 和 X_3 方向所产生的位移分别为 δ_{11}、δ_{21}、δ_{31} [图 10-9c)],事实上 X_1 并不等于 1,因此将图 10-9c)乘上 X_1 倍后,即得 X_1 作用时 C 点的水平位移 $\delta_{11}X_1$,竖向位移 $\delta_{21}X_1$ 和角位移 $\delta_{31}X_1$。同理,由图 10-9d)得 X_2 单独作用时,C 点的水平位移 $\delta_{12}X_2$,竖向位移 $\delta_{22}X_2$ 和角位移 $\delta_{32}X_2$;由图 10-9e)得 X_3 单独作用时,C 点的水平位移 $\delta_{13}X_3$,竖向位移 $\delta_{23}X_3$ 和角位移 $\delta_{33}X_3$;在图 10-9f)中,Δ_{1P}、Δ_{2P}、Δ_{3P} 依次表示由荷载作用于基本结构在 C 点产生的水平位移、竖向位移和角位移。

根据叠加原理,可将基本结构满足的位移条件表示为:

$$
\left.
\begin{aligned}
\Delta_1 &= \delta_{11}X_1 + \delta_{12}X_2 + \delta_{13}X_3 + \Delta_{1P} = 0 \\
\Delta_2 &= \delta_{21}X_1 + \delta_{22}X_2 + \delta_{23}X_3 + \Delta_{2P} = 0 \\
\Delta_3 &= \delta_{31}X_1 + \delta_{32}X_2 + \delta_{33}X_3 + \Delta_{3P} = 0
\end{aligned}
\right\}
\tag{10-1}
$$

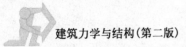

　　这就是求解多余力 X_1、X_2 和 X_3 所要建立的力法方程。其物理意义是:在基本结构中,由于全部多余力和已知荷载的共同作用,在去掉多余联系处的位移应与原结构中相应的位移相等。

　　用同样的分析方法,我们可以建立力法的一般方程。对于 n 次超静定结构,用力法计算时,可去掉 n 个多余联系得到静定的基本结构,在去掉的 n 个多余联系处代之以 n 个多余未知力。当原结构在去掉多余联系处的位移为零时,相应地也就有 n 个已知的位移条件 $\Delta_i=0(i=1,2,\cdots n)$。据此可以建立 n 个关于求解多余力的方程:

$$\left.\begin{aligned}\Delta_1 &= \delta_{11}X_1 + \delta_{12}X_2 + \delta_{13}X_3 + \cdots + \delta_{1n}X_n + \Delta_{1P} = 0\\ \Delta_2 &= \delta_{21}X_1 + \delta_{22}X_2 + \delta_{23}X_3 + \cdots + \delta_{2n}X_n + \Delta_{2P} = 0\\ &\cdots\\ \Delta_n &= \delta_{n1}X_1 + \delta_{n2}X_2 + \delta_{n3}X_3 + \cdots + \delta_{nn}X_n + \Delta_{nP} = 0\end{aligned}\right\} \tag{10-2}$$

　　在上列方程中,从左上方至右下方的主对角线(自左上方的 δ_{11} 至右下方的 δ_{nn})上的系数 δ_{ii} 称为主系数,δ_{ii} 表示当单位力 $\overline{X}_i=1$、单独作用在基本结构上时,沿其 X_i 自身方向所引起的位移,它可利用 $\overline{M}_i$ 图自乘求得,其值恒为正,且不会等于零。位于主对角线两侧的其他系数 $\delta_{ij}(i\neq j)$,则称为副系数,它是由于未知力 X_i 为单位力 $\overline{X}_j=1$ 单独作用在基本结构上时,沿未知力 X_i 方向上所产生的位移,它可利用 $\overline{M}_i$ 图与 $\overline{M}_j$ 图图乘求得。根据位移互等定理可知副系数 $\delta_{ij}=\delta_{ji}$。方程组中最后一项 Δ_{iP} 不含未知力,称为自由项,它是由于荷载单独作用在基本结构上时,沿多余力 X_i 方向上所产生的位移,它可通过 M_P 图与 $\overline{M}_i$ 图图乘求得。副系数和自由项可能为正值,可能为负值,也可能为零。

　　上列方程组在组成上具有一定的规律,而且不论基本结构如何选取,只要是 n 次超静定结构,它们在荷载作用下的力法方程都与式(10-2)相同,故称为力法的典型方程。

　　按前面求静定结构位移的方法求得典型方程中的系数和自由项后,即可解得多余力 X_i。然后可按照静定结构的分析方法求得原结构的全部反力和内力。或按下述叠加公式求出弯矩:

$$M = X_1\overline{M}_1 + X_2\overline{M}_2 + \cdots + X_n\overline{M}_n + M_P$$

再根据平衡条件可求得其剪力和轴力。

第四节　用力法计算超静定结构

　　根据以上所述,用力法计算超静定结构的步骤可总结如下:

　　(1)去掉多余联系代之以多余未知力,得到静定的基本结构,并定出基本未知量的数目。

　　(2)根据原结构在去掉多余联系处的位移与基本结构在多余未知力和荷载作用下相应处的位移相同的条件,建立力法典型方程。

　　(3)作基本结构的单位内力图和荷载内力图,求出力法方程的系数和自由项。

　　(4)解力法典型方程,求出多余未知力。

　　(5)按分析静定结构的方法,作出原结构的内力图。

下面举例说明用力法计算超静定结构的过程。对于刚架,在计算力法方程的各项系数时,通常忽略轴力和剪力的影响,而只考虑弯矩的影响,这样,使计算得到了简化。

【例 10-1】 如图 10-10a)所示刚架为二次超静定刚架,求在水平力 P 的作用下刚架的内力图。

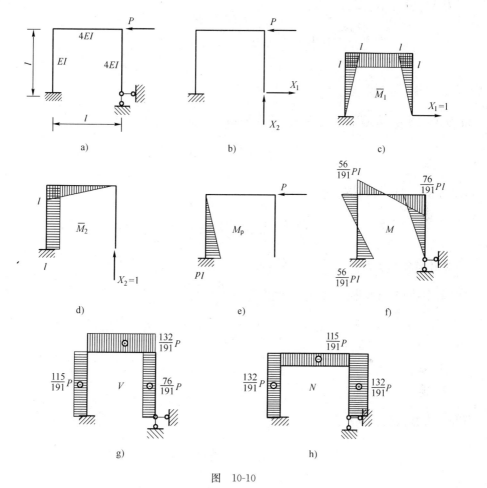

图 10-10

【解】 (1)确定超静定次数,选取基本结构:

取基本结构如图 10-10b)所示。基本未知量为 X_1、X_2。

(2)建立力法典型方程:

$$\delta_{11}X_1 + \delta_{12}X_2 + \Delta_{1P} = 0$$
$$\delta_{21}X_1 + \delta_{22}X_2 + \Delta_{2P} = 0$$

(3)求主、副系数和自由项:

为计算主、副系数及自由项,作出 $\overline{M}_1$、$\overline{M}_2$ 及 M_P 图。

由图乘法知,δ_{11} 为 $\overline{M}_1$ 图[图 10-10c)]的自乘:

$$\delta_{11} = \frac{1}{EI} \times \frac{l^2}{2} \times \frac{2l}{3} + \frac{1}{4EI} \times l^2 \times l + \frac{1}{4EI} \times \frac{l^2}{2} \times \frac{2l}{3} = \frac{2l^3}{3EI}$$

δ_{22} 为 $\overline{M}_2$ 图[图 10-10d)]的自乘：

$$\delta_{22} = \frac{1}{EI} \times l^2 \times l + \frac{1}{4EI} \times \frac{l^2}{2} \times \frac{2l}{3} = \frac{13l^3}{12EI}$$

δ_{12} 为 $\overline{M}_1$ 图与 $\overline{M}_2$ 图的互乘：

$$\delta_{12} = \frac{1}{EI} \times \frac{l^2}{2} \times l + \frac{1}{4EI} \times l^2 \times \frac{l}{2} = \frac{5l^3}{8EI}$$

$$\delta_{12} = \delta_{21}$$

Δ_{1P} 为 $\overline{M}_1$ 图与 M_P 图[图 10-10e)]的互乘：

$$\Delta_{1P} = \frac{1}{EI} \times \frac{Pl^2}{2} \times \frac{l}{3} = \frac{Pl^3}{6EI}$$

Δ_{2P} 为 $\overline{M}_2$ 图与 M_P 图的互乘：

$$\Delta_{2P} = \frac{1}{EI} \times \frac{Pl^2}{2} \times l = \frac{Pl^3}{2EI}$$

(4)求出多余未知力：

将以上系数和自由项带入典型方程并消去 $\frac{l^3}{EI}$，得：

$$\frac{2}{3}X_1 + \frac{5}{8}X_2 + \frac{P}{6} = 0$$

$$-\frac{5}{8}X_1 + \frac{13}{12}X_2 + \frac{P}{2} = 0$$

解联立方程，得：

$$X_1 = \frac{76}{191}P$$

$$X_2 = -\frac{132}{191}P$$

(5)作最后弯矩图及剪力图、轴力图：

弯矩图由叠加法得到：

$$M = X_1 \overline{M}_1 + X_2 \overline{M}_2 + M_P$$

即将 $\overline{M}_1$ 图的纵标乘 X_1，加上 $\overline{M}_2$ 图的纵标乘 X_2，再与 M_P 图的纵标相加得弯矩图(图 10-10f)。剪力图和轴力图可以取基本体系，按静定结构绘制内力图的方法得到[图 10-10g)、h)]。

【例 10-2】 试分析如图 10-11a)所示刚架，EI＝常数。

【解】 (1)确定超静定次数，选取基本结构：

此刚架是两次超静定的。去掉刚架 B 处的两根支座链杆，代以多余力 X_1 和 X_2，得到图 10-11b)所示的基本结构。

（2）建立力法典型方程：

$$\delta_{11}X_1 + \delta_{12}X_2 + \Delta_{1P} = 0$$

$$\delta_{21}X_1 + \delta_{22}X_2 + \Delta_{2P} = 0$$

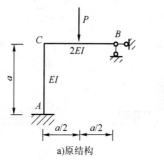 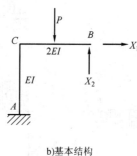

a）原结构　　　　　　　　　　b）基本结构

图　10-11

（3）绘出各单位弯矩和荷载弯矩图如图 10-12a）、b）、c）所示。利用图乘法求得各系数和自由项如下：

$$\delta_{11} = \frac{1}{EI}\left(\frac{a^2}{2} \times \frac{2a}{3}\right) = \frac{a^3}{3EI}$$

$$\delta_{22} = \frac{1}{2EI}\left(\frac{a^2}{2} \times \frac{2a}{3}\right) + \frac{1}{EI}(a^2 \times a) = \frac{7a^3}{6EI}$$

$$\delta_{12} = \delta_{21} = -\frac{1}{EI}\left(\frac{a^2}{2} \times a\right) = -\frac{a^3}{2EI}$$

$$\Delta_{1P} = \frac{1}{EI}\left(\frac{a^2}{2} \times \frac{Pa}{2}\right) = \frac{Pa^3}{4EI}$$

$$\Delta_{2P} = -\frac{1}{2EI}\left(\frac{1}{2} \times \frac{Pa}{2} \times \frac{a}{2} \times \frac{5a}{6}\right) - \frac{1}{EI}\left(\frac{Pa^2}{2} \times a\right) = -\frac{53Pa^3}{96EI}$$

（4）求解多余力：

将以上系数和自由项带入典型方程并消去 $\dfrac{a^3}{EI}$，得：

$$\frac{1}{3}X_1 - \frac{1}{2}X_2 + \frac{P}{4} = 0$$

$$-\frac{1}{2}X_1 + \frac{7}{6}X_2 + \frac{53P}{96} = 0$$

解联立方程，得：

$$X_1 = -\frac{9}{80}P(\leftarrow)$$

$$X_2 = \frac{17}{40}P(\uparrow)$$

（5）最后弯矩图及剪力图、轴力图，如图 10-12d）、e）、f）所示。

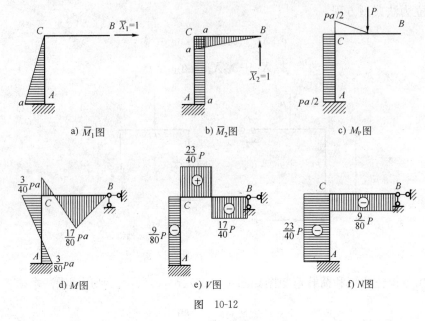

a) $\overline{M}_1$图   b) $\overline{M}_2$图   c) M_P图

d) M图   e) V图   f) N图

图 10-12

从以上结果可以看出:在荷载作用下,多余力、内力的大小只与杆件的相对刚度有关,而与其绝对刚度无关;对于同一材料构成的结构,也与材料的性质(弹性模量)无关。

【例 10-3】 试计算如图 10-13a)所示超静定桁架。已知各杆的材料和截面面积相同。

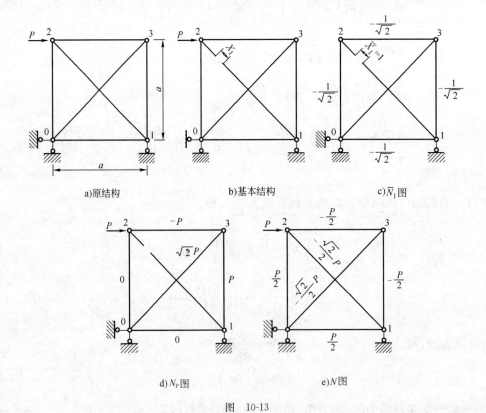

a)原结构   b)基本结构   c)$\overline{N}_1$图

d)N_P图   e)N图

图 10-13

【解】 (1)确定超静定次数,选取基本结构:

此桁架是一次超静定桁架。现将杆 12 切断,并代以多余力 X_1,基本结构如图 10-13b) 所示。

(2)建立力法典型方程:

根据杆 12 切口处两侧截面的相对位移应等于零的条件,可建立力法典型方程如下:

$$\delta_{11} X_1 + \Delta_{1P} = 0$$

(3)求系数和自由项:

为了计算系数和自由项,先分别求出单位多余力和已知荷载作用于基本结构时产生的轴力,如图 10-13c)、d)所示。其系数和自由项计算如下:

$$\delta_{11} = \sum \frac{\overline{N}^2 l}{EA} = \frac{1}{EA}\left[\left(-\frac{1}{\sqrt{2}}\right)^2 \times a \times 4 + 1^2 \times \sqrt{2}a \times 2\right]$$

$$= \frac{2(1+\sqrt{2})a}{EA}$$

$$\Delta_{1P} = \sum \frac{\overline{N}N_P l}{EA} = \frac{1}{EA}\left[\left(-\frac{1}{\sqrt{2}}\right)(-P) \times a \times 2 + 1 \times \sqrt{2}P \times \sqrt{2}a\right]$$

$$= \frac{(2+\sqrt{2})Pa}{EA}$$

(4)求解多余力:

将上述系数和自由项代入典型方程后解得:

$$X_1 = \frac{-\Delta_{1P}}{\delta_{11}} = -\frac{(2+\sqrt{2})Pa}{EA} \times \frac{EA}{2(1+\sqrt{2})a} = -\frac{\sqrt{2}}{2}P(压力)$$

(5)求各杆最后轴力:

由叠加原理 $N = X_1 \overline{N}_1 + N_P$ 求得各杆轴力,如图 10-13e)所示。

例如:$N_{23} = \left(-\frac{\sqrt{2}}{2}P\right)\left(-\frac{1}{\sqrt{2}}\right) - P = -\frac{P}{2}(压力)$

◀ **本 章 小 结** ▶

(1)力法的基本结构是静定结构。力法是以多余未知力作为基本未知量,由满足原结构的位移条件来求解未知量。然后通过静定结构来计算超静定结构的内力,将超静定问题转化为静定静定问题来处理。这是力法的基本思想。

(2)力法方程是一组变形协调方程,其物理意义是基本结构在多余未知力和荷载的共同作用下,多余未知力作用处的位移与原结构相应处的位移相同,在计算静定结构时,要同时运用平衡条件和变形条件,这是求解静定结构与超静定结构的根本区别。

(3)熟练地选取基本结构,熟练地计算力法方程中的系数和自由项是掌握和运用力法的关键。必须熟练地理解系数和自由项的物理意义,并在此基础上理解力法的基本思想。

▶ 复习思考题 ◀

1. 静定结构与超静定结构的区别是什么?

2. 在选定力法的基本结构时,应掌握什么原则? 对于给定的超静定结构,它的力法基本结构是唯一的吗? 基本未知量的数目是确定的吗?

3. 力法典型方程中的主系数 δ_{ii}、副系数 δ_{ij}、自由项 Δ_{ip} 的物理意义是什么? 为什么主系数恒大于零,而副系数可能为正值、负值或为零?

4. 为什么在荷载作用下,超静定结构的内力状态只与各杆的 EI、EA 相对值有关,而与它们的绝对值无关? 为什么静定结构的内力与各杆 EI、EA 值无关?

5. 用力法计算超静定结构时,当基本未知量求得后,绘制超静定结构的最后内力图,可用哪两种方法?

◀ 习　　题 ▶

10-1　试用力法计算下列超静定梁,做出内力图。

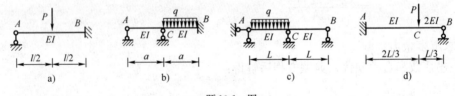

题 10-1　图

10-2　试用力法计算下列超静定刚架,做出内力图。

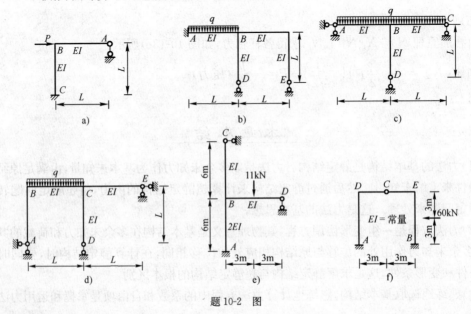

题 10-2　图

10-3 用力法计算图示桁架。各杆 EA 相同。

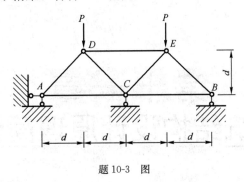

题 10-3 图

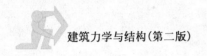

第十一章
建筑结构设计原理简介

【能力目标、知识目标】

通过本章的学习,使学生掌握混凝土结构设计原理中的基本概念,达到施工员岗位必备的结构基本概念的要求。

【学习要求】

(1)了解结构的功能要求、极限状态及结构可靠度的基本概念。

(2)掌握结构设计中基本术语的定义,例如结构的作用、作用效应、荷载的标准值和设计值、材料的标准强度和设计强度。

(3)对本章中的概率知识不要求深究。

(4)掌握结构的极限状态定义及极限状态的分类。

(5)掌握结构构件承载能力极限状态和正常使用极限状态的设计表达式,以及表达式中各符号代表的意义。

第一节　建筑结构的功能要求和极限状态

 建筑结构的功能要求

设计任何建筑物或构筑物时,必须使其在规定的设计使用年限内满足全部功能要求。所谓设计使用年限,是指设计规定的结构或结构构件不需进行大修既可按其预定目的使用的时期。换言之,设计使用年限就是房屋建在正常设计、正常施工、正常使用和维护下所应达到的持久年限。

结构的设计使用年限应按表 11-1 采用。

建筑结构在规定时间内(设计使用年限)内,在规定条件下(正常设计、正常施工、正常使用和维护),应能满足预定的功能要求包括:

(1)安全性。即要求结构能承受在正常施工和正常使用时可能出现的各种作用,以及在偶然事件发生时及发生以后,仍能保持必需的整体稳定性。

140

(2)适用性。即要求结构在正常使用时具有良好的工作性能,不出现过大的变形和裂缝。

(3)耐久性。即要求结构在正常维护下具有足够的耐久性能,不发生锈蚀和风化现象。

结构的设计使用年限分类 表11-1

类　　别	设计使用年限(年)	示　　例
一	5	临时性结构
二	25	易于替换的结构构件
三	50	普通房屋和构筑物
四	100	纪念性建筑和特别重要的建筑结构

以上建筑结构的功能要求又统称为结构的可靠性。但在各种随机因素的影响下,结构完成预定功能的能力不能事先确定,只能用概率来描述。为此引入结构可靠度的概念。结构在规定的时间内,在规定的条件下(指正常设计、正常施工、正常使用、正常维护,不包括人为过失),完成预定功能的概率,称为结构的可靠度。结构的可靠度是结构可靠性的一种定量描述。

我国《建筑结构可靠度设计统一标准》(GB 50068—2001)将我国房屋设计的基准期规定为50年。设计基准期是为确定可变作用及与时间有关的材料性能取值而选用的时间参数,它不等同于设计使用年限。

我国建筑结构的设计方针是安全、适用、经济、美观。一个合理的结构设计,应该使用较少的材料和费用,获得安全、适用和耐久的结构,即结构在满足使用条件的前提下,既安全,又经济。

 极限状态

若整个结构或结构的一部分超过某一特定状态,就不能满足设计规定的某一功能的要求,则此特定状态就称为该功能的极限状态。极限状态分为以下两类:

1. 承载能力极限状态

当结构或结构构件达到最大承载能力或不适于继续承载的变形状态时,称该结构或结构构件达到承载能力极限状态。当结构或结构构件出现下列状态之一时,即认为超过了承载能力极限状态:

(1)整个结构或结构的一部分作为刚体失去平衡(如雨篷、阳台的倾覆等)。

(2)结构构件或连接部位因材料强度不够而破坏(包括疲劳破坏)或因过度的塑性变形而不适于继续承载(如钢筋混凝土梁受弯破坏)。

(3)结构转变为机动体系(如构件发生三铰共线而形成机动体系导致结构丧失承载力)。

(4)结构或结构构件丧失稳定(如压曲等)。

(5)地基丧失承载能力而破坏。

2. 正常使用极限状态

当结构或结构构件达到正常使用或耐久性能的某项规定限值的状态,为正常使用极限状态。当结构或结构构件出现下列状态之一时,即认为超过了正常使用极限状态:

(1)影响正常使用或外观的变形。

(2)影响正常使用或耐久性能的局部损坏或裂缝。

(3)影响正常使用的振动。

由上可知,承载能力极限状态主要考虑结构的安全性功能。当结构或结构构件超过承载能力极限状态时,就已经超出了最大限度的承载能力,就有可能发生严重破坏、倒塌,造成人身伤亡和重大经济损失,所以,不能再继续使用。因此,承载能力极限状态是第一位重要的,设计时应严格控制出现这种状态的可能性。正常使用极限状态主要考虑结构的适用性功能和耐久性功能。例如吊车梁变形过大会影响行驶;屋面构件变形过大会造成粉刷层脱落和屋顶积水;构件裂缝宽度超过容许值会使钢筋锈蚀影响耐久等。这些均属于超过正常使用极限状态。超过正常使用极限状态带来的后果一般不如超过承载能力极限状态严重,但也是不可忽略的,设计时可将出现此种极限状态的可能性略微放宽一些。在进行建筑结构设计时,通常是将承载能力极限状态放在首位,通过计算使结构或结构构件满足安全性功能,而对正常使用极限状态,往往是通过构造或构造加部分验算来满足。

3. 结构的功能函数

为了形象地说明结构的工作状态,可令:

$$Z = g(S,R) = R - S \tag{11-1}$$

式中:S——结构的作用效应,即由荷载引起的各种效应称为荷载效应,如内力、变形;

　　R——结构的抗力,即结构或构件承受作用效应的能力,如承载力、刚度等。

显然,当 $Z > 0$ 时,结构处于可靠状态;

当 $Z < 0$ 时,结构处于失效状态;

当 $Z = 0$ 时,结构处于极限状态。

关系式 $g(S,R) = R - S = 0$ 称为极限状态方程。

第二节　结构上的荷载与荷载效应

一　荷载的分类

建筑结构在使用期间和施工过程中,要承受各种作用:施加在结构上的集中力或分布力(如人群、雪、风、构件自重、设备等)称为直接作用,也称荷载;引起结构外加变形或约束变形的原因(温度变化、地基不均匀沉降、混凝土的收缩等)称为间接作用。

结构上的荷载,可分为下列三类:

1. 永久荷载(恒载)

在结构使用期间,其值不随时间变化或其变化与平均值相比可以忽略不计的荷载,例如结构自重、土压力等。

2. 可变荷载(活载)

在结构使用期间,其值随时间变化,且其变化值与平均值相比是不可忽略的荷载,例如楼面活荷载、屋面活荷载、风荷载、雪荷载、吊车荷载等。

3. 偶然荷载

在结构使用期间不一定出现,一旦出现,其值很大且持续时间较短的荷载,例如爆炸力、撞击力、地震等。

荷载标准值

作用于结构上的荷载的大小具有变异性。例如结构自重等永久荷载,虽可事先根据结构的设计尺寸和材料单位重量计算出来,但施工时的尺寸偏差,材料单位重量的变异性等原因,使结构的实际自重并不完全与计算结果相吻合。至于可变荷载的大小,其不定因素则更多。荷载标准值就是结构在设计基准期(50年)内,正常情况下可能出现的最大荷载值,它是荷载的基本代表值。

荷载代表值

在结构设计时,应根据不同的设计要求采用不同的荷载数值,即所谓荷载代表值。《建筑结构荷载规范》(GB 50009—2001)给出了三种代表值:标准值、准永久值和组合值。永久荷载采用标准值作为代表值,可变荷载采用标准值、准永久值或组合值为代表值。取值方法如下:

1. 永久荷载标准值

可参见附录1常用材料和构件自重进行计算。

2. 可变荷载标准值

见附录2。

3. 可变荷载准永久值

可变荷载准永久值是指经常作用于结构上的可变荷载(作用的时间与设计基准期的比值不小于1/2)。它等于准永久值系数乘以可变荷载的标准值,即为$\psi_q Q_k$,其中ψ_q为准永久值系数。具体数值见附录2。

4. 可变荷载组合值

当结构同时承受两种或两种以上的可变荷载时,由于各种荷载同时达到其最大值的可能性极小,因此,需要考虑组合问题。可变荷载组合值是将多种可变荷载中的主导荷载(产生荷载效应为最大的荷载)以外的其他荷载标准值乘以荷载组合值系数ψ_c,即为$\psi_c Q_k$。可变荷载组合值系数ψ_c见附录2。

荷载设计值

考虑到实际工程与理论及试验的差异,直接采用荷载标准值进行承载能力设计尚不能保证达到目标可靠指标要求,故在承载能力设计中,应采用荷载设计值。荷载设计值为荷载分项系数与荷载代表值的乘积。

1. 永久荷载设计值G

永久荷载设计值为永久荷载分项系数γ_G与永久荷载标准值G_k的乘积,即$G = \gamma_G G_k$。

永久荷载分项系数按下列规定采用:

对由可变荷载效应控制的组合,取$\gamma_G = 1.2$;

对由永久荷载效应控制的组合,取$\gamma_G = 1.35$;

当其效应对结构有利时,一般情况下取$\gamma_G = 1.0$;

对结构的倾覆、滑移或漂浮验算,取$\gamma_G = 0.9$。

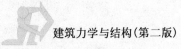

2. 可变荷载设计值 Q

当采用荷载标准值时,可变荷载设计值为可变荷载分项系数 γ_Q 与可变荷载标准值 Q_k 的乘积,即 $Q=\gamma_Q Q_k$。

当采用荷载组合值时,可变荷载设计值为可变荷载分项系数 γ_Q 与可变荷载组合值 $Q_c=\psi_c Q_k$ 的乘积,即 $Q=\gamma_Q \psi_c Q_k$。

可变荷载的分项系数 γ_Q 一般情况下取 $\gamma_Q=1.4$;对标准值大于 $4kN/mm^2$ 的工业房屋楼面结构的活载取 $\gamma_Q=1.3$。

五 荷载效应

荷载效应是指由荷载产生的结构或构件的内力(如拉、压、剪、扭、弯等)、变形(如伸长、压缩、挠度、转角等)及裂缝、滑移等后果。在分析荷载 Q(永久或可变荷载)与荷载效应 S 的关系时,可假定两者之间呈线性关系,即:

$$S = CQ \tag{11-2}$$

式中:C——荷载效应系数,比如一根受均布荷载 q 作用的简支梁,其支座处剪力 V 为 $\frac{1}{2}ql$,

$\frac{1}{2}l$ 就是荷载效应系数;跨中弯矩 $M = \frac{1}{8}ql^2$,$\frac{1}{8}l^2$ 就是荷载效应系数等。

第三节　结构构件的抗力和材料强度

一 结构构件的抗力

结构构件抵抗各种结构上作用效应的能力称为结构抗力。按构件变形不同可分为抗拉、抗压、抗弯、抗扭等形式,按结构的功能要求可分为承载能力和抗变形、抗裂缝能力。结构抗力与构件截面形状、截面尺寸以及材料等级有关。

二 材料强度

1. 材料强度标准值

材料强度的标准值是结构设计时采用的材料强度的基本代表值。钢筋混凝土结构所采用的建筑材料主要是钢筋和混凝土,它们的强度大小均具有不定性。同一种钢材或同一种混凝土,取不同的试样,试验结果并不完全相同,因此,钢筋和混凝土的强度亦应看作是随机变量。为安全起见,用统计方法确定的材料强度值必须具有较高的保证率。材料强度标准值的保证率一般取为 95%。

2. 材料强度设计值

混凝土结构中所用材料主要是混凝土、钢筋,考虑到这两种材料强度值的离散情况不同,因而它们各自的分项系数也是不同的。在承载能力设计中,应采用材料强度设计值,材料强度设计值等于材料强度标准值除以材料分项系数。分项系数是按照目标可靠指标并考虑工程经验确定的,它使计算所得结果能满足可靠度要求。混凝土和钢筋的强度设计值的取值可查混凝土规范或见本书附录3和附录4。

第四节 极限状态设计方法

结构设计时,需要针对不同的极限状态,根据各种结构的特点和使用要求给出具体的标志及限值,并以此作为结构设计的依据,这种设计方法称为"极限状态设计法"。

一 按承载能力极限状态计算

承载能力极限状态实用设计表达式为:

$$\gamma_0 S \leqslant R \tag{11-3}$$

式中:γ_0——结构重要性系数;

S——内力组合的设计值;

R——结构构件的承载力设计值。

1. 结构重要性系数 γ_0

按照我国《建筑结构可靠度设计统一标准》(GB 50068—2001),根据建筑结构破坏后果的严重程度,将建筑结构划分为三个安全等级:影剧院、体育馆和高层建筑等重要工业与民用建筑的安全等级为一级,设计使用年限为 100 年及以上;大量一般性工业与民用建筑的安全等级为二级,设计使用年限为 50 年;次要建筑的安全等级为三级,设计使用年限为 5 年及以下。各结构构件的安全等级一般与整个结构相同。各安全等级相应的结构重要性系数的取法分别为:一级 $\gamma_0=1.1$;二级 $\gamma_0=1.0$;三级 $\gamma_0=0.9$。

2. 内力组合的设计值 S

考虑永久荷载和可变荷载共同作用所得的结构内力值称为结构的内力组合值。用于承载能力极限状态计算的内力组合设计值,其基本组合的一般公式为:

$$S = \gamma_G S_{Gk} + \gamma_{Q1} S_{Q1k} + \sum_{i=2}^{n} \gamma_{Qi} \psi_{ci} S_{Qik} \tag{11-4}$$

式中:S_{Gk}——永久荷载的标准值产生的内力;

S_{Q1k},S_{Qik}——可变荷载的标准值产生的内力,其中,S_{Q1k} 为主导可变荷载产生的内力,S_{Qik} 为除主导可变荷载以外的其他可变荷载产生的内力;

γ_G——永久荷载分项系数;

γ_{Q1}——可变荷载 Q_1 分项系数;

γ_{Qi}——第 i 个可变荷载的分项系数;

ψ_{ci}——第 i 个可变荷载组合系数,按表 11-1 取用;

为了简化计算,对于一般排架、框架结构,其内力组合设计值可按以下简化公式计算:

$$\left. \begin{array}{l} S = \gamma_G S_{Gk} + \gamma_{Q1} S_{Q1k} \\ S = \gamma_G S_{Gk} + \psi \sum_{i=1}^{n} \gamma_{Qi} S_{Qik} \end{array} \right\} 二者比较取较大值$$

式中:ψ——简化设计表达式中采用的荷载组合系数,按表 11-2 取用。

荷载分项系数及荷载组合系数 表 11-2

荷载类型			荷载分项系数 γ_G 和 γ_Q	荷载组合系数	
				ψ_{ci}	ψ
永久荷载			1.2	1.0	1.0
可变荷载	第一个		1.4	1.0	1.0
	其他	风荷载		0.6	0.9
		其他		0.7	0.9

注:1. 恒载效应对结构有利时,恒载系数应取 1.0,验算倾覆、滑移时恒载系数取 0.8。

2. 对楼面结构,当活荷载标准值不小于 $4kN/m^2$ 时,活载分项系数取 1.3。

永久荷载分项系数与永久荷载标准值产生内力的乘积,称为永久荷载的内力设计值;可变荷载分项系数与可变荷载标准值产生内力的乘积,称为可变荷载的内力设计值;下面通过例题说明荷载效应组合时的内力组合设计值 S 的计算方法。

【例 11-1】 预应力混凝土屋面板,屋面构造层、板自重和抹灰等永久荷载引起的弯矩标准值 $M_{Gk}=12.90kN \cdot m$,屋面活荷载(上人屋面)引起的弯矩标准值 $M_{Qk}=3.60kN \cdot m$,求按承载能力计算时屋面板弯矩设计值。

【解】 永久荷载分项系数 $\gamma_G=1.2$;板上只有一个可变荷载,可变荷载分项系数 $\gamma_{Q1}=1.4$。

$$M = \gamma_G M_{Gk} + \gamma_{Q1} M_{Q1k}$$
$$= 1.2 \times 12.90 + 1.4 \times 3.60$$
$$= 20.52 kN \cdot m$$

【例 11-2】 某教室的钢筋混凝土简支梁,计算跨度 $l_0=4m$,支承在其上的板的自重及梁的自重等永久荷载标准值为 $12kN/m$,楼面使用活荷载传给该梁的荷载标准值为 $8kN/m$,梁的计算简图如图 11-1 所示,求按承载能力计算时梁跨中截面弯矩组合设计值。

【解】 永久荷载分项系数 $\gamma_G=1.2$;梁上只有一个可变荷载,可变荷载分项系数 $\gamma_{Q1}=1.4$。

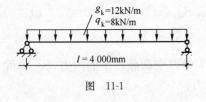

$g_k=12kN/m$
$q_k=8kN/m$
$l=4\,000mm$

图 11-1

$$M = \gamma_G M_{Gk} + \gamma_{Q1} M_{Q1k}$$
$$= 1.2 \times \frac{1}{8} g_k l_0^2 + 1.4 \times \frac{1}{8} q_k l_0^2$$
$$= \frac{1}{8}(1.2 \times 12 + 1.4 \times 8) \times 4^2$$
$$= 51.2 kN \cdot m$$

3. 结构构件的承载力设计值 R

结构构件承载力设计值的大小,取决于截面的几何形状、截面上材料的种类、用量与强度等多种因素。它的一般形式为:

$$R = (f_c, f_y, \alpha_k, \cdots)$$

式中:f_c——混凝土强度设计值,见附录 3;

f_y——钢筋强度设计值,见附录 4;

α_k——几何参数的标准值。

1. 验算特点

首先,正常使用极限状态和承载能力极限状态在理论分析上对应结构两个不同的工作阶段,同时两者在设计上的重要性不同,因而须采用不同的荷载效应代表值和荷载效应组合进行验算与计算;其次,在荷载保持不变的情况下,由于混凝土的徐变等特性,裂缝和变形将随着时间的推移而发展,因此在分析裂缝变形的荷载效应组合时,应区分荷载效应的标准组合和准永久组合。

2. 荷载效应的标准组合和准永久组合

（1）荷载效应的标准组合

荷载的标准组合按式(11-5)计算:

$$S_K = S_{Gk} + S_{Q1k} + \sum_{i=2}^{n} \psi_{ci} S_{Qik} \qquad (11-5)$$

式中符号意义同前。

（2）荷载效应的准永久组合

荷载效应的准永久组合按式(11-6)计算:

$$S_q = S_{Gk} + \sum_{i=1}^{n} \psi_{qi} S_{Qik} \qquad (11-6)$$

式中: ψ_{qi} ——第 i 个可变荷载的准永久值系数,准永久值系数见附录2。

【例 11-3】 试求【例 11-1】的标准组合和准永久组合弯矩值。

【解】 （1）标准组合弯矩值

$$M_k = M_{Gk} + M_{Q1k} = 12.90 + 3.60 = 16.50 \text{kN} \cdot \text{m}$$

（2）准永久组合弯矩值

查表可知,上人屋面的活荷载准永久系数为0.4,所以:

$$M_Q = M_{Gk} + \psi_{q1} M_{Q1k} = 12.90 + 0.4 \times 3.60 = 14.34 \text{kN} \cdot \text{m}$$

【例 11-4】 试求【例 11-2】的标准组合和准永久组合弯矩值。

【解】 （1）标准组合弯矩值

$$M_k = M_{Gk} + M_{Q1k} = \frac{1}{8} g_k l_0^2 + \frac{1}{8} q_k l_0^2 = \frac{1}{8}(12+8) \times 4^2 = 40 \text{kN} \cdot \text{m}$$

（2）准永久组合弯矩值

查表可知,教室的活荷载准永久系数为0.5,所以:

$$M_Q = M_{Gk} + \psi_{q1} M_{Q1k} = \frac{1}{8} g_k l_0^2 + 0.5 \times \frac{1}{8} q_k l_0^2 = \frac{1}{8}(12 + 0.5 \times 8) \times 4^2 = 32 \text{kN} \cdot \text{m}$$

3. 变形和裂缝的验算方法

（1）变形验算

受弯构件挠度验算的一般公式为:

$$f \leqslant [f] \tag{11-7}$$

式中：f——受弯构件按荷载效应的标准组合并考虑荷载长期作用影响计算的最大挠度；

$[f]$——受弯构件的允许挠度值,见附录5。

(2)裂缝验算

根据正常使用阶段对结构构件裂缝控制的不同要求,将裂缝的控制等级分为三级：一级为正常使用阶段严格要求不出现裂缝；二级为正常使用阶段一般要求不出现裂缝；三级为正常使用阶段允许出现裂缝,但控制裂缝宽度。具体要求是：

①对裂缝控制等级为一级的构件,要求按荷载效应的标准组合进行计算时,构件受拉边缘混凝土不产生拉应力。

②对裂缝控制等级为二级的构件,要求按荷载效应的准永久组合进行计算时,构件受拉边缘混凝土不宜产生拉应力；按荷载效应的标准组合进行计算时,构件受拉边缘混凝土允许产生拉应力,但拉应力大小不应超过混凝土轴心抗拉强度标准值。

③对裂缝控制等级为三级的构件,要求按荷载效应的标准组合并考虑荷载长期作用影响计算的裂缝宽度最大值不超过规范规定的限值,见附录6。

属于一、二级的构件一般都是预应力混凝土构件,对抗裂要求较高。普通钢筋混凝土结构,通常都属于三级。

第五节　耐久性规定

混凝土结构应符合有关耐久性规定,以保证其在化学的、生物的以及其他使结构材料性能恶化的各种侵蚀的作用下,达到预期的耐久年限。混凝土结构的耐久性应根据表11-3的环境类别和设计使用年限进行设计。

混凝土结构的环境类别　　　　　　　　　　　　　　　　表 11-3

环境类别		条　件
一		室内正常环境
二	a	室内潮湿环境；非严寒和非寒冷地区的露天环境、与无侵蚀性的水或土壤直接接触的环境
	b	严寒和寒冷地区的露天环境、与无侵蚀性的水或土壤直接接触的环境
三		使用除冰盐的环境；严寒和寒冷地区冬季水位变动的环境；滨海室外环境
四		海水环境
五		受人为或自然的侵蚀性物质影响的环境

注：严寒和寒冷地区的划分应符合国家现行标准《民用建筑热工设计规程》(JGJ 24—1986)的规定。

一类、二类和三类环境中,设计使用年限为50年的结构混凝土应符合表11-4的规定。

一类环境中,设计使用年限为100年的结构混凝土应符合下列规定：

(1)钢筋混凝土结构的最低混凝土强度等级为C30;预应力混凝土结构的最低混凝土强度等级为C40。

(2)混凝土中的最大氯离子含量为0.06%。

(3)宜使用非碱活性集料；当使用碱活性集料时，混凝土中的最大碱含量为 3.0kg/m³。

(4)混凝土保护层厚度应按表的规定增加 40%；当采用有效的表面防护措施时，混凝土保护层厚度可适当减少。

(5)在使用过程中，应定期维护。

结构混凝土耐久性的基本要求　　　表 11-4

环 境 类 别		最大水灰比	最小水泥用量（kg/m³）	最低混凝土强度等级	最大氯离子含量（%）	最大碱含量（kg/m³）
一		0.65	225	C20	1.0	不限制
二	a	0.60	250	C25	0.3	3.0
	b	0.55	275	C30	0.2	3.0
三		0.50	300	C30	0.1	3.0

注：1. 氯离子含量系指其占水泥用量的百分率。

2. 预应力构件混凝土中的最大氯离子含量为 0.06%，最小水泥用量为 300kg/m³；最低混凝土强度等级应按表中规定提高两个等级。

3. 素混凝土构件的最小水泥用量不应少于表中数值减 25kg/m³。

4. 当混凝土中加入活性掺和料或能提高耐久性的外加剂时，可适当降低最小水泥用量。

5. 当有可靠工程经验时，处于一类和二类环境中的最低混凝土强度等级可降低一个等级。

6. 当使用非碱活性集料时，对混凝土中的碱含量可不作限制。

二类和三类环境中，设计使用年限为 100 年的混凝土结构，应采取专门有效措施。

严寒及寒冷地区潮湿环境中，结构混凝土应满足抗冻要求，混凝土抗冻等级应符合有关标准的要求。

有抗渗要求的混凝土结构，混凝土的抗渗等级应符合有关标准的要求。

三类环境中的结构构件，其受力钢筋宜采用环氧树脂涂层带肋钢筋；对预应力钢筋、锚具及连接器，应采取专门防护措施。

四类和五类环境中的混凝土结构，其耐久性要求应符合有关标准的规定。

对临时性混凝土结构，可不考虑混凝土的耐久性要求。

◀ 本 章 小 结 ▶

(1)结构设计要解决的根本问题是以适当的可靠度来满足结构的功能要求。这些功能要求归纳为三个方面，即结构的安全性、适用性和耐久性。极限状态是指其中某一种功能的特定状态，当整个结构或结构的一部分超过它时就认为结构不能满足这一功能要求。极限状态有两类，即与安全性对应的承载能力极限状态和与适用性、耐久性对应的正常使用极限状态。

(2)结构上的作用分直接作用和间接作用两种，其中直接作用习惯称为荷载。荷载按其随时间的变异性和出现的可能性，分为永久荷载、可变荷载和偶然荷载三种。

(3)混凝土结构在进行承载能力极限状态和正常使用极限状态设计的同时，还应根据环境类别、结构的重要性和设计使用年限，进行混凝土结构的耐久性设计。

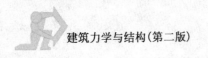

◀ **复习思考题** ▶

1. 建筑结构必须满足哪些要求？

2. 什么是结构的设计基准期？我国的结构设计基准期规定的年限为多长？

3. 我国《建筑结构可靠度设计统一标准》对于结构的可靠度是怎样定义的？

4. 什么是结构的极限状态？结构的极限状态分哪两类？

5. 如何划分结构的极限状态？

6. 影响结构可靠性的因素有哪两方面？

7. 什么是结构的可靠性？可靠性和可靠度之间有什么联系？

8. 荷载如何分类？

9. 何谓荷载标准值？何谓荷载设计值？

10. 何谓作用效应？何谓结构抗力？

11. 写出按承载能力极限状态进行设计的使用设计表达式，并对公式中符号的物理意义进行解释。

12. 如何划分结构的安全等级？结构构件的重要性系数如何取值？

13. 荷载效应的准永久值是如何定义的？

◀ **习 题** ▶

11-1 某住宅楼面梁，由恒载标准值引起的弯矩 $M_{Gk}=15kN \cdot m$，由楼面活荷载标准值引起的弯矩 $M_{Qk}=5kN \cdot m$，试求按承载能力计算时最大弯矩设计值 M。

11-2 某钢筋混凝土矩形截面简支梁，截面尺寸 $b \times h = 200mm \times 500mm$，计算跨度 $l_0 = 3\,800mm$，梁上作用恒载标准值(不含自重) $g_k = 4kN/m$，活荷载标准值 $q_k = 9kN/m$，试求按承载能力计算时梁的跨中最大弯矩设计值。

11-3 某住宅钢筋混凝土简支梁，计算跨度 $l_0 = 6m$，承受均布荷载：永久荷载标准值 $g_k = 12kN/m$(包括梁自重)，可变荷载标准值 $q_k = 8kN/m$，准永久值系数为 $\psi_q = 0.4$，求：

(1)按承载能力极限状态计算的梁跨中最大弯矩设计值；

(2)按正常使用极限状态计算的荷载标准组合、准永久组合跨中弯矩值。

第十二章
钢筋混凝土材料的力学性能

【能力目标、知识目标】

通过本章的学习,培养学生利用钢筋混凝土的力学性能来分析实际工程中出现的某些质量问题原因的专业技能,掌握钢筋和混凝土材料的力学性能也是施工员、材料员的岗位要求。

【学习要求】

(1)掌握混凝土的立方体抗压强度、轴心抗压强度、轴心抗拉强度的概念。

(2)了解各类强度指标的确定方法及相互之间的关系、了解影响混凝土强度的因素。

(3)了解弹性模量测定方法。

(4)掌握混凝土在一次短期加荷时的变形性能,了解混凝土收缩、徐变现象及其影响因素,理解收缩、徐变对钢筋混凝土结构的影响。

(5)了解钢筋的种类、级别与形式,了解钢筋的应力—应变曲线的特点。

(6)掌握有明显屈服点钢筋和无明显屈服点钢筋设计时强度的取值标准。

(7)理解钢筋与混凝土之间黏结应力的作用,了解钢筋与混凝土共同工作原理。

(8)了解钢筋的冷加工及冷加工后钢筋力学性能的变化。

【工程案例】

2008 年 8 月某天凌晨两点左右,某市职业高中学校教学楼面带挂板大挑檐发生悬挑部分根部突然断裂。该工程为 5～6 层框架结构,建筑面积 4 872m²。经事故调查、原因分析,发现造成该质量事故的主要原因是施工队伍素质差,受力钢筋反向,构件厚度控制不严。显然是因施工人员不了解钢筋的抗拉性能,而发生钢筋放错位置的现象。可见,学习材料性能的重要性。

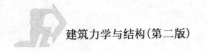

第一节 混 凝 土

 混凝土的强度

普通混凝土是由水泥、砂、石和水按一定的配合比拌和,经凝固、硬化形成的人工石材。混凝土强度的大小不仅与组成材料的质量和配合比有关,而且与混凝土的制作方法、养护条件、龄期和受力情况有关。另外,与测定强度时所采用的试件尺寸、形状和试验方法也有密切关系。因此,在研究各种单向受力状态下的混凝土强度指标时必须以统一规定的标准试验方法为依据。混凝土的强度指标有三个:立方体抗压强度、轴心抗压强度和抗拉强度。其中,立方体抗压强度是最基本的强度指标,以此为依据确定混凝土的强度等级,它与另外两种强度指标有一定的关系。

1. 混凝土的立方体抗压强度 f_{cu} 与强度等级

《规范》规定,混凝土的立方体抗压强度是用边长为 150mm 的立方体试块,在标准养护条件(温度在 20℃±3℃,相对湿度不小于 90%)下养护 28d 后在试验机上进行抗压强度试验(试验时加荷速度为每秒 0.3~0.8N/mm²)测得的极限平均压应力(N/mm²),用 f_{cu} 表示。立方体抗压强度标准值应有 95% 的保证率,它是划分混凝土强度等级的依据。

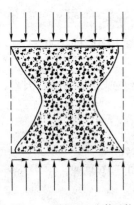

图 12-1 混凝土立方体试件的受压破坏情况

在混凝土立方体抗压强度试验过程中可以看到,首先是试块中部外围混凝土发生剥落,形成两个对顶的角锥形破坏面(图 12-1)。出现这种现象的原因是,混凝土纵向受压向外膨胀,靠近上、下压机钢板的混凝土受到钢板的摩擦力的约束,不会破坏;而中部混凝土受到钢板约束作用较小,破坏最严重。试块和压力机钢板之间的摩擦所起的约束作用,称为"环箍效应"。此效应使混凝土试块不易破坏,因而测定的立方体抗压强度高于混凝土的轴心抗压强度,故而该强度不可直接用于设计,也就没有立方体抗压强度设计值,仅有立方体抗压强度标准值(具有 95%保证率的材料强度,用 f_{cuk} 表示)。

《规范》规定,混凝土按立方体抗压强度标准值的大小划分为 14 个强度等级:C15、C20、C25、C30、C35、C40、C45、C50、C55、C60、C65、C70、C75 和 C80。符号 C 表示混凝土,C 后面的数值表示立方体抗压强度标准值(单位 N/mm²)。

试验表明,随着立方体尺寸的加大或减小,实测的强度值将偏低或偏高。这种影响一般称为"试件尺寸效应"。因此《规范》规定,当采用非标准立方体试块时,需将其实测的强度乘以下列换算系数,以换算成标准立方体抗压强度。

200mm×200mm×200mm 的立方体试块——1.05

100mm×100mm×100mm 的立方体试块——0.95

《规范》规定,结构设计时,混凝土强度等级的选用原则如下:普通钢筋混凝土结构的混凝土强度等级不应低于 C15;当采用Ⅱ级钢筋时,混凝土强度等级不应低于 C20;当采用Ⅲ级钢筋或承受重复荷载时,则不得低于 C20;预应力混凝土强度等级不应低于 C30;当采用钢丝、钢绞线、热处理钢筋作预应力筋时,混凝土强度等级不宜低于 C40。低于规范规定的 C10 级混凝土只能用于基础垫层及房屋底层的地面。

2. 混凝土轴心抗压强度 f_c

轴心抗压强度亦称为棱柱体轴心抗压强度,它是由截面 150mm×150mm×300mm 的混凝土标准棱柱体,经过 28d 龄期,用标准方法测得的强度值(N/mm²),用符号 f_c 表示。

因为试件高度比立方体试块高度大很多,在高度中央范围内可消除压力机钢板与试件之间摩擦力对混凝土抗压强度的影响,试验测得的抗压强度低于立方体抗压强度,实际工程中钢筋混凝土轴心受压构件的长度要比截面尺寸大得多,所以混凝土轴心抗压强度更能反映轴心受压短柱的实际情况,它是钢筋混凝土结构设计中实际采用的混凝土轴心抗压强度。轴心抗压强度与立方体抗压强度之间有一定的关系。

根据试验结果并按经验进行修正,混凝土轴心抗压强度设计值见表 12-1,混凝土轴心抗压强度标准值见表 12-2。

混凝土强度设计值(N/mm²)   表 12-1

强度种类	混凝土强度等级													
	C15	C20	C25	C30	C35	C40	C45	C50	C55	C60	C65	C70	C75	C80
f_c	7.2	9.6	11.9	14.3	16.7	19.1	21.1	23.1	25.3	27.5	29.7	31.8	33.8	35.9
f_t	0.91	1.10	1.27	1.43	1.57	1.71	1.80	1.89	1.96	2.04	2.09	2.14	2.18	2.22

注:1. 计算现浇钢筋混凝土轴心受压及偏心受压构件时,如截面的长边或直径小于 300mm,则表中混凝土的强度设计值应乘以系数 0.8;当构件质量(如混凝土成型、截面和轴线尺寸等)确有保证时,可不受此限制。
2. 离心混凝土的强度设计值应按专门标准取用。

混凝土强度标准值(N/mm²)   表 12-2

强度种类	混凝土强度等级													
	C15	C20	C25	C30	C35	C40	C45	C50	C55	C60	C65	C70	C75	C80
f_{ck}	10.0	13.4	16.7	20.1	23.4	26.8	29.6	32.4	35.5	38.5	41.5	44.5	47.4	50.2
f_{tk}	1.27	1.54	1.78	2.01	2.20	2.39	2.51	2.64	2.74	2.85	2.93	2.99	3.05	3.11

3. 混凝土轴心抗拉强度 f_t

混凝土的抗拉强度很低,大约只有混凝土立方体抗压强度的 1/17~1/8,在计算钢筋混凝土和预应力混凝土结构的抗裂度和裂缝宽度时要应用抗拉强度。

混凝土抗拉强度与试件试验方法有关,我国《规范》是采用如图 12-2 所示的标准构件进行试验的。试件用一定尺寸的钢模板浇铸而成,两端预埋直径为 20mm 的螺纹钢筋,钢筋轴线应与构件轴线重合。试验机夹具夹住两端钢筋,使构件均匀受拉。当构件破坏时,构件截面上的平均拉应力即为混凝土的轴心抗拉强度。用 f_t 表示。

根据试验结果并按经验进行修正,混凝土轴心抗压强度设计值见表 12-1,混凝土轴心抗压强度标准值见表 12-2。

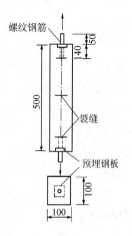

图 12-2　轴心抗拉强度试验
(尺寸单位:mm)

二 混凝土的变形

混凝土的变形分为两类,一类为混凝土的受力变形,包括一次短期加荷时的变形、重复加荷时的变形和长期荷载作用下的变形;另一类是体积变形,包括收缩、膨胀和温度变形。

(一)受力变形

1. 混凝土在一次短期加荷时的变形性能

1)混凝土的应力—应变曲线

混凝土在一次短期荷载作用下的应力—应变曲线,是反映混凝土力学特征的一个重要方面,它反映了混凝土的强度和变形性能,对了解和研究混凝土结构构件的承载力、变形、裂缝、塑性、超静定结构内力重分布,以及预应力混凝土结构的预应力损失都是不可缺少的。

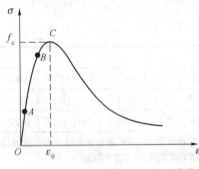

图 12-3 混凝土受压的应力—应变曲线

典型的混凝土应力—应变曲线如图 12-3 所示。

混凝土的应力—应变曲线以最大应力点 C 为界,包括上升段和下降段两部分。

上升段:当应力小于 $0.3f_c$ 时,应力—应变曲线为直线 OA,此阶段混凝土处于理想弹性工作阶段;随着压力提高,当 $\sigma=(0.3\sim0.8)f_c$ 时,由于混凝土中水泥胶体黏性流动与微裂缝的开展,使混凝土应力应变关系变为一曲线 AB。表明混凝土已经开始并越来越明显的表现出它的塑性性质,且随着荷载增加,曲线 AB 越发偏离直线,这说明混凝土已处于弹塑性工作状态;当应力增加至接近混凝土轴心抗压强度即 $\sigma=(0.8\sim1.0)f_c$ 时,由于混凝土内微裂缝的开展与贯通,应力应变关系为曲线 BC。此时,曲线斜率急剧减小,说明混凝土塑性性质已充分显露,塑性变形显著增大,直到 C 点,达到最大承载力 f_c。

从不同强度等级混凝土的应力—应变曲线可知,不同强度等级混凝土达到轴心抗压强度时的应变 ε_0 相差不多,工程中所用混凝土的 ε_0 约为 0.001 5~0.002,设计时,为简化起见,可统一取 $\varepsilon_0=0.002$。

下降段:当应力达到 C 点后,混凝土的抗压能力并没有完全丧失,而是随着压应力的降低逐渐减小,应力—应变曲线下降。开始应力下降较快,曲线较陡,随后曲线坡度逐渐趋于平缓收敛,当应变达到极限值 ε_{cu} 时,混凝土破坏。工程中所用混凝土的 ε_{cu} 约为 0.002~0.006,设计时,为简化起见,可统一取 $\varepsilon_{cu}=0.003\ 3$。

混凝土受拉时的应力—应变曲线的形状与受压时相似。对应于抗拉强度 f_t 的应变 ε_{ct} 很小,计算时可取 $\varepsilon_{ct}=0.001\ 5$。

2)混凝土的弹性模量、变形模量

在计算钢筋混凝土构件的变形和预应力混凝土构件截面的预压应力时,需要应用混凝土的弹性模量。但是,在一般情况下,混凝土的应力和应变关系呈曲线变化,因此,混凝土的弹性模量不是一个常量。在工程计算中,我们要确定两种弹性模量。

(1)混凝土原点弹性模量(弹性模量)

通过应力-应变曲线上原点 O 引切线,该切线的斜率为混凝土的原点弹性模量,简称弹性模量,以 E_c 表示,如图 12-4 所示。

$$E_c = \tan\alpha_0 \qquad (12\text{-}1)$$

式中:α_0——混凝土应力—应变曲线在原点处的切线与横轴的夹角。

但是 E_c 的准确值不易从一次加载的应力—应变曲线上求得。我国规范中规定的 E_c 数值是在重复加载的应力—应变曲线上求得的。根据大量试验结果,规范采用以下公式计算混凝土的弹性模量:

$$E_c = \frac{10^5}{2.2 + \dfrac{34.7}{f_{cuk}}} \qquad (12\text{-}2)$$

式中:f_{cuk}——混凝土立方体抗压强度标准值(N/mm^2)。

混凝土的弹性模量也可从表 12-3 中直接查得。

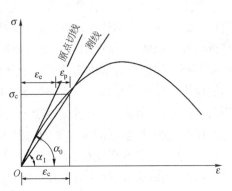

图 12-4　混凝土的弹性模量和变形模量表示方法

混凝土弹性模量($\times 10^4\,N/mm^2$)　　　　　　　　　　表 12-3

混凝土强度等级	C15	C20	C25	C30	C35	C40	C45	C50	C55	C60	C65	C70	C75	C80
E_c	2.20	2.55	2.80	3.00	3.15	3.25	3.35	3.45	3.55	3.60	3.65	3.70	3.75	3.80

(2)混凝土的变形模量

当应力较大时(应力超过 $0.3f_c$),弹性模量 E_c 已不能反映这时应力应变关系,计算时应用变形模量来反映此时的应力应变关系。

原点 O 与应力—应变曲线上任一点 C 连线的斜率,称为混凝土的变形模量,用 E_c' 表示。如图 12-4 所示,即:

$$E_c' = \tan\alpha = \frac{\sigma_c}{\varepsilon_c} \qquad (12\text{-}3)$$

混凝土的弹性模量与变形模量之间有如下关系:

$$E_c' = \nu E_c \qquad (12\text{-}4)$$

式中:ν——混凝土受压时的弹性系数,等于混凝土弹性应变与总应变之比,$\nu = 0.4 \sim 1.0$。

2.混凝土在重复荷载作用下的变形性能

工程中的某些混凝土构件,在使用期限内,受到荷载的多次重复作用,如工业厂房中的吊车梁。混凝土在多次重复荷载作用下,残余变形继续增加。

当每次循环所加荷载的应力较小,$\sigma \leqslant 0.5f_c$ 时,经过若干次加卸荷循环后,累积的塑性变形将不再增加,混凝土的加卸荷的应力—应变曲线将由曲变直,并按弹性性质工作。

当每次循环所加荷载超过了某个限值,约为 $\sigma = 0.5f_c$,经过若干次加卸荷循环后,累积的塑性变形还将增加,混凝土的加卸荷的应力应变曲线将由曲变直后反向弯曲,直至破坏。

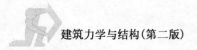

3. 混凝土在长期荷载作用下的变形

混凝土在持续荷载作用下的变形将随时间的增加而增加,这种现象称为混凝土的徐变。徐变的特点是先快后慢,持续时间较长,一年以后趋于稳定,三年以后基本终止。

产生徐变的原因目前研究得尚不够充分,一般认为,产生的原因有两个:一是混凝土受荷后产生的水泥胶体黏性流动要持续比较长的时间;二是混凝土内部微裂缝在荷载长期作用下将继续发展和增加,从而引起徐变的增加。

混凝土的徐变对结构构件产生十分有害的影响。如增大钢筋混凝土结构的变形;在预应力混凝土构件中引起预应力的损失等。因此需要分析影响徐变的主要因素,在设计、施工和使用时,应采取有效措施,以减少混凝土的徐变。

试验表明,影响混凝土徐变的主要因素及其影响情况如下:

(1)水灰比和水泥用量:水灰比小、水泥用量少,则徐变小。

(2)集料的强度、弹性模量和级配:集料的强度高、弹性模量高、级配好,则徐变小。

(3)混凝土的密实性:混凝土密实性好,则徐变小。

(4)构件养护及使用时的温湿度:构件养护及使用时的温度高、湿度大,则徐变小。

(5)构件加载前混凝土的强度:构件加载前混凝土的强度高,则徐变小。

(6)构件截面的应力:持续作用在构件截面的应力大,则徐变大。

(二)体积变形

1. 混凝土的收缩

混凝土在空气中结硬时体积会缩小,混凝土的这种性能称为收缩。混凝土的收缩变形与徐变变形不一样,收缩是非受力变形,徐变是受力变形。

收缩的特点是先快后慢,一个月约可完成 1/2,二年后趋于稳定,最终收缩应变约为$(2\sim 5)\times 10^{-4}$。

收缩包括凝缩和干缩两部分。凝缩是混凝土中水泥和水起化学反应引起的体积变化;干缩是混凝土中的自由水分蒸发引起的体积变化。

混凝土的收缩对钢筋混凝土和预应力混凝土结构构件产生十分有害的影响。例如,使钢筋混凝土构件开裂,影响正常使用;引起预应力损失。因此,应当研究影响收缩大小的因素,设法减小混凝土的收缩,避免对结构产生有害的影响。

试验表明,混凝土的收缩与下列因素有关:

(1)水泥用量愈多,水灰比愈大,收缩愈大。

(2)高强度等级水泥制成的混凝土构件收缩大。

(3)集料弹性模量大,收缩小。

(4)混凝土振捣密实,收缩小。

(5)在硬结过程中,养护条件好,收缩小。

(6)使用环境湿度大时,收缩小。

2. 混凝土的膨胀

混凝土在水中结硬时,其体积略有膨胀,混凝土的膨胀一般是有利的,故可不予考虑。

3.混凝土的温度变形

混凝土的热胀冷缩变形称为混凝土的温度变形。混凝土的温度变形,一般情况下由于钢筋与混凝土有相近的线膨胀系数(混凝土的温度线膨胀系数约为 1×10^{-5},钢筋的线膨胀系数约为 1.2×10^{-5}),因此在温度发生变化时钢筋混凝土产生的温度应力很小,不致产生有害影响。但温度变形对大体积混凝土结构极为不利,由于大体积混凝土在硬化初期,内部的水化热不易散发而外部却难以保温,使得混凝土内外温差很大而造成表面开裂。因此,对大体积混凝土应采用低热水泥(如矿渣水泥)、表层保温等措施,甚至还需采取内部降温措施。

第二节 钢 筋

建筑用的钢筋,要求具有较高的强度,良好的塑性,便于加工和焊接。

 一 钢筋的分类

1.按加工工艺分

分为热轧钢筋、冷拉钢筋、热处理钢筋、碳素钢丝、刻痕钢筋、冷拔低碳钢丝及钢绞线。

(1)热轧钢筋。热轧钢筋是用低碳钢或低合金钢在高温下轧制而成,按其强度又分为Ⅰ级、Ⅱ级、Ⅲ级和Ⅳ级,级别越高,钢筋的强度也越高,但塑性越差。Ⅰ级钢筋的外形为光圆,称为光面钢筋,最小直径为 6mm;Ⅱ级、Ⅲ级和Ⅳ级钢筋表面带肋纹,称为变形钢筋,最小直径10mm。各级别钢筋的表示见表12-4。

各种级别热轧钢筋的符号和级别 表12-4

热轧钢筋级别	符 号	级 别	曾 用 牌 号
Ⅰ	φ	HPB235	Q235
Ⅱ	φ	HRB335	20MnSi
Ⅲ	φ	HRB400	20MnSiV、20MnTi、20MnSiNb、K20MnSi
Ⅳ	φ	HRB540	40Si2Mn、48Si2Mn、45Si2Cr

注:Ⅲ级 K20MnSi 钢筋系余热处理钢筋。级别中的字母 H 表示热轧;P 表示光圆;R 表示带肋;B 表示钢筋。数字表示最低屈服强度。

(2)冷拉钢筋。冷拉钢筋是在常温下,将热轧钢筋拉伸至强化阶段所得到的钢筋。热轧钢筋经冷拉后屈服强度有较大提高,经时效处理后抗拉极限强度也有所提高,但塑性下降。冷拉钢筋也分为Ⅰ级、Ⅱ级、Ⅲ级和Ⅳ级。

(3)热处理钢筋。热处理钢筋使用几种特定钢号的热轧钢筋(其强度大致相当于Ⅳ级钢筋),经过淬火和回火处理而成。钢筋经淬火后强度大幅度提高,但塑性和韧性相应降低,通过高温回火则可以在不降低强度的同时改变淬火形成的不稳定组织,消除淬火产生的内应力,使塑性和韧性得到改善。热处理钢筋是一种较理想的预应力钢筋。

(4)碳素钢丝。碳素钢丝又称高强钢丝,是将热轧高碳钢盘条经淬火、酸洗、拔制、回火等工艺制成,具有强度高、无须焊接、使用方便等优点,主要用于后张法预应力混凝土结构,特别是大跨结构。

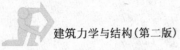

（5）刻痕钢丝。刻痕钢丝是将碳素钢丝通过机械在其表面压出有规律的凹痕并经回火处理而成，它与混凝土表面有良好的黏结性能，因而用于先张法预应力混凝土结构。

（6）冷拔低碳钢丝。冷拔低碳钢丝一般在预制构件厂或施工现场用拔丝机加工而成，因原材料、成分及冷拔质量都难以控制，所以强度差别很大，规范将冷拔低碳钢丝分为甲、乙两级。甲级钢丝主要用于中小型预应力混凝土构件中的预应力筋；乙级钢丝一般用于箍筋、构造钢筋或焊接钢筋网。

（7）钢绞线。钢绞线是将碳素钢丝在绞线机上以一根钢丝为中心，其余钢丝围绕它进行螺旋状绞合，再经回火处理而成。其强度高，与混凝土的黏结好。多用于大跨度、重荷载的预应力混凝土结构中。

2. 按化学成分分

分为碳素钢筋和合金钢筋两类。

（1）碳素钢筋。钢筋的主要化学成分是铁，在铁中加入适量的碳可以提高强度。依据含碳量的大小，碳素钢筋可分为低碳钢（含碳量≤0.25%）、中碳钢（含碳量为0.25%～0.60%）和高碳钢（含碳量＞0.60%）。在一定范围内提高含碳量，虽能提高钢筋强度，但同时降低塑性，可焊性变差。在建筑工程中主要使用低碳钢和中碳钢。

（2）合金钢筋。含有锰、硅、钛和钒的合金元素的钢筋，称为合金钢筋。在钢中加入少量的锰、硅元素可提高钢筋强度，并保持一定塑性。在钢中加入少量的钛和钒可显著提高钢的强度，并可提高塑性和韧性，改善焊接性能。

3. 按外形分

分为光圆钢筋和变形钢筋。

4. 按应力—应变曲线图形分

分为软钢和硬钢（在钢筋的力学性能中有详细介绍）。

钢筋的力学性能

（一）拉伸性能

钢筋混凝土所用钢筋，按其拉伸实验所得到的应力—应变曲线性质的不同，分为有明显屈服点的钢筋（如热轧钢筋、冷拉钢筋）和无明显屈服点的钢筋（如热处理钢筋、钢丝、钢绞线）。

1. 有明显屈服点的钢筋（又称为软钢）

拉伸时的典型应力-应变曲线如图12-5所示，从加载到断裂分为弹性阶段、屈服阶段、强化阶段和局部收缩四个阶段。由应力—应变曲线可以反映钢筋力学性能的指标主要有弹性模量（弹性阶段应力应变曲线的斜率）、屈服强度和极限强度。伸长率δ（断裂后的残余应变）是反映钢筋塑性性能。伸长率越大，塑性越好。

在进行钢筋混凝土结构设计时，对有明显屈服点钢筋是以屈服强度作为强度取值的依据，这是因为构件中的钢筋应力达到屈服点后，钢筋将产生很大的塑性变形，即使卸去荷载也不能恢复，这就会使构件产生很大的裂缝和变形，以致不能使用。

强度级别不同的软钢，其应力-应变曲线有所不同。Ⅰ～Ⅳ级热轧钢筋的应力-应变曲线如图 12-6 所示,由图可见,随着级别的提高,钢筋的强度增加,伸长率降低,即塑性降低。

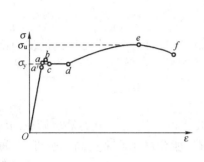

图 12-5 有明显屈服点钢筋的应力—应变关系

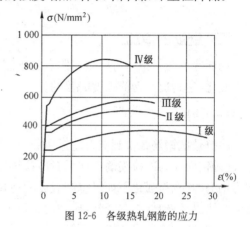

图 12-6 各级热轧钢筋的应力

2. 无明显屈服点的钢筋(又称为硬钢)

拉伸时的典型应力—应变曲线如图 12-7 所示,此类钢筋在拉伸过程中,其应力与应变关系曲线无明显屈服点,钢筋强度很高,但塑性性能差。无明显屈服点的钢筋是取残余应变为 0.2% 所对应的应力作为假想屈服点,或称条件屈服强度,用 $\sigma_{0.2}$ 表示,并以此条件屈服强度为其设计强度取值依据,规范规定取 $\sigma_{0.2}$ 为极限强度的 0.85 倍。

(二)冷弯性能

钢筋除了有足够的强度外,还应具有一定的塑性变形能力,反映钢筋塑性性能的基本指标除了伸长率外,还有冷弯性能。冷弯性能指钢筋在常温下承受弯曲的能力,采用冷弯试验测定,如图 12-8 所示。冷弯试验的合格标准为:将直径为 d 的钢筋在规定的弯心直径 D 和冷弯角度 α 下弯曲后,在弯曲处钢筋应无裂纹、鳞落或断裂现象。弯心直径 D 越小,冷弯角度 α 越大,说明钢筋的塑性越好。

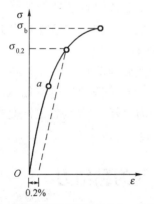

图 12-7 无明显屈服点钢筋的应力—应变关系

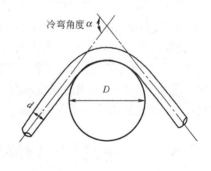

图 12-8 钢筋冷弯

(三)检验钢材的质量指标

为保证钢筋在结构中能满足规定的各项要求,则钢筋质量应予以保证。

(1)对有明显屈服点钢材的主要检测指标是:屈服强度、极限抗拉强度、伸长率和冷弯性能。

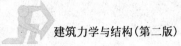

(2)对无明显屈服点钢材的主要检测指标是:极限抗拉强度、伸长率和冷弯性能。

三 钢筋的冷加工

钢筋冷加工是指对有明显屈服点的钢筋进行冷拉或冷拔,以此方式可使钢筋的内部组织发生变化,达到提高钢筋强度的目的。

(一)冷拉

冷拉是把钢筋张拉到应力超过屈服点,进入到强化阶段的某一应力时,然后卸载到应力为零,此种钢筋即为冷拉钢筋。如果对冷拉钢筋再次张拉,能获得比原来更高的强度,这种现象称为钢筋的"冷拉强化";如果将卸载后的冷拉钢筋停放一段时间后,再进行张拉,其屈服强度还会有所提高,但伸长率降低,这种现象称为钢筋的"时效硬化"。

必须说明,冷拉只能提高钢筋的抗拉强度,不能提高其抗压强度,同时钢筋经过冷拉后抗拉强度虽有所提高,但塑性显著降低。为保证钢筋经过冷拉后仍能保持一定塑性,冷拉时应合理的选择冷拉应力值和冷拉伸长率。冷拉工艺分为单控(只控制伸长率)和双控(同时控制冷拉应力和伸长率)两种方法。

(二)冷拔

冷拔是用强力把直径较小的热轧 HPB235 级钢筋拔过比它本身直径小的硬质合金拔丝模,迫使钢筋截面缩小,长度增大;钢筋在拉拔过程中同时受到侧向挤压和轴向拉力作用,钢筋内部结构发生变化,直径变细,长度增加,从而使强度显著提高,但塑性降低。冷拔可以同时提高钢筋的抗拉和抗压强度。

四 钢筋的选用

《规范》规定,钢筋混凝土结构及预应力混凝土结构的钢筋选用的原则:

(1)钢筋混凝土结构中的钢筋和预应力混凝土结构中的非预应力钢筋宜采用 HRB335 级和 HRB400 级钢筋,也可采用 HPB235 级和 RRB400 级钢筋。

(2)预应力钢筋宜采用预应力钢绞线、钢丝,也可采用热处理钢筋。

HPB235 级钢筋强度较低,多作为现浇楼板的受力钢筋、箍筋和构造钢筋;HRB335 级、HRB400 级和 RRB400 级钢筋强度较高,与混凝土的黏结力也好,多作为钢筋混凝土构件的受力钢筋,尺寸较大的构件也可用 HRB335 级钢筋作为箍筋。

第三节　钢筋与混凝土之间的黏结力

一 钢筋与混凝土共同工作原理

钢筋混凝土由钢筋和混凝土这两种性质不同的材料结合在一起而共同工作,目的是充分发挥各自的优点,取长补短,提高承载能力。因为混凝土具有较强的抗压能力,但抗拉能力很弱,而钢筋的抗拉能力很强,两种材料结合后,混凝土主要承受压力,钢筋主要承受拉力,以满足工程结构的使用要求。

钢筋和混凝土这两种性质不同的材料为什么能有效地结合在一起而共同工作,这是因为:

(1)混凝土硬化后,钢筋和外围混凝土之间产生了良好的黏结力。通过黏结作用可以传递混凝土和钢筋之间的应力,协调变形。

钢筋与混凝土之间的黏结力主要由以下三部分组成:

①混凝土收缩将钢筋握紧,二者接触面产生的摩擦力;

②混凝土中水泥凝胶体与钢筋表面产生的化学胶结力;

③钢筋表面凹凸不平与混凝土之间产生的机械咬合力。

光面钢筋的黏结力主要由摩擦力和化学胶结力组成;变形钢筋的黏结力主要由机械咬合力组成。

(2)钢筋和混凝土之间有相近的线膨胀系数,当温度变化时,变形基本协调一致。

(3)混凝土包裹在钢筋表面,防止锈蚀,对钢筋起保护作用,从而保证了钢筋混凝土构件的耐久性。

二 影响钢筋与混凝土黏结强度的因素

钢筋与混凝土的黏结面上所能承受的平均剪应力的最大值称为黏结强度。黏结强度通常可用拔出试验确定。如图12-9所示,将钢筋的一端埋入混凝土,在另一端施加拉力,将其拔出。试验表明,钢筋与混凝土之间的黏结应力沿钢筋长度方向分布不均匀,最大黏结应力在离端部某一距离处,越靠近钢筋尾部,黏结应力越小。钢筋埋入长度越长,拔出力越大。拔出试验测定的黏结强度 f_τ 是指钢筋拉拔力到达极限时钢筋与混凝土剪切面上的平均剪应力,可用式(12-5)计算:

$$f_\tau = \frac{T}{\pi d l} \tag{12-5}$$

式中:T ——拉拔力的极限值;

  d ——钢筋的直径;

  l ——钢筋埋入长度。

影响钢筋与混凝土黏结强度的因素很多,主要有:

1.混凝土的强度

混凝土的强度越高,钢筋与混凝土黏结强度也越高。

2.钢筋表面形状和钢筋直径

变形钢筋与混凝土黏结强度比光面钢筋大。

钢筋的黏结面积与截面周界长度成正比。

3.浇筑状态

浇捣水平构件时,当钢筋下面的混凝土深度较大(如大于300mm)时,由于混凝土的泌水下沉和水分气泡的逸出,在钢筋底面会形成一层不够密实强度较低的混凝土层,从而使钢筋与混凝土之间的黏结强度降低。因此施工时,对高度较大的水平构件应分层浇筑,并宜采用二次振捣方法,保证钢筋周围的混凝土密实。

4. 保护层厚度和钢筋净距

钢筋的混凝土保护层厚度指钢筋外皮至构件表面的最小距离(c,mm)。增大保护层厚度,加强了外围混凝土的抗劈裂能力,显然能提高钢筋与混凝土之间的黏结强度。但是,当混凝土保护层厚度 $c>(5\sim6)d$ 后,钢筋与混凝土之间的黏结强度不再增大。

钢筋的净距 s 太小,会使混凝土产生水平劈裂从而使整个保护层剥落。

5. 横向钢筋

设置横向钢筋(如箍筋、螺旋筋)可增强混凝土的侧向约束,因而提高钢筋与混凝土之间的黏结强度。

6. 侧向压应力

当钢筋受到侧向压应力时(如支座处的下部钢筋),黏结强度将增大,且变形钢筋由此增大的黏结强度明显高于光面钢筋。

我国设计规范采取有关构造措施来保证钢筋与混凝土的黏结强度,如规定钢筋保护层厚度、钢筋搭接长度、锚固长度、钢筋净距和受力光面钢筋端部做成弯钩等。

◀ 本 章 小 结 ▶

(1)混凝土的强度有立方体抗压强度、轴心抗压强度和轴心抗拉强度。其中,立方体抗压强度是混凝土最基本的强度指标,使划分混凝土强度等级的依据,混凝土的其他力学指标可由立方体抗压强度换算得到。

(2)由混凝土的应力—应变曲线可知混凝土是弹塑性材料。

(3)对混凝土加压到某个应力值后,维持应力不变,则混凝土的应变将随时间增加而增长,此现象称为徐变。徐变对结构或构件产生不利影响。

(4)钢筋的冷加工主要有冷拉和冷拔。钢筋冷加工后强度有所提高,但塑性性能下降。冷拉可以提高钢筋的抗拉强度但不能提高抗压强度;冷拔既可以提高钢筋的抗拉强度又能提高抗压强度。

(5)钢筋按应力—应变曲线可分为有明显屈服点的钢筋和无明显屈服点的钢筋。有明显屈服点的钢筋是以钢筋的屈服强度作为钢筋强度限值的依据,无明显屈服点的钢筋以条件屈服强度作为钢筋强度限值的依据。

◀ 复习思考题 ▶

1. 混凝土的强度指标有哪些? 混凝土的强度等级是如何划分的?
2. 混凝土受压时的应力—应变曲线有何特点?
3. 混凝土的变形分哪两类? 各包括哪些变形?
4. 什么是混凝土的徐变? 徐变对构件有何不利影响?
5. 影响混凝土徐变的主要因素是什么? 各如何影响?
6. 什么是混凝土的收缩? 收缩对构件有何不利影响?

7. 影响混凝土收缩的主要因素是什么？各如何影响？

8. 温度变形对大体积混凝土结构有何影响？如何减少影响？

9. 反映钢筋塑性变形性能的指标有哪两项？冷弯的合格标准是什么？

10. 何谓软钢？何谓硬钢？

11. 在钢筋混凝土结构计算中，对软钢和硬钢设计强度的取值依据有何不同？

12. 为什么钢筋和混凝土能够共同工作？

13. 影响钢筋和混凝土之间黏结强度的主要因素有哪些？

第十三章
钢筋混凝土受弯构件承载力计算

【能力目标、知识目标】

通过本章的学习,培养学生具备分析钢筋混凝土受弯构件正截面破坏和斜界面破坏原因的能力,具有设计简单的钢筋混凝土受弯构件的能力,掌握各类钢筋的作用和防止破坏的措施,具备利用所学知识解决工程中实际问题的专业技能。

【学习要求】

(1)了解正截面破坏和斜截面破坏。

(2)了解受弯构件正截面的三种破坏形式。

(3)深入理解适筋梁从加载到破坏的三个阶段,以及配筋率对梁正截面破坏形态的影响。

(4)掌握梁、板的有关构造要求。

(5)熟练掌握单筋矩形、双筋矩形和 T 形截面受弯构件正截面设计和复核的方法。

(6)了解斜截面受剪破坏的三种主要形态。

(7)熟练掌握斜截面受剪承载力的计算方法。

(8)掌握纵向受力钢筋弯起和截断的构造要求;掌握钢筋锚固、连接和箍筋、弯筋的构造要求。

(9)了解受弯构件的变形特点,钢筋混凝土构件的刚度。

(10)掌握受弯构件挠度和裂缝宽度的验算方法;掌握减小构件挠度和裂缝宽度的措施。

【工程案例】

某教学楼为 3 层混合结构,纵墙承重,外墙厚 300mm,内墙厚 240mm,灰土基础,楼盖为现浇钢筋混凝土楼盖。该工程在 10 月浇筑第二层楼盖混凝土,11 月初浇筑第三层楼盖,主体结构于次年 1 月完工。4 月初做装饰工程时,发现大梁两侧的混凝土楼板上部普遍开裂,裂缝方向与大梁平行。凿开部分混凝土检查,发现板内负钢筋被踩下。施工人员决定加固楼板,7 月施工,板厚由 70mm 加到 90mm。该教学楼使用后,各层大梁普遍开裂。经调查分析,事故原因与设计、施工均有关。设计存在的问题是:对楼板加厚产生的不利因素重视不够。楼板加厚,荷载增加,而受力钢筋配置不够,梁成为少筋梁,导致跨中产生竖向裂缝;同时,剪力增加,梁易产生斜裂缝,而箍筋间距过大,导致箍筋之间的混凝土出现斜裂缝;设计时违反规范"纵向钢筋不宜在受拉区截断",导致纵向钢筋截断处均有斜裂缝。

第一节 概 述

钢筋混凝土受弯构件是指仅承受弯矩和剪力作用的构件。在工业和民用建筑中,钢筋混凝土受弯构件是结构构件中用量最大、应用最为普遍的一种构件。如建筑物中大量的梁、板都是典型的受弯构件。一般建筑中的楼、屋盖板和梁、楼梯,多层及高层建筑钢筋混凝土框架结构的横梁,厂房建筑中的大梁、吊车梁、基础梁等都是按受弯构件设计。

仅在截面的受拉区按计算配置受力钢筋的受弯构件称为单筋受弯构件;在截面的受拉区和受压区都按计算配置受力钢筋的受弯构件称为双筋受弯构件。

实践和理论证明,受弯构件由于荷载作用引起的破坏有两种可能:一种是由弯矩引起的破坏,破坏截面与构件的纵轴线垂直,称为正截面破坏;另一种是由弯矩和剪力共同作用而引起的破坏,破坏截面是倾斜的,称为斜截面破坏(图 13-1)。因此,在进行受弯构件设计时,需要进行正截面受弯承载力计算、斜截面受剪承载力计算。为了保证正常使用,还要进行构件变形和裂缝宽度的验算。除此之外,还需采取一系列构造措施,才能保证构件的各个部位都具有足够的抗力,才能使构件具有必要的适用性和耐久性。

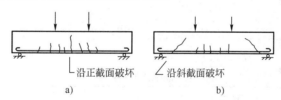

a)   b)

图 13-1 受弯构件的破坏截面

所谓的构造措施,是指那些在结构计算中不易详细考虑而被忽略的因素,在施工方便和经济合理的前提下,采取的一些技术补救措施。

本章各节内容之间关系如图 13-2 所示。

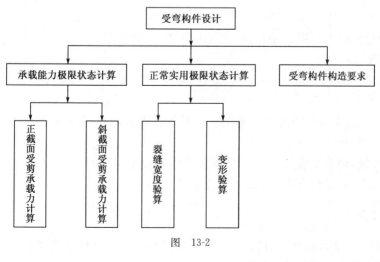

图 13-2

第二节 受弯构件的一般构造要求

一 梁的一般构造要求

(一)梁的截面形式和尺寸

1. 截面形式

梁的截面形式有矩形、T形、工字形、L形、倒T形、十字形及花篮形(图 13-3)。其中,矩形、T形最为常用。

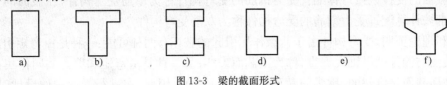

a)   b)   c)   d)   e)   f)

图 13-3 梁的截面形式

2. 截面尺寸

梁的截面尺寸须满足强度、刚度和最小裂缝宽度三方面的要求。在设计时,首先确定梁高,再确定梁的宽度。

(1)梁的高度 h

从满足刚度条件出发,简支梁、连续梁和悬臂梁的截面高度可按表 13-1 采用,此时,梁的挠度要求一般能得到满足,不需验算挠度变形。

梁 的 截 面 高 度   表 13-1

项 次	构 件 种 类		简 支	两端连续	悬 臂
一	整体肋形梁	次梁	$l_0/15$	$l_0/20$	$l_0/8$
		主梁	$l_0/12$	$l_0/15$	$l_0/6$
二	独立梁		$l_0/12$	$l_0/15$	$l_0/6$

注:1. l_0 为梁的计算跨度。
　　2. 梁的计算跨度 $l_0 \geqslant 9$m 时,表中数值应乘以 1.2 的系数。

为了施工方便,利于模板定型化,梁的截面高度一般采用 200、250、300、350…750、800、900、1 000mm 等。

当梁高 $h \leqslant 800$mm 时,取 50mm 的倍数;当梁高 $h > 800$mm 时,取 100mm 的倍数。

(2)梁的宽度 b

梁的宽度 b 一般根据梁的高度 h 来确定。对于矩形截面梁,取 $b=(1/2.0 \sim 1/3.5)h$;对于 T 形截面梁,取 $b=(1/2.5 \sim 1/4.0)h$。

为了施工方便,利于模板定型化,梁的截面宽度一般采用:150、180、200mm…

当宽度 $b > 200$mm 时,应取 50mm 的倍数。

(二)支承长度

当梁的支座为砖墙或砖柱时,可看作简支支座,梁伸入砖墙、柱的支承长度 a 应满足梁下砌体的局部抗压强度并满足梁内受力钢筋在支座处的锚固要求,且当梁高 $h \leqslant 500$mm 时, $a \geqslant 180$mm; $h > 500$mm 时, $a \geqslant 240$mm。

当梁支承在钢筋混凝土梁(柱)上时,其支承长度 $a \geqslant 180$mm。钢筋混凝土桁条支承在砖墙上时, $a \geqslant 120$mm,支承在钢筋混凝土梁上时, $a \geqslant 80$mm。

(三)梁的钢筋

在一般的钢筋混凝土梁中,通常配置有纵向受力钢筋、架立钢筋、箍筋和弯起钢筋,如图13-4a)、b)所示。当梁的截面高度较大时,还应在梁侧设置构造钢筋。下面主要讨论纵向受力钢筋、架立钢筋和梁侧构造钢筋的构造要求,箍筋和弯起钢筋的构造要求,详见本章第四节。

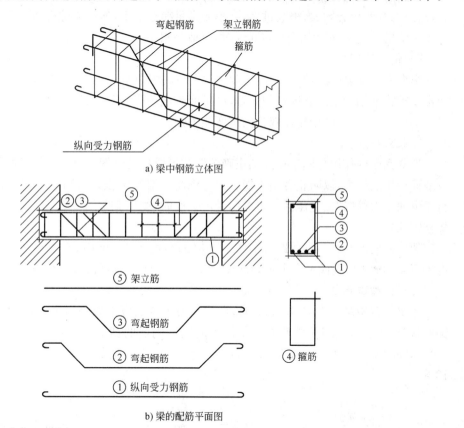

a) 梁中钢筋立体图

b) 梁的配筋平面图

图 13-4

1.纵向受力筋

纵向受力筋的作用主要是承受由弯矩在梁内产生的拉力,所以,应将纵向受力筋布置在梁的受拉一侧。纵向受力筋的数量需要通过计算确定。

(1)直径

纵向受力筋的直径通常采用 12~25mm,一般不宜大于 28mm。

当梁高 $h \geqslant 300$mm 时,直径不应小于 10mm;当梁高 $h < 300$mm 时,直径不应小于 8mm。

同一构件中钢筋直径的种类宜少,为便于施工工人肉眼识别以免差错,两种不同直径的钢

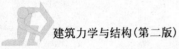
筋,其直径相差不宜小于 2mm。但直径也不可相差太多。

(2)间距

为保证钢筋和混凝土之间具有足够的黏结强度,钢筋之间应留有一定的净距(图 13-5)。我国规范规定:

梁上部纵向受力筋净距不得小于 30mm 和 $1.5d$(d 为受力钢筋的最大直径);

梁下部纵向受力筋净距不得小于 25mm 和 d;

各层钢筋之间的净距应不小于 25mm 和 d。

(3)钢筋的根数

钢筋的根数与直径有关,直径较大,则根数较少,反之,直径较细,则根数较多。但直径较大,裂缝的宽度也会增大,根数过多,又不能满足净距要求,所以需综合考虑再确定。但一般不应少于两根,只有当梁宽小于 100mm 时,可取一根。

(4)钢筋的层数

纵向受力钢筋的层数,与梁的宽度、混凝土保护层厚度、钢筋根数、直径、间距等因素有关,通常要求将钢筋沿梁的宽度均匀布置,尽可能排成一排,若根数较多,难以排成一排,可排成两排。同样数量的钢筋,单排比双排的抗弯能力强。

2. 架立钢筋

架立钢筋的作用是固定箍筋的正确位置和形成钢筋骨架,还可以承受因温度变化、混凝土收缩而产生的拉力,以防止发生裂缝。架立钢筋一般为两根,布置在梁的受压区外缘两侧,平行于纵向受力筋(如在受压区布置纵向受压钢筋时,受压钢筋可兼作架立钢筋,可以不再配置架立钢筋)。

架立钢筋的直径与梁的跨度有关。当梁的跨度小于 4m 时,其直径不宜小于 6mm;当跨度等于 4~6m 时,直径不宜小于 8mm;当跨度大于 8m 时,直径不宜小于 10mm。

3. 梁侧构造钢筋

当梁的腹板高度 $h_w > 450$mm 时,在梁的两个侧面应沿梁高每隔一定间距配置纵向构造钢筋(俗称腰筋),并用拉筋联系。每侧纵向构造钢筋的截面面积不应小于腹板截面面积的 0.1%,间距不宜大于 200mm,拉筋的直径与箍筋相同,拉筋的间距一般取箍筋间距的 2 倍(图 13-6)。

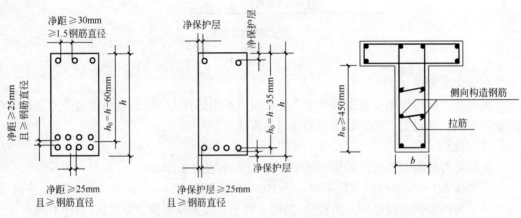

图 13-5　纵向受力钢筋的净距　　　　　　　图 13-6　梁侧构造钢筋

梁侧构造钢筋的作用是:防止当梁太高时由于混凝土收缩和温度变形而产生的竖向裂缝,同时还可以加强钢筋骨架的刚度。

二 板的一般构造要求

(一)板的厚度

板的厚度除应满足强度、刚度和最小裂缝宽度的要求外,还应考虑施工方便和经济因素等。现浇板的厚度 h 取 10mm 为模数,从刚度条件出发,板的厚度可按表 13-2 确定,同时板的最小厚度不应小于表 13-3 规定的数值。

不需作挠度计算的板的最小厚度　　　　　　表 13-2

项　　次	板的支承情况	板 的 种 类		
		单向板	双向板	悬臂板
一	简支	$l_0/35$	$l_0/45$	—
二	连续	$l_0/40$	$l_0/50$	$l_0/12$

注:l_0 为板的计算跨度。

现浇钢筋混凝土板的最小厚度　　　　　　表 13-3

板 的 类 别		最小厚度/mm
单向板	屋面板	60
	民用建筑楼板	60
	工业建筑楼板	70
	行车道下的楼板	80
双向板		80
密肋板	肋间距小于或等于 700mm	40
	肋间距大于 700mm	50
悬臂板	板的悬臂长度小于或等于 500mm	60
	板的悬臂长度大于 500mm	80
无梁楼板		150

(二)板的支承长度

1.现浇板

现浇板在砖墙上的支承长度一般不小于板厚及 120mm,且应满足受力钢筋在支座内的锚固长度要求。

2.预制板

预制板在砖墙上的支承长度不宜小于 100mm;

预制板在钢筋混凝土梁上的支承长度不宜小于 80mm;

预制板在钢屋架或钢梁上的支承长度不宜小于 60mm。

(三)板中钢筋

板中通常配有受力钢筋和分布钢筋。受力钢筋沿板的跨度方向在受拉区布置;分布钢筋则沿垂直受力钢筋方向布置(图 13-6),配置在受力钢筋的内侧。

1. 受力钢筋

受力钢筋的作用是承受由弯矩产生的拉力。工程中通常采用Ⅰ级或Ⅱ级钢筋,直径多采用 6~12mm,钢筋间距一般在 70~200mm。规定:当板厚 $h \leqslant 150mm$ 时,钢筋间距不应大于 200mm;当板厚 $h > 150mm$ 时,不应大于 $1.5h$,且不应大于 250mm。

2. 分布钢筋

分布钢筋的作用是将板上的荷载均匀地传给受力钢筋,并抵抗由于温度变化和混凝土收缩而产生的拉力,防止沿跨度方向引起裂缝,同时固定受力钢筋的正确位置。

分布钢筋可按构造配置。我国规范规定:板中单位长度上分布钢筋的截面面积不宜小于单位宽度上受力钢筋截面面积的 15%,且不宜小于该方向板截面面积的 0.15%;其间距不宜大于 250mm,直径不宜小于 6mm,如果受力钢筋的直径为 12mm 或以上时,直径可取 8mm 或 10mm。对集中荷载较大的情况,分布钢筋的截面面积应适当增加,其间距不宜大于 200mm。

三 混凝土的保护层厚度

为了防止钢筋锈蚀和保证钢筋与混凝土之间紧密黏结而共同工作,梁、板的钢筋都应具有足够的混凝土保护层。混凝土保护层是从钢筋外边缘算起。

梁、板的混凝土保护层最小厚度按表 13-4 采用,且不应小于受力钢筋的直径,如图 13-7 所示。

混凝土保护层最小厚度(mm)　　　　　　　表 13-4

项　次	环境条件	构件名称	混凝土强度等级		
			≤C20	C25 及 C30	≥C35
1	室内正常环境	板和墙		15	
		梁和柱		25	
2	露天或室内高湿度环境	板和墙	35	25	15
		梁和柱	45	35	25

注:1. 当露天或室内高湿度环境非主要承重构件的混凝土强度等级采用 C20 时,其保护层厚度可按表中 C25 的规定值取用。

　　2. 板、墙中分布钢筋的保护层厚度不应小于 10mm,梁、柱中箍筋和构造钢筋的保护层不应小于 15mm。

四 截面的有效高度

计算梁、板受弯构件承载力时,因为混凝土开裂后,拉力完全由钢筋承担,这时梁能充分发挥作用的截面高度应为纵向受拉钢筋合力作用点至受压区混凝土外边缘的距离,这一距离称为截面的有效高度,用 h_0 表示。$h_0 = h - a_s$。(a_s 为受拉钢筋合力点到截面受拉边缘的距离)

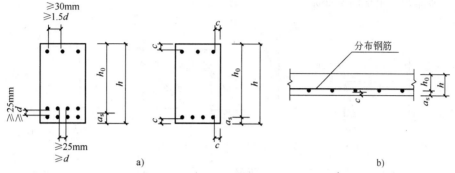

图 13-7 梁、板混凝土保护层及有效高度
c—混凝土保护层厚度

根据钢筋净距和混凝土保护层的规定,并考虑到梁、板常用的钢筋直径,室内正常环境的梁、板的截面有效高度可按如下近似数值取用:

梁:当 $>$ C20 时,$h_0 = h - 35$mm　　　　（一排钢筋）；

$\quad\quad h_0 = h - 60$mm　　　　　　　　　（两排钢筋）。

$\quad\quad$当 $\leqslant$ C20 时,$h_0 = h - 40$mm　　（一排钢筋）；

$\quad\quad h_0 = h - 65$mm　　　　　　　　　（两排钢筋）。

板:当 $>$ C20 时,$h_0 = h - 20$mm;

$\quad\quad$当 $\leqslant$ C20 时,$h_0 = h - 25$mm。

第三节　受弯构件正截面承载力计算

一 受弯构件正截面破坏特征

受弯构件正截面的破坏特征主要与受拉钢筋的配筋率 ρ 的大小有关。受弯构件的配筋率 ρ ,等于纵向受拉钢筋的截面面积与正截面的有效面积之比,即:

$$\rho = \frac{A_s}{bh_0} \tag{13-1}$$

式中:A_s——纵向受力钢筋的截面面积(mm^2);

$\quad\quad b$——截面宽度(mm);

$\quad\quad h_0$——截面的有效高度。

需要说明的是,在验算最小配筋率时,有效面积应该为截面全面积。

试验表明,由于配筋率 ρ 的不同,钢筋混凝土受弯构件产生不同的破坏情况,根据正截面的破坏特征,梁可分为适筋梁、超筋梁和少筋梁。三种梁若以配筋率来表示,则:$\rho_{min} \leqslant \rho \leqslant \rho_{max}$ 为适筋梁;$\rho > \rho_{max}$ 为超筋梁;$\rho < \rho_{min}$ 为少筋梁。下面介绍三种梁的破坏特征。

(一)适筋梁

适筋梁是指受拉钢筋配置适量($\rho_{min} \leqslant \rho \leqslant \rho_{max}$)的梁。以对称集中荷载作用下梁的纯弯段为研究对象,进行荷载从零分级增加直至梁破坏试验观察,结果表明,适筋梁从加载到破坏可分为三个阶段,如图 13-8 所示。

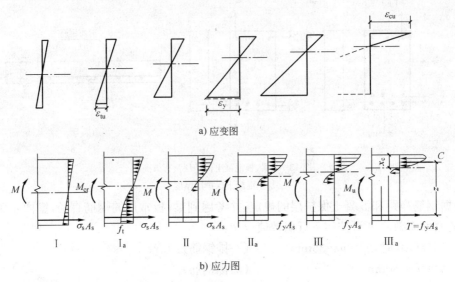

a) 应变图

b) 应力图

图 13-8　钢筋混凝土梁正截面的三个工作阶段

1. 第 I 阶段——弹性工作阶段

从加载开始到梁受拉区混凝土出现裂缝以前为第 I 阶段。

当作用在梁上的荷载很小时,在截面中和轴以上的混凝土受压,中和轴以下的混凝土受拉。此时,拉、压应力都很小,截面处于弹性阶段。截面拉、压应变增长速度大体相等,沿截面高度呈直线变化,受压区和受拉区混凝土应力分布图形都接近三角形。

在此阶段受拉区混凝土尚未开裂,整个截面都参加工作,所以,也称第 I 阶段为整体工作阶段。

随着荷载的增加,因混凝土抗拉能力远低于抗压能力,截面受拉区混凝土表现塑性性能,其拉应变的增长速度逐渐比压应变的增长速度快,拉区应力分布渐呈抛物线。当弯矩增加到开裂弯矩 M_{cr} 时,受拉区边缘混凝土达到其极限拉应变 ε_{tu},受拉区边缘拉应力达到混凝土的极限抗拉强度 f_t,此时,达到第 I 阶段的极限状态,即 I_a 状态,梁即将开裂。而由于混凝土的抗压强度较高,受压区边缘混凝土的相对变形还很小,故受压区混凝土基本处于弹性阶段,应力接近三角形。构件抗裂验算以 I_a 应力状态为计算依据。

2. 第 II 阶段——带裂缝工作阶段

随着荷载的继续增加,受拉区混凝土的应力超过极限抗拉强度,受拉区边缘混凝土开裂,截面进入第 II 阶段,称为带裂缝工作阶段。由于拉区混凝土开裂而大部分退出工作,拉力由钢筋承担,钢筋拉应力和拉应变突增,裂缝开展,截面中和轴上移,受压区高度减小,受压区混凝土开始表现出塑性性质,受压区应力图形逐渐由三角形转化为抛物线形。随着荷载继续增加,钢筋应力不断增大,当裂缝截面处钢筋应力达到屈服强度 f_y,即达到这个阶段的极限状态,用 II_a 表示。这时截面所承担的弯矩称为屈服弯矩 M_y。

第 II 阶段应力状态代表了受弯构件在使用时的应力状态,所以,第 II 阶段应力图形是受弯构件裂缝宽度和变形验算的依据。

3.第Ⅲ阶段——破坏阶段

受拉钢筋屈服后,即进入第Ⅲ阶段。这时钢筋进入塑性阶段,荷载基本不变,钢筋的应力基本保持 f_y 不变,而应变继续增长,受拉区混凝土的裂缝迅速向上扩展,中和轴继续上移,受压区高度减小,压应力增大,混凝土的塑性性质表现更充分,压应力图形呈明显抛物线形。当截面弯矩增加到极限弯矩时 M_u 时,受压区边缘混凝土的应变达到极限压应变 ε_{cu},压应力峰值达到其抗压强度,混凝土被纵向压碎,导致梁最终破坏,此时,达到第三阶段的极限状态,用Ⅲ$_a$表示。此时的应力状态作为受弯构件承载力计算的依据。

综上所述,适筋梁的破坏特征是:受拉钢筋先屈服,然后进入塑性阶段,产生明显的塑性变形,梁的挠度、裂缝随之增大,最后混凝土压碎宣告梁破坏。此种破坏称为适筋破坏。在此过程中,由于钢筋屈服并产生很大塑性变形,引起裂缝急剧开展,梁的挠度增大,给人以明显的破坏预兆,故称此种破坏为塑性破坏。由于适筋梁的受力合理,钢筋和混凝土的材料性能都得到充分发挥,所以在实际工程中将梁都设计成适筋梁。

(二)超筋梁

受拉钢筋配置过多($\rho > \rho_{max}$)的梁称为超筋梁。超筋梁的破坏特征是:由于受拉钢筋配置过量,受压边缘混凝土先达到极限压应变,在钢筋屈服之前,受压区混凝土先被压碎,构件宣告破坏。在此过程中,由于钢筋未达到屈服强度,受拉区的裂缝开展不明显,挠度较小,截面没有明显的预兆,破坏是由于混凝土被压碎引起的,破坏比较突然,此种破坏称为"脆性破坏"。超筋破坏不仅没有明显预兆,比较突然,不安全;另外用钢量大,也不经济,因此设计时不允许将梁设计成超筋梁。

(三)少筋梁

受拉钢筋配置过少($\rho < \rho_{min}$)的梁,称为少筋梁。加载初期,钢筋和混凝土共同承担截面的拉力,随着荷载的增加,少筋梁的拉区混凝土一旦开裂,拉力完全由钢筋承担,由于钢筋数量少,钢筋应力立即达到屈服强度甚至进入强化阶段,使梁出现严重下垂或断裂破坏,此种破坏称为"少筋破坏"。少筋梁破坏时裂缝往往集中出现一条,破坏前没有明显预兆,此种破坏也称为脆性破坏。由于少筋梁破坏前无明显预兆,不安全,而且破坏时混凝土的材料性能没有充分发挥,不经济,因此设计时不允许将梁设计成少筋梁。

通过以上分析可知,适筋梁与超筋梁的界限是最大配筋率 ρ_{max};适筋梁与少筋梁的界限是最小配筋率 ρ_{min}。

 受弯构件正截面承载力计算的基本原理

(一)基本假定

如前所述,钢筋混凝土受弯构件的强度计算,是以适筋梁Ⅲ$_a$阶段的应力图形为依据。为了建立基本公式,我们采用下面一些基本假定:

(1)平截面假定:正截面在弯曲变形后仍能保持平面,即截面中的应变按线形规律分布。

(2)不考虑拉区混凝土参加工作,拉力全部由钢筋承担。

(3)采用理想化的混凝土应力—应变关系曲线为计算依据(图13-9)。

(4)采用理想化的钢筋应力—应变关系曲线为计算依据(图13-10)。

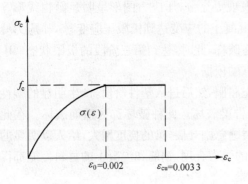

图 13-9 混凝土 σ_c-ε_c 设计曲线　　　　图 13-10 热轧钢筋 σ_s-ε_s 设计曲线

它的表达式可写成:

当 $0 \leqslant \varepsilon_s \leqslant \varepsilon_y$ 时,$\sigma_s = \varepsilon_s E_s$;

当 $\varepsilon_s > \varepsilon_y$ 时,$\sigma_s = f_y$。

纵向受拉钢筋的极限拉应变取为 0.01。

(二)等效矩形应力图形

受弯构件正截面承载力计算以Ⅲ$_a$阶段应力状态为依据,但此时应力曲线较复杂,不便实际应用。为方便计算,一般采用等效矩形应力图形来代替曲线应力图形(图13-11),其简化的原则是:

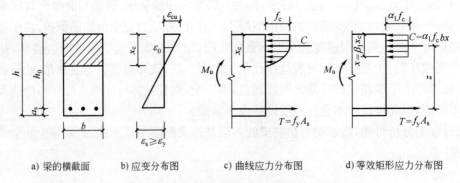

a) 梁的横截面　　　b) 应变分布图　　　c) 曲线应力分布图　　　d) 等效矩形应力分布图

图 13-11 曲线应力图形与等效矩形应力图形

(1)等效矩形应力图形面积与曲线应力图形面积相等,即受压区混凝土合力大小不变。

(2)等效矩形应力图形合力作用位置与曲线应力图形合力作用位置相同,即保持原来受压区混凝土的合力作用点不变。

根据上述简化原则,等效矩形应力图形的受压区高度 x 为 $\beta_1 x_c$;等效矩形应力图形的应力为 $\alpha_1 f_c$。当混凝土的强度等级不超过C50时,$\beta_1 = 0.8$,$\alpha_1 = 1.0$。

(三)适筋梁的界限条件

为了保证受弯构件在适筋范围,不发生超筋破坏和少筋破坏,构件的配筋率就必须满足 $\rho_{min} \leqslant \rho \leqslant \rho_{max}$,那么,就需要确定 ρ_{max} 和 ρ_{min}。

1.界限相对受压区高度 ξ_b 和最大配筋率

由适筋梁和超筋梁的破坏特征比较可知,两者相同点是破坏时受压区的混凝土被压碎;不同点是适筋梁破坏时受拉钢筋已屈服,而超筋梁破坏时受拉钢筋未屈服。那么,在二者之间一定有一个界限,即受拉钢筋屈服的同时受压区边缘混凝土也达到极限压应变,这种破坏称为界限破坏(图 13-12)。此时的配筋率是保证不发生超筋破坏、限制适筋梁的最大配筋,称为最大配筋率,用 ρ_{max} 表示。

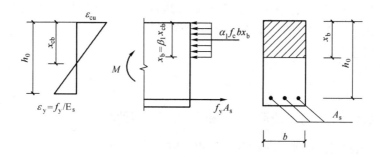

图 13-12 界限破坏的应力应变图形

界限破坏时受压区高度为 x_b,它与截面有效高度 h_0 的比值称为界限相对受压区高度,用 ξ_b 表示,即:

$$\xi_b = \frac{x_b}{h_0} \tag{13-2}$$

由图 13-11 的几何关系可得:

$$\xi_b = \frac{x_b}{h_0} = \frac{\beta_1 x_{cb}}{h_0} = \frac{\beta_1 \varepsilon_{cu}}{\varepsilon_{cu} + \varepsilon_y} = \frac{\beta_1}{1 + \dfrac{f_y}{E_s \varepsilon_{cu}}} \tag{13-3}$$

若 $\leqslant$ C50,将 $\varepsilon_{cu} = 0.0033$,$\beta_1 = 0.8$ 代入上式,则有:

$$\xi_b = \frac{0.8}{1 + \dfrac{f_y}{0.0033 E_s}} \tag{13-4}$$

利用平衡条件可得:

$$\rho_{max} = \xi_b \frac{\alpha_1 f_c}{f_y}$$

对于常用有屈服点钢筋的钢筋混凝土构件,其界限相对受压区高度 ξ_b 值见表 13-5。

钢筋混凝土构件的 ξ_b 值 表 13-5

钢筋级别	屈服强度	ξ_b						
		≤C50	C55	C60	C65	C70	C75	C80
HPB235	210	0.614	—	—	—	—	—	—
HRB335	300	0.550	0.541	0.531	0.522	0.512	0.503	0.493
HRB400 RRB400	360	0.518	0.509	0.499	0.490	0.481	0.472	0.463

2. 最小配筋率

为保证受弯构件不出现少筋破坏,必须控制截面配筋率不得小于某一界限配筋率 ρ_{min}。最小配筋率原则上是根据配有最小配筋率的受弯构件的正截面破坏时所能承受的极限弯矩 M_u 与素混凝土截面所能承受的弯矩 M_{cr} 相等的条件来确定的,即 $M_u = M_{cr}$。并考虑到混凝土收缩、温度及构造因素,可得:

$$\rho_{min} = 0.45 \frac{f_t}{f_y} \tag{13-5}$$

对于矩形截面,最小配筋率 ρ_{min} 应取 0.2% 和 $0.45 \dfrac{f_t}{f_y}$ 二者的较大值。

规范规定的纵向受力钢筋最小配筋率见表 13-6。

钢筋混凝土结构构件中纵向受力钢筋的最小配筋百分率(%) 表 13-6

受 力 类 型		最小配筋百分率
受压构件	全部纵向钢筋	0.6
	一侧纵向钢筋	0.2
受弯构件、偏心受拉、轴心受拉构件一侧的受拉钢筋		0.2 和 $45f_t/f_y$ 中的较大值

三 单筋矩形截面受弯构件正截面承载力计算

(一)基本公式及适用条件

根据等效矩形应力图形简化原则,得到截面应力图形如图 13-13 所示。由力的平衡条件可得基本公式及适用条件如下:

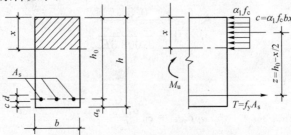

图 13-13 单筋矩形截面正截面承载力计算简图

1. 基本公式

由 $\sum X=0$
$$\alpha_1 f_c bx = f_y A_s \tag{13-6}$$

由 $\sum M=0$
$$M \leqslant M_u = \alpha_1 f_c bx \left(h_0 - \frac{x}{2} \right) \tag{13-7}$$

或
$$M \leqslant M_u = f_y A_s \left(h_0 - \frac{x}{2} \right) \tag{13-8}$$

式中：α_1——系数，当混凝土强度等级不超过 C50 时，$\alpha_1=1.0$；为 C80 时，$\alpha_1=0.94$ 其间按线形内插法确定；

f_c——混凝土轴心抗压强度设计值；

b——矩形截面宽度；

h_0——矩形截面的有效高度；

f_y——受拉钢筋的强度设计值；

A_s——受拉钢筋截面面积；

M_u——构件正截面受弯承载力设计值；

x——等效矩形应力图形的混凝土受压区高度。

2. 适用条件

(1)为防止超筋，应符合的条件为：
$$\xi \leqslant \xi_b \tag{13-9a}$$

或
$$x \leqslant \xi_b h_0 \tag{13-9b}$$

或
$$\rho \leqslant \rho_{max} \tag{13-9c}$$

或
$$M \leqslant M_{u,max} = \alpha_1 f_c bh_0^2 \xi_b (1-0.5\xi_b) = \alpha_{s,max} \alpha_1 f_c bh_0^2 \tag{13-9d}$$

(2)为防止少筋，应符合的条件为：
$$\rho = \frac{A_s}{bh} \geqslant \rho_{min} \tag{13-10a}$$

或
$$A_s \geqslant \rho_{min} bh \tag{13-10b}$$

(二)计算方法

受弯构件正截面承载力计算一般可分为两类：截面设计与截面复核。

截面设计是在已知弯矩设计值的情况下，选定材料，确定截面尺寸、配筋量和选用钢筋。首先，选择混凝土的强度等级和钢筋品种(参见十二章第一节和第二节)，然后，确定截面尺寸(参见本章第二节)，最后计算配筋量和选用钢筋。

截面复核一般是已知材料强度、截面尺寸和钢筋面积，要求计算该截面所能承担的极限弯矩，并与弯矩设计值比较，以确定构件是否安全。

计算方法有两种：基本公式法和表格法计算。从计算方便的角度考虑，截面设计应用两种方法均可，截面复核应用基本公式法。

1. 截面设计

已知：截面尺寸 b 和 h，混凝土及钢筋强度等级(f_c、f_y)，截面弯矩设计值 M。

求：纵向受拉钢筋 A_s。

下面介绍基本公式法和表格法的计算步骤。

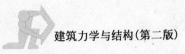

【解法一】 基本公式法

(1)计算混凝土受压区高度 x

$$x = h_0 - \sqrt{h_0^2 - \frac{2M}{\alpha_1 f_c b}} \qquad (13\text{-}11)$$

(2)验算防超筋条件

若 $x \leqslant \xi_b h_0$ 则

$$A_s = \frac{\alpha_1 f_c b x}{f_y} \qquad (13\text{-}12)$$

若 $x > \xi_b h_0$ 则为超筋梁,说明截面尺寸过小,应加大截面尺寸重新设计。

(3)验算防少筋条件

若 $A_s \geqslant \rho_{\min} bh$,则配筋合理(其中 A_s 指实际配筋的钢筋面积);

若 $A_s < \rho_{\min} bh$,则说明截面尺寸过大,应适当减小截面尺寸。当截面尺寸不能减小时,则取

$$A_s = \rho_{\min} bh \qquad (13\text{-}13)$$

【解法二】 表格法

公式(13-7)可改为

$$M_u = \alpha_s \alpha_1 f_c b h_0^2 \qquad (13\text{-}14)$$

公式(13-8)可改为

$$M_u = f_y A_s \gamma_s h_0 \qquad (13\text{-}15)$$

式中

$$\alpha_s = \xi(1 - 0.5\xi) \qquad (13\text{-}16)$$

$$\gamma_s = 1 - 0.5\xi \qquad (13\text{-}17)$$

表格法计算步骤:

(1)计算 α_s

$$\alpha_s = \frac{M}{\alpha_1 f_c b h_0^2} \qquad (13\text{-}18)$$

(2)查表得相应的 ξ 或 γ_s(见附录9)

(3)求钢筋面积

$$A_s = \xi b h_0 \frac{\alpha_1 f_c}{f_y} \qquad (13\text{-}19)$$

或

$$A_s = \frac{M}{f_y \gamma_s h_0} \qquad (13\text{-}20)$$

(4)确定钢筋的根数和直径(见附录7、8)

2.截面复核

已知:截面尺寸 b 和 h ,混凝土及钢筋强度等级(f_c、f_y),纵向受拉钢筋 A_s,截面弯矩设计值 M。

求:截面所能承受的弯矩 M_u。

计算步骤:

(1)计算混凝土受压区高度 x

$$x = \frac{f_y A_s}{\alpha_1 f_c b}$$

（2）验算

若 $x \leqslant \xi_b h_0$ 且 $A_s \geqslant \rho_{min} bh$ ，则 $M_u = \alpha_1 f_c bx\left(h_0 - \dfrac{x}{2}\right)$ ；

若 $x > \xi_b h_0$ ，取 $x = \xi_b h_0$ ，则 $M_{u,max} = \alpha_1 f_c bh_0^2 \xi_b(1-0.5\xi_b)$ ；

若 $A_s < \rho_{min} bh$ ，按素混凝土计算 M_u 。

（3）复核截面是否安全

若 $M_u \geqslant M$ ，则安全；若 $M_u < M$ ，则不安全。

(三)经济配筋率

在满足适筋梁的条件下，即 $\rho_{min} \leqslant \rho \leqslant \rho_{max}$ ，受弯构件的截面尺寸可有多种选择。当弯矩设计值一定时，截面尺寸越大，则所需的钢筋面积 A_s 越小，但混凝土用量和模板费用增加，并影响使用净空高度；反之，若截面尺寸减小，则所需的钢筋面积 A_s 要增加，但混凝土用量和模板费用减少。因此，从总造价考虑，就有一个经济配筋率的范围，设计时应使配筋率尽可能控制在经济配筋率的范围内。根据经验，钢筋混凝土受弯构件的经济配筋率为：

实心板，$0.3\% \sim 0.8\%$ ；

矩形截面梁，$0.6\% \sim 1.5\%$ ；

T 形截面梁，$0.9\% \sim 1.8\%$ 。

(四)提高受弯构件抗弯能力的措施

1.加大截面高度

由公式 $M_u = \alpha_s \alpha_1 f_c bh_0^2$ 可见，抗弯能力与截面宽度是一次方关系，与截面高度是二次方关系，故欲提高抗弯能力，加大截面高度比加大宽度更有效。而加大截面宽度效果不明显，工程中一般不予采用。

2.提高受拉钢筋的强度等级

由公式 $M_u = f_y A_s \gamma_s h_0$ 可见，若保持钢筋面积 A_s 不变，提高受拉钢筋的强度等级，M_u 值明显增加。

3.加大钢筋数量

由公式 $M_u = f_y A_s \gamma_s h_0$ 可见，增加钢筋面积 A_s ，截面的抗弯能力 M_u 虽不能完全随 A_s 的增大而按比例增加，但 M_u 的增加效果也很明显。当然，要控制配筋率。

(五)例题

【例 13-1】 已知一矩形截面梁，$b \times h = 250 \times 550\text{mm}$ ，受拉钢筋 HRB335 级（$f_y = 300\text{N/mm}^2$），混凝土强度等级 C20（$f_c = 9.6\text{N/mm}^2$），承受弯矩设计值 $M = 180\text{kN} \cdot \text{m}$ ，试确定梁中配筋。

【解法一】

（1）确定截面有效高度（假定钢筋单排排放）

$$h_0 = 550 - 40 = 510\text{mm}$$

(2)求混凝土受压区高度 x

$$x = h_0 - \sqrt{h_0^2 - \frac{2M}{\alpha_1 f_c b}} = 510 - \sqrt{510^2 - \frac{2 \times 180 \times 10^6}{1 \times 9.6 \times 250}} = 178.2\text{mm}$$

(3)防超筋验算

$$x = 178.2 < \xi_b h_0 = 0.550 \times 510 = 280.5\text{mm}$$

(4)计算 A_s

$$A_s = \frac{\alpha_1 f_c b x}{f_y} = \frac{1.0 \times 9.6 \times 250 \times 178.2}{300} = 1425.6\text{mm}^2$$

查表(附录7)选用受力钢筋 $3\phi25$($A_s = 1\,473\text{mm}^2$)

(5)验算最小配筋率

$$\rho = \frac{A_s}{bh} = \frac{1473}{250 \times 550} = 1.07\% > \rho_{min} = 0.2\%$$

$$> 0.45 \frac{f_t}{f_y} = 0.45 \frac{1.1}{300} = 0.165\%$$

满足要求。

【解法二】

(1)求 α_s

$$\alpha_s = \frac{M}{\alpha_1 f_c b h_0^2} = \frac{180 \times 10^6}{1.0 \times 9.6 \times 250 \times 510^2} = 0.288$$

(2)查表(附录9)得相应的 ξ

查表得 $\xi = 0.3488 < \xi_b = 0.550$

(3)求钢筋面积

$$A_s = \xi b h_0 \frac{\alpha_1 f_c}{f_y} = 0.3488 \times 250 \times 510 \times \frac{1.0 \times 9.6}{300} = 1\,423.1\text{mm}^2$$

查表(附录7)选用受力钢筋 $3\phi25$($A_s = 1473\text{mm}^2$)

(4)验算最小配筋率

$$\rho = \frac{A_s}{bh} = \frac{1473}{250 \times 550} = 1.07\% > \rho_{min} = 0.2\%$$

$$> 0.45 \frac{f_t}{f_y} = 0.45 \frac{1.1}{300} = 0.165\%$$

满足要求。

【例13-2】 某现浇钢筋混凝土简支走道板(图13-14),板厚为80mm,承受均布荷载设计值 $q = 6.6\text{kN/m}$(包括板自重),混凝土强度等级C20,钢筋HPB235级,计算跨度 $l_0 = 2.37\text{m}$,试确定板中配筋。

【解法一】 由于板面上荷载是相同的,为方便计算,取1m宽板带为计算单元,即 $b = 1000\text{mm}$。

(1)内力计算

板的跨中最大弯矩设计值

$$M_{max} = \frac{1}{8} q l_0^2 = \frac{1}{8} \times 6.6 \times 2.37^2 = 4.63\text{kN} \cdot \text{m}$$

（2）查表确定材料基本参数

$$f_c = 9.6 \text{N/mm}^2, f_t = 1.1 \text{N/mm}^2, f_y = 210 \text{N/mm}^2, \alpha_1 = 1.0, \xi_b = 0.614$$

（3）计算截面有效高度

$$h_0 = h - 25 = 80 - 25 = 55 \text{mm}$$

（4）计算混凝土受压区高度 x

$$x = h_0 - \sqrt{h_0^2 - \frac{2M}{\alpha_1 f_c b}} = 55 - \sqrt{55^2 - \frac{2 \times 4.63 \times 10^6}{1.0 \times 9.6 \times 1\,000}} = 9.6 \text{mm}$$

（5）防超筋验算

$$x = 9.6 \text{mm} < \xi_b h_0 = 0.614 \times 55 = 33.77 \text{mm}$$

（6）计算钢筋面积

$$A_s = \frac{\alpha_1 f_c b x}{f_y} = \frac{1.0 \times 9.6 \times 1\,000 \times 9.6}{210} = 438.9 \text{mm}^2$$

查表（附录 8）选受力钢筋 $\phi 8@110$（$A_s = 457 \text{mm}^2$），分布筋按构造要求选用 $\phi 8@250$，配筋见图 13-14。

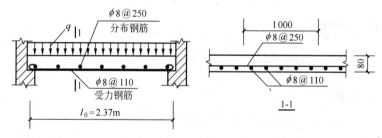

图 13-14　例 13-2 附图（尺寸单位：mm）

（7）验算最小配筋率

$$\left. \begin{array}{l} \rho_{\min} = 0.2\% \\ 0.45 \dfrac{f_t}{f_y} = 0.45 \dfrac{1.1}{210} = 0.235\% \end{array} \right\} \quad 取较大值 \rho_{\min} = 0.235\%$$

$$A_s = 457 \text{mm}^2 > \rho_{\min} bh = 0.235\% \times 1\,000 \times 80 = 188 \text{mm}^2$$

满足要求。

【解法二】

（1）求 α_s

$$\alpha_s = \frac{M}{\alpha_1 f_c b h_0^2} = \frac{4.63 \times 10^6}{1.0 \times 9.6 \times 1\,000 \times 55^2} = 0.159$$

（2）查表（附录 9）得相应的 ξ

查表得 $\xi = 0.1712 < \xi_b = 0.614$

（3）求钢筋面积

$$A_s = \xi b h_0 \frac{\alpha_1 f_c}{f_y} = 0.171\,2 \times 1\,000 \times 55 \times \frac{1.0 \times 9.6}{210} = 430.4 \text{mm}^2$$

查表（附录 8）选受力钢筋 $\phi 8@110$（$A_s = 457 \text{mm}^2$），分布筋按构造要求选用 $\phi 8@250$，配筋

见图。

（4）验算最小配筋率

$$\rho_{min} = 0.2\%$$

$$\left. 0.45 \frac{f_t}{f_y} = 0.45 \frac{1.1}{210} = 0.235\% \right\} 取较大值 \rho_{min} = 0.235\%$$

$$A_s = 457mm^2 > \rho_{min}bh = 0.235\% \times 1\,000 \times 80 = 188mm^2$$

满足要求。

【例 13-3】 已知一单筋矩形截面梁，截面尺寸 $b \times h = 250 \times 700mm$，混凝土强度等级 C20，受拉钢筋采用 HRB335 级 $4\phi25(A_s = 1\,964mm^2)$，承受弯矩设计值 $M = 310kN \cdot m$，试验算此梁是否安全。

【解】

（1）确定材料基本参数

$$f_c = 9.6N/mm^2, f_t = 1.1N/mm^2, f_y = 300N/mm^2, \alpha_1 = 1.0, \xi_b = 0.550。$$

（2）确定截面有效高度

$$h_0 = 700 - 40 = 660mm$$

（3）计算混凝土受压区高度 x

$$x = \frac{f_y A_s}{\alpha_1 f_c b} = \frac{300 \times 1\,964}{1.0 \times 9.6 \times 250} = 245.5mm$$

（4）验算适用条件

$$x = 245.5mm < \xi_b h_0 = 0.550 \times 660 = 363mm（防超筋）$$

$$A_s = 1\,964mm^2 > \rho_{min}bh = 0.2\% \times 250 \times 700 = 350mm^2（防少筋）$$

（5）计算截面承载力

$$M_u = \alpha_1 f_c bx \left(h_0 - \frac{x}{2} \right) = 1.0 \times 9.6 \times 250 \times 245.5 \times \left(660 - \frac{245.5}{2} \right) = 316.55kN \cdot m$$

（6）验算此梁是否安全

$$M_u = 316.55kN \cdot m > M = 310kN \cdot m$$

安全。

四 双筋矩形截面正截面承载力计算

（一）概述

在受拉区和受压区同时配有纵向受力钢筋的矩形截面，称为双筋矩形截面。双筋梁能提高承载力和延性，减少构件变形，但施工不方便，且用钢量大，不经济，设计中尽量避免。通常在以下情况下使用双筋截面梁：

（1）当截面承受的弯矩较大，$M > M_{u,max} = \alpha_1 f_c bh_0^2 \xi_b (1 - 0.5\xi_b)$，而截面尺寸受到某些限制又不能提高，混凝土的强度等级又不宜提高，若仍按单筋截面计算，就会出现超筋，即 $\xi > \xi_b$ 的情况，所以可采用双筋截面。

(2)构件截面承受的弯矩可能改变符号。

(3)由于构造原因在梁的受压区配有钢筋时。

对于双筋梁,为了防止受压钢筋过早压屈,应采用封闭箍筋。

(二)基本公式及适用条件

1.计算应力图形

根据试验,在满足 $\xi \leqslant \xi_b$ 的条件下,双筋矩形截面梁与单筋矩形截面梁的破坏情形基本相似。双筋梁受拉区拉力由钢筋承担,受拉钢筋的应力达到抗拉强度设计值 f_y,受压区由混凝土和受压钢筋(A'_s)一起承受压力,混凝土应力分布仍取等效矩形应力图形,混凝土的压应力为 $\alpha_1 f_c$,在满足一定保证条件下,受压钢筋的应力能达到抗压强度设计值 f'_y。双筋矩形截面梁的计算应力图形如图 13-15 所示。

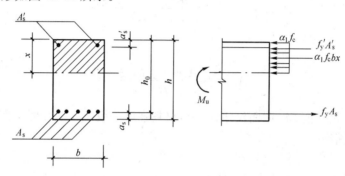

图 13-15 双筋矩形截面梁应力计算简图

2.基本公式

由平衡条件:

$$\sum X = 0 \quad f_y A_s = \alpha_1 f_c b x + f'_y A'_s \tag{13-21}$$

$$\sum M = 0 \quad M \leqslant M_u = \alpha_1 f_c b x \left(h_0 - \frac{x}{2} \right) + f'_y A'_s (h_0 - a'_s) \tag{13-22}$$

式中:f'_y——钢筋抗压强度设计值;

A'_s——受压钢筋截面面积;

a'_s——受压钢筋合力作用点到截面受压边缘的距离。

3.适用条件

(1)为了防止超筋梁破坏,需要满足:

$$x \leqslant \xi_b h_0 \tag{13-23a}$$

或

$$\xi \leqslant \xi_b \tag{13-23b}$$

或

$$\rho_1 = \frac{A_{s1}}{bh_0} \leqslant \xi_b h_0 \tag{13-23c}$$

式中:A_{s1}——与受压区混凝土相对应的纵向受拉钢筋面积,$A_{s1} = \dfrac{\alpha_1 f_c b x}{f_y}$。

(2)为了保证受压钢筋能达到规定的抗压强度设计值,需要满足:

$$x \geqslant 2a'_s \tag{13-24}$$

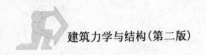

(三)基本公式应用

1. 截面设计

截面设计包括两种情况:确定受拉钢筋和受压钢筋;受压钢筋已知,只需确定受拉钢筋。

(1)已知:弯矩设计值 M ,截面尺寸 $b \times h$,材料强度等级 f_c , f_y , f'_y 。

求:受拉钢筋面积 A_s 和受压钢筋面积 A'_s 。

解题步骤:

①首先判别是否需要采用双筋梁:

若 $M > M_{u,max} = \alpha_1 f_c b h_0^2 \xi_b (1 - 0.5\xi_b)$ 则按双筋截面设计,否则按单筋截面设计。

②令 $x = \xi_b h_0$,代入公式(13-22),求得 A'_s :

$$A'_s = \frac{M - \alpha_1 f_c b h_0^2 \xi_b (1 - 0.5\xi_b)}{f_y (h_0 - a'_s)} \tag{13-25}$$

③求 A_s :

$$A_s = \frac{f'_y A'_s + \alpha_1 f_c b h_0 \xi_b}{f_y} \tag{13-26}$$

(2)已知:弯矩设计值 M ,截面尺寸 $b \times h$,材料强度等级 f_c , f_y , f'_y ,受压钢筋面积 A'_s 。

求:受拉钢筋面积 A_s 。

解题步骤:

①求混凝土受压区高度 x :

$$x = h_0 - \sqrt{h_0^2 - \frac{2[M - f'_y A'_s (h_0 - a'_s)]}{\alpha_1 f_c b}} \tag{13-27}$$

②验算并求 A_s :

若 $x \leqslant \xi_b h_0$,且 $x \geqslant 2a'_s$ 则:

$$A_s = \frac{f'_y A'_s + \alpha_1 f_c b x}{f_y} \tag{13-28}$$

若 $x < 2a'_s$,说明 A'_s 过大,受压钢筋应力达不到 f'_y ,应力图形如图 13-16 所示。此时应取 $x = 2a'_s$ 求解 A_s 。

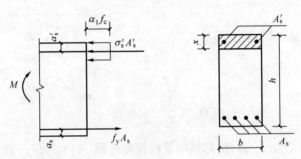

图 13-16 $x > 2a'_s$ 双筋矩形截面应力图形

平衡方程为
$$M = f_y A_s (h_0 - a'_s) \tag{13-29}$$

则
$$A_s = \frac{M}{f_y(h_0 - a'_s)} \qquad (13-30)$$

2. 截面复核

已知:截面尺寸 $b \times h$,材料强度等级 f_c,f_y,f'_y,受拉钢筋面积 A_s 和受压钢筋面积 A'_s。

求:截面能承受的弯矩设计值 M_u。

解题步骤:

(1)求混凝土受压区高度 x

$$x = \frac{f_y A_s - f'_y A'_s}{\alpha_1 f_c b} \qquad (13-31)$$

(2)验算适用条件,求 M_u

若 $x \leqslant \xi_b h_0$,且 $x \geqslant 2a'_s$,则:

$$M_u = \alpha_1 f_c b x \left(h_0 - \frac{x}{2}\right) + f'_y A'_s (h_0 - a'_s)$$

若 $x > \xi_b h_0$,说明截面为超筋梁,应取 $x = \xi_b h_0$ 代入上式;

若 $x < 2a'_s$,说明 A'_s 过大,受压钢筋应力达不到 f'_y,此时应取 $x = 2a'_s$,则:

$$M_u = f_y A_s (h_0 - a'_s) \qquad (13-32)$$

(3)复核截面是否安全

若 $M_u \geqslant M$,则安全;若 $M_u < M$,则不安全。

3. 计算例题

【例 13-4】 已知一矩形截面梁,截面尺寸为 $b \times h = 250 \times 550\text{mm}$,混凝土采用 C20($f_c = 9.6\text{N/mm}^2$),钢筋采用 HRB335 级($f_y = 300\text{N/mm}^2$),承受弯矩设计值 $M = 340\text{kN} \cdot \text{m}$,试求此梁钢筋面积并选择钢筋。

【解】

(1)判断是否采用双筋截面

因 M 的数值较大,受拉钢筋按两排考虑,$h_0 = 550 - 65 = 485\text{mm}$。

此梁若设计成单筋矩形截面所能承受的最大弯矩为:

$$\begin{aligned}M_{u,max} &= \alpha_1 f_c b h_0^2 \xi_b (1 - 0.5\xi_b) = 1.0 \times 9.6 \times 250 \times 485^2 \times 0.550 \times (1 - 0.5 \times 0.550)\\&= 225.1 \times 10^6 \text{N} \cdot \text{mm} = 225.1\text{kN} \cdot \text{m} < M = 340\text{kN} \cdot \text{m}\end{aligned}$$

故必须设计成双筋截面。

(2)求受压钢筋 A'_s,假定受压钢筋为一排,$a'_s = 35\text{mm}$

$$A'_s = \frac{M - \alpha_1 f_c b h_0^2 \xi_b (1 - 0.5\xi_b)}{f'_y(h_0 - a'_s)} = \frac{340 \times 10^6 - 225.1 \times 10^6}{300 \times (485 - 35)} = 851\text{mm}^2$$

(3)求受拉钢筋 A_s

$$A_s = \frac{f'_y A'_s + \alpha_1 f_c b h_0 \xi_b}{f_y} = \frac{300 \times 851 + 1.0 \times 9.6 \times 250 \times 485 \times 0.550}{300} = 2\,985\text{mm}^2$$

(4)选择钢筋

经查表(附录 7)受拉钢筋选用 8ϕ22(3041mm²)

受压钢筋选用 3ϕ20(942mm²)

【例13-5】 已知条件同【例13-4】,受压区配置 HRB335 级钢筋 $4\phi18(A'_s=1\,017\text{mm}^2)$,求受拉钢筋 A_s。

【解】

(1)求混凝土受压区高度 x

$$x = h_0 - \sqrt{h_0^2 - \frac{2\left[M - f'_y A'_s(h_0 - a'_s)\right]}{\alpha_1 f_c b}}$$

$$= 485 - \sqrt{485^2 - \frac{2 \times \left[340 \times 10^6 - 300 \times 1\,017 \times (485 - 40)\right]}{1.0 \times 9.6 \times 250}}$$

$$= 230\text{mm}$$

(2)验算并求 A_s

$x = 230\text{mm} \leqslant \xi_b h_0 = 0.550 \times 485 = 266.75\text{mm}$,且 $x \geqslant 2a'_s$ 则:

$$A_s = \frac{f'_y A'_s + \alpha_1 f_c bx}{f_y} = \frac{300 \times 1\,017 + 1.0 \times 9.6 \times 250 \times 230}{300} = 2\,857\text{mm}^2$$

受拉钢筋选用 $8\phi22(3\,041\text{mm}^2)$。

【例13-6】 已知双筋矩形截面梁截面尺寸为 $b \times h = 200 \times 400\text{mm}$,混凝土 C25($f_c = 11.9\text{N/mm}^2$),钢筋采用 HRB400 级($f_y = 360\text{N/mm}^2$),截面配筋如图13-17所示,截面承受弯矩设计值 $M = 140\text{kN} \cdot \text{m}$,试验算此梁正截面承载力是否安全。

【解】

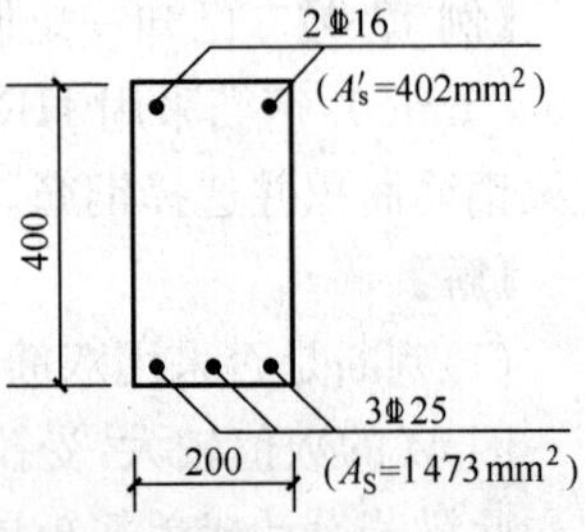

(1)求受压区高度 x

$$x = \frac{f_y A_s - f'_y A'_s}{\alpha_1 f_c b} = \frac{360 \times 1\,473 - 360 \times 402}{1.0 \times 11.9 \times 200} = 162\text{mm}$$

(2)验算适用条件

$$h_0 = 400 - 35 = 365\text{mm}$$

查表13-5 可知 $\xi_b = 0.518$

$$2a'_s = 2 \times 35 = 70\text{mm} < x < \xi_b h_0 = 0.518 \times 365 = 189\text{mm}$$

满足适用条件。

(3)求截面受弯承载力 M_u

$$M_u = \alpha_1 f_c bx\left(h_0 - \frac{x}{2}\right) + f'_y A'_s(h_0 - a'_s)$$

$$= 1.0 \times 11.9 \times 200 \times 162 \times \left(365 - \frac{162}{2}\right) + 360 \times 402 \times (365 - 35)$$

$$= 157.3\text{kN} \cdot \text{m} > M = 140\text{kN} \cdot \text{m}$$

安全。

图 13-17 (尺寸单位:mm)

2Φ16
($A'_s = 402\text{mm}^2$)

400

3Φ25

200

($A_s = 1473\text{mm}^2$)

五 T形截面正截面承载力计算

(一)概述

矩形截面受弯构件设计时采用Ⅲₐ阶段应力状态,此时受拉区混凝土已开裂,退出工作,所以强度计算时已不考虑拉区混凝土参加工作,拉力全部由钢筋承担,此时拉区混凝土已无大作用,反而增加构件自重。故可将受拉区的混凝土去掉一部分,将纵向受拉钢筋集中放置在腹板,而不改变截面的承载力,这样就形成了 T 形截面。T 形截面的优点是既可以节约材料又可以减轻自重。T 形截面受弯构件在工程中得到了广泛的应用,如独立的 T 形梁、整体式肋形楼盖的主次梁;此外,槽形板、工字形梁、圆孔空心板等也都相当于 T 形截面,如图 13-18 所示。

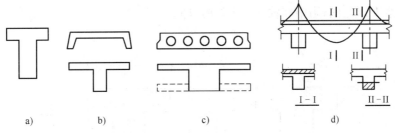

a)   b)   c)   d)

图 13-18 T 形截面受弯构件的形式

需要提出的是,若翼缘位于梁的受拉区,翼缘部分的混凝土受拉开裂以后,就不参加工作了,此时,形式上虽然仍是 T 形,但计算时只能按腹板宽度为 b 的矩形梁计算。所以判断梁是按矩形还是 T 形截面计算,关键是看翼缘部分是受拉还是受压,若受压区位于翼缘,按 T 形截面计算;若受压区位于腹板,按矩形截面计算。

梁由两部分组成(图 13-19):一部分称为翼缘板,另一部分称为腹板或称为梁肋。受压翼缘的计算宽度为 b'_f,高度为 h'_f,腹板宽度为 b,截面全高为 h。

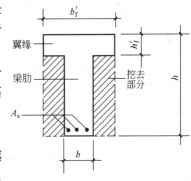

图 13-19 T 形截面梁的组成

1.T 形梁翼缘宽度的确定

理论上讲,T 形截面翼缘宽度 b'_f 越大,截面受力性能越好。因为截面在承受一定的弯矩作用时,翼缘宽度 b'_f 越大,则混凝土受压高度减少,内力臂增大,从而可以减少纵向受拉钢筋的数量。但通过试验分析可知,T 形梁受力后,翼缘上的纵向压应力分布是不均匀的,距腹板越远,压应力越小,因此,当翼缘很宽时,远离腹板的翼缘部分所承担的压力很小,故在实际设计中将翼缘宽度限制在一定的范围内,称为翼缘计算宽度 b'_f。为了计算方便,在翼缘计算宽度范围内假定混凝土的压应力是均匀分布的。

翼缘计算宽度 b'_f 与梁跨度、翼缘高度和梁的布置等情况有关。《混凝土结构设计规范》(GB 50010—2002)规定翼缘的计算宽度 b'_f 见表 13-7。计算 b'_f 时应从三个方面进行考虑,取其中最小值。计算中应注意,现浇楼盖中 T 形梁翼缘计算宽度 b'_f 不能超过梁间距。

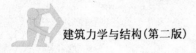

T 形、工字形及倒 L 形截面受弯构件翼缘计算宽度 b'_f　　　　　　表 13-7

情　况		T 形、工字形		倒 L 形截面
		肋形梁、肋形板	独立梁	肋形梁、肋形板
一	按计算跨度 l_0 考虑	$l_0/3$	$l_0/3$	$l_0/6$
二	按梁(纵肋)净距 S_n 考虑	$b+S_n$	—	$b+S_n/2$
三 按翼缘高度 h'_f 考虑	$h'_f/h_0 \geqslant 0.1$	—	$b+12h'_f$	—
	$0.1 > h'_f/h_0 \geqslant 0.05$	$b+12h'_f$	$b+6h'_f$	$b+5h'_f$
	$h'_f/h_0 < 0.05$	$b+12h'_f$	b	$b+5h'_f$

2. T 形截面的分类及判别条件

T 形截面受弯构件根据其受力后中和轴位置不同分为两类。当中和轴位于翼缘内(即 $x \leqslant h'_f$)为第一类 T 形截面;当中和轴通过腹板时(即 $x > h'_f$)为第二类 T 形截面,如图 13-20 所示。

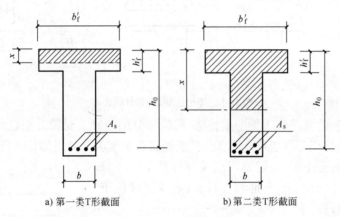

a) 第一类 T 形截面　　　　　　b) 第二类 T 形截面

图 13-20　T 形截面的分类

为了建立 T 形截面类型的判别式,我们首先分析中和轴恰好通过翼缘与肋部的分界线(即 $x = h'_f$)时的基本计算公式,如图 13-21 所示。

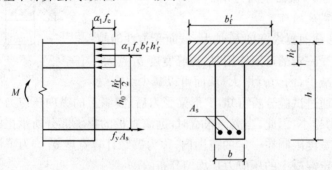

图 13-21　T 形截面梁的判别界限

由平衡条件:

$$\sum X = 0 \qquad \alpha_1 f_c b'_f h'_f = f_y A_s \tag{13-33}$$

$$\sum M=0 \qquad M=M_{\mathrm{u}}=\alpha_1 f_{\mathrm{c}} b_{\mathrm{f}}' h_{\mathrm{f}}'\left(h_0-\frac{h_{\mathrm{f}}'}{2}\right) \tag{13-34}$$

在判断 T 形截面类型时,可能遇到以下两种情形:

(1)截面设计时

如果 $M\leqslant M_{\mathrm{u}}=\alpha_1 f_{\mathrm{c}} b_{\mathrm{f}}' h_{\mathrm{f}}'\left(h_0-\dfrac{h_{\mathrm{f}}'}{2}\right)$,说明 $x\leqslant h_{\mathrm{f}}'$,属于第一类 T 形截面;

如果 $M > M_{\mathrm{u}}=\alpha_1 f_{\mathrm{c}} b_{\mathrm{f}}' h_{\mathrm{f}}'\left(h_0-\dfrac{h_{\mathrm{f}}'}{2}\right)$,说明 $x > h_{\mathrm{f}}'$,属于第二类 T 形截面。

(2)截面复核时

如果 $f_{\mathrm{y}} A_{\mathrm{s}}\leqslant \alpha_1 f_{\mathrm{c}} b_{\mathrm{f}}' h_{\mathrm{f}}'$,说明 $x\leqslant h_{\mathrm{f}}'$,属于第一类 T 形截面;

如果 $f_{\mathrm{y}} A_{\mathrm{s}} > \alpha_1 f_{\mathrm{c}} b_{\mathrm{f}}' h_{\mathrm{f}}'$,说明 $x > h_{\mathrm{f}}'$,属于第二类 T 形截面。

3. 基本公式及适用条件

1)第一类 T 形截面

由于第一类 T 形截面中和轴位于翼缘内,受压区高度 $x\leqslant h_{\mathrm{f}}'$,应力图如图 13-22 所示。因其受压区形状为矩形,故可按宽度为 b_{f}' 的单筋矩形截面进行抗弯强度计算,其计算公式与单筋矩形截面相同,仅需将梁宽 b 改为翼缘计算宽度 b_{f}' ,即:

$$f_{\mathrm{y}} A_{\mathrm{s}}=\alpha_1 f_{\mathrm{c}} b_{\mathrm{f}}' x \tag{13-35}$$

$$M\leqslant \alpha_1 f_{\mathrm{c}} b_{\mathrm{f}}' x\left(h_0-\frac{x}{2}\right) \tag{13-36}$$

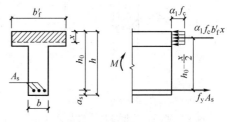

图 13-22　第一类 T 形截面梁的应力图

基本公式的适用条件:

(1) $x\leqslant \xi_{\mathrm{b}} h_0$ 。此为防超筋验算,在一般情况下,第一类 T 形截面受压区高度 x 较小,此条件都可以满足,故不必验算。

(2) $\rho\geqslant \rho_{\min}$ 或 $A_{\mathrm{s}}\geqslant \rho_{\min} bh$ 。此为防少筋验算。

注意,T 形截面梁的 $\rho_{\min}$ 与矩形截面($b\times h$)梁的 $\rho_{\min}$ 值通用。这是因为最小配筋率是根据钢筋混凝土开裂后的受弯承载力与相同截面素混凝土梁受弯承载力相等的条件得出的,而素混凝土 T 形截面梁与截面尺寸为 $b\times h$ 的素混凝土矩形截面梁的受弯承载力相近。

2)第二类 T 形截面

第二类 T 形截面的中和轴通过腹板,受压区高度 $x > h_{\mathrm{f}}'$,其应力图形如图 13-23a)所示。为了便于分析和计算,将第二类 T 形截面应力图形看作由两部分组成。一部分由腹板与相应翼缘中间部分受压区混凝土的压应力和相应的受拉钢筋 A_{s1} 的拉力所组成,承担的弯矩为 M_1 ,如图 13-23b)所示;另一部分由翼缘其他部分混凝土的压应力与相应的钢筋 A_{s2} 的拉力所组成,承担的弯矩为 M_2 ,如图 13-23c)所示。则有:

$$M=M_1+M_2 \tag{13-37}$$

$$A_{\mathrm{s}}=A_{\mathrm{s1}}+A_{\mathrm{s2}} \tag{13-38}$$

根据平衡条件,对两部分可分别写出以下基本公式:

第一部分:

$$\alpha_1 f_{\mathrm{c}} bx=f_{\mathrm{y}} A_{\mathrm{s1}} \tag{13-39}$$

$$M_1 = \alpha_1 f_c bx \left(h_0 - \frac{x}{2} \right) \tag{13-40}$$

第二部分:

$$\alpha_1 f_c (b'_f - b) h'_f = f_y A_{s2} \tag{13-41}$$

$$M_2 = \alpha_1 f_c (b'_f - b) h'_f \left(h_0 - \frac{h'_f}{2} \right) \tag{13-42}$$

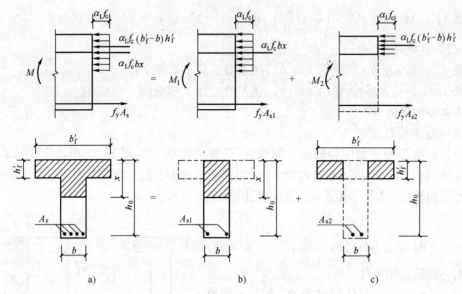

图 13-23 第二类 T 形截面梁的应力图

这样,整个 T 形截面的基本计算公式为:

$$f_y A_s = \alpha_1 f_c bx + \alpha_1 f_c (b'_f - b) h'_f \tag{13-43}$$

$$M \leqslant \alpha_1 f_c bx \left(h_0 - \frac{x}{2} \right) + \alpha_1 f_c (b'_f - b) h'_f \left(h_0 - \frac{h'_f}{2} \right) \tag{13-44}$$

基本公式的适用条件:

(1) $x \leqslant \xi_b h_0$ 或 $\rho_1 = \dfrac{A_{s1}}{bh_0} \leqslant \rho_{\max}$。此为防超筋验算。

(2) $\rho \geqslant \rho_{\min}$ 此为防少筋验算,因为第二类 T 形截面的配筋较多,都能满足最小配筋率的要求,故不必验算该条件。

4. 基本公式应用

1)截面设计问题

已知:弯矩设计值 M,截面尺寸 b、h、b'_f、h'_f,材料强度 f_c、f_y。

求:受拉钢筋面积 A_s。

解题步骤:首先判别 T 形截面的类型。然后按下面对应类型的 T 形截面的计算方法进行计算。

(1)第一类 T 形截面($x \leqslant h'_f$)

计算方法与截面尺寸为 $b'_f \times h$ 的单筋矩形截面相同。

(2)第二类 T 形截面($x > h'_f$)

①求受压区高度 x 并验算适用条件。

由式(13-44)得：

$$x = h_0 - \sqrt{h_0^2 - \frac{2\left[M - \alpha_1 f_c (b_f' - b) h_f' \left(h_0 - \frac{h_f'}{2}\right)\right]}{\alpha_1 f_c b}} \qquad (13\text{-}45)$$

应满足 $x \leqslant \xi_b h_0$。

②求受拉钢筋面积 A_s：

$$A_s = \frac{\alpha_1 f_c b x + \alpha_1 f_c (b_f' - b) h_f'}{f_y} \qquad (13\text{-}46)$$

2)截面复核问题

已知：截面尺寸 b、h、b_f'、h_f'，材料强度 f_c、f_y，受拉钢筋面积 A_s，弯矩设计值 M。

求截面受弯承载力 M_u，并复核该截面是否安全。

解题步骤：首先判别 T 形截面的类型。然后按下面对应类型的 T 形截面的计算方法进行计算和复核。

(1)第一类 T 形截面($x \leqslant h_f'$)

按 $b_f' \times h$ 的单筋矩形截面计算 M_u，并与 M 比较，判定截面是否安全。

若 $M_u \geqslant M$，安全；否则，不安全。

(2)第二类 T 形截面($x > h_f'$)

①求受压区高度 x 并验算适用条件。

由式(13-43)得：

$$x = \frac{f_y A_s - \alpha_1 f_c (b_f' - b) h_f'}{\alpha_1 f_c b} \qquad (13\text{-}47)$$

②验算适用条件并求 M_u。

若 $x \leqslant \xi_b h_0$，则：

$$M_u = \alpha_1 f_c b x \left(h_0 - \frac{x}{2}\right) + \alpha_1 f_c (b_f' - b) h_f' \left(h_0 - \frac{h_f'}{2}\right) \qquad (13\text{-}48)$$

若 $x > \xi_b h_0$，则应取 $x = \xi_b h_0$ 代入(13-48)，得：

$$M_u = \alpha_1 f_c b \xi_b h_0^2 (1 - 0.5\xi_b) + \alpha_1 f_c (b_f' - b) h_f' \left(h_0 - \frac{h_f'}{2}\right)$$

③判定截面是否安全。

若 $M_u \geqslant M$，安全；否则，不安全。

5.计算例题

【例 13-7】 已知独立的 T 形截面梁，$b_f' = 600\text{mm}$，$b = 300\text{mm}$，$h_f' = 100\text{mm}$，$h = 800\text{mm}$，承受弯矩设计值 $M = 685\text{kN} \cdot \text{m}$，采用混凝土强度等级 C20，HRB335 级钢筋，试求钢筋面积。

【解】 (1)确定材料基本参数

$$f_c = 9.6\text{N/mm}^2，f_y = 300\text{N/mm}^2，\xi_b = 0.550。$$

(2)确定截面有效高度

假定钢筋双排排放，则：

$$h_0 = h - 65 = 800 - 65 = 735mm$$

(3)判断截面类型

$$M_u = \alpha_1 f_c b'_f h'_f \left(h_0 - \frac{h'_f}{2}\right) = 1.0 \times 9.6 \times 600 \times 100 \times \left(735 - \frac{100}{2}\right)$$

$$= 394.5kN \cdot m < M = 685kN \cdot m$$

属于第二类 T 形截面。

(4)求受压区高度 x 并验算适用条件

$$x = h_0 - \sqrt{h_0^2 - \frac{2\left[M - \alpha_1 f_c (b'_f - b) h'_f \left(h_0 - \frac{h'_f}{2}\right)\right]}{\alpha_1 f_c b}}$$

$$= 735 - \sqrt{735^2 - \frac{2 \times [685\,000\,000 - 1.0 \times 9.6 \times (600 - 300) \times 100 \times (735 - 50)]}{1.0 \times 9.6 \times 300}}$$

$$= 286.1mm < \xi_b h_0 = 0.550 \times 735 = 404.3mm$$

满足条件。

(5)求受拉钢筋面积 A_s

$$A_s = \frac{\alpha_1 f_c b x + \alpha_1 f_c (b'_f - b) h'_f}{f_y}$$

$$= \frac{1.0 \times 9.6 \times 300 \times 286.1 + 1.0 \times 9.6 \times (600 - 300) \times 100}{300}$$

$$= 3\,706mm^2$$

经查表(附录7)选用钢筋 $8\phi25(A_s = 3\,927mm^2)$,配筋如图 13-24 所示。

【例 13-8】 已知独立的 T 形截面梁,梁的截面尺寸 $b = 200mm$,$h = 600mm$,$b'_f = 400mm$,$h'_f = 100mm$,混凝土强度等级为 C20,在受拉区已配有 HRB335 级钢筋 $5\phi22(A_s = 1\,900mm^2)$,承受的弯矩设计值 $M = 252kN \cdot m$,试复核截面是否安全。

【解】 (1)确定材料基本参数

$f_c = 9.6N/mm^2$, $f_y = 300N/mm^2$, $\xi_b = 0.550$。

(2)确定截面有效高度

$h_0 = h - 65 = 600 - 65 = 535mm$

(3)判别 T 形截面的类型

$$\alpha_1 f_c b'_f h'_f = 1.0 \times 9.6 \times 400 \times 100 = 384\,000N < f_y A_s$$

$$= 300 \times 1\,900 = 570\,000N$$

所以属于第二类 T 形截面。

(4)求受压区高度 x 并验算适用条件

$$x = \frac{f_y A_s - \alpha_1 f_c (b'_f - b) h'_f}{\alpha_1 f_c b}$$

$$= \frac{300 \times 1\,900 - 1.0 \times 9.6 \times (400 - 200) \times 100}{1.0 \times 9.6 \times 200}$$

$$= 196.8mm < \xi_b h_0 = 0.550 \times 535 = 297mm$$

满足条件。

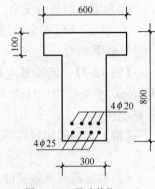

图 13-24(尺寸单位:mm)

(5)求 M_u

$$M_u = \alpha_1 f_c bx\left(h_0 - \frac{x}{2}\right) + \alpha_1 f_c (b'_f - b)h'_f\left(h_0 - \frac{h'_f}{2}\right)$$

$$= 1.0 \times 9.6 \times 200 \times 196.8 \times \left(535 - \frac{196.8}{2}\right) + 1.0 \times 9.6 \times (400 - 200) \times 100 \times$$

$$\left(535 - \frac{100}{2}\right)$$

$$= 261 \times 10^6 \text{N} \cdot \text{mm} = 261\text{kN} \cdot \text{m} > M = 252\text{kN} \cdot \text{m}$$

安全。

第四节 受弯构件斜截面承载力计算

 概述

一般在荷载作用下,受弯构件截面上除了作用有弯矩 M 外,还作用有剪力 V。弯矩和剪力同时作用的区段称为剪弯段,如图 13-25 所示。弯矩和剪力在梁截面上分别产生正应力 σ 和剪应力 τ,在二者共同作用下,梁将产生和主压应力 σ_{pc},主拉应力 σ_{pt} 的轨迹线如图 13-26 所示,其中实线表示主拉应力 σ_{pt} 的轨迹线,虚线表示主压应力 σ_{pc} 的轨迹线。

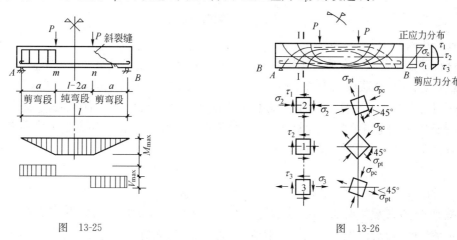

图 13-25   图 13-26

在荷载较小时,拉区混凝土未开裂,主拉应力主要由混凝土承担。随着荷载的增加,主拉应力 σ_{pt} 也将增加,当它超过混凝土的抗拉强度时,混凝土就会沿垂直于主拉应力方向出现斜裂缝,进而会导致构件发生斜截面破坏。

为了防止梁发生斜截面破坏,必须同时保证梁的斜截面具有足够的受剪承载力和受弯承载力。即:

$$V \leqslant V_u$$

$$M \leqslant M_u$$

为了保证有足够的受剪承载力,梁不仅要具有合理的截面尺寸,还需要在梁中配置适量的箍筋和弯起钢筋,箍筋和弯起钢筋统称为腹筋。腹筋的数量需通过斜截面强度计算来确定。

为了保证有足够的受弯承载力,必须满足构造要求,一般不必计算。

二 受弯构件斜截面承载力的试验研究

试验表明,影响受弯构件斜截面承载力的因素很多,比如混凝土的强度等级、腹筋的含量(通常用配箍率来表示,配箍率是箍筋截面面积与对应的混凝土面积的比值,即 $\rho_{sv} = A_{sv}/bs$)、纵向受力钢筋的含量、截面的形状、荷载的种类和作用方式及剪跨比(集中荷载至支座的距离 a 称为剪垮,剪跨 a 与梁的有效高度 h_0 之比称为剪跨比,即 $\lambda = a/h_0$)等。

试验表明,斜截面破坏可能有下列三种形态(图 13-27):

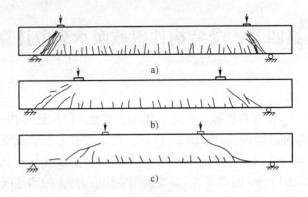

图 13-27 梁斜截面破坏形态

1. 斜压破坏

这种破坏一般发生在剪跨比较小($\lambda < 1$)或箍筋配置过多过密即配箍率 ρ_{sv} 较大的梁中。破坏过程是:先在梁腹部出现若干条相互平行的斜裂缝,随着荷载的增加,梁腹部被这些斜裂缝分割成若干个受压短柱,最后这些短柱由于混凝土达到抗压强度而被压碎,宣告构件破坏。破坏特点是:剪弯段中的混凝土被压碎,而箍筋尚未达到屈服强度,钢筋的强度不能充分发挥,是没有预兆的危险性很大的脆性破坏。

2. 剪压破坏

这种破坏一般发生在剪跨比适中($1 \leqslant \lambda \leqslant 3$)箍筋配置适当即配箍率 ρ_{sv} 合适的梁中。破坏过程是:随着荷载的增加,首先在剪弯段的受拉区出现垂直裂缝和细的斜裂缝。当荷载增加到一定数值时,就会出现一条主要斜裂缝,称为"临界斜裂缝"。荷载继续增加,与临界斜裂缝相交的箍筋应力达到屈服强度。由于钢筋塑性变形的发展,临界斜裂缝进一步扩展延伸,斜截面末端受压区不断缩小,直至剪压区的混凝土在剪应力和压应力共同作用下达到极限强度而破坏。破坏特点是:与斜截面相交的腹筋应力达到屈服强度,斜截面剪压区混凝土达到极限强度,即钢筋和混凝土的强度都得到充分的发挥。

3. 斜拉破坏

这种破坏一般发生在剪跨比较大($\lambda > 3$)或箍筋配置过少(配箍率 ρ_{sv} 较小)的梁中。破坏过程是:随着荷载的增加,梁腹部斜裂缝一旦出现,箍筋应力立即达到屈服,斜裂缝迅速伸展向梁上方受压区延伸,梁很快沿斜裂缝裂成两部分而破坏。破坏特点是:破坏面较整齐,混凝土无压碎现象,破坏非常突然,没有预兆,属于脆性破坏。

综上所述,斜压破坏箍筋的强度不能充分发挥,斜拉破坏又非常突然,而剪压破坏箍筋和混凝土的强度都得到充分的发挥,因此,在设计中应把构件控制在剪压破坏类型。为了防止剪压破坏,可通过斜截面抗剪承载力计算,配置适量的箍筋来防止。同时,限制梁中最大配箍率和最小配箍率,以避免发生斜压破坏和斜拉破坏。

三 受弯构件斜截面承载力计算

斜截面受剪承载力的计算是以剪压破坏形态为依据的。发生这种破坏时,与斜截面相交的腹筋应力达到屈服强度,斜截面剪压区混凝土达到极限强度。现取斜截面左侧为隔离体(图13-28)。

可见,斜截面受剪承载力由三部分组成:

$$V_u = V_c + V_{sv} + V_{sb} \tag{13-49}$$

或

$$V_u = V_{cs} + V_{sb} \tag{13-50}$$

式中:V——构件斜截面受剪承载力设计值;

V_c——构件斜截面上混凝土受剪承载力设计值;

V_{sv}——构件斜截面上箍筋受剪承载力设计值;

V_{sb}——与斜裂缝相交的弯起钢筋受剪承载力设计值;

V_{cs}——构件斜截面上混凝土和箍筋受剪承载力设计值,$V_{cs} = V_c + V_{sv}$。

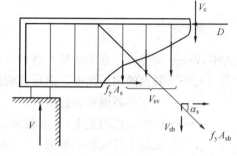

图 13-28　斜截面内力图形

1.斜截面受剪承载力计算公式

1)仅配箍筋时斜截面受剪承载力计算公式

(1)矩形、T形和工字形截面的一般受弯构件:

$$V \leqslant V_u = 0.7 f_t b h_0 + 1.25 f_{yv} \frac{A_{sv}}{s} h_0 \tag{13-51}$$

式中:f_{yv}——箍筋抗拉强度设计值;

A_{sv}——配置在同一截面内箍筋各肢的全部截面面积,$A_{sv} = n A_{sv1}$(n为同一截面内箍筋肢数,A_{sv1}为单肢箍筋的截面面积);

s——沿构件长度方向箍筋的间距。

(2)承受以集中荷载为主(包括多种荷载作用,其中集中荷载对计算截面所产生的剪力占总剪力的75%以上)的矩形、T形和工字形截面独立梁。

$$V \leqslant V_u = \frac{1.75}{\lambda+1} f_t b h_0 + f_{yv} \frac{A_{sv}}{s} h_0 \tag{13-52}$$

式中:λ——计算截面的剪跨比,当$\lambda < 1.5$时,取$\lambda = 1.5$;当$\lambda > 3$时,取$\lambda = 3$。

2)配有箍筋和弯起钢筋时斜截面受剪承载力计算公式

(1)矩形、T形和工字形截面的一般受弯构件:

$$V \leqslant V_u = 0.7 f_t b h_0 + 1.25 f_{yv} \frac{A_{sv}}{s} h_0 + 0.8 f_y A_{sb} \sin\alpha_s \tag{13-53}$$

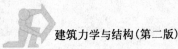

式中：A_{sb}——同一弯起平面的弯起钢筋截面面积；

$\quad\alpha_s$——弯起钢筋与梁纵轴之间的夹角，一般情况取 $\alpha_s=45°$，梁截面较高时取 $\alpha_s=60°$；

$\quad f_y$——弯起钢筋的抗拉强度设计值；

$\quad 0.8$——考虑到靠近剪压区的弯起钢筋在破坏时可能达不到抗拉强度设计值，而采用的钢筋应力不均匀系数。

(2)承受以集中荷载为主的矩形、T形和工字形截面独立梁

$$V \leqslant V_u = \frac{1.75}{\lambda+1}f_t bh_0 + f_{yv}\frac{A_{sv}}{s}h_0 + 0.8f_y A_{sb}\sin\alpha_s \tag{13-54}$$

2. 计算公式的适用条件

1)最小截面限制条件(即限制最大配箍率)

当 $\dfrac{h_w}{b} \leqslant 4$ 时(一般梁)： $\qquad V \leqslant 0.25\beta_c f_c bh_0$ $\tag{13-55}$

当 $\dfrac{h_w}{b} \geqslant 6$ 时(薄腹梁)： $\qquad V \leqslant 0.2\beta_c f_c bh_0$ $\tag{13-56}$

当 $4 < \dfrac{h_w}{b} < 6$ 时： $\qquad V \leqslant \left(0.35 - 0.025\dfrac{h_w}{b}\right)\beta_c f_c bh_0$ $\tag{13-57}$

式中：V——构件斜截面上的最大剪力设计值；

$\quad h_w$——截面的腹板高度。矩形截面取有效高度 h_0；T形截面取有效高度减去翼缘高度；工字形截面取腹板净高；

$\quad b$——矩形截面的宽度；T形截面、工字形截面腹板宽度；

$\quad\beta_c$——混凝土强度影响系数；当混凝土强度等级不超过 C50 时，$\beta_c=1.0$；当混凝土强度等级为 C80 时，$\beta_c=0.8$；其间按线性内插法取用；

$\quad f_c$——混凝土轴心抗压强度设计值。

式(13-55)~(13-57)相当于限制梁截面的最小尺寸及最大配箍率，以防止梁发生斜压破坏。设计中，如果上述条件不满足，则应加大截面尺寸或提高混凝土强度等级。

2)最小配箍率限制条件

$$\rho_{sv} = \frac{A_{sv}}{bs} = \frac{nA_{sv1}}{bs} \geqslant \rho_{sv,min} = 0.24\frac{f_t}{f_{yv}} \tag{13-58}$$

限制最小配箍率的目的是保证箍筋的数量不能过少，间距不能太大，以防止梁发生斜拉破坏。设计中，如果上述条件不满足，则应按 $\rho_{sv,min}$ 配置箍筋，并满足构造要求。

3. 确定斜截面受剪承载力的计算位置

在计算斜截面承载力时，取作用在该斜截面范围内的最大剪力作为剪力设计值，即取斜裂缝起始端的剪力作为剪力设计值。具体位置通常按下列规定采用：

(1)支座边缘的截面(图13-29中截面1-1)。

(2)受拉区弯起钢筋弯起点处的截面(图13-29中截面2-2和3-3)。

(3)受拉区箍筋数量与间距改变处的截面(图13-29中截面4-4)。

(4)腹板宽度改变处的截面。

4. 斜截面受剪承载力计算方法

斜截面受剪承载力的计算同正截面受弯承载力计算一样，分为截面设计和截面复核两类

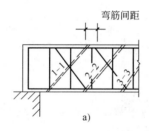
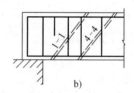

弯筋间距

a) b)

图 13-29 斜截面抗剪强度的计算位置图

问题。

1)截面设计

已知:剪力设计值 V,截面尺寸 $b \times h$,材料强度等级 f_c、f_t、f_y、f_{yv},β_c。

求腹筋数量。

解题步骤:

(1)复核截面尺寸。按(13-55)~(13-57)进行复核,如不满足要求,则应加大截面尺寸或提高混凝土的强度等级。

(2)确定是否需要按计算配置腹筋。

若截面所承受的剪力设计值满足下列公式,可不必进行斜截面的受剪承载力计算,只需按构造要求配置箍筋。否则,需按计算配置腹筋。

矩形、T形和工字形截面的一般受弯构件:

$$V \leqslant 0.7 f_t b h_0 \tag{13-59}$$

承受以集中荷载为主的独立梁:

$$V \leqslant \frac{1.75}{\lambda+1} f_t b h_0 \tag{13-60}$$

(3)计算腹筋用量。

①仅配箍筋时:

矩形、T形和工字形截面的一般受弯构件:

$$\frac{A_{sv}}{s} = \frac{n A_{sv1}}{s} \geqslant \frac{V - 0.7 f_t b h_0}{1.25 f_{yv} h_0} \tag{13-61}$$

承受以集中荷载为主的独立梁:

$$\frac{A_{sv}}{s} = \frac{n A_{sv1}}{s} \geqslant \frac{V - \dfrac{1.75}{\lambda+1} f_t b h_0}{f_{yv} h_0} \tag{13-62}$$

然后按构造要求确定箍筋肢数 n 和箍筋直径,进而计算箍筋间距 $s(\leqslant s_{\max}$,见表 13-10),最后验算箍筋的最小配箍率。

②既配箍筋又配弯起钢筋时:

若剪力较大,剪力设计值需同时由混凝土、箍筋和弯起钢筋共同承担时,先选定箍筋数量,计算 V_{cs}。

矩形、T形和工字形截面的一般受弯构件:

$$V_{cs} = 0.7 f_t b h_0 + 1.25 f_{yv} \frac{A_{sv}}{s} h_0$$

承受以集中荷载为主的独立梁:

$$V_{cs} = \frac{1.75}{\lambda + 1} f_t b h_0 + f_{yv} \frac{A_{sv}}{s} h_0$$

然后按下式计算弯起钢筋横截面面积:

$$A_{sb} = \frac{V - V_{cs}}{0.8 f_{yv} \sin\alpha_s}$$

在计算弯起钢筋时,剪力设计值按下列规定采用:

a. 当计算第一排(从支座算起)弯起钢筋时,取支座边缘处的剪力值;

b. 当计算以后每一排弯起钢筋时,取前排弯起钢筋弯起点处的剪力值。

弯起钢筋除应满足计算要求外,还应符合构造要求。

2)截面复核

已知:截面尺寸 $b \times h$,材料强度等级 f_c、f_t、f_y、f_{yv}、β_c,配箍量 n,A_{sv1},s 和弯起钢筋截面面积 A_{sb} 等。

求梁的斜截面受剪承载力设计值 V_u(或已知剪力设计值 V,复核)。

解题步骤:(1)计算斜截面受剪承载力设计值 V_u。

①若仅配箍筋:

矩形、T 形和工字形截面的一般受弯构件:

$$V_u = 0.7 f_t b h_0 + 1.25 f_{yv} \frac{A_{sv}}{s} h_0$$

以集中荷载为主的独立梁:

$$V_u = \frac{1.75}{\lambda + 1} f_t b h_0 + f_{yv} \frac{A_{sv}}{s} h_0$$

②既配箍筋又配弯起钢筋时:

$$V_u = V_{cs} + 0.8 f_y A_{sb} \sin\alpha_s$$

(2)复核截面尺寸。

(3)验算最小配箍率。

(4)与已知剪力设计值 V 比较,判定梁的斜截面承载力是否安全。

5. 计算例题

【例 13-9】 矩形截面简支梁如图 13-30 所示,截面尺寸 $b \times h = 200\text{mm} \times 550\text{mm}$,计算跨度 $l_0 = 6\text{m}$,承受荷载设计值(包括自重)$q = 46\text{kN/m}$,混凝土强度等级 C20,经正截面承载力计算已配纵向受力钢筋为 HRB335 级 $4\phi20$,箍筋采用 HPB235 级钢筋。求箍筋数量。

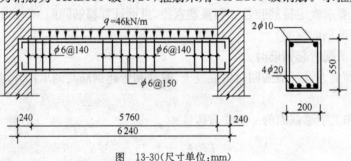

图 13-30(尺寸单位:mm)

【解】 (1)计算剪力设计值

取支座边缘处的截面为计算截面,所以计算时用净跨。

$$V = \frac{1}{2}ql_n = \frac{1}{2} \times 46 \times 5.76 = 132.48 \text{kN}$$

(2)确定材料强度设计值

查表知 $f_c = 9.6 \text{N/mm}^2$, $f_t = 1.1 \text{N/mm}^2$, $f_{yv} = 210 \text{N/mm}^2$, $\beta_c = 1$

(3)复核梁的截面尺寸

$$h_0 = 550 - 40 = 510 \text{mm}$$

$$\frac{h_w}{b} = \frac{h_0}{b} = \frac{510}{200} = 2.55 < 4$$

$$0.25\beta_c f_c b h_0 = 0.25 \times 1 \times 9.6 \times 200 \times 510 = 245 \text{kN} > V = 132.48 \text{kN}$$

截面尺寸符合要求。

(4)验算是否需要按计算配置箍筋

$$0.7 f_t b h_0 = 0.7 \times 1.1 \times 200 \times 510 = 78.54 \text{kN} < V = 132.48 \text{kN}$$

应按计算配置箍筋。

(5)计算箍筋数量

$$\frac{A_{sv}}{s} = \frac{nA_{sv1}}{s} \geq \frac{V - 0.7 f_t b h_0}{1.25 f_{yv} h_0} = \frac{132\ 480 - 78\ 540}{1.25 \times 210 \times 510} = 0.403 \text{mm}^2/\text{mm}$$

选用箍筋为双肢箍:$n = 2$,直径 $\phi6$ 。

箍筋间距:$s \leq \dfrac{nA_{sv1}}{0.403} = \dfrac{2 \times 28.3}{0.403} = 140.4 \text{mm}$

取用 $s = 140 \text{mm}$,沿梁长均匀布置。

(6)验算最小配箍率

$$\rho_{sv,min} = 0.24 \frac{f_t}{f_{yv}} = 0.24 \times \frac{1.1}{210} = 0.126\%$$

$$\rho_{sv} = \frac{nA_{sv1}}{bs} = \frac{2 \times 28.3}{200 \times 140} = 0.202\% > \rho_{sv,min}$$

满足要求。

【例 13-10】 矩形截面简支梁如图 13-31 所示,截面尺寸 $b \times h = 250 \text{mm} \times 600 \text{mm}$,净跨度 $l_0 = 6 \text{m}$,承受荷载设计值 $q = 8 \text{kN/m}$,$P = 100 \text{kN}$,混凝土强度等级 C20,纵向受力钢筋按两排考虑,箍筋采用 HPB235 级钢筋。求箍筋数量。

【解】 (1)计算剪力设计值

取支座边缘处为计算截面,所以计算时用净跨。

$$V = \frac{1}{2}ql_n + P = \frac{1}{2} \times 8 \times 6 + 100 = 124 \text{kN}$$

集中荷载在计算截面产生的剪力占总剪力的百分比:100/124＝80.6%＞75%,故应按以集中荷载为主的独立梁的相应公式计算。

(2)确定材料强度设计值

查表知 $f_c = 11.9 \text{N/mm}^2$,$f_t = 1.27 \text{N/mm}^2$,$f_{yv} = 210 \text{N/mm}^2$,$\beta_c = 1$

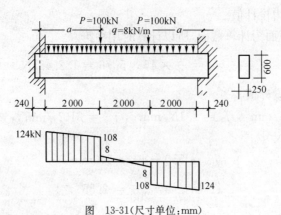

图 13-31(尺寸单位:mm)

（3）复核梁的截面尺寸

$h_0 = 600 - 60 = 540mm$

$$\frac{h_w}{b} = \frac{h_0}{b} = \frac{540}{250} = 2.16 < 4$$

$0.25\beta_c f_c bh_0 = 0.25 \times 1 \times 11.9 \times 250 \times 540 = 401.6kN > V = 124kN$

截面尺寸符合要求。

（4）验算是否需要按计算配置箍筋

$\lambda = \dfrac{a}{h_0} = \dfrac{2}{0.54} = 3.70 > 3$，取 $\lambda = 3$

$$\frac{1.75}{\lambda+1} f_t bh_0 = \frac{1.75}{3+1} \times 1.27 \times 250 \times 540 = 75kN < V = 124kN$$

应按计算配置箍筋。

（5）计算箍筋数量

$$\frac{A_{sv}}{s} = \frac{nA_{sv1}}{s} \geqslant \frac{V - \dfrac{1.75}{\lambda+1} f_t bh_0}{f_{yv}h_0} = \frac{124\,000 - 75\,000}{210 \times 540} = 0.432$$

选用双肢箍 $\phi8$（$A_{sv1} = 50.3mm^2$），于是箍筋间距为：

$$s \leqslant \frac{nA_{sv1}}{0.432} = \frac{2 \times 50.3}{0.432} = 232.9mm$$

取用 $s = 200mm$，沿梁长均匀布置。

（6）验算最小配箍率

$$\rho_{sv,min} = 0.24 \frac{f_t}{f_{yv}} = 0.24 \times \frac{1.27}{210} = 0.145\%$$

$$\rho_{sv} = \frac{nA_{sv1}}{bs} = \frac{2 \times 50.3}{200 \times 200} = 0.25\% > \rho_{sv,min}$$

满足要求。

【例 13-11】 某 T 形截面钢筋混凝土简支梁，承受均布荷载，截面尺寸和配筋如图 13-32 所示，混凝土采用 C30，纵向受拉钢筋 3ϕ20＋3ϕ22 的 HRB400 级钢筋，箍筋为 HRB335 级钢筋 ϕ8@250，试计算该梁能承担的最大剪力设计值。

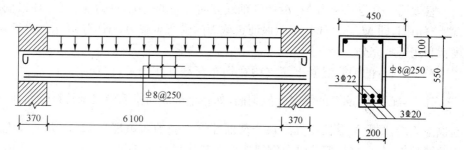

图 13-32(尺寸单位:mm)

【解】 (1)确定材料强度设计值

查表知 $f_c=14.3\text{N/mm}^2$, $f_t=1.43\text{N/mm}^2$, $f_{yv}=300\text{N/mm}^2$, $\beta_c=1$

(2)计算斜截面受剪承载力设计值 V_u

$h_0=550-60=490\text{mm}$

$$V_u=0.7f_tbh_0+1.25f_{yv}\frac{A_{sv}}{s}h_0=0.7\times1.43\times200\times490+1.25\times300\times\frac{2\times50.3}{250}\times490$$

$$=172.04\text{kN}$$

(3)验算截面尺寸

$$\frac{h_w}{b}=\frac{h_0-h_f'}{b}=\frac{490-100}{200}=1.95<4$$

$$0.25\beta_cf_cbh_0=0.25\times1\times14.3\times200\times490=350.35\text{kN}>V_u=172.04\text{kN}$$

截面尺寸符合要求。

(4)验算最小配箍率

$$\rho_{sv,min}=0.24\frac{f_t}{f_{yv}}=0.24\times\frac{1.43}{300}=0.114\%$$

$$\rho_{sv}=\frac{nA_{sv1}}{bs}=\frac{2\times50.3}{200\times250}=0.201\%>\rho_{sv,min}$$

满足要求。

所以,梁能承担的最大剪力设计值 $V_u=172.04\text{kN}$。

（四）保证受弯构件斜截面受弯承载力的构造措施

为了保证斜截面具有足够的承载力,必须满足抗剪和抗弯两个方面。其中受剪承载力通过计算配置箍筋和弯起钢筋来保证,而受弯承载力则由构造措施来保证。这些构造要求有纵向钢筋的弯起和截断等。

梁内纵向受力钢筋是根据控制截面的最大弯矩设计值计算的。若将跨中控制截面的全部钢筋伸入支座或将支座控制截面的全部钢筋通过跨中,这样的配筋方案是不经济的。为了节约钢材,通常将跨中多余纵筋部分弯起,以抵抗剪力;而将支座纵筋在适当位置截断。下面从抵抗弯矩图入手,讨论纵筋弯起和截断的位置及数量。

1.抵抗弯矩图

抵抗弯矩图也叫材料图,是指按实际配置的纵向受力钢筋所绘出的梁各正截面所能承受

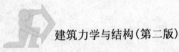

的弯矩图。它表明了受弯承载力 M_u 沿构件轴线方向分布的情况,称为 M_u 图。如果抵抗弯矩图包住设计弯矩图,即 $M_u \geqslant M$ 时,就能保证正截面的受弯承载力,M_u 与 M 图越接近,则纵向钢筋强度就利用得越充分。

如图 13-33a)所示的钢筋混凝土简支梁在均布荷载 q 作用下,按跨中截面最大设计弯矩 $M_{max} = \dfrac{ql^2}{8}$ 计算,配置了 3φ25 的纵向受拉钢筋,如将全部纵向钢筋沿梁全长布置而伸入支座,既不弯起也不截断,则此梁沿长度方向每个截面能够承受的弯矩都为 M_u。为了节约钢筋或尽量发挥钢筋的作用,可将一部分纵向钢筋在弯矩较小的地方截断或弯起。下面介绍钢筋截断或弯起时抵抗弯矩图的画法。

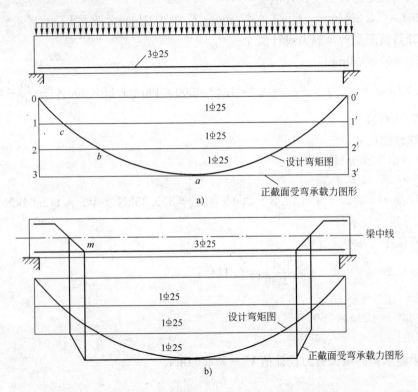

图 13-33　设计弯矩图与正截面受弯承载力图形

如图 13-33b)所示首先按一定比例绘出梁的设计弯矩图(M 图),再求出跨中截面纵筋 3φ25 所能承担的抵抗弯矩图 M_u,按钢筋的截面面积比例划分每根钢筋所能抵抗的弯矩,即认为钢筋所能承受的弯矩和其截面积成正比。从图中可以看出,跨中 a 点处梁中三根钢筋已被充分利用。在 b 点处第三根钢筋已不需要(余下的两根钢筋被充分利用),则 b 点称为第三根钢筋的理论截断点和第二根钢筋的充分利用点。同理,c 点称为第二根钢筋的理论截断点和第一根钢筋的充分利用点。

如果将③号钢筋在 m 点弯起,弯起钢筋与梁轴线的交点为 F,则由于钢筋的弯起,梁所承担的弯矩将会减少,但③号钢筋在自弯起点 m 弯起后并不是马上进入受压区,故其抵抗弯矩的能力并不会立即失去,而是逐步过渡到 F 点才完全失去抵抗弯矩的能力。因此,梁任一截面的抗弯能力都可以通过抵抗弯矩图直接看出，只要材料图包在弯矩图之外，就说明梁正截面的抗弯能力能够得到保证。

2. 弯起钢筋的构造要求

梁中纵向钢筋的弯起必须满足以下三个要求：

(1)满足斜截面受剪承载力的要求。弯起钢筋的主要目的是承担剪力，因此对弯起钢筋的布置有所要求。即从支座边缘到第一排弯筋的弯终点的距离 s_1 及第一排弯筋的始弯点到第二排弯筋的终点的距离 s_2 均应小于表 13-10 中所规定的箍筋最大间距，如图 13-34 所示。

(2)满足正截面受弯承载力的要求。设计时必须使梁的抵抗弯矩图(M_u 图)包住设计弯矩图(M 图)。

(3)满足斜截面受弯承载力的要求。弯起钢筋应伸过其充分利用点至少 $0.5h_0$ 后才能弯起；同时，弯起钢筋与梁中心线的交点，应在不需要该钢筋的截面(理论截断点)之外。

3. 纵向钢筋的截断位置

从理论上讲，纵向受力钢筋是可以在其理论截断点处截断的，但这样将不能保证斜截面的受弯承载力。如图 13-35 所示，当 a 点出现斜裂缝时，其纵向钢筋所受拉力实际上将由 M_b 决定，而 $M_b > M_a$，因此，理论上纵筋虽然可以在 a 点截断，但实际上钢筋应从理论断点延伸一定长度 ω 后截断。同时为了避免钢筋与混凝土之间出现的黏结裂缝，使纵筋强度得到充分利用，还要求自钢筋充分利用点向外伸出一定长度 l_d 后截断。

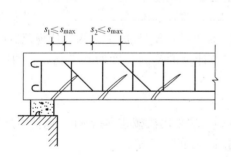

图 13-34 弯起钢筋的构造要求

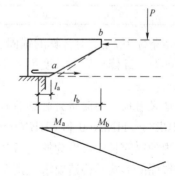

图 13-35 斜截面弯矩示意图

《混凝土结构设计规范》(GB 50010—2002)规定，梁跨中承受正弯矩的纵向受拉钢筋不宜在拉区截断，通常将计算上不需要的钢筋弯起作为支座截面承受负弯矩的钢筋，或是作为抗剪的弯起钢筋。这是因为钢筋截断处钢筋截面突然变化，混凝土的拉力骤增，易引起过宽的裂缝。

《混凝土结构设计规范》(GB 50010—2002)规定，梁支座截面负弯矩纵向受拉钢筋不宜在受拉区截断，如必须截断，应符合以下规定：

(1)当 $V \leqslant 0.7f_t bh_0$ 时，取 $w \geqslant 20d$，且 $l_d \geqslant 1.2l_a$。

(2)当 $V > 0.7f_t bh_0$ 时，取 $w \geqslant h_0$，且 $w \geqslant 20d$，$l_d \geqslant 1.2l_a + h_0$。

(3)若按上述规定确定的截断点仍位于负弯矩对应的受拉区内，则应取 $w \geqslant 1.3h_0$ 且 $w \geqslant 20d$，$l_d \geqslant 1.2l_a + 1.7h_0$。

上式中，d 为纵向钢筋直径，l_a 为受拉钢筋的锚固长度。

五 受弯构件钢筋构造要求的补充

(一)钢筋的锚固长度

为了避免纵向受力钢筋在受力过程中产生滑移,甚至从混凝土中拔出而造成锚固破坏,影响钢筋混凝土构件可靠地工作,纵向受力钢筋必须伸过其受力截面一定长度,这个长度称为锚固长度。

1. 受拉钢筋的锚固长度

当计算中充分利用钢筋的抗拉强度时,受拉钢筋的锚固长度应按式(13-63)计算。

$$l_a = \alpha \frac{f_y}{f_t} d \qquad (13\text{-}63)$$

式中:α——钢筋的外形系数,按表13-8取用;

　　d——钢筋直径;

　　f_y——钢筋的抗拉强度设计值;

　　f_t——混凝土轴心抗拉强度设计值,当混凝土强度等级高于C40时,按C40取值。

钢筋的外形系数　　　　　　　　　　　　　　　表13-8

钢筋类型	光面钢筋	带肋钢筋	刻痕钢丝	螺旋肋钢丝	三股钢绞线	七股钢绞线
α	0.16	0.14	0.19	0.13	0.16	0.17

在特定条件下,还要对计算的锚固长度进行修正,修正系数见《混凝土结构设计规范》(GB 50010—2002)。经修正后的长度不应小于按式(13-63)计算的锚固长度的0.7倍,且不应小于250mm。

2. 末端采用机械锚固措施时钢筋的锚固长度

当HRB335、HRB400和RRB400级纵向受拉钢筋末端采用机械锚固措施时,包括附加锚固端头在内的锚固长度可取为按式(13-63)计算的锚固长度的0.7倍。

机械锚固的形式及构造要求宜按图13-36采用。

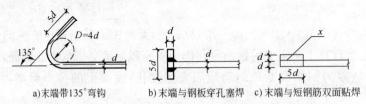

a)末端带135°弯钩　　　b)末端与钢板穿孔塞焊　　c)末端与短钢筋双面贴焊

图13-36　钢筋机械锚固的形式及构造要求

采用机械锚固措施时,锚固长度范围内箍筋不应少于三根,其直径不应小于纵向钢筋直径的$\frac{1}{4}$,间距不应大于纵向钢筋直径的5倍。当纵向钢筋的混凝土保护层厚度不小于钢筋公称直径的5倍时,可不配置上述箍筋。

3. 纵向受压钢筋的锚固长度

当计算中充分利用纵向钢筋的抗压强度时,其锚固长度不应小于受拉钢筋锚固长度的0.7倍。

4.纵向受力钢筋在支座内的锚固

1)板端

简支板或连续板下部纵向受力钢筋伸入支座的锚固长度不应小于 $5d$，d 为下部纵向受力钢筋的直径。当连续板内温度、收缩应力较大时，伸入支座的锚固长度宜适当增加。

2)梁端

简支梁和连续梁简支端的下部纵向受力钢筋，其伸入梁支座范围内的锚固长度 l_{as} 应符合下列规定：

当 $V \leqslant 0.7f_t b h_0$ 时：$l_{as} \geqslant 5d$

当 $V > 0.7f_t b h_0$ 时：带肋钢筋 $l_{as} \geqslant 12d$

光面钢筋 $l_{as} \geqslant 15d$

如纵向受力钢筋伸入梁支座范围内的锚固长度不符合上述要求时，应采取在钢筋上加焊锚固钢板或将钢筋端部焊接在梁端预埋件上等有效锚固措施。

支承在砌体结构上的钢筋混凝土独立梁，在纵向受力钢筋的锚固长度 l_{as} 范围内应配置不少于两根箍筋，其直径不宜小于纵向受力钢筋最大直径的 0.25 倍，间距不宜大于纵向受力钢筋最小直径的 10 倍；当采取机械锚固措施时，箍筋间距尚不宜大于纵向受力钢筋最小直径的 5 倍。

对混凝土强度等级为 C25 及以下的简支梁和连续梁的简支端，当距支座边 $1.5h$ 范围内作用有集中荷载，且 $V > 0.7f_t b h_0$ 时，对带肋钢筋宜采取附加锚固措施或取锚固长度 $l_{as} \geqslant 15d$。

3)中间支座

框架梁和连续梁的上部纵向钢筋应贯穿中间节点或中间支座范围，图 13-37 所示。

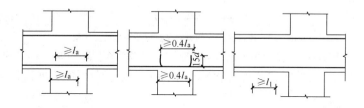

a)节点中的直线锚固　　b)节点中的弯折锚固　　c)节点或支座范围处的搭接

图 13-37　梁下部纵向钢筋在中间节点或中间支座范围的锚固与搭接

应满足下列锚固要求：

(1)当计算中不利用该钢筋的强度时，其伸入节点或支座的锚固长度同伸入梁端支座当 $V > 0.7f_t b h_0$ 时的规定。

(2)当计算中充分利用钢筋受拉时，下部纵向钢筋应锚固在节点或支座内。当采用直线锚固形式时，钢筋锚固长度不应小于受拉钢筋锚固长度 l_a；采用 90°弯折锚固时，其弯折前水平投影的长度不应小于 $0.4l_a$，弯折后的垂直投影长度不应小于 $15d$；下部纵向钢筋亦可贯穿节点或支座范围，并在节点或支座以外弯矩较小部位设置搭接接头。

(3)当计算中充分利用钢筋抗压时，其伸入支座的锚固长度不应小于 $0.7l_a$。

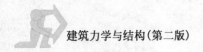

(二)钢筋的连接

当构件内钢筋长度不够时,钢筋需要连接。钢筋的连接可分为两类:绑扎搭接;机械连接或焊接。

受力钢筋的接头宜设置在受力较小处。在同一根钢筋上宜少设接头。

1)绑扎搭接

规范规定:

轴心受拉及小偏心受拉杆件(如桁架和拱的拉杆)的纵向受力钢筋不得采用绑扎搭接接头。

当受拉钢筋的直径 $d > 28$mm 及受压钢筋的直径 $d > 32$mm 时,不宜采用绑扎搭接接头。

同一构件中相邻纵向受力钢筋的绑扎搭接接头宜相互错开。

钢筋绑扎搭接接头连接区段的长度为 1.3 倍搭接长度,凡搭接接头中点位于该连接区段内的搭接接头均属于同一连接区段。如图 13-38 所示,位于同一连接区段内纵向钢筋搭接接头面积百分率(为该区段内有搭接接头的纵向受力钢筋截面面积与全部纵向受力钢筋截面面积的比值)有如下要求:对梁类、板类及墙类构件,不宜大于 25%;对柱类构件,不宜大于 50%。当工程中确有必要增大受拉钢筋搭接接头面积百分率时,对梁类构件,不应大于 50%;对板类、墙类及柱类构件,可根据实际情况放宽。

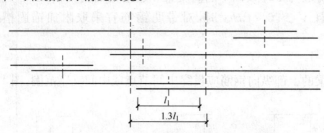

图 13-38　同一连接区段内的纵向受拉钢筋绑扎搭接接头

注:图中所示同一连接区段内的搭接接头钢筋为两根,当钢筋直径相同时,钢筋搭接接头面积百分率为 50%。

纵向受拉钢筋绑扎接头的搭接长度应根据位于同一连接区段内的钢筋搭接接头面积百分率按下式计算:

$$l_l = \zeta l_a \tag{13-64}$$

式中:l_l——纵向受拉钢筋的搭接长度;

　　　l_a——纵向受拉钢筋的锚固长度;

　　　ζ——纵向受拉钢筋搭接长度修正系数,按表 13-9 取用。

纵向受拉钢筋搭接长度修正系数　　　　　　　　　　表 13-9

纵向钢筋搭接接头面积百分率(%)	≤25	50	100
ζ	1.2	1.4	1.6

在任何情况下,纵向受拉钢筋绑扎搭接接头的搭接长度均不应小于 300mm。

纵向受压钢筋绑扎搭接接头的搭接长度不应小于纵向受拉钢筋绑扎搭接长度的 0.7 倍,且在任何情况下不应小于 200mm。

在纵向受力钢筋搭接长度范围内应配置箍筋,其直径不应小于搭接钢筋较大直径的 0.25

倍。当钢筋受拉时,箍筋间距不应大于搭接钢筋较小直径的 5 倍,且不应大于 100mm;当钢筋受压时,箍筋间距不应大于搭接钢筋较小直径的 10 倍,且不应大于 200mm。当受压钢筋直径 $d>25$mm 时,尚应在搭接接头两个端面外 100mm 范围内各设置两个箍筋。

2)机械连接或焊接

纵向受力钢筋机械连接和焊接的位置宜相互错开。

钢筋机械连接接头连接区段的长度为 $35d$;钢筋焊接接头连接区段的长度为 $35d$,且不小于 500mm。其中 d 为纵向受力钢筋的较大直径。

在受力较大处设置机械连接接头时,位于同一连接区段内的纵向受拉钢筋接头面积百分率不宜大于 50%;位于同一连接区段内的纵向受拉钢筋焊接接头面积百分率不应大于 50%。而纵向受压钢筋的接头面积百分率可不受限制。

(三)梁内箍筋的构造要求

箍筋的主要作用是承受剪力,固定纵筋位置,形成钢筋骨架的作用。

(1)箍筋的布置

对于 $V<0.7f_tbh_0$(或 $V<\dfrac{1.75}{\lambda+1}f_tbh_0$)的受弯构件,不需要按计算配置箍筋,但需要按构造要求配置箍筋。当截面高度 $h>300$mm 时,应沿梁全长设置箍筋;当截面高度 $h=150\sim300$mm 时,可仅在端部各 1/4 跨度范围内设置箍筋;但当在构件中部 1/2 跨度范围内有集中荷载作用时,则应沿梁全长设置箍筋;当截面高度 $h<150$mm 时,可不设箍筋。

(2)箍筋的形式和肢数

箍筋形式有封闭式和开口式两种,如图 13-39a)、b)所示。封闭式箍筋有助于提高混凝土的强度,一般梁中均采用封闭式箍筋。对 T 型截面梁,当不承受动荷载和扭矩时,在承受正弯矩的区段内可以采用开口式箍筋。

箍筋的肢数有单肢、双肢和四肢[图 13-39c)、d)、e)],常用的是双肢。当梁宽 $b\geqslant400$mm,且一层的纵向受压钢筋超过 3 根,或梁宽 $b<400$mm,但一层的纵向受压钢筋超过 4 根时,宜采用四肢箍筋。当 $b\leqslant150$mm 时,才可以采用单肢箍筋。

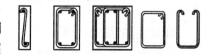

a)单肢 b)双肢 c)四肢 d)封闭 e)开口

图 13-39 箍筋的肢数和形式

箍筋的两个端头应作成 135°弯钩,弯钩端部平直段长度不应小于 $5d$(d 为箍筋直径)和 50mm。

(3)箍筋的直径

箍筋一般采用 HPB235 和 HRB335 级钢筋。为使钢筋骨架具有一定的刚性,箍筋的直径不能太小。箍筋直径与梁的高度有关,规范规定:当梁的截面高度 $h>800$mm 时,箍筋直径不宜小于 8mm;当梁的截面高度 $h\leqslant800$mm 时,箍筋直径不宜小于 6mm;当梁中配有计算需要的纵向受压钢筋时,箍筋直径尚不应小于纵向受压钢筋最大直径的 $\dfrac{1}{4}$。

(4)箍筋的间距

梁中箍筋间距既要满足计算要求,又应符合最大间距的要求。因为箍筋间距过大就不能

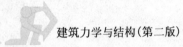

有效地抑制斜裂缝的开展,所以一般采用直径较小,间距较密的箍筋。但为了施工方便,间距不能过密。箍筋最大间距 s_{max} 见表 13-10。

梁中箍筋最大间距 S_{max} 表 13-10

梁高 h(mm)	$150 < h \leqslant 300$	$300 < h \leqslant 500$	$500 < h \leqslant 800$	$h > 800$
$V \leqslant 0.7 f_t b h_0$	200	300	350	400
$V > 0.7 f_t b h_0$	150	200	250	300

当梁中按计算配有纵向受压钢筋时,箍筋应作成封闭式;此时,箍筋的间距不应大于 $15d$(d 为纵向受压钢筋的最小直径),同时不应大于 400mm;当一层内的纵向受压钢筋多于 5 根且直径大于 18mm 时,箍筋的间距不应大于 $10d$。

(四)弯起钢筋的构造要求

(1)弯起钢筋的设置

在钢筋混凝土梁中,为防止斜截面破坏,宜优先选用箍筋承受剪力。需要箍筋和弯起钢筋共同抗剪时,弯起钢筋一般由纵向受力钢筋弯起而成。

对于采用绑扎骨架的主梁、跨度 $\geqslant$6m 的次梁、吊车梁以及挑出 1m 以上的悬臂梁,均宜设置弯起钢筋。当梁宽度 b>350mm 时,同一截面上弯起的钢筋不宜少于两根。

梁底层钢筋中的角部钢筋不应弯起,顶层钢筋中的角部钢筋不应弯下。

单独设置只承受剪力的弯筋,做成"鸭筋"的形式,不允许采用"浮筋",如图 13-40 所示。

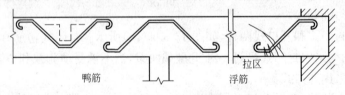

鸭筋   拉区   浮筋

图 13-40 鸭筋与浮筋

(2)弯起钢筋的锚固

弯起钢筋的弯终点处应留有平行于轴线方向的锚固长度,其长度在受拉区 $\geqslant 20d$,在受压区 $\geqslant 10d$;对光面钢筋还应设置弯钩。

弯起钢筋的弯起角度一般宜取 45°,当梁的截面高度大于 800mm 时,宜取 60°。

(3)弯起钢筋的间距

为了保证弯起钢筋能发挥抗剪作用,第一排(从支座算起)弯起钢筋的弯起点到第二排弯起钢筋的弯终点之间的距离不应大于表 13-10 箍筋的最大间距 s_{max};靠近支座的第一排弯起钢筋的弯终点到支座边缘的距离不宜小于 50mm,亦不应大于箍筋的最大间距 s_{max}。

第五节 受弯构件变形及裂缝宽度验算简介

钢筋混凝土构件,除可能由于强度不足发生正、斜截面承载力破坏外,还有可能由于裂缝宽度及变形过大影响正常使用。例如,吊车梁挠度过大吊车不能正常行驶,楼盖中梁板变形过大使粉刷层开裂、剥落。因此,规范根据使用要求规定,构件除应进行承载力计算外,还需进行变形和裂缝宽度验算，即：

$$f_{max} \leqslant [f] \tag{13-65}$$

$$w_{max} \leqslant [w] \tag{13-66}$$

式中：f_{max}、w_{max}——分别表示构件的最大挠度和裂缝的最大宽度；

$[f]$、$[w]$——分别表示容许的最大挠度和容许的最大裂缝宽度。

一 受弯构件的变形验算

(一)概述

在建筑力学中，学习了挠度的计算公式，如简支梁跨中最大挠度为：

$$f_{max} = \beta \frac{M l_0^2}{EI}$$

式中：β——与荷载形式、支承条件有关的挠度系数；

EI——匀质弹性材料梁的抗弯刚度；

M——跨中最大弯矩。

从公式可见，挠度与抗弯刚度成反比，对于匀质弹性材料梁，截面积和材料给定后，EI 为常量，容易求出挠度。但钢筋混凝土适筋梁的破坏试验分析结果表明：钢筋混凝土梁的抗弯刚度不是常数，而是随着荷载和时间变化的变数，它随着荷载的增加而降低，随着时间的增长而降低。规范规定：钢筋混凝土和预应力混凝土受弯构件在正常使用极限下的挠度，应按荷载效应的标准组合并考虑荷载长期作用影响的刚度 B 进行计算。

(二)钢筋混凝土受弯构件的抗弯刚度 B

1.钢筋混凝土受弯构件的抗弯刚度 B 的计算

规范规定：矩形、T 形、倒 T 形和 I 形截面受弯构件的刚度 B，可按式(13-67)计算。

$$B = \frac{M_k}{M_q(\theta - 1) + M_k} B_s \tag{13-67}$$

式中：M_k——按荷载效应的标准组合计算的弯矩，取计算区段内的最大弯矩值；

M_q——按荷载效应的准永久组合计算的弯矩，取计算区段内的最大弯矩值；

B_s——荷载效应的标准组合作用下受弯构件的短期刚度；

θ——考虑荷载长期作用对挠度增大的影响系数。对于钢筋混凝土受弯构件，当 $\rho' = 0$ 时，取 $\theta = 2.0$；当 $\rho' = \rho$ 时，取 $\theta = 1.6$；当 ρ' 为中间数值时，θ 按线性内插法取用。此处，$\rho' = \dfrac{A_s''}{bh_0}$，$\rho = \dfrac{A_s}{bh_0}$；对翼缘位于受拉区的倒 T 形截面，$\theta$ 应增加 20%。

2.关于短期刚度 B_s 的计算

钢筋混凝土受弯构件在荷载效应的标准组合作用下的短期刚度 B_s 按下式计算：

$$B_s = \frac{E_s A_s h_0^2}{1.15\psi + 0.2 + \dfrac{6\alpha_E \rho}{1 + 3.5\gamma_f'}} \tag{13-68}$$

$$\psi = 1.1 - \frac{0.65 f_{tk}}{\rho_{te}\sigma_{sk}} \qquad (13\text{-}69)$$

式中：f_{tk}——混凝土轴心抗拉强度标准值，按附录 3 取用；

σ_{sk}——按荷载效应的标准组合计算的钢筋混凝土构件纵向受拉钢筋的应力或预应力混凝土纵向受拉钢筋的等效应力，$\sigma_{sk} = \dfrac{M_k}{0.87 h_0 A_s}$；

ψ——裂缝间纵向受拉钢筋应变不均匀系数：当 $\psi < 0.2$ 时，取 $\psi = 0.2$；当 $\psi > 1$ 时，取 $\psi = 1$；对直接承受重复荷载的构件，取 $\psi = 1$；

ρ_{te}——按有效受拉混凝土截面计算的纵向受拉钢筋配筋率（简称有效配筋率）；$\rho_{te} = \dfrac{A_s}{A_{te}}$，当计算得出的 $\rho_{te} < 0.01$ 时，取 $\rho_{te} = 0.01$，$A_{te} = 0.5bh + (b_f - b)h_f$，此处，$b_f$，$h_f$ 为受拉翼缘的宽度、高度；

E_s——纵向受拉钢筋的弹性模量；

A_s——纵向受拉钢筋的截面面积，mm^2；

α_E——钢筋弹性模量与混凝土弹性模量的比值，$\alpha_E = \dfrac{E_s}{E_c}$；

ρ——纵向受拉钢筋配筋率；

γ_f'——计算受压翼缘面积与腹板有效面积的比值，$\gamma_f' = \dfrac{(b_f' - b)h_f'}{bh_0}$，当 $h_f' > 0.2h_0$ 时，取 $h_f' = 0.2h_0$；对于矩形截面 $\gamma_f' = 0$。

(三)受弯构件的挠度计算

由于受弯构件截面的刚度不仅随荷载的增大而减小，而且在某一荷载作用下，受弯构件各截面的弯矩值不同，各截面的刚度也不同，即构件的刚度沿梁长分布是不均匀的。为简化计算，可取同号弯矩区段内弯矩最大截面的刚度，作为该区段的抗弯刚度。此种处理方法所算出的抗弯刚度值最小，所以称之为"最小刚度原则"。

受弯构件的挠度计算可按材料力学公式计算，但要将 EI 换作 B。

经过验算，如不满足式(13-65)，说明受弯构件的刚度不足，可采用增加截面高度、提高混凝土强度等级、增加配筋数量、选用合理的截面形式等措施来提高受弯构件的刚度。其中增加截面高度效果最为显著，宜优先采用。

【例 13-12】 某矩形截面简支梁，截面尺寸如图 13-41 所示，梁的计算跨度 $l_0 = 6\,000mm$，承受均布荷载，永久荷载标准值 $g_k = 14kN/m$(含梁自重)，可变荷载的标准值 $q_k = 8kN/m$，准永久值系数 $\psi_q = 0.4$，由正截面受弯承载力计算已配置 $4\phi18$ 纵向受拉钢筋($A_s = 1\,017mm^2$)，混凝土强度等级为 C25($E_c = 2.8 \times 10^4 N/mm^2$，$f_{tk} = 1.78N/mm^2$)，钢筋为 HRB335 级($E_s = 2 \times 10^5 N/mm^2$)，梁的允许挠度 $[f] = l_0/200$。试计算梁的挠度。

【解】 (1)计算梁内最大弯矩

按荷载效应标准组合作用下的跨中最大弯矩为：

$$M_k = \frac{1}{8}(g_k + q_k)l_0^2 = \frac{1}{8}(14 + 8) \times 6^2 = 99 kN \cdot m$$

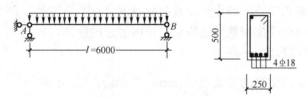

图 13-41 例 13-14 图(尺寸单位:mm)

按荷载效应准永久组合作用下的跨中最大弯矩为:

$$M_q = \frac{1}{8}(g_k + \psi_q q_k)l_0^2 = \frac{1}{8}(14 + 0.4 \times 8) \times 6^2 = 77.4 \text{kN} \cdot \text{m}$$

(2)计算系数

$$\sigma_{sk} = \frac{M_k}{0.87h_0A_s} = \frac{99 \times 10^6}{0.87 \times 465 \times 1017} = 240.6 \text{N/mm}^2$$

$$\rho_{te} = \frac{A_s}{A_{te}} = \frac{1\,017}{0.5 \times 250 \times 500} = 0.0203$$

$$\psi = 1.1 - \frac{0.65 f_{tk}}{\rho_{te}\sigma_{sk}} = 1.1 - \frac{0.65 \times 1.78}{0.020\,3 \times 240.6} = 0.863$$

(3)计算短期刚度

$$B_s = \frac{E_s A_s h_0^2}{1.15\psi + 0.2 + \frac{6\alpha_E\rho}{1+3.5\gamma'_f}} = \frac{2 \times 10^5 \times 1\,017 \times 465^2}{1.15 \times 0.863 + 0.2 + 6 \times \frac{2 \times 10^5}{2.8 \times 10^4} \times \frac{1\,017}{250 \times 465}}$$

$$= 2.806 \times 10^{13} \text{N} \cdot \text{mm}^2$$

(4)计算长期刚度

$$\rho' = 0 \qquad\qquad \theta = 2.0$$

$$B = \frac{M_k}{M_q(\theta-1) + M_k}B_s = \frac{99}{77.4 \times (2-1) + 99} \times 2.806 \times 10^{13} = 1.575 \times 10^{13}$$

(5)验算挠度

$$f = \frac{5}{48} \cdot \frac{M_k l_0^2}{B} = \frac{5}{48} \times \frac{99 \times 10^6 \times 6\,000^2}{1.575 \times 10^{13}} = 23.57 \text{mm} < [f] = \frac{l_0}{200} = 30 \text{mm}$$

满足要求。

二 受弯构件的裂缝宽度验算

普通的钢筋混凝土受弯构件一般都是带裂缝工作的,如果裂缝宽度过大,将会影响构件的正常使用和耐久性,在设计中必须验算,当不满足规定要求时,应采取合理措施进行控制。试验研究表明:裂缝的间距和裂缝宽度的分布是不均匀的,但变化是有规律的,裂缝宽度与混凝土保护层厚度、钢筋直径、纵向受拉钢筋配筋率以及钢筋与混凝土之间的黏结力有关。规范规定最大裂缝宽度:

$$\omega_{max} = 2.1\psi\frac{\sigma_{sk}}{E_s}\left(1.9c + 0.08\frac{d_{eq}}{\rho_{te}}\right) \tag{13-70}$$

式中:2.1——考虑荷载长期效应的作用以及裂缝宽度分布不均匀等影响因素的综合系数;

c——最外层纵向受拉钢筋外边缘至受拉区底边的距离(mm);当 $c<20$ 时,取 $c=20$;当 $c>65$ 时,取 $c=65$;

d_{eq}——受拉区纵向钢筋的等效直径(mm),当钢筋直径不同时,$d_{eq}=\dfrac{4A_s}{u}$;u 为受拉区纵向钢筋的总周长;

其余符号意义同前。

【例 13-13】 条件同【例 13-12】,验算梁的裂缝宽度,容许裂缝宽度 $[w]=0.3mm$。

【解】 $\psi=0.863$,$\sigma_{sk}=240.6N/mm^2$,$c=25mm$,$\rho_{te}=0.020\,3$,将上述数据代入式(13-70),得:

$$w_{max}=2.1\psi\frac{\sigma_{sk}}{E_s}\Big(1.9c+0.08\frac{d_{eq}}{\rho_{te}}\Big)=2.1\times0.863\times\frac{240.6}{2\times10^5}\times(1.9\times25+0.08\times\frac{18}{0.0203})$$

$$=0.26mm<0.3mm$$

满足要求。

◀ **本 章 小 结** ▶

(1)根据配筋率不同,受弯构件正截面破坏形态有三种:适筋破坏、超筋破坏和少筋破坏。在设计中不允许出现超筋梁和少筋梁。

(2)适筋梁的破坏分为三个阶段。其中Ⅰ$_a$阶段截面应力图形是受弯构件抗裂验算的依据,第Ⅱ阶段应力图形是受弯构件裂缝宽度和变形验算的依据,第Ⅲ$_a$阶段截面的应力图形是受弯构件正截面承载力计算的依据。

(3)利用单筋矩形截面、双筋矩形截面、T形截面的基本公式和适用条件来解决受弯构件的正截面承载力计算中的截面设计和截面复核问题。

(4)影响受弯构件斜截面破坏特征的主要因素有配箍率和剪跨比。受弯构件斜截面破坏形态主要有斜压破坏、斜拉破坏和剪压破坏。

(5)梁的斜截面承载力计算公式有两个限制条件:一个是最小截面限制条件,也就是最大配箍率条件,或称配箍率上限条件。主要是防止截面发生斜压破坏。另一个限制条件是最小配箍率条件,也称配箍率下限条件,主要防止截面发生斜拉破坏。

(6)保证斜截面受弯承载力的构造措施是规定弯起钢筋弯起点的位置和纵向钢筋切断时延伸长度的要求。

(7)受弯构件的主要构造要求包括钢筋的锚固长度、钢筋的连接、箍筋的布置、形式、直径和间距的有关要求。

(8)钢筋混凝土受弯构件的抗弯刚度是一个变量,随荷载的增大而降低,随时间的增长而降低。

(9)计算构件的挠度与裂缝宽度时,应按荷载效应标准组合,并考虑荷载长期作用的影响进行计算。荷载长期作用的影响在挠度计算时通过刚度 B 来反映,而在裂缝宽度验算时,而是通过增大荷载效应标准组合下的计算结果来体现。

◀ 复习思考题 ▶

1. 两种纵向受力钢筋直径和净距有何构造要求？

2. 混凝土保护层的作用是什么？正常环境中梁、板的最小保护层厚度是多少？

3. 适筋梁的破坏过程分为哪几个阶段？各阶段有何特点？正截面承载力计算是以哪个阶段的应力图形为计算依据的？

4. 什么叫配筋率？配筋率对受弯构件正截面承载力有何影响？

5. 钢筋混凝土受弯构件正截面有哪几种破坏形式？破坏特征是什么？

6. 等效矩形应力图形是根据什么条件确定的？

7. 写出单筋矩形截面受弯构件正截面承载力的计算公式和适用条件，并说明适用条件的意义。

8. 如何提高受弯构件正截面抗弯承载力？

9. 什么情况下采用双筋截面梁？双筋矩形截面受弯构件的适用条件是什么？适用条件有何意义？

10. T形截面在设计和复核时，如何判别类型？

11. T形截面翼缘计算宽度如何确定？

12. 钢筋混凝土梁在荷载作用下，一般在跨中产生垂直裂缝，在支座附近产生斜裂缝，为什么？

13. 有腹筋的简支梁的斜截面破坏的主要形态有哪几种？各破坏特征如何？如何防止各类破坏的发生？

14. 影响梁斜截面承载力的主要因素有哪些？

15. 梁的斜截面受剪承载力计算公式有哪些限制条件？并说明限制条件的意义。

16. 如何确定斜截面受剪承载力的计算位置？

17. 什么是抵抗弯矩图？它与设计弯矩图的关系应当如何才能满足要求？

18. 什么是钢筋的理论切断点和充分利用点？

19. 纵筋弯起时应满足哪些要求？

20. 梁中箍筋有何作用？箍筋的布置、形式、直径和间距有什么构造要求？

21. 钢筋混凝土受弯构件与匀质弹性材料受弯构件的挠度计算有什么不同？

22. 什么叫"最小刚度原则"？有哪些措施可以减小挠度？最有效的措施是什么？

◀ 习　　题 ▶

13-1　已知一矩形截面梁，截面尺寸 $b \times h = 250mm \times 600mm$，$a_s = 60mm$，承受弯矩设计值 $M = 220kN \cdot m$。混凝土采用 C20（$f_c = 9.6N/mm^2$），钢筋为 HRB335 级（$f_y = 300N/mm^2$），求所需受拉钢筋截面面积 A_s。

13-2 已知梁的截面尺寸为 $b \times h = 200\text{mm} \times 450\text{mm}$,混凝土采用 C20($f_c = 9.6\text{N/mm}^2$),配置钢筋为 HRB335 级($f_y = 300\text{N/mm}^2$)4$\phi$16($A_s = 804\text{mm}^2$),若承受弯矩设计值 $M = 105\text{kN} \cdot \text{m}$。试验算此梁是否安全。

13-3 T 形截面梁,截面尺寸如图所示(题 13-3 图),承受弯矩设计值 $M = 500\text{kN} \cdot \text{m}$,混凝土采用 C20($f_c = 9.6\text{N/mm}^2$),钢筋为 HRB335 级($f_y = 300\text{N/mm}^2$),试求纵向受力钢筋截面面积 A_s。

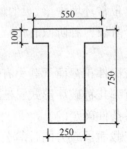

题 13-3 图(尺寸单位:mm)

13-4 已知某承受均布荷载的矩形截面简支梁,截面尺寸为 $b \times h = 250\text{mm} \times 600\text{mm}$,$a_s = 40\text{mm}$,混凝土采用 C20($f_c = 9.6\text{N/mm}^2$),箍筋为 HPB235 级($f_{yv} = 210\text{N/mm}^2$),若已知剪力设计值 $V = 180\text{kN}$,试求:采用 ϕ8 双肢箍的箍筋间距 s 为多少?

13-5 已知某承受均布荷载作用的矩形截面简支梁,梁截面尺寸为 $b \times h = 250\text{mm} \times 500\text{mm}$,$a_s = 35\text{mm}$,混凝土强度等级为 C25($f_c = 11.9\text{N/mm}^2$),箍筋为 HPB235 级($f_{yv} = 210\text{N/mm}^2$),若构件沿梁全长均匀布置 ϕ6@150 双肢箍,试求该构件斜截面所能承受的最大剪力设计值。

第十四章
钢筋混凝土受压构件承载力计算

【能力目标、知识目标】

通过本章的学习,了解混凝土柱的破坏特征和破坏原因,培养学生能根据柱的外观、验算结果以及现场条件等因素选择合适的加固方法,具备解决工程中实际问题的能力。

【学习要求】

(1)了解配有普通箍筋和配有螺旋式箍筋轴心受压柱的破坏特征,掌握轴心受压构件的设计方法。

(2)理解偏心受压构件正截面的破坏形态和特点。

(3)掌握影响偏心受压构件破坏特征的主要因素。

(4)掌握判别两种不同类型的偏心受压破坏的方法。

(5)熟练掌握对称配筋矩形截面偏心受压构件正截面承载力的计算方法。

(6)掌握受压构件的构造要求。

【工程案例】

某内框架结构房屋,地下1层,地上7层,竣工三个月后发现地下室圆形柱的顶部出现裂缝,起初只有3条,经10d后,增加至15条,其宽度由0.3mm扩展到2～3mm。再经半个月后,发现裂缝处的箍筋被拉断,柱子斜1.68～4.75cm,裂缝不断扩展。分析后发现,这是由于设计中将偏心受压柱误按轴心受压柱计算所致。经复核,该柱设计极限承载力为1 167kN,而实际承受的荷载已达1 412kN。只能采取加固措施。

第一节 概 述

承受轴向压力的构件称为受压构件。在工业与民用建筑中,钢筋混凝土受压构件应用十分广泛。例如,多层及单层房屋的柱、钢筋混凝土屋架的受压腹杆等。

钢筋混凝土受压构件分为轴心受压构件和偏心受压构件,如图14-1所示。当轴向压力作用在截面的形心位置(截面上只有轴心压力)时,称为轴心受压构件,如图14-1a)所示;当轴向压力偏离形心位置(截面上既有轴心压力又有弯矩),称为偏心受压构件,如图 14-1b)、c)所示。偏心受压构件又根据偏心方式分为单向偏心受压构件如图 14-1b)所示)和双向偏心受压构件如图 14-1c)所示。

实际工程中,由于制作、安装误差造成截面尺寸不准,钢筋位置偏移,混凝土本身质量不均匀以及荷载作用位置偏差等问题,理想的轴心受压构件是不存在的。为简化计算,只要偏差不大,可近似按轴心受压构件设计。如屋架受压腹杆以及永久荷载为主的多层、多跨房屋的内柱可

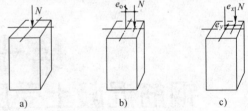

图 14-1　钢筋混凝土受压构件图

近似的简化为轴心受压构件来计算。其余情况,一般按偏心受压构件计算,如单层厂房柱、多层框架柱和某些屋架上弦杆。

第二节　受压构件的构造要求

一　材料强度等级

为了减小受压构件的截面尺寸,充分发挥混凝土的抗压性能,节约钢材,宜采用强度等级较高的混凝土(一般不低于C20);受压构件中所用钢筋的级别不宜过高,因为高强钢筋不能充分发挥作用。

二　截面形式及尺寸

为了便于施工,通常采用正方形或矩形截面。有特殊要求时,才采用圆形或多边形截面。对于装配式单层厂房的预制柱,当截面尺寸较大时,为减轻自重,也常采用工字形截面。

矩形截面受压构件的宽度一般为 200～400mm,截面高度一般为 300～800mm。对于现浇的钢筋混凝土柱而言,其截面短边尺寸不宜小于 250mm;工字形截面柱的翼缘厚度不宜小于120mm,腹板厚度不宜小于 100mm;为了减少模板规格和便于施工,受压构件截面尺寸要取整数,在 800mm 以下的,取用 50mm 的倍数;在 800mm 以上者,采用 100mm 的倍数。

三　纵向钢筋

1.作用

纵向受力钢筋的主要作用是与混凝土共同承受压力(当偏心受压构件存在受拉区时,则拉区钢筋承受拉力),提高受压构件的承载力。另外,可以增加构件的延性,承受由于混凝土收缩和温度变化引起的拉力。

2.纵筋的布置、直径和间距

轴心受压柱的纵筋应沿截面周边均匀、对称布置;矩形截面每角需布置一根,至少需要四根纵向受力钢筋,圆形截面不宜少于八根,且不应少于六根。偏心受压柱的纵筋布置在与弯矩垂直的两个侧边。如图14-2所示。混凝土保护层的厚度应符合要求。

为了增加骨架的刚度,防止纵筋受压后侧向弯曲,受压构件纵筋宜选择较粗的直径,通常为 12～32mm。

柱内纵向钢筋的净距不应小于 50mm;对水平浇筑的预制柱,其纵向钢筋的最小净距同梁的要求相同;柱内纵向钢筋的中距不宜大于 300mm。

3.受力纵筋的配筋率

受力纵筋的截面面积通过计算确定。《混凝土结构设计规范》(GB 50010—2010)规定:受压构件全部受力纵筋的最大配筋率为 5%,最小配筋率满足表 13-6 的要求。通常的配筋率为 0.6%～2%。

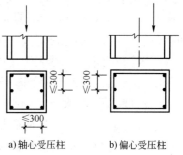

a)轴心受压柱　　　　b)偏心受压柱

图 14-2　柱受力纵筋的布置

4.箍筋

(1)作用

受压构件中配置一定数量的箍筋,它的作用是:与纵筋形成钢筋骨架,保证纵筋的位置正确,防止纵向钢筋压曲,约束混凝土,提高柱的承载能力。

(2)箍筋的形式、直径和间距

柱及其他受压构件中的箍筋应做成封闭式,如图 14-3 所示。对圆柱中的箍筋,搭接长度不应小于钢筋的锚固长度,且末端应做成 135°弯钩,且弯钩末端平直段长度不应小于箍筋直径的 5 倍。

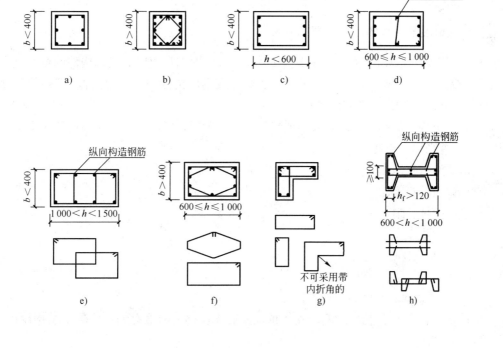

图 14-3　箍筋的配置(尺寸单位:mm)

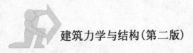

箍筋直径应不小于 $\frac{d}{4}$，且应不小于 6mm，d 为纵向钢筋的最大直径；当柱中全部纵向受力钢筋的配筋率大于 3% 时，箍筋直径不应小于 8mm，间距不应大于纵向受力钢筋最小直径的10 倍，且不应大于 200mm；箍筋末端应做成 135° 弯钩，且弯钩末端平直段长度不应小于箍筋直径的 10 倍；箍筋也可焊成封闭环式。

当柱截面短边尺寸大于 400mm 且各边纵向钢筋多于三根时，或当柱截面短边尺寸不大于 400mm 但各边纵向钢筋多于四根时，应设置复合箍筋，如图 14-3b)、f)所示。

箍筋间距不应大于 400mm 及构件截面的短边尺寸，且不应大于 15d，d 为纵向受力钢筋的最小直径。柱内纵向钢筋搭接范围内箍筋间距当为受拉时不应大于 5d，且不应大于100mm；当为受压时不应大于 10d，且不应大于 200mm。

在配有螺旋式或焊接环式间接钢筋的柱中，如果计算中考虑间接钢筋的作用，则间接钢筋的间距不应大于 80mm 及 $d_{cor}/5$（d_{cor} 为按间接钢筋内表面确定的核心截面直径），且不应小于40mm。间接钢筋的直径要求同普通箍筋。

第三节　轴心受压构件

轴心受压构件按箍筋的型式分为两种类型：配有普通箍筋和配置密排环式箍筋（箍筋为焊接圆环或螺旋环）。在实际工程中前者应用较为普遍。

 配有普通箍筋的轴心受压构件

(一)轴心受压短柱的破坏特征

我们知道，在实际工程中不存在理想的轴心受压构件，所以轴心受压构件的截面也会存在一定的弯矩使构件发生纵向弯曲。纵向弯曲会导致受压构件的承载力降低，降低的程度与构件的长细比有关，随着长细比的增大而增大。

轴心受压构件依据长细比的大小划分为"短柱"和"长柱"两类。当长细比满足以下要求时称为短柱，否则称为长柱。

矩形截面柱长细比 $\qquad$ $l_0/b \leqslant 8$

圆形截面柱长细比 $\qquad$ $l_0/d \leqslant 7$

任意截面柱长细比 $\qquad$ $l_0/i \leqslant 28$

式中：l_0——柱的计算长度；

$\quad b$——矩形截面短边尺寸；

$\quad d$——圆形截面的直径；

$\quad i$——任意截面的最小回转半径。

构件计算长度 l_0 与构件的两端支承情况及有无侧移等因素有关，《混凝土结构设计规范》要求按下列规定采用：

(1)一般多层房屋中梁、柱为刚接的框架结构，各层柱的计算长度按表 14-1 采用。

框架结构各层柱的计算长度 表 14-1

楼 盖 类 型	柱 的 类 别	计 算 长 度 l_0
现浇楼盖	底层柱	$1.0H$
	其余各层柱	$1.25H$
装配式楼盖	底层柱	$1.25H$
	其余各层柱	$1.5H$

注:表中 H 对底层柱为从基础顶面到一层楼盖顶面的高度;对其余各层柱为上、下两层楼盖顶面之间的高度。

(2)当水平荷载产生的弯矩设计值占总弯矩设计值的 75% 以上时,框架柱的计算长度 l_0 可按下列两个公式计算,并取其中较小值:

$$l_0 = [1 + 0.15(\Psi_u + \Psi_1)]H \tag{14-1}$$

$$l_0 = (2 + 0.2\Psi_{min})H \tag{14-2}$$

式中:Ψ_u,Ψ_1 ——柱的上端、下端节点处交汇的各柱线刚度之和与交汇的各梁线刚度之和的比值;

Ψ_{min} ——比较 Ψ_u,Ψ_1 中的较小值;

H ——柱的高度。

配有普通箍筋的轴心受压短柱的破坏试验表明:当纵向力较小时,构件的压缩变形主要为弹性变形,纵向力在截面内产生的压应力由混凝土和钢筋共同承担。随着荷载的增加,构件的变形迅速增大,混凝土塑性变形增大,弹性模量降低,应力增长减慢,而钢筋的应力增加变快,当构件临近破坏时,混凝土达到极限应变 $\varepsilon_u = 0.002$,由于一般中低强度的钢筋屈服时的应变小于混凝土极限应变 ε_u,所以此时钢筋达到屈服强度。而由于高强度钢筋屈服时的应变大于混凝土极限应变 ε_u,构件破坏时,高强钢筋还未达到屈服强度,不能充分发挥钢筋的作用,这正是在受压构件中一般采用中低强度钢筋的原因。

受压构件破坏时,一般是钢筋先达到屈服强度,然后混凝土达到极限压应变被压碎。

轴心受压长柱的破坏试验表明:由于纵向弯曲的影响,其承载力低于条件完全相同的短柱。当构件长细比过大时还会发生失稳破坏。《混凝土结构设计规范》(GB 50010—2010)采用稳定系数 φ 来反映长柱承载力降低的程度,长细比 l_0/b 越大,稳定系数 φ 越小,对于短柱,取 $\varphi = 1$。钢筋混凝土轴心受压构件稳定系数 φ 见表 14-2。

钢筋混凝土轴心受压构件稳定系数 φ 表 14-2

l_0/b	≤8	10	12	14	16	18	20	22	24	26	28	30	32	34	36	38
l_0/d	≤7	8.5	10.5	12	14	15.5	17	19	21	22.5	24	26	28	29.5	31	33
l_0/i	≤28	35	42	48	55	62	69	76	83	90	97	104	111	118	125	132
φ	1.0	0.98	0.95	0.92	0.87	0.81	0.75	0.70	0.65	0.60	0.56	0.52	0.48	0.44	0.40	0.36

注:l_0 ——构件的计算长度;

b ——矩形截面短边尺寸;

d ——圆形截面的直径;

i ——任意截面的最小回转半径,$i = \sqrt{I/A}$。

(二)正截面受压承载力计算公式

由截面受力的平衡条件,并考虑纵向弯曲对承载力的影响,写出轴心受压构件正截面受压承载力计算公式如下:

$$N \leqslant N_{\mathrm{u}} = 0.9\varphi(f_{\mathrm{c}}A + f'_{y}A'_{\mathrm{s}}) \tag{14-3}$$

式中:N——轴向压力设计值;

f_{c}——混凝土轴心抗压强度设计值,按附录 3 取用;

A'_{s}——全部纵向钢筋的截面面积;

f'_{y}——纵向钢筋的抗压强度设计值;

A——构件截面面积,当纵向钢筋的配筋率 $\rho' = \dfrac{A'_{\mathrm{s}}}{A} > 3\%$ 时,A 改用 A_{n},$A_{n} = A - A'_{\mathrm{s}}$;

φ——钢筋混凝土受压构件的稳定系数。

(三)计算公式的应用

轴心受压构件受压承载力计算会遇到两类问题:截面设计和截面复核。

1. 截面设计

已知:轴向压力设计值 N,柱的计算长度 l_0,截面尺寸 $b \times h$,材料强度等级 f_{c}、f'_{y}。

求:纵向受力钢筋的截面面积 A'_{s}。

解题步骤:(1)计算长细比,查稳定系数 φ;

(2)求钢筋的截面面积 A'_{s}:

$$A'_{\mathrm{s}} = \frac{\dfrac{N}{0.9\varphi} - f_{\mathrm{c}}A}{f'_{y}}$$

(3)验算配筋率。

2. 截面复核

已知:截面尺寸 $b \times h$,柱的计算长度 l_0,材料强度等级 f_{c}、f'_{y}。

求:柱的受压承载力 N_{u}。(或已知轴向压力设计值 N,复核截面是否安全)

解题步骤:(1)计算长细比,查稳定系数 φ;

(2)验算配筋率;

(3)求 N_{u}。

$$N_{\mathrm{u}} = 0.9\varphi(f_{\mathrm{c}}A + f'_{y}A'_{\mathrm{s}})$$

(四)例题

【例 14-1】 已知某多层现浇钢筋混凝土框架结构,首层柱的纵向力设计值 $N = 1\,750\mathrm{kN}$,柱的横截面面积 $A = 400\mathrm{mm} \times 400\mathrm{mm}$,混凝土强度等级 C20($f_{\mathrm{c}} = 9.6\mathrm{N/mm^2}$),纵向受力钢筋为 HRB335 级($f_{y} = 300\mathrm{N/mm^2}$),其他条件如图 14-4 所示,试确定纵向钢筋和箍筋。

【解】 (1)求柱的计算长度 l_0。

现浇框架底层柱的计算长度 $l_0 = 1.0H = 1.0 \times 5\,600 = 5\,600\text{mm}$

长细比 $\dfrac{l_0}{b} = \dfrac{5\,600}{400} = 14$

由表 14-1 查得稳定系数 $\varphi = 0.92$

(2)计算钢筋面积

$$A'_s = \dfrac{\dfrac{N}{0.9\varphi} - f_c A}{f'_y}$$

$$= \dfrac{\dfrac{1\,750 \times 10^3}{0.9 \times 0.92} - 9.6 \times 400 \times 400}{300}$$

$$= 1\,925\text{mm}^2$$

纵筋选用 $4\varPhi25$（$A'_s = 1\,964\text{mm}^2$）

(3)验算配筋率

$$\rho' = \dfrac{A'_s}{A} = \dfrac{1\,964}{400 \times 400} = 1.23\% \begin{cases} > \rho'_{\min} = 0.6\% \\ < \rho'_{\max} = 5\% \\ \text{且} < 3\% \end{cases}$$

(4)确定箍筋

箍筋选用 $\phi8@300$，箍筋间距 $\leqslant 400\text{mm}$ 且 $\leqslant 15d = 375\text{mm}$，箍筋直径 $> \dfrac{d}{4} = \dfrac{25}{4} = 6.25\text{mm}$ 且 $> 6\text{mm}$，满足构造要求。柱截面配筋见图 14-5 所示。

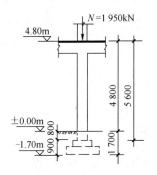

图 14-4(尺寸单位:mm)

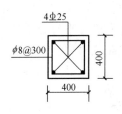

图 14-5 配筋图(尺寸单位:mm)

【例 14-2】 某房屋框架底层中柱,柱计算长度 3.78m,柱截面尺寸 350mm×350mm,内配 $4\varPhi16$（$A'_s = 804\text{mm}$）,HRB335 级钢筋（$f'_y = 300\text{N/mm}^2$）,混凝土采用 C20（$f_c = 9.6\text{N/mm}^2$）,柱承受轴心压力设计值 $N = 1200\text{kN}$,试复核此柱是否安全。

【解】 (1)计算长细比并确定 φ。

$$\dfrac{l_0}{b} = \dfrac{3\,780}{350} = 10.8$$

由表 14-1 查得稳定系数 $\varphi = 0.968$。

(2)验算配筋率。

$$\rho' = \frac{804}{350 \times 350} = 0.66\% \begin{cases} > \rho'_{\min} = 0.6\% \\ < \rho'_{\max} = 5\% \\ \text{且} < 3\% \end{cases}$$

(3)求 N_u。

$$N_u = 0.9\varphi(f_c A + f'_y A'_s)$$
$$= 0.9 \times 0.968 \times (9.6 \times 350 \times 350 + 300 \times 804)$$
$$= 1\ 234\ 664\text{N} \approx 1\ 235\text{kN} > 1\ 200\text{kN}$$

安全。

二 配有螺旋式间接钢筋的轴心受压柱

在实际工程中,当柱子承受轴力较大、截面尺寸又受到限制时,则可以采用密排的螺旋式或焊接圆环式箍筋(两者又称为间接钢筋)以提高构件的承载力。因其用钢量大,施工困难,造价高,不宜普遍采用。

本书略掉配有螺旋式间接钢筋的轴心受压柱的计算。

第四节　偏心受压构件

一 正截面受力特点及破坏特征

偏心受压构件是指同时承受轴向压力 N 和弯矩 M 作用的构件,从正截面的受力性能来看,即为轴心受压和受弯的叠加,也可相当于偏心距为 $e_0 = M/N$ 的偏心受压截面。当偏心距 $e_0 = 0$,即弯矩 $M = 0$ 时,为轴心受压情况;当 $N = 0$ 时,为受纯弯情况。因此,偏心受压构件的受力性能和破坏形态介于轴心受压和受弯之间。

偏心受压构件根据偏心距大小和纵向配筋情况的不同,正截面破坏形态分为大偏心受压破坏和小偏心受压破坏两种。

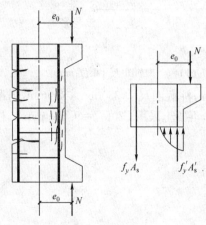

图 14-6　大偏心受压破坏形态

(一)大偏心受压破坏

当轴向力的偏心距较大,且截面距纵向力较远一侧的钢筋配置适量时,距纵向力较远一侧受拉,另一侧受压。随着荷载的增加,受拉区混凝土出现裂缝,继续增加荷载,裂缝不断开展延伸,受拉区钢筋 A_s 达到屈服强度,受压区混凝土高度迅速减少,应变急剧增加,当受压区边缘混凝土的压应变达到其极限值时,受压区混凝土被压碎,构件宣告破坏。只要受压区相对高度不是过小,钢筋强度也不是太高,在混凝土压碎时,受压钢筋一般都能达到屈服强度。破坏时的应力状态如图 14-6 所示。这种破坏过程和特征与适筋的双筋受弯构件相似,有明显预兆,为延性破坏。由于这种破坏一般发生在轴向压力偏心距较大时,故习惯上称为大偏心受压破坏。又由于这种破坏时开始于受拉钢筋屈服,故又称为受拉破坏。

(二)小偏心受压破坏

当截面轴向力的偏心距较小,或虽然偏心距较大,但受拉侧纵向钢筋 A_s 配置较多时,在荷载作用下截面大部分或全部受压。

当截面大部分受压时,其受拉区虽可能出现横向裂缝,但出现迟,开展缓慢,一般没有明显主裂缝。接近破坏时,在压力较大的混凝土受压区边缘出现纵向裂缝。当受压边缘混凝土达到极限压应变时,混凝土被压碎,构件宣告破坏。混凝土压碎时,距轴向力较近一侧的钢筋A_s'达到屈服强度,而另一侧钢筋 A_s 未达到屈服强度。

当全截面受压时,一侧压应变较大,一侧压应变较小,在整个受力过程中截面无横向裂缝出现,破坏是由于受压较大一侧的混凝土被压碎所引起的。混凝土压碎时,距轴向力较近一侧的钢筋 A_s' 达到屈服强度,而另一侧钢筋 A_s 未达到屈服强度。

上述两种小偏心受压情况具有相同的破坏特征是:混凝土压碎时,距轴向力较近一侧的钢筋 A_s' 达到屈服强度,而另一侧钢筋 A_s 未达到屈服强度。破坏时的应力状态如图 14-7 所示。这种破坏过程和特征与超筋的双筋受弯构件正截面破坏相似,无明显预兆,为脆性破坏。由于这种破坏一般发生在轴向压力偏心距较小时,故习惯上称为小偏心受压破坏。又由于这种破坏是由于受压区混凝土被压碎引起的,故又称为受压破坏。

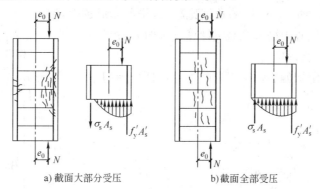

a)截面大部分受压   b)截面全部受压

图 14-7   小偏心受压破坏

(三)大小偏心受压界限

在大小偏心受压破坏之间,必定有一个界限破坏,当构件处于界限破坏时,受拉钢筋达到屈服强度 f_y,同时受压区混凝土达到极限压应变 ε_u 被压碎,受压钢筋也达到屈服强度 f_y'。

根据界限破坏特征和平截面假设,大小偏心受压破坏的界限与受弯构件正截面适筋与超筋的界限相同。界限破坏时截面相对受压区高度 ξ_b 仍可按式(13-3)计算或按表 13-5 确定。

这样,当 $\xi \leqslant \xi_b$ 时,为大偏心受压构件;

当 $\xi > \xi_b$ 时,为小偏心受压构件。

二 附加偏心距和初始偏心距

1. 附加偏心距 e_a

当偏心受压构件截面上的弯矩 M 和轴向力 N 已知时,便可求出轴向力对截面重心的偏心距 $e_0 = M/N$。但由于工程中实际存在着荷载作用位置的不定性、混凝土材料的不均匀性及施工偏差等因素,还可能产生附加偏心距 e_a,因此设计中要考虑附加偏心距 e_a 的影响。

《混凝土规范》规定,附加偏心距 e_a 取 20mm 和偏心方向截面最大尺寸的 1/30 两者中的较大值。

2. 初始偏心距 e_i

考虑附加偏心距 e_a 后,在计算偏心受压构件正截面承载力时,应将轴向力对截面重心的偏心距取为 e_i,称为初始偏心距,即:

$$e_i = e_0 + e_a \tag{14-4}$$

三 偏心距增大系数

偏心受压构件在初始偏心距 e_i 的纵向力作用下,将会产生纵向挠曲变形 f,实际偏心距又会增大,在构件 1/2 高度处最大,为 $e_i + f$,如图 14-8 所示。

$$e_i + f = (1 + \frac{f}{e_i}) = \eta e_i$$

式中:η——偏心距增大系数。

在其他条件相同的情况下,柱的长细比越大,挠曲变形越大,偏心距增大系数越大。偏心距增大系数 η 计算方法如下:

1. 偏心受压短柱(长细比 $l_0/h \leqslant 5$)

纵向挠曲引起的附加偏心距可以忽略不计,可取 $\eta = 1$。

2. 偏心受压长柱($5 < \dfrac{l_0}{h} \leqslant 30$)

$$\eta = 1 + \frac{1}{1\,400\dfrac{e_i}{h_0}}(\frac{l_0}{h})^2 \zeta_1 \zeta_2 \tag{14-5a}$$

$$\zeta_1 = \frac{0.5 f_c A}{N} \tag{14-5b}$$

$$\zeta_2 = 1.15 - 0.01 \frac{l_0}{h} \tag{14-5c}$$

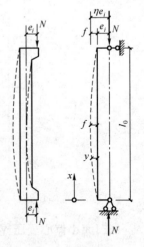

图 14-8 纵向挠曲变形

式中:l_0——构件计算长度;

ζ_1——偏心受压构件的截面曲率修正系数,当 $\zeta_1 > 1.0$ 时,取 $\zeta_1 = 1.0$;

A——构件截面面积,对 T 形、工字形截面,均取 $A = bh + 2(b'_f - b)h'_f$;

ζ_2——构件长细比对曲率的影响系数,当 $l_0/h \leqslant 15$ 时,取 $\zeta_2 = 1.0$。

3. 细长柱(长细比 $l_0/h > 30$)

此类柱当偏心压力达到某一数值时,会使构件发生失稳破坏,失稳破坏时截面内材料未达到材料强度,故设计中应尽量避免采用细长柱。

（四）矩形截面偏心受压构件正截面承载力计算的基本公式

1. 大偏心受压情况($\xi \leqslant \xi_b$)

截面破坏时的应力图形如图 14-9 所示，作如下假定：

(1) 受拉区混凝土不参加工作，受拉钢筋应力达到抗拉强度设计值 f_y；

(2) 受压区混凝土应力图形为等效矩形，其压应力值为 $\alpha_1 f_c$；

(3) 受压钢筋应力达到抗压强度设计值 f'_y；

(4) 考虑纵向弯曲的影响，偏心距为 ηe_i。

根据截面应力图形，利用平衡条件写出大偏心受压破坏的基本计算公式：

$$\sum N = 0 \qquad\qquad N = \alpha_1 f_c b x + f'_y A'_s - f_y A_s \qquad\qquad (14\text{-}6)$$

$$\sum M = 0 \qquad\qquad N e = \alpha_1 f_c b x \left(h_0 - \frac{x}{2}\right) + f'_y A'_s (h_0 - a'_s) \qquad\qquad (14\text{-}7)$$

式中：e——轴向力作用点至受拉钢筋 A_s 合力点的距离，即 $e = \eta e_i + \dfrac{h}{2} - a_s$。

基本公式必须满足下列使用条件：

(1) $\xi \leqslant \xi_b$；

(2) $x \geqslant 2a'_s$ 或 $\xi h_0 \geqslant 2a'_s$。

条件(1)是保证截面为大偏心受压破坏。条件(2)是保证大偏心破坏时受压钢筋达到抗压强度设计值的必要条件，当不满足这一条件，即 $x < 2a'_s$ 时，可取 $x = 2a'_s$，并对未屈服的受压钢筋合力点取矩，得计算公式：

$$N e' = f_y A_s (h_0 - a'_s) \qquad\qquad (14\text{-}8)$$

式中：e'——轴向力作用点至受压钢筋 A'_s 合力点的距离，即 $e' = \eta e_i - \dfrac{h}{2} + a_s$。

2. 小偏心受压情况($x > \xi_b h_0$)

截面破坏时的应力图形如图 14-10 所示，作如下假定：

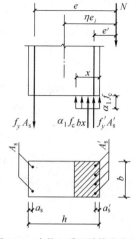

图 14-9　大偏心受压计算应力图形

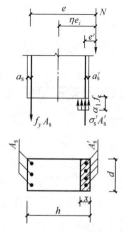

图 14-10　小偏心受压计算应力图形

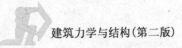

（1）受压区混凝土应力图形为等效矩形，其压应力值为 $\alpha_1 f_c$；

（2）受压钢筋应力达到抗压强度设计值 f'_y；

（3）距轴向力较远一侧钢筋应力无论是受压还是受拉均未达到强度设计值，用 σ_s 表示。即 $\sigma_s < f_y$ 或 $\sigma_s < f'_y$。

根据截面应力图形，利用平衡条件写出小偏心受压破坏的基本计算公式：

$$\sum N = 0 \qquad\qquad N = \alpha_1 f_c b x + f'_y A'_s - \sigma_s A_s \qquad\qquad (14\text{-}9)$$

$$\sum M = 0 \qquad\qquad Ne = \alpha_1 f_c b x \left(h_0 - \frac{x}{2}\right) + f'_y A'_s (h_0 - a'_s) \qquad\qquad (14\text{-}10)$$

式中：e——轴向力作用点至轴向力近远钢筋合力点的距离，即 $e = \eta e_i + \dfrac{h}{2} - a_s$。

在应用式（14-9）进行正截面承载力计算时，必须确定距轴向力较远一侧钢筋应力 σ_s 值。《混凝土结构设计规范》（GB 50010—2010）建议按下列简化公式计算：

$$\sigma_s = \frac{\xi - \beta_1}{\xi_b - \beta_1} f_y \qquad\qquad (14\text{-}11)$$

式中：σ_s——计算值为正号时，表示拉应力；为负号时，表示压应力。其取值范围是：$-f'_y \leqslant \sigma_s \leqslant f_y$；

$\quad\;\;\beta_1$——系数，当混凝土强度等级不超过 C50 时，$\beta_1 = 0.8$；当混凝土强度等级为 C80 时，$\beta_1 = 0.74$；其间按线性内插法取用。

上述小偏心受压公式仅适用于轴向压力近侧先压坏的一般情况。当采用非对称配筋时，构件的破坏有可能发生在轴向压力远侧，当轴向压力远侧按最小配筋率配筋时，构件的极限承载力为 $f_c b h$。《混凝土结构设计规范》（GB 50010—2010）规定，对于采用非对称配筋的小偏心受压构件，当 $N > f_c b h$ 时，应按下列公式进行验算：

$$Ne' = \alpha_1 f_c b h \left(h'_0 - \frac{h}{2}\right) + f'_y A_s (h'_0 - a_s) \qquad\qquad (14\text{-}12)$$

式中：e'——轴向力作用点至轴向力近侧钢筋合力点的距离，即 $e' = \dfrac{h}{2} - a'_s - (e_0 - e_a)$。计算

中不考虑偏心距增大系数，同时考虑反向附加偏心距，初始偏心距 $e'_i = e_0 - e_a$；

$\quad\;\;h'_0$——纵向受压钢筋合力点至截面远边的距离。

对于小偏心受压构件不仅应计算弯矩作用平面的承载力，还应按轴心受压构件验算垂直于弯矩作用平面的受压承载力。

（五）对称配筋矩形截面偏心受压构件正截面承载力计算

偏心受压构件截面配筋分为对称配筋和非对称配筋。

对称配筋是指在轴向力两侧配置完全相等的钢筋，即 $f'_y = f_y, A'_s = A_s$。因其构造简单、施工方便、不会放错钢筋，对装配式柱还可避免安装方向发生错误，且适用于承受变号弯矩，所以在实际工程中被广泛采用。而非对称配筋受压构件虽可节省钢筋，但施工不便，易放错 A_s 和 A'_s 的位置，在实际工程中极少采用，故本教材不作介绍。

（一）截面设计

已知：截面内力设计值 N，M，截面尺寸 $b \times h$，材料强度等级 $f_c, f_y, f'_y, \alpha_1, \beta_1$，构件计算

长度 l_0，求截面所需钢筋数量 A_s 和 A'_s。

首先进行矩形截面大小偏心受压的判别。在设计中，一般可根据以下方法初步判别矩形截面偏心受压的类型：

当 $\eta e_i \leqslant 0.30h_0$ 时，按小偏心受压计算；

当 $\eta e_i > 0.30h_0$ 时，可先按大偏心受压计算。若求得的 ξ 满足 $\xi \leqslant \xi_b$，则确实为大偏心受压，否则需按小偏心受压计算。

1. 大偏心受压

因对称配筋，有 $f_y A_s = f'_y A'_s$，则式(14-6)可写成：

$$N = \alpha_1 f_c bx = \alpha_1 f_c b \xi h_0$$

即

$$\xi = \frac{N}{\alpha_1 f_c b h_0} \tag{14-13}$$

若 $\frac{2a'_s}{h_0} \leqslant \xi \leqslant \xi_b$，由式(14-7)求 A'_s，并考虑到对称配筋，则可得到：

$$A_s = A'_s = \frac{Ne - \xi(1 - 0.5\xi)\alpha_1 f_c b h_0^2}{f'_y(h_0 - a'_s)} \tag{14-14}$$

式中：$e = \eta e_i + \dfrac{h}{2} - a_s$。

若 $\xi < \dfrac{2a'_s}{h_0}$，式(14-8)求 A'_s，并考虑到对称配筋，则可得到：

$$A_s = A'_s = \frac{Ne'}{f_y(h_0 - a'_s)} \tag{14-15}$$

式中：$e' = \eta e_i - \dfrac{h}{2} + a_s$。

若 $\xi > \xi_b$，应按小偏心受压计算。

2. 小偏心受压

由式(14-9)式(14-10)式(14-11)，并考虑到对称配筋，则可得到：

$$N = \alpha_1 f_c b h_0 \xi + f'_y A'_s - \frac{\xi - 0.8}{\xi_b - 0.8} f'_y A'_s \tag{14-16}$$

$$Ne = \alpha_1 f_c b h_0^2 \xi(1 - 0.5\xi) + f'_y A'_s(h_0 - a'_s) \tag{14-17}$$

利用上述二式求解 ξ 和 A'_s 非常繁琐，所以规范给出了简化公式：

$$\xi = \frac{N - \xi_b \alpha_1 f_c b h_0}{\dfrac{Ne - 0.43\alpha_1 f_c b h_0^2}{(0.8 - \xi_b)(h_0 - a'_s)} + \alpha_1 f_c b h_0} + \xi_b \tag{14-18}$$

$$A_s = A'_s = \frac{Ne - \xi(1 - 0.5\xi)\alpha_1 f_c b h_0^2}{f'_y(h_0 - a'_s)} \tag{14-19}$$

(二)截面复核

已知：截面尺寸 $b \times h$，钢筋数量 A_s 和 A'_s，材料强度等级 $f_c,f_y,f'_y,\alpha_1,\beta_1$，构件计算长度 l_0，轴向压力对截面重心的偏心距 e_0。

求：偏心受压构件正截面承载力设计值 N_u。（或已知轴力设计值 N，复核偏心受压构件

正截面承载力是否安全)

首先进行矩形截面大小偏心受压的判别。这时可应用大偏心受压构件截面应力图形如图 14-9 所示,上的各力对偏心纵向力的作用点取矩,写出平衡方程式:

$$\alpha_1 f_c bx\left(e - h_0 + \frac{x}{2}\right) + f'_y A'_s e' - f_y A_s e = 0 \tag{14-20}$$

式中: $e = \eta e_i + \dfrac{h}{2} - a_s$; $e' = \eta e_i - \dfrac{h}{2} + a'_s$。

将 $x = \xi h_0$ 代入(14-20)解得:

$$\xi = \left(1 - \frac{e}{h_0}\right) + \sqrt{\left(1 - \frac{e}{h_0}\right)^2 + \frac{2(f_y A_s e - f'_y A'_s e')}{\alpha_1 f_c b h_0^2}} \tag{14-21}$$

当 $\xi \leqslant \xi_b$ 时,按大偏心受压构件计算;

当 $\xi > \xi_b$ 时,按小偏心受压构件计算。

1. 大偏心受压构件截面复核

当 $\xi \geqslant \dfrac{2a'_s}{h_0}$ 时,根据式(14-6),并考虑对称配筋,可得:

$$N_u = \alpha_1 f_c b h_0 \xi \tag{14-22}$$

当 $\xi < \dfrac{2a'_s}{h_0}$ 时,根据式(14-8),可得

$$N_u = \frac{f_y A_s (h_0 - a'_s)}{e'} \tag{14-23}$$

2. 小偏心受压构件截面复核

由式(14-9)、式(14-10)和式(14-11),并将 $x = \xi h_0$ 代入,可得:

$$N = \alpha_1 f_c b h_0 \xi + f'_y A'_s - \frac{\xi - \beta_1}{\xi_b - \beta_1} f_y A_s \tag{14-24}$$

$$N_u \cdot e = \alpha_1 f_c b h_0^2 \xi(1 - 0.5\xi) + f'_y A'_s(h_0 - a'_s) \tag{14-25}$$

联立方程求解 ξ、N_u 值,截面所能承受的弯矩设计值 $M = N_u \cdot e_0$。

【例 14-3】 钢筋混凝土柱的截面尺寸 $b \times h = 400\text{mm} \times 500\text{mm}$,控制截面的轴向力设计值 $N = 500\text{kN}$,弯矩设计值 $M = 250\text{kN} \cdot \text{m}$。混凝土采用 C25($f_c = 11.9\text{N/mm}^2$),钢筋为 HRB335 级($f_y = f'_y = 300\text{N/mm}^2$)。构件计算长度 $l_0 = 5\text{m}$, $a_s = a'_s = 40\text{mm}$ 。采用对称配筋,求钢筋截面面积 A_s 及 A'_s 。

【解】 (1)求初始偏心距

$h_0 = 500 - 40 = 460\text{mm}$

$e_0 = M/N = \dfrac{250 \times 10^3}{500} = 500\text{mm}$

$e_a = 20\text{mm}\left(\text{取 20mm 和 } \dfrac{h}{30} = \dfrac{500}{30} = 16.7\text{mm 中较大值}\right)$

$e_i = e_0 + e_a = 500 + 20 = 520\text{mm}$

(2)求偏心距增大系数 η

由于 $5 < \dfrac{l_0}{h} = \dfrac{5000}{500} = 10 < 30$,按下式计算 η:

$$\eta = 1 + \frac{1}{1400\frac{e_i}{h_0}}\left(\frac{l_0}{h}\right)^2 \zeta_1 \zeta_2$$

式中 $\zeta_1 = \dfrac{0.5f_c A}{N} = \dfrac{0.5 \times 11.9 \times 400 \times 500}{500 \times 10^3} = 2.38$ 取 $\zeta_1 = 1.0$

因 $\dfrac{l_0}{h} = \dfrac{5\,000}{500} = 10 < 15$ 取 $\zeta_2 = 1$

所以 $\eta = 1 + \dfrac{1}{1\,400 \times \frac{520}{460}}\left(\dfrac{5\,000}{500}\right)^2 \times 1 \times 1 = 1.063$

（3）判别大小偏心

$$\xi = \frac{N}{\alpha_1 f_c b h_0} = \frac{500 \times 10^3}{1 \times 11.9 \times 400 \times 460} = 0.228 \begin{cases} < \xi_b = 0.550 \\ > \dfrac{2a'_s}{h_0} = \dfrac{80}{460} = 0.174 \end{cases}$$

属于大偏心受压构件。

（4）计算钢筋面积 $A_s = A'_s$

$$e = \eta e_i + \frac{h}{2} - a_s = 1.063 \times 520 + \frac{500}{2} - 40 = 762.8\text{mm}$$

$$A_s = A'_s = \frac{Ne - \xi(1-0.5\xi)\alpha_1 f_c b h_0^2}{f'_y(h_0 - a'_s)}$$

$$= \frac{500 \times 10^3 \times 762.8 - 0.228 \times (1-0.5 \times 0.228) \times 1 \times 11.9 \times 400 \times 460^2}{300 \times (460 - 40)}$$

$$= 1\,412\text{mm}^2 > 0.2\%b \times h = 0.2\% \times 400 \times 500 = 400\text{mm}^2$$

满足最小配筋率要求。

（5）选用钢筋

每侧选用 $4\varPhi22$（$1\,520\text{mm}^2$）；箍筋 $\phi8@200\text{mm}$。截面配筋如图 14-11 所示。

【例 14-4】 已知偏心受压柱的截面尺寸 $b \times h = 400\text{mm} \times 600\text{mm}$,控制截面的轴向力设计值 $N = 2\,500\text{kN}$,弯矩设计值 $M = 80\text{kN·m}$。混凝土采用 C25（$f_c = 11.9\text{N/mm}^2$）,钢筋为 HRB335 级（$f_y = f'_y = 300\text{N/mm}^2$）。构件计算长度 $l_0 = 6\text{m}$, $a_s = a'_s = 40\text{mm}$。采用对称配筋,求钢筋截面面积 A_s 及 A'_s。

【解】（1）求初始偏心距

$h_0 = 600 - 40 = 560\text{mm}$

$e_0 = M/N = \dfrac{80 \times 10^3}{2\,500} = 32\text{mm}$

$e_a = 20\text{mm}\left(\text{取 20mm 和} \dfrac{h}{30} = \dfrac{600}{30} = 20\text{mm 中较大值}\right)$

$e_i = e_0 + e_a = 32 + 20 = 52\text{mm}$

（2）求偏心距增大系数 η

由于 $5 < \dfrac{l_0}{h} = \dfrac{6\,000}{600} = 10 < 30$,按下式计算 η：

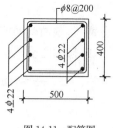

图 14-11 配筋图
（尺寸单位:mm）

$$\eta = 1 + \frac{1}{1\,400\,\dfrac{e_i}{h_0}} \left(\frac{l_0}{h}\right)^2 \zeta_1 \zeta_2$$

式中 $\zeta_1 = \dfrac{0.5 f_c A}{N} = \dfrac{0.5 \times 11.9 \times 400 \times 600}{2\,500 \times 10^3} = 0.57$

因 $\dfrac{l_0}{h} = \dfrac{6\,000}{600} = 10 < 15$ 取 $\zeta_2 = 1$

所以 $\eta = 1 + \dfrac{1}{1\,400 \times \dfrac{52}{560}} \left(\dfrac{6\,000}{600}\right)^2 \times 0.57 \times 1 = 1.438$

(3)判别大小偏心

根据经验公式 $\eta e_i = 1.438 \times 52 = 74.8mm \leqslant 0.30 h_0 = 168mm$ 判定属于小偏心受压柱。

(4)计算钢筋面积 $A_s = A'_s$

用规范近似计算公式计算 ξ：

$$e = \eta e_i + \frac{h}{2} - a_s = 1.438 \times 52 + \frac{600}{2} - 40 = 334.8mm$$

$$\xi = \frac{N - \xi_b \alpha_1 f_c b h_0}{\dfrac{N_e - 0.43 \alpha_1 f_c b h_0^2}{(0.8 - \xi_b)(h_0 - a'_s)} + \alpha_1 f_c b h_0} + \xi_b$$

$$= \frac{2\,500 \times 10^3 - 0.55 \times 11.9 \times 400 \times 560}{\dfrac{2\,500 \times 10^3 \times 334.8 - 0.43 \times 11.9 \times 400 \times 560^2}{(0.8 - 0.550)(560 - 40)} + 1 \times 11.9 \times 400 \times 560} + 0.55$$

$$= 0.798$$

$$A_s = A'_s = \frac{N_e - \xi(1 - 0.5\xi)\alpha_1 f_c b h_0^2}{f'_y (h_0 - a'_s)}$$

$$= \frac{2\,500 \times 10^3 \times 334.8 - 0.798 \times (1 - 0.5 \times 0.798) \times 1 \times 11.9 \times 400 \times 560^2}{300 \times (560 - 40)}$$

$$= 776.2mm^2$$

(5)选用钢筋

截面每侧配置 $2\Phi18 + 1\Phi20$（823.2mm²），箍筋 $\phi8@200mm$。在截面侧面还应设置 $2\phi12$ 构造钢筋，截面配筋如图 14-12 所示。

(6)按轴心受压构件验算垂直于弯矩作用平面的承载力

$\dfrac{l_0}{b} = \dfrac{6\,000}{400} = 15$，查表 14-1 得 $\phi = 0.895$

$N_u = 0.9\varphi[f_c A + f'_y (A_s + A'_s)] = 0.9 \times 0.895 \times (11.9 \times 400 \times 600 + 300 \times 2 \times 823.2)$

$\quad = 2\,698\,360N = 2\,698.36kN > N = 2\,500kN$

安全

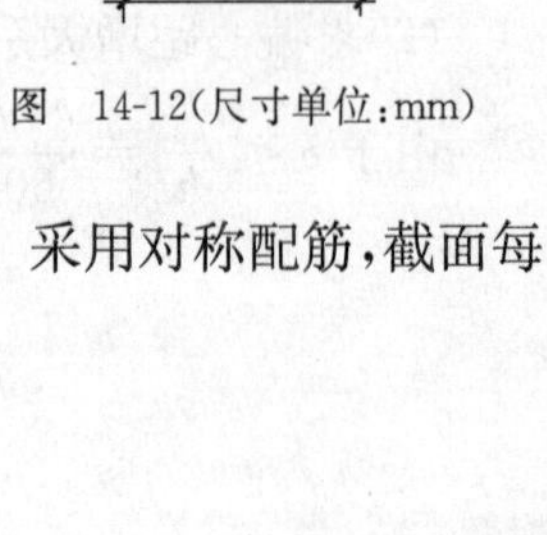

【例 14-5】 已知偏心受压柱的截面尺寸 $b \times h = 400mm \times 600mm$，混凝土采用 C25（$f_c = 11.9N/mm^2$），钢筋为 HRB335 级（$f_y = f'_y = 300N/mm^2$）。构件计算长度 $l_0 = 3m$，$a_s = a'_s = 40mm$。采用对称配筋，截面每

图 14-12(尺寸单位:mm)

侧配置钢筋 $3\Phi22$（截面面积 $A_s = A'_s = 1\,140\text{mm}^2$），试求偏心距 $e_0 = 600\text{mm}$（沿截面长边方向）时，柱截面的轴向承载力设计值 N_u。

【解】 （1）求偏心距增大系数。

$\dfrac{l_0}{h} = \dfrac{3\,000}{600} = 5$，偏心距增大系数 $\eta = 1$。

（2）判断大小偏心。

$e_0 = 600\text{mm}$

$e_a = 20\text{mm}$

$e_i = e_0 + e_a = 600 + 20 = 620\text{mm}$

$e = \eta e_i + \dfrac{h}{2} - a_s = 1 \times 620 + \dfrac{600}{2} - 40 = 880\text{mm}$ ；

$e' = \eta e_i - \dfrac{h}{2} + a'_s = 1 \times 620 - \dfrac{600}{2} + 40 = 360\text{mm}$

$\dfrac{e}{h_0} = \dfrac{880}{600 - 40} = 1.57$

$$\xi = \left(1 - \frac{e}{h_0}\right) + \sqrt{\left(1 - \frac{e}{h_0}\right)^2 + \frac{2(f_y A_s e - f'_y A'_s e')}{\alpha_1 f_c b h_0^2}}$$

$$= (1 - 1.57) + \sqrt{(1 - 1.57)^2 + \frac{2 \times 300 \times 1\,140 \times (880 - 360)}{1 \times 11.9 \times 400 \times 560^2}}$$

$$= 0.18 \begin{cases} < \xi_b = 0.55 \\ > \dfrac{2a'_s}{h_0} = \dfrac{80}{560} = 0.14 \end{cases}$$

属于大偏心受压构件。

（3）求承载力设计值 N。

$N_u = \alpha_1 f_c b h_0 \xi = 1 \times 11.9 \times 400 \times 560 \times 0.18 = 479\,808N = 479.81\text{kN}$

（六）偏心受压构件斜截面承载力计算

如果偏心受压构件除了受到弯矩和轴向压力外，还受到剪力的作用，则对偏心受压构件还要进行斜截面承载力计算。

试验表明，适当的轴向压力可以提高混凝土的受剪承载力。但当轴向压力 N 超过 $0.3f_c A$ 后，承载力的提高并不明显，超过 $0.5f_c A$ 后，反而使受剪承载力下降。

《混凝土结构设计规范》（GB 50010—2010）作了如下规定：

（1）矩形、T 形和工字形截面的钢筋混凝土偏心受压构件，其斜截面受剪承载力应符合下列规定：

$$V \leqslant \frac{1.75}{\lambda + 1} f_t b h_0 + f_{yv} \frac{A_{sv}}{s} h_0 + 0.07N \tag{14-26}$$

式中：λ——偏心受压构件计算截面的剪跨比；

N——与剪力设计值 V 相对应的轴向压力设计值，当 $N > 0.3f_c A$ 时，取 $N = 0.3f_c A$，此处，A 为构件的截面面积。

计算截面的剪跨比应按下列规定取用：

①对各类结构的框架柱，宜取 $\lambda = \dfrac{M}{Vh_0}$；对框架结构中的框架柱，当其反弯点在层高范围内时，可取 $\lambda = \dfrac{H_n}{2h_0}$；当 $\lambda < 1$ 时，取 $\lambda = 1$；当 $\lambda > 3$ 时，取 $\lambda = 3$；此处，M 为计算截面上与剪力设计值 V 相应的弯矩设计值，H_n 为柱净高。

②对其偏心受压构件，当承受均布荷载时，取 $\lambda = 1.5$；当承受集中荷载时（包括作用有多种荷载且集中荷载对支座截面或节点边缘所产生的剪力值占总剪力值的 75% 以上的情况），取 $\lambda = \dfrac{a}{h_0}$；当 $\lambda < 1.5$ 时，取 $\lambda = 1.5$；当 $\lambda > 3$ 时，取 $\lambda = 3$；此处，a 为集中荷载至支座或节点边缘的距离。

(2)矩形、T 形和工字形截面的钢筋混凝土偏心受压构件，当符合下列公式的要求时：

$$V \leqslant \frac{1.75}{\lambda + 1} f_t b h_0 + 0.07N \tag{14-27}$$

可不进行斜截面受剪承载力计算，只需按构造要求配置箍筋。

(3)矩形截面偏心受压构件，其截面尺寸应符合下列条件，否则需加大截面尺寸。

$$V \leqslant 0.25 \beta_c f_c b h_0 \tag{14-28}$$

◀ 本 章 小 结 ▶

(1)按轴向压力作用位置不同受压构件分为：轴心受压构件和偏心受压构件。其中偏心受压构件又分为单向偏心和双向偏心受压构件两类。

(2)配有普通箍筋的轴心受压构件承载力计算公式：$N \leqslant 0.9\phi(f_c A + f'_y A'_s)$；配有螺旋式和焊接环式间接钢筋的轴心受压构件承载力计算公式：$N \leqslant N_u = 0.9(f_c A_{cor} + f'_y A'_s + 2\alpha f_y A_{sso})$。

(3)偏心受压构件的正截面有两种破坏形态：大偏心受压破坏和小偏心受压破坏。大偏心受压破坏开始于受拉钢筋屈服，最后压区混凝土被压碎，压区钢筋达到屈服，破坏时有明显预兆，属延性破坏；小偏心受压破坏时，距轴向力近侧混凝土先被压碎，受压钢筋屈服，而另一侧的钢筋无论是受拉还是受压均未达到屈服强度。

(4)大小偏心受压破坏之间有一界限破坏，界限破坏的特点是：受拉钢筋达到屈服强度 f_y，同时受压区混凝土达到极限压应变 ε_u 被压碎，受压钢筋也达到屈服强度 f'_y。

(5)大小偏心受压构件，可用相对受压区高度 ξ（或受压区高度 x）来判别。当 $\xi \leqslant \xi_b$（或 $x \leqslant \xi_b h_0$）时，为大偏心受压构件；当 $\xi > \xi_b$（或 $x > \xi_b h_0$）时，为小偏心受压构件。

(6)计算偏心受压构件，都要先求初始偏心距和偏心距增大系数，并判别偏心受压构件的类型。然后按相应的公式计算。

(7)对于小偏心受压构件无论截面设计还是截面复核都必须按轴心受压构件验算垂直于弯矩作用面内的受压承载力。

1.受压构件中纵向钢筋有什么作用？为什么轴心受压柱中纵向受力钢筋的配筋率不应过大和过小？

2.在轴心受压构件中，采用高强钢筋是否经济？为什么？

3.计算轴心受压构件时为什么要考虑稳定系数？

4.何谓"间接钢筋"？它在构件中起什么作用？

5.钢筋混凝土柱中放置箍筋的目的是什么？对箍筋的直径、间距有何规定？

6.钢筋混凝土偏心受压构件正截面的破坏形态有哪几种？其特征是什么？破坏形态与哪些因素有关？

7.偏心受压构件计算时为什么要考虑附加偏心距和偏心距增大系数？如何考虑？

8.如何判别大小偏心受压？

◀ 习 题 ▶

14-1 已知轴心受压柱的截面尺寸 $b \times h = 400\text{mm} \times 400\text{mm}$，混凝土强度等级 C20（$f_c = 9.6\text{N/mm}^2$），纵向受力钢筋为 HRB335 级（$f_y = 300\text{N/mm}^2$），柱的计算长度 $l_0 = 6\,400\text{mm}$，轴向力设计值 $N = 1\,480\text{kN}$，试确定纵向钢筋和箍筋。

14-2 已知现浇钢筋混凝土轴心受压柱，截面尺寸为 $b \times h = 300\text{mm} \times 300\text{mm}$，计算高度 $l_0 = 4\,800\text{mm}$，混凝土强度等级 C30，纵向受力钢筋为 HRB335 级 4Φ25，求该柱所能承受的最大轴向力设计值。

14-3 矩形截面偏心受压柱，截面尺寸为 $b \times h = 300\text{mm} \times 500\text{mm}$，$a_s = a_s' = 40\text{mm}$，控制截面的轴向力设计值 $N = 1\,000\text{kN}$，弯矩设计值 $M = 170\text{kN} \cdot \text{m}$。混凝土采用 C25（$f_c = 11.9\text{N/mm}^2$），钢筋为 HRB335 级（$f_y = f_y' = 300\text{N/mm}^2$），$\dfrac{l_0}{h} < 5$，求纵向钢筋截面面积 $A_s = A_s'$。

14-4 矩形截面偏心受压柱，截面尺寸为 $b \times h = 300\text{mm} \times 400\text{mm}$，计算长度 $l_0 = 6\,400\text{mm}$，$a_s = a_s' = 40\text{mm}$，控制截面的轴向力设计值 $N = 280\text{kN}$，弯矩设计值 $M = 140\text{kN} \cdot \text{m}$。混凝土采用 C20（$f_c = 9.6\text{N/mm}^2$），钢筋为 HRB335 级（$f_y = f_y' = 300\text{N/mm}^2$），采用对称配筋，求纵向钢筋截面面积 $A_s = A_s'$。

14-5 矩形截面偏心受压柱，截面尺寸为 $b \times h = 400\text{mm} \times 600\text{mm}$，$a_s = a_s' = 40\text{mm}$，钢筋为 HRB335 级（$f_y = f_y' = 300\text{N/mm}^2$），采用对称配筋，每侧配筋为 3Φ25，混凝土强度等级 C30，$\dfrac{l_0}{h} < 5$，承受内力设计值 $N = 800\text{kN}$，$M = 400\text{kN} \cdot \text{m}$，试复核该柱正截面承载力是否安全。

第十五章 预应力钢筋混凝土构件

通过本章的学习,掌握预应力混凝土的基本概念,以及预应力的施工方法,满足施工员、质检员等建筑岗位对预应力知识的基本要求。

【学习要求】

(1)掌握预应力混凝土的基本概念,熟悉张拉控制应力和预应力损失产生的原因和注意事项。

(2)掌握预应力钢筋混凝土构件的构造要求,了解预应力混凝土构件的计算。

(3)本章的难点是预应力钢筋混凝土构件设计计算。

第一节 预应力钢筋混凝土的基本概念

一 预应力钢筋混凝土的基本概念

在普通钢筋混凝土结构中,由于混凝土极限拉应变低,在使用荷载作用下,构件中钢筋的应变大大超过了混凝土的极限拉应变。钢筋混凝土构件中的钢筋强度得不到充分利用。为了避免钢筋混凝土结构的裂缝过早出现,充分利用高强材,人们在长期的生产实践中创造了预应力混凝土结构。所谓预应力混凝土结构,是在结构构件受外力荷载作用前,先人为地对它施加压力,由此产生的预应力状态用以减小或抵消外荷载所引起的拉应力,即借助于混凝土较高的抗压强度来弥补其抗拉强度的不足,达到推迟受拉区混凝土开裂的目的。以预应力混凝土制成的结构,因以张拉钢筋的方法来达到预压应力,所以也称预应力钢筋混凝土结构。

二 预应力钢筋混凝土的施加方法

预应力能提高混凝土承受荷载时的抗拉能力,防止或延迟裂缝的出现,并增加结构的刚度,节省钢材和水泥。通常用张拉高强度钢筋或钢丝的方法产生。

张拉方法有两种：

（1）先张法。即先张拉钢筋，后浇灌混凝土，达到规定强度时，放松钢筋两端。

（2）后张法。即先浇灌混凝土，达到规定强度时，再张拉穿过混凝土内预留孔道中的钢筋，并在两端锚固。

1.先张法

先张法是先张拉钢筋，后浇灌混凝土，达到规定强度时，放松钢筋两端的方法。先张法构件中，预应力是通过钢筋和混凝土之间的黏结力传递。如图15-1所示。

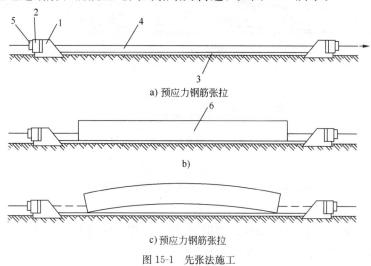

a) 预应力钢筋张拉

b)

c) 预应力钢筋张拉

图 15-1　先张法施工

1-台座；2-横梁；3-台面；4-预应力钢筋；5-夹具；6-钢筋混凝土构件

2.后张法

后张法是在构件浇筑成型后再张拉钢筋的施工方法。即在制作构件时预留孔道，待混凝土达到一定强度后在孔道内穿过钢筋，并按照设计要求张拉钢筋；然后用锚具在构件端部将钢筋锚固，从而对构件施加预应力。后张法构件中，预应力主要靠钢筋端部的锚具来传递。为了使预应力钢筋与混凝土牢固结合并共同工作，防止预应力钢筋锈蚀，应对孔道进行压力灌浆。如图15-2所示。

实践表明，先张法的生产工序少，工艺简单，生产成本较低，适用于批量生产中、小型构件。后张法由于不需要台座，构件可以在施工现场制作，方便灵活，但构件只能单一逐个的施加预应力，工序较多，操作也较麻烦，一般适用于大、中型构件。

⊜ 预应力结构的分类

按照使用荷载下对截面拉应力控制要求的不同，预应力混凝土结构构件可分为三种：

1.全预应力混凝土

全预应力混凝土是指在各种荷载组合下构件截面上均不允许出现拉应力的预应力混凝土构件。大致相当于裂缝控制等级为一级的构件。

2.有限预应力混凝土

有限预应力混凝土是指在短期荷载作用下，容许混凝土承受某一规定拉应力值，但在长期荷载作用下,混凝土不得受拉的要求设计。相当于裂缝控制等级为二级的构件。

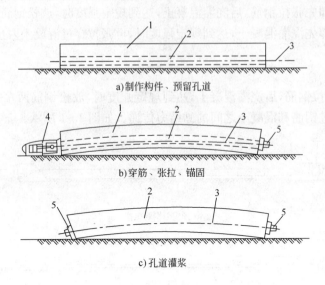

a)制作构件、预留孔道

b)穿筋、张拉、锚固

c)孔道灌浆

图 15-2　后张法施工

1-钢筋混凝土构件;2-预留孔道;3-预应力筋;4-千斤顶;5-锚具

3.部分预应力混凝土

部分预应力混凝土是指在使用荷载作用下,容许出现裂缝,但最大裂宽不超过允许值的要求设计。相当于裂缝控制等级为三级的构件。

从比较来看,全预应力混凝土构件具有抗裂性和抗疲劳性好、刚度大等优点,但也存在构件反拱值过大,延性差,预应力钢筋配筋量大,施加预应力工艺复杂、费用高等主要缺点。因此适当降低预应力,做成有限或部分预应力混凝土构件,既克服了上述全预应力的缺点,同时又可以用预应力改善钢筋混凝土构件的受力性能。有限或部分预应力混凝土介于全预应力混凝土和钢筋混凝土之间,有很大的选择范围,设计者可根据结构的功能要求和环境条件,选用不同的预应力值以控制构件在使用条件下的变形和裂缝,并在破坏前具有必要的延性,是当前预应力混凝土结构的一个主要发展趋势。

（四）对预应力钢筋混凝土的材料要求

1.预应力混凝土结构对钢筋的要求

(1)高强度

预应力混凝土构件在制作和使用过程中,由于种种原因,会出现各种预应力损失,为了在扣除预应力损失后,仍然能使混凝土建立起较高的预应力值,需采用较高的张拉应力,因此预应力钢筋必须采用高强钢筋(丝)。

(2)具有一定的塑性

为防止发生脆性破坏,要求预应方钢筋在拉断时,具有一定的伸长率。

(3)良好的加工性能

即要求钢筋有良好的可焊性,以及钢筋"镦粗"后并不影响原来的物理性能。

（4）足够的黏结强度

与混凝土之间有较好的黏结强度、先张法构件的预应力传递是靠钢筋和混凝土之间的黏结力完成的，因此需要有足够的黏结强度。

2. 预应力混凝土结构对混凝土的要求

（1）强度高

预应力混凝土只有采用较高强度的混凝土，才能建立起较高的预压应力，并可减少构件截面尺寸，减轻结构自重。对先张法构件，采用较高强度的混凝土可以提高黏结强度，对后张法构件，则可承受构件端部强大的预压力。

（2）收缩、徐变小

这样可以减少由于收缩、徐变引起的预应力损失。

（3）快硬、早强

这样可以尽早施加预应力，加快台座、锚具、夹具的周转率，以利加快施工进度，降低间接费用。

第二节　张拉控制应力和预应力损失

一 张拉控制应力

张拉控制应力是指张拉预应力钢筋时所控制的最大应力值，其值为张拉设备所控制的总的张拉力除以预应力钢筋面积得到的应力值，用 σ_{con} 表示。张拉控制应力的大小与预应力钢筋的强度标准值 f_{pyk}（软钢）或 f_{ptk}（硬钢）有关。

从充分发挥预应力优点的角度考虑，张拉控制应力宜尽可能地定得高一些，σ_{con} 定得高，形成的有效预压应力高，构件的抗裂性能好，且可以节约钢材，但如果控制应力过高，会出现以下问题：

（1）σ_{con} 越高，构件的开裂荷载与极限荷载越接近，使构件在破坏前无明显预兆，构件的延性较差。

（2）在施工阶段会使构件的某些部位受到拉力甚至开裂，对后张法构件有可能造成端部混凝土局部受压破坏。

（3）有时为了减少预应力损失，需对钢筋进行超张拉，由于钢材材质的不均匀，可能使个别钢筋的应力超过它的实际屈服强度，而使钢筋产生较大塑性变形或脆断，使施加的预应力达不到预期效果。

（4）使预应力损失增大。

σ_{con} 也不能定得过低，它应有下限值。否则预应力钢筋在经历各种预应力损失后，对混凝土产生的预压应力过小，达不到预期的抗裂效果。

先张法构件的 σ_{con} 值高于后张法构件，原因在于先张法的张拉力是由台座承受，预应力钢筋受到实足的张拉力，当放松钢筋时，混凝土受到压缩，钢筋随之缩短，从而使预应力钢筋中的应力有所降低，而后张法的张拉力是由构件承受，构件受压后立即缩短，所以张拉设备所指示的控制应力是已扣除混凝土弹性压缩后的钢筋应力，为了使两种方法所得预应力保持在相同

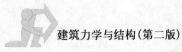

水平,故后张法的 σ_{con} 应低于先张法。张拉控制应力的允许值见表 15-1。

张拉控制应力允许值 表 15-1

钢　种	张　拉　方　法	
	先张法	后张法
消除应力钢丝、钢绞线	$0.75 f_{pyk}$	$0.70 f_{pyk}$
热处理钢筋	$0.70 f_{pyk}$	$0.65 f_{pyk}$
冷拉钢筋	$0.90 f_{pyk}$	$0.85 f_{pyk}$

二 预应力损失

按照某一种控制应力值张拉的预应力钢筋,其初始的张拉应力会由于各种原因,如张拉工艺和材料特性等原因影响而不断降低,这种预应力降低的现象称为预应力损失,用 σ_l 表示。预应力损失包括以下 6 项:

1. 锚具变形和钢筋内缩引起的预应力损失 σ_{l1}

当为直线型预应力钢筋时,可按下式计算:

$$\sigma_{l1} = \frac{a}{l} E_s \tag{15-1}$$

式中:a——张拉端锚具变形和钢筋回缩值,参考表 15-2;

l——张拉端至锚固端之间的距离。

锚具变形和钢筋回缩值 a(mm) 表 15-2

序号	锚　具　类　别		回缩值 a(mm)
1	带螺帽的锚具(锥形螺杆锚具、筒式锚具等)	螺帽缝隙	1
		每块后加垫板的缝隙	1
2	钢丝束的墩头锚具		1
3	钢丝束的钢制锥形锚具		5
4	JM12 夹片式锚具	有顶压时	5
		无顶压时	6~8
5	单根冷轧带肋钢筋和冷拔低碳钢丝的锥形夹具		5

注:1. 表中的锚具变形和钢筋回缩值也可根据实测数据确定。
　　2. 其他类型的锚具变形和钢筋回缩值应根据实测数据确定。

当为曲线形预应力钢筋时,由于钢筋回缩受到曲线型孔道反向摩擦力的影响,σ_{l1} 要降低,而且构件各截面所产生的损失值不尽相同,离张拉端越远,其值越小。至离张拉端某一距离 l_f,预应力损失 σ_{l1} 降为零,此距离为反向摩擦影响长度。

减少此项损失的措施有:

(1)选择变形小或预应力钢筋内缩小的锚具,尽量减少垫板数;

(2)对先张法构件,选择长台座。

2. 预应力钢筋与孔道壁之间摩擦引起的预应力损失 σ_{l2}

$$\sigma_{l2} = \sigma_{con}\left(1 - \frac{1}{e^{kx+\mu\theta}}\right) \tag{15-2}$$

当 $kx + \mu\theta \leqslant 0.2$ 时，σ_{l2} 可按下列近似公式计算：

$$\sigma_{l2} = \sigma_{con}(kx + \mu\theta) \tag{15-3}$$

式中：k——考虑孔道局部偏差对摩擦影响的系数：

    x——张拉端至计算截面的孔道长度，可近似取该孔道在纵轴上的投影长度；

    μ——预应力钢筋与孔道壁的摩擦系数；

    θ——从张拉端至计算截面曲线型孔道部分切线的夹角（以弧度计）。

采取以下措施可减少该项预应力损失 σ_{l2}：

（1）对较长的构件可在两端进行张拉；

（2）采用超张拉，张拉程序可采用。

$$0 \xrightarrow{} 1.1\sigma_{con} \xrightarrow{\text{荷载 2min}} 0.85\sigma_{con} \xrightarrow{\text{荷载 2min}} \sigma_{con}$$

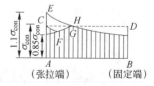

图 15-3　超张拉应力图

由图 15-3 超张拉应力图可见，当第一次张拉至 $1.1\sigma_{con}$ 时，预应力钢筋应力沿 EHD 分布，当张拉应力降至 $0.85\sigma_{con}$，由于钢筋回缩受到孔道反向摩擦力的影响，预应力沿 $FGHD$ 分布，当再张拉至 σ_{con} 时，钢筋应力沿 $CFGHD$ 分布。可见，超张拉钢筋中的应力比一次张拉至 σ_{con} 的应力分布均匀，预应力损失要小一些。

3. 混凝土加热养护时，受张拉的钢筋与承受拉力的设备之间温差引起的损失 σ_{l3}

为了缩短先张法构件的生产周期，混凝土常采用蒸汽养护办法。升温时，新浇的混凝土尚未结硬，预应力筋与台座之间的温差 Δt 使钢筋受热自由伸长，但两端的台座是固定不动的，即距离保持不变，于是钢筋就松了，钢筋的应力降低；降温时，预应力钢筋与混凝土已黏结成整体，加上两者的温度线膨胀系数相近，二者能够同步回缩，放松钢筋时因温度上升钢筋伸长的部分已不能回缩，因而产生了温差损失。仅先张法构件有该项损失。

$$\sigma_{l3} = \alpha E_s \Delta t \tag{15-4}$$

式中：Δt——表示温差（℃）；

    α——钢筋的线膨胀系数（$\alpha = 1.0 \times 10^{-5}/℃$）；

    E_s——钢筋弹性模量（$E_s = 2.0 \times 10^5 \text{N/mm}^2$）。

工程中减少此项损失的措施有：

（1）采用二次升温养护。先在常温下养护至混凝土强度等级达 C7.5～C10，再逐渐升温至规定的养护温度，这时可认为钢筋与混凝土已结成整体，能够一起胀缩而不引起预应力损失；

（2）在钢模上张拉预应力钢筋。由于钢模和构件一起加热养护，升温时两者温度相同，可不考虑此项损失。

4. 钢筋应力松弛引起的预应力损失 σ_{l4}

钢筋的应力松弛是指钢筋在高应力作用下及钢筋长度不变条件下，其应力随时间增长而降低的现象。预应力钢筋松弛现象所引起的预应力损失在先张法构件和后张法构件中都存在。

钢筋应力松弛有以下特点：

①应力松弛与时间有关，开始快，以后慢；

②应力松弛与钢材品种有关。冷拉钢筋、热处理钢筋的应力松弛损失比碳素钢丝、冷拔低碳钢丝、钢绞线要小；

③张拉控制应力 σ_{con} 高,应力松弛大。

采用超张拉可使应力松弛损失有所降低。超张拉程序为:

$$0 \longrightarrow (1.05 \sim 1.1)\sigma_{con} \xrightarrow{\text{持荷 2min}} 0 \longrightarrow \sigma_{con}$$

因为在较高应力下持荷两分钟所产生的松弛损失与在较低应力下经过较长时间才能完成的松弛损失大体相当,所以经过超张拉后再张拉至 $_{con}$ 时,一部分松弛损失已完成。

混凝土规范根据试验结果,给出该部分预应力损失的计算方法:

对冷拉钢筋、热处理钢筋:

一次张拉:

$$\sigma_{l4} = 0.05\sigma_{con}$$

超张拉:

$$\sigma_{l4} = 0.035\sigma_{con} \tag{15-5}$$

对于碳素钢丝、钢绞线:

$$\sigma_{l4} = 0.4\psi\left(\frac{\sigma_{con}}{f_{ptk}} - 0.5\right)\sigma_{con} \tag{15-6}$$

一次张拉 $\qquad\qquad\qquad \psi = 1$

超张拉 $\qquad\qquad\qquad \psi = 0.9$

5.混凝土的收缩、徐变引起的预应力损失 σ_{l5}

混凝土结硬时产生体积收缩,在预压力作用作用下,混凝土会发生徐变,这都会使构件缩短,构件中的预应力钢筋跟着回缩,造成预应力损失。

先张法构件:

$$\sigma_{l5} = \frac{45 + 280\sigma_{pc}/f'_{cu}}{1 + 15\rho} \tag{15-7}$$

$$\sigma'_{l5} = \frac{45 + 280\sigma'_{pc}/f'_{cu}}{1 + 15\rho'} \tag{15-8}$$

后张法构件:

$$\sigma_{l5} = \frac{35 + 280\sigma_{pc}/f'_{cu}}{1 + 15\rho} \tag{15-9}$$

$$\sigma'_{l5} = \frac{35 + 280\sigma'_{pc}/f'_{cu}}{1 + 15\rho'} \tag{15-10}$$

式中:σ_{pc},σ'_{pc}——分别为完成第一批预应力损失后受拉区、受压区预应力钢筋合力点处混凝土法向压应力;此时,预应力损失仅考虑混凝土预压前(第一批)的损失,其非预应力钢筋中的应力 σ_{l5} 和 σ'_{l5} 值应等于零;σ_{pc},σ'_{pc} 值不得大于 $0.5 f'_{cu}$;当 σ'_{pc} 为拉应力时,则公式(15-7)和(15-9)中的 σ'_{pc} 应取等于零。计算混凝土法向应力 σ_{pc},σ'_{pc} 时可根据构件制作情况考虑自重的影响;

$\qquad\quad f'_{cu}$——施加预应力时混凝土的实际立方体抗压强度。一般 f'_{cu} 不等于构件混凝土的立方体强度 f_{cu},但要求 $f_{cu} \geqslant 0.75 f'_{cu}$;

$\qquad\quad \rho,\rho'$——受拉区、受压区预应力钢筋和非预应力钢筋的配筋率。

先张法构件:

$$\rho = \frac{A_p + A_s}{A_0} \qquad \rho' = \frac{A'_p + A'_s}{A_0} \tag{15-11}$$

后张法构件:

$$\rho = \frac{A_p + A_s}{A_n} \quad \rho' = \frac{A_p' + A_s'}{A_n} \tag{15-12}$$

式中:A_p,A_p'——分别为受拉区和受压区预应力钢筋截面面积,对称配筋的构件,取 ρ,ρ',此时
配筋率应按钢筋截面面积的一半进行计算;

A_0,A_n'——分别为混凝土换算截面积、净截面面积。

后张法构件收缩徐变损失比先张法构件小,原因是后张法构件在施加预应力时,混凝土的收缩已完成一部分。以上公式适用于一般相对湿度环境,高湿度环境下,σ_{l5},σ_{l5} 应降低,反之则增加。

减少此项损失的措施有:

(1)采用高标号水泥,减少水泥用量,降低水灰比;

(2)采用级配良好的集料,加强振捣,提高混凝土的密实性;

(3)加强养护,以减少混凝土的收缩;

(4)控制混凝土应力 σ_{pc},要求 $\sigma_{pc} \leqslant 0.5 f_{cu}'$,以防止发生非线性徐变。

(5)选用变形小的钢筋、内缩小的锚夹具,尽量减小垫板的数量,增加先张法台座的长度,以减少由于夹具变形和钢筋的内缩引起的预应力损失。

6.混凝土的局部挤压引起的预应力损失 σ_{l6}

用螺旋式预应力钢筋作配筋的环形构件由于混凝土的局部挤压引起的预应力损失 σ_{l6},如电杆、水池、油罐、压力管道等环形构件,采用后张法,配置环状或螺旋式预应力钢筋直接在混凝土进行张拉。预应力钢筋将对环形构件的外壁产生环向压力,使构件直径减小,从而引起预应力损失,这项损失仅后张法有。σ_{l6} 大小与环形构件的直径 d 成反比,直径越小,损失越大,《混凝土结构设计规范》(GB 50010——2010)规定:

当 $d \leqslant 3m$,$\sigma_{l6} = 30MPa$;

当 $d > 3m$,$\sigma_{l6} = 0$ 不考虑该项损失(此处 d 为环形构件的直径)。

三 预应力损失值组合

为了计算方便,《混凝土结构设计规范》把预应力损失分为两批,混凝土受预压前产生的预应力损失为第一批预应力损失 σ_{lI},而混凝土受预压后产生的预应力损失为第二批预应力损失 σ_{lII}。各阶段预应力损失值的组合见表 15-3。

各阶段预应力损失值的组合　　　　　　　　　表 15-3

预应力损失值的组合	先张法构件	后张法构件
混凝土预压前(第一批)的损失 σ_{lI}	$\sigma_{l1} + \sigma_{l2} + \sigma_{l3} + \sigma_{l4}$	$\sigma_{l1} + \sigma_{l2}$
混凝土预压后(第二批)的损失 σ_{lII}	σ_{l5}	$\sigma_{l4} + \sigma_{l5} + \sigma_{l6}$

当计算所得的预应力总损失 σ_l 小于下列数值时,应按下列数值取用:

先张法构件　　　　　100N/mm²;

后张法构件　　　　　80N/mm²。

第三节 预应力钢筋混凝土构件的构造要求

预应力混凝土构件除需满足铵受力要求以及有关钢筋混凝土构件的构造要求以外,还必须满足由张拉工艺、锚固方式、配筋种类、数量、不知形势、放置位置等方面提出的构造要求。

一 构件截面尺寸

预应力混凝土大梁,通常采用非对称工字形截面(对于板或较小跨度的梁可采用矩形截面),受一般荷载作用下梁的截面高度 h 可取跨度 l_0 的 $\frac{1}{20} \sim \frac{1}{14}$,约为普通钢筋混凝土梁的截面高度的 0.7 倍。截面肋宽 b 取 $\frac{1}{15}h \sim \frac{1}{8}h$,剪力较大的梁 b 也可取 $\frac{1}{8}h \sim \frac{1}{5}h$。上翼缘宽度 b_f' 可取 $\frac{1}{3}h \sim \frac{1}{2}h$,厚度 h_f' 可取 $\frac{1}{10}h \sim \frac{1}{6}h$。为了便于拆模,上、下翼缘靠近肋处应做成斜坡,上翼缘底面斜坡为 $\frac{1}{10} \sim \frac{1}{15}$,下翼缘顶面斜坡通常取 1∶1。下翼缘宽度和厚度 b_f、h_f 应根据预应力筋的多少、钢筋的净距、孔洞的净距、保护层厚度、锚具及承载力架的尺寸等给予确定。

对于施工时预拉区不允许出现裂缝的构件(如吊车梁),在受压区配置预应力筋的面积 A_p':先张法构件中为受拉区预应力筋截面面积 A_p 的 $\frac{1}{6} \sim \frac{1}{4}$;后张法构件中为 A_p 的 $\frac{1}{8} \sim \frac{1}{6}$。

二 预应力钢筋的布置

(1)后张法构件中,当预应力筋为曲线配筋时,为了减少摩擦损失,曲线段的夹角不宜过大(等截面吊车梁,≤30°)。曲率半径:对钢丝束、钢绞线束以及钢筋直径 $d≤12mm$ 的钢筋束,不宜小于 4m,$12mm<d≤25mm$ 的钢筋,不宜小于 12m;对 $d>25mm$ 的钢筋,不宜小于 15m,对折线配筋的构件,再折线预应力筋弯折处的曲率半径可适当减小。

(2)在先张法构件中,预应力筋一般为直线性,必要时也可采用折线配筋,如双坡屋面梁受压区的预应力筋。并且预应力钢筋的净距不小于其公称直径的 1.5 倍,且符合下列规定:

①热处理钢筋和预应力钢丝不应小于 5mm;

②预应力钢绞线不应小于 20mm;

③预应力钢丝束及钢绞线束不应小于 25mm。

(3)当受拉区预应力筋已满足抗裂或裂缝宽度的限值时,按承载力要求不足的部分允许采用非预应力钢筋。如果受拉区非预应力钢筋采用预应力筋同级的冷拉Ⅱ、Ⅲ级钢筋时,其截面面积不宜大于受拉钢筋总截面面积的 20%。如果采用Ⅲ级及Ⅲ级以下的热轧钢筋时,其截面面积可不受限制。

（4）预应力钢筋混凝土构件由于预应力筋的回缩或锚具的挤压作用，常导致在构件端部沿孔道发生劈裂或沿截面中部发生纵向水平裂缝。故在构件端部一定范围内还应均匀附加钢筋和网片。在靠近支座区段宜弯起一部分预应筋并尽可能使预应力筋在端部均匀布置，则可减少出现纵向水平裂缝。如不能均匀布置，应在端部设置竖向附加的焊接钢筋网、封闭式箍筋或其他形式的构造钢筋。

（5）在构件端部有局部凹进时，为防止施加预应力时在端部转折处产生裂缝，应增设折线构造钢筋，后拉法预应力筋在构件端部全部弯起时（如鱼腹式吊车梁）或直线配筋的先张法构件，当其端部与下部支撑结构焊接时，为考虑混凝土收缩、徐变及温度变化引起的不利影响，在端部可能产生裂缝的部位应设置足够的非预应力纵向构造钢筋。

三 构件端部构造措施

先张法构件放张时，放进对周围混凝土产生挤压，端部混凝土有可能沿钢筋周围产生裂缝。为防止这种裂缝，除要求预应力筋有一定的保护层外，还应局部加强，具体措施为：

（1）对单根预应力筋，其端部宜设置长度不小于 150mm 的螺旋钢筋；当钢筋直径小于 16mm 时，亦可利用支座垫板上的插筋代替螺旋筋，但其数量不应少于 4 根，高度不宜小于 120mm。

（2）对多根预应力筋，在构件端部 $10d$（d 为预应力筋直径）范围内，应设置 3～5 片钢筋网；

（3）对采用钢丝配筋的薄板，宜在板端 160mm 范围内沿构件设置附加的横向钢筋或适当加密横向钢筋。

后张法预应力筋预留孔道间的净距不应小于 25mm，孔道至构件边缘的净距亦不应小于 25mm 且不宜小于孔道直径的一半。孔道直径应比预应力钢筋束的外径、钢筋对焊接头处外径或需穿过孔道的锚具外径大 10～15mm。构件两端或跨中应设置灌浆孔或排气孔，孔距不宜大于 12m。制作时有预先起拱要求的构件，预留孔道宜随构件同时起拱。

孔道灌浆要求密实，水泥浆强度不应低于 M20，水灰比宜控制在 0.40～0.45。为减小收缩，水泥浆内宜掺入水泥用水的万分之零点五至万分之一的铝粉。

在预应力筋的弯折处附近应加密箍筋或沿弯折处内侧增设钢筋网片。构件端部的尺寸必须兼顾锚具、张拉设备的尺寸，方便于施工操作，满足局部受压承载力各方面的要求综合确定。在预应力筋锚具下及张拉设备的支撑部位应埋设钢垫板，并应按局部受压承载力计算的要求配置间接钢筋和附加钢筋。端部截面由于受到孔道削弱，且预应力筋、非预应力钢筋、锚拉筋、附加钢筋及预埋件上锚筋等纵横交叉，因此设计时必须考虑施工的可行性和方便。

端部外露的金属锚具应采取刷油漆、砂浆封闭等防锈措施。

(四)预拉区纵向钢筋

(1)施工阶段预拉区不允许出现裂缝的构件,要求预拉区纵向钢筋的配筋率 $\dfrac{A'_s+A'_P}{A}\geqslant$ 0.2% ,其中 A 为构件截面面积,但对后张法构件,不应计入 A'_P。

(2)施工阶段预拉区允许出现裂缝而在预拉区不配置预应力钢筋的构件,要求当 $\sigma_{ct}=$ $2.0f'_{tk}$ 时,预拉区纵向钢筋的配筋率 $\dfrac{A'_s}{A}\geqslant 0.4\%$;当 $1.0f'_{tk}<\sigma_{ct}<2.0f'_{tk}$ 时,则在 $0.2\%\sim$ 0.4% 之间按现行内插法取用。

(3)预拉区的非预应力纵向钢筋宜配置带肋钢筋,其直径不宜大于 $14mm$,并应沿构件预拉区的外边缘均匀配置。

◀ 本 章 小 结 ▶

(1)本章从预应力钢筋混凝土的基本概念出发,阐述了预应力钢筋混凝土的施加方法:先张法和后张法及其各自的特点、施工原理和使用条件。

(2)按照使用荷载下对截面拉应力控制要求的不同,分为全预应力、有限预应力和部分预应力混凝土三类构件。

(3)根据材料特性,讲述了预应力混凝土结构对两种主要建筑材料的要求。

(4)本章以重点的篇幅讲述了张拉控制应力、预应力损失和预应力损失值组合,着力凸现预应力钢筋混凝土在设计、施工中重点问题。在预应力钢筋混凝土构件应用中,除需满足按受力要求以及有关钢筋混凝土构件的构造要求以外,还必须满足由张拉工艺、锚固方式、配筋种类、数量、形式、放置位置等方面提出的构造要求。

◀ 复习思考题 ▶

1. 预应力混凝土结构的优缺点各是什么?

2. 为什么预应力混凝土构件所选用的材料都要求有较高的强度?

3. 什么是张拉控制应力? 为何不能取得太高,也不能取得太低?

4. 预应力损失有哪些? 是由什么原因产生的?

5. 如何减少各项预应力的损失值?

6. 预应力损失值为什么要分第一批和第二批损失? 先张法和后张法各项预应力损失是怎样组合的?

7. 预应力轴心受拉构件,在施工阶段计算预加应力产生的混凝土法向应力 σ_{pc} 时,为什么先张法构件用 A_0,而后张法构件用 A_n? 而在使用阶段时,都采用 A_0? 先张法、后张法的 A_0、A_n 如何进行计算?

8. 如采用相同的控制应力 σ_{con},预应力损失值也相同,当加载至混凝土预压应力 $\sigma_{pc}=0$ 时,先张法和后张法两种构件中预应力钢筋的应力是否相同,哪个大?

9.预应力混凝土构件主要构造要求有哪些?

◄ 习　题 ►

15-1　某预应力混凝土屋架下弦杆,杆件长度 21m,用后张法施加预应力,孔道直径为 $\phi50$,杆件截面尺寸和配筋如题图 15-1 所示,混凝土强度为 C40,非预应力筋为 $4\phi12$($A_s=452\text{mm}^2$),预应力钢筋为冷拉Ⅲ级钢筋 $2\Phi25$($A_P=982\text{mm}^2$),张拉时混凝土强度 $f'_c=19.5\text{N/mm}^2$,$f'_{cu}=40\text{N/mm}^2$。

验算:(1)使用阶段正截面承载力;

(2)使用阶段正截面抗裂;

(3)施工阶段混凝土预压应力是否满足要求。

题 15-1　图(尺寸单位:mm)

说明:(1)该下弦杆属一般要求不出现裂缝的构件 $\alpha_a=0.5$,张拉控制应力 $\sigma_{con}=0.85f_{pyk}$

(2)计算得到的预应力损伤值为 $\sigma_{l1}=13.1\text{N/mm}^2$,$\sigma_{l2}=13.2\text{N/mm}^2$;$\sigma_{l4}=14.9\text{N/mm}^2$,$\sigma_{l5}=55.9\text{N/mm}^2$。

(3)计算得到杆件在荷载标准组合和准永久组合下的轴向拉力设计值分别为:

$$N_s=360\text{kN},N_1=310\text{kN}。$$

(4)验算用其他数据

C40 混凝土:$E_c=3.25\times10^4\text{N/mm}^2$,$f_k=2.40\text{N/mm}^2$;

冷拉Ⅲ级钢筋:$f_{py}=420\text{N/mm}^2$,$f_{pyk}=500\text{N/mm}^2$;

$E_s=1.8\times10^5\text{N/mm}^2$;

非预应力钢筋:Ⅱ级 $f_y=300\text{N/mm}^2$;$f_{yk}=335\text{N/mm}^2$;

$E_s=2\times10^5\text{N/mm}^2$。

第十六章
钢筋混凝土梁板结构

【能力目标、知识目标】

通过本章的学习,培养学生掌握正确识读施工图的技能,树立按图施工的意识,具备施工员、质检员等建筑岗位职业素质。

【学习要求】

(1)了解钢筋混凝土楼盖的类型;掌握现浇楼盖的类型和受力特点;

(2)熟练掌握单向板肋梁楼盖的计算方法、构件截面设计特点及配筋构造要求;

(3)了解梁式、板式楼梯的应用范围;掌握计算方法和配筋构造要求。

第一节　概　　述

一　梁板结构的应用

钢筋混凝土梁板结构是由钢筋混凝土受弯构件(梁、板)组成,被广泛应用在土木工程中。梁板结构既可应用在建筑物的楼盖,还可用于基础、挡土墙、桥梁的桥面、水池顶板等。如图16-1所示。本章主要介绍钢筋混凝土肋形楼盖、装配式楼盖和楼梯。

二　钢筋混凝土楼盖的类型

钢筋混凝土楼盖按施工方法分为现浇整体式、装配式和装配整体式三种。

现浇整体式楼盖是指在现场整体浇筑的楼盖。它的优点是整体性好,刚度大,抗震性能强,防水性能好;缺点是耗费模板多,工期长,受施工季节影响大。随着施工技术的进步和抗震对楼盖整体性要求的提高,现浇整体式楼盖被广泛应用。

装配式楼盖采用预制构件,便于工业化生产,具有节省模板,工期短,受施工季节影响小等优点;缺点是整体性差,抗震性差,防水性差,不便开设洞口。

装配整体式楼盖的优缺点介于上述两种楼盖之间。但这种楼盖需进行混凝土的二次浇灌,有时还增加焊接工作量。此种楼盖仅适用于荷载较大的多层工业厂房、高层民用建筑及有抗震设防要求的建筑。

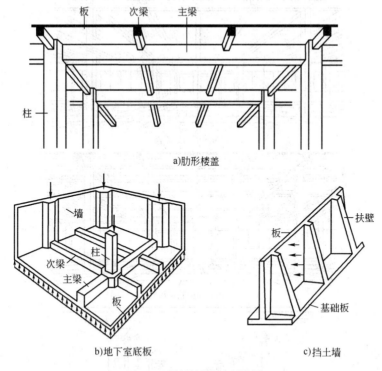

a)肋形楼盖

b)地下室底板

c)挡土墙

图 16-1 梁板结构的应用举例

三 现浇整体式楼盖的类型

现浇整体式楼盖按其组成情况分为单向板肋梁楼盖、双向板肋梁楼盖和无梁楼盖三种。

板按其受弯情况可分为单向板,如图 16-2 所示,和双向板,如图 16-3 所示。当板的长边 l_2 与短边 l_1 之比大于等于 2,即 $l_2/l_1 \geqslant 2$ 时,荷载主要沿单向(短边方向)传递,单向受弯,这样的四边支承板叫做单向板。另外,对于仅有两对边支承,另两对边为自由边的板,均属单向板。当板长边 l_2 与短边 l_1 之比小于 2,即 $l_2/l_1 < 2$ 时,荷载沿双向传递,双向受弯,这样的四边支承板叫做双向板。

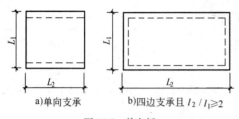

a)单向支承 b)四边支承且 $l_2/l_1 \geqslant 2$

图 16-2 单向板

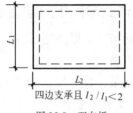

四边支承且 $l_2/l_1 < 2$

图 16-3 双向板

由单向板及其支承梁组成的楼盖,称为单向板肋梁楼盖[图 16-4a)]。

由双向板及其支承梁组成的楼盖,称为双向板肋梁楼盖[图 16-4b)]。

不设肋梁,将板直接支承在柱上的楼盖称为无梁楼盖[图 16-4c)]。

247

第十六章 钢筋混凝土梁板结构

Jianzhu Lixue yu Jiegou

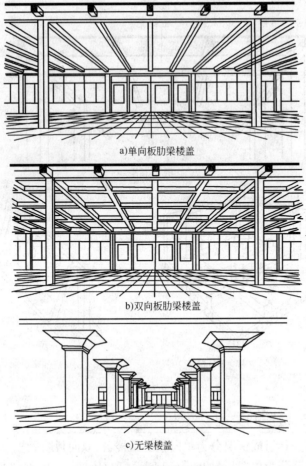

a)单向板肋梁楼盖

b)双向板肋梁楼盖

c)无梁楼盖

图 16-4　现浇楼盖的三种类型

第二节　整体式单向板肋梁楼盖

一 整体式单向板肋梁楼盖的结构平面布置

结构平面布置的原则是:适用、合理、整齐、经济。

1. 梁板布置

单向板肋梁楼盖一般是由单向板、次梁、主梁组成,如图 16-5 所示,板的四边支承在梁(墙)上,次梁支承在主梁上。

为了增强房屋的横向刚度,主梁宜布置在整个结构刚度较弱的方向,即沿房屋横向布置,如图 16-6a)所示。但当柱的横向间距大于纵向间距时,主梁也可纵向布置如图 16-6b)所示。主梁必须避开门窗洞口。

2. 跨度

主梁的跨度一般为 5～8m,次梁的跨度一般为 4～6m,板的跨度一般为 1.7～2.7m。

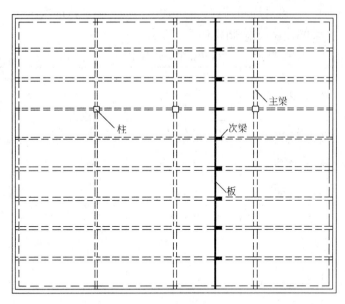

图 16-5　单向板肋梁楼盖

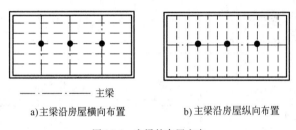

——·——·——　主梁

a)主梁沿房屋横向布置　　　　　　b)主梁沿房屋纵向布置

图 16-6　主梁的布置方向

3.截面尺寸和厚度

梁、板的尺寸要求见十三章第二节。

二　梁板计算简图

单向板肋梁楼盖的传力途径为板上荷载传至次梁(墙),次梁荷载传至主梁(墙),最后总荷载由墙、柱传至基础和地基。

1.板的计算简图

板取 1m 宽板带作为计算单元,如图 16-7a)所示。板带可以用轴线代替,板支承在次梁或墙上,其支座按不动铰支座考虑,板按多跨连续板计算。支座之间的距离取计算跨度(表 16-1),作用在板面上的荷载包括恒载和活载两种,其值可查《建筑结构荷载规范》(GB 50009—2012)。

对于跨数多于五跨的等截面连续板、梁,当其各跨度上的荷载相同、且跨度差不超过 10% 时,可按五跨等跨连续梁计算,小于五跨的按实际跨数计算。板的计算简图如图 16-7b)所示。

2.次梁的计算简图

次梁支承在主梁或墙上,其支座按不动铰支座考虑,次梁按多跨连续梁计算。次梁所受荷

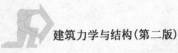

载为板传来的荷载和自重,也是均布荷载。计算板传来的荷载时,取次梁相邻跨度一半作为次梁的受荷宽度 l_1。次梁的计算简图如图 16-7c)所示。

板和梁的计算跨度

表 16-1

跨数	支座情形		计算跨度 l		符号意义
			板	梁	
单跨	两端简支		$l=l_0+h$	$l=l_0+a\leqslant 1.05l_0$	l_0—支座净距 l_c—支座中心间的距离 h—板的厚度 a—边支座宽度 a'—中间支座宽度
	一端简支、一端与梁整体连接		$l=l_0+0.5h$		
	两端与梁整体连接		$l=l_0$		
多跨	两端简支		当 $a'\leqslant 0.1l_c$ 时,$l=l_0$	当 $a'\leqslant 0.051l_c$ 时,$l=l_0$	
			当 $a'>0.1l_c$ 时,$l=1.1l_0$	当 $a'>0.051l_c$ 时,$l=1.05l_0$	
	一端入墙内另一端与梁整体连接	按塑性计算	$l=l_0+0.5h$	$l=l_0+0.5a\leqslant 1.025l_0$	
		按弹性计算	$l=l_0+0.5(h+a')$	$l=l_c\leqslant 1.025l_0+0.5a'$	
	两端与梁整体连接	按塑性计算	$l=l_0$	$l=l_0$	
		按弹性计算	$l=l_0$	$l=l_0$	

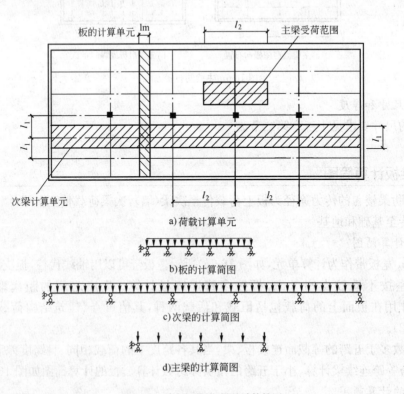

a) 荷载计算单元

b) 板的计算简图

c) 次梁的计算简图

d) 主梁的计算简图

图 16-7 单向板盖楼、梁的计算简图

3. 主梁的计算简图

当主梁支承在砖柱（墙）上时，其支座按铰支座考虑；当主梁与钢筋混凝土柱整体现浇时，若梁柱的线刚度比大于5，则主梁支座也可视为不动铰支座（否则简化为框架），主梁按连续梁计算。

主梁承受次梁传下的荷载以及主梁自重。次梁传下的荷载是集中荷载，取主梁相邻跨度一半 l_2 作为主梁的受荷宽度，主梁的自重可简化为集中荷载计算。主梁的计算简图如图 16-7d) 所示。

三 梁板内力计算

梁、板的内力计算有弹性计算法（如力矩分配法）和塑性计算法（弯矩调幅法）两种。

弹性计算方法是将钢筋混凝土梁、板视为理想弹性体，以结构力学的一般方法（如力矩分配法）来进行结构的内力计算。对于等跨连续梁、板且荷载规则的情况，其内力可通过查表计算（附录10）；对于不等跨连续梁，可选用结构计算软件由计算机计算。

塑性计算法是在弹性理论计算方法的基础上，考虑了混凝土的开裂、受拉钢筋屈服、内力重分布的影响，进行内力调幅，降低和调整了按弹性理论计算的某些截面的最大弯矩。在设计混凝土连续次梁、板时尽量采用这种方法；对重要构件及使用中一般不允许出现裂缝的构件，如主梁及其他处于有腐蚀性、湿度大等环境中的构件，不宜采用塑性计算法，应采用弹性计算法。

1. 板和次梁的计算

板和次梁的内力一般采用塑性计算法，不考虑活荷载的不利位置。对于等跨连续板、梁，其弯矩值为：

$$M = \alpha(g+q)l^2 \tag{16-1}$$

式中：α——弯矩系数，按图 16-8 采用；

g、q——均布恒荷载和活荷载的设计值；

l——计算跨度。

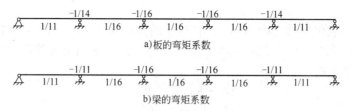

图 16-8　连续板、梁的弯矩系数

板所受剪力很小，混凝土就足以承担剪力，所以板不必进行受剪承载力计算，也不必配置腹筋。

次梁的剪力按下式计算：

$$V = \beta(g+q)l_0 \tag{16-2}$$

式中：β——剪力系数，按图 16-9 采用；

g、q——均布恒荷载和活荷载的设计值；

l_0——净跨度。

0.4
0.6 0.5
0.5 0.5
0.5 0.5
0.5 0.6
0.4

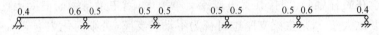

图 16-9 次梁的剪力系数

2.主梁的内力计算

主梁的内力采用弹性计算法,即按结构力学方法计算内力。此时要考虑活荷载的不利组合。

1)活荷载的最不利位置

梁板上活荷载的大小和位置是随意变化的,构件各截面的内力也是变化的。要保证构件在各种情况下安全,就必须确定活荷载布置在哪些位置,控制截面(支座、跨中)可能产生最大内力,即确定活荷载的最不利位置。

(1)欲求连续梁某跨跨中截面最大正弯矩时,除应在该跨布置活荷载外,其余各跨则隔一跨布置活荷载。如图 16-10a)、b)所示

(2)欲求某支座截面最大负弯矩时,除应在该支座左、右两跨布置活荷载外,其余各跨则隔一跨布置活荷载。如图 16-10c)、d)所示。

(3)欲求某支座截面最大剪力时,活荷载布置与求该截面最大负弯矩时相同。如图 16-10a)、c)、d)所示。

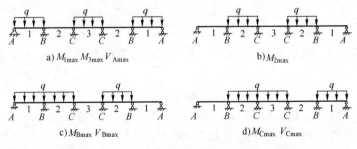

q
A 1 B 2 C 3 C 2 B 1 A
a) M_{1max} M_{3max} V_{Amax}
b) M_{2max}
c) M_{Bmax} V_{Bmax}
d) M_{Cmax} V_{Cmax}

图 16-10 连续梁最不利活荷载位置

2)内力计算

活荷载的最不利位置确定后,对于等跨(包括跨差不大于 10%)的连续梁(板),可直接利用表格查得在荷载和各种活荷载最不利位置下的内力系数,求出梁有关截面的弯矩和剪力。

当均布荷载作用时:

$$M = K_1 g l_0^2 + K_2 q l_0^2 \tag{16-3}$$

$$V = K_3 g l_0 + K_4 q l_0 \tag{16-4}$$

当集中荷载作用时:

$$M = K_1 G l_0 + K_2 Q l_0 \tag{16-5}$$

$$V = K_3 G + K_4 Q \tag{16-6}$$

式中:g,q——单位长度上的均布恒载和均布活载;

G,Q——集中恒载与集中活载;

$K_1 \sim K_4$——内力系数,见附录 10;

l_0——梁的计算跨度,按表 16-1 规定采用。若相邻两跨跨度不相等(不超过 10%),在

计算支座弯矩时，l_0 取相邻两跨的平均值；而在计算跨中弯矩及剪力时，仍用该跨的计算跨度。

四 配筋计算原则

1.板的计算

只需按钢筋混凝土正截面强度计算，不需进行斜截面受剪承载力计算。

2.次梁的计算

次梁应根据所求的内力进行正截面和斜截面承载力的配筋计算。正截面承载力计算中，跨中截面按 T 形截面考虑，支座截面按矩形截面考虑；在斜截面承载力计算中，当荷载、跨度较小时，一般仅配置箍筋。否则，还需设置弯起钢筋。

3.主梁的计算

主梁应根据所求的内力进行正截面和斜截面承载力的配筋计算。正截面承载力计算中，跨中截面按 T 形截面考虑，支座截面按矩形截面考虑。

五 构造要求

1.板的构造要求

（1）级别、直径、间距

受力钢筋宜采用 HPB235 级钢筋，常用直径 6～12mm。为了施工方便，宜选用较粗钢筋作负弯矩钢筋。受力钢筋的间距一般不小于 70mm，也不大于 200mm。当板厚 $h>150$mm 时，不大于 $1.5h$，且不大于 250mm。

（2）配置形式

连续板中受力钢筋的配置可采用弯起式和分离式两种。如图 16-11 所示。

弯起式配筋是将跨中的一部分正弯矩钢筋在支座附近适当位置向上弯起，作为支座负弯矩筋，若数量不足则再另加直筋。一般采用隔一弯一或隔一弯二。弯起式配筋具有锚固和整体性好，节约钢筋等优点，但施工复杂，实际工程中应用较少，一般用于板厚 $h\geqslant120$mm 及经常承受动荷载的板。

分离式配筋是指板支座和跨中截面的钢筋全部各自独立配置。分离式配筋具有设计施工简便的优点，但钢筋锚固差且用钢量大。适用于不受振动和较薄的板中，实际工程中应用较多。

（3）板中分布钢筋

分布钢筋置于受力钢筋内侧，与受力钢筋垂直放置并互相绑扎（或焊接）。分布钢筋的间距不宜大于 250mm，直径不宜小于 6mm，单位长度上分布钢筋的截面面积不宜小于单位宽度上受力钢筋截面面积的 15％，且不宜小于该方向板截面面积的 15％。

（4）板中垂直于主梁的构造钢筋

在主梁附近的板，由于受主梁的约束，将产生一定的负弯矩，所以，应在跨越主梁的板上部配置与主梁垂直的构造钢筋，其数量应不少于板中受力钢筋的 1/3。且直径不应小于 8mm，间距不应大于 200mm，伸出主梁边缘的长度不应小于板计算跨度 l_0 的 1/4，如图 16-12 所示。

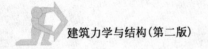

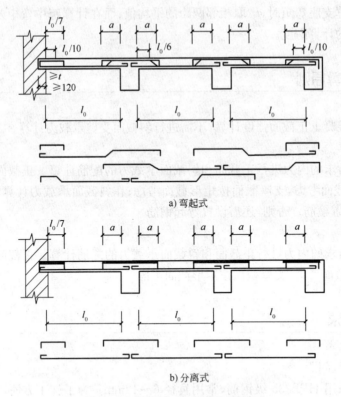

a) 弯起式

b) 分离式

图 16-11　连续板中受力钢筋的布置方式

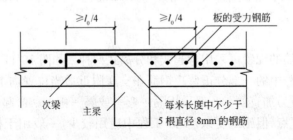

图 16-12　与主梁垂直的构造钢筋

（5）嵌固在墙内板上部的构造钢筋

嵌固在承重砖墙内的现浇板，在板的上部应配置构造钢筋，其直径不应小于 8mm，钢筋间距不应大于 200mm，其截面面积不宜小于该方向跨中受力钢筋截面面积的 1/3，伸出墙边的长度不应小于 $l_1/7$。对两边均嵌固在墙内的板角部分，应双向配置上部构造钢筋，伸出墙边的长度不应小于 $l_1/4$（l_1 为单向板的跨度或双向板的短边跨度），如图 16-13 所示。

2. 次梁的构造要求

次梁在砖墙上的支承长度不应小于 240mm，并应满足墙体局部受压承载力的要求。

次梁的钢筋直径、净距、混凝土保护层、钢筋锚固、弯起及纵向钢筋的搭接、截断等，均按受弯构件的有关规定。

次梁的剪力一般较小，斜截面强度计算中一般仅需设置箍筋即可，弯筋可按构造设置。

次梁的纵筋配置形式分为无弯起钢筋和设置弯起钢筋两种。

当不设弯起钢筋时，支座负弯矩钢筋全部另设。要求跨中纵筋伸入支座的长度不小于规定的受压钢筋的锚固长度 l_{as}，所有伸入支座的纵向钢筋均可在同一截面上搭接。对于承受均布荷载的次梁，当 $\dfrac{q}{g} \leqslant 3$ 且跨度差不大于20%时，支座负弯矩钢筋切断位置与一次切断数量按图16-14a)所示的构造要求确定。

当设置弯起钢筋时，弯筋的位置及支座负弯矩钢筋的切断按图16-14b)所示的构造要求确定。

3. 主梁的构造要求

主梁纵向受力钢筋的弯起和截断应根据弯矩包络图进行布置。

主梁支承在砌体上的长度不应小于370mm，并应满足砌体局部受压承载力的要求。

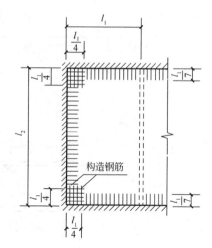

图16-13 嵌固在墙内板顶的构造钢筋

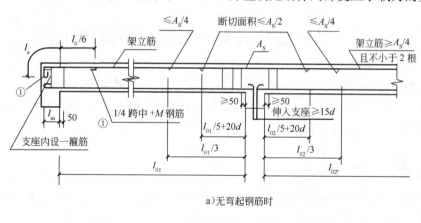

a)无弯起钢筋时

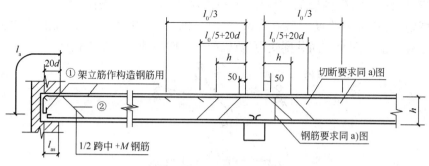

b)设弯起钢筋时

图16-14 次梁的配筋方式

在次梁和主梁相交处，次梁的集中荷载传至主梁的腹部，有可能引起斜裂缝，如图16-15a)所示。为防止斜裂缝的发生引起局部破坏，应在梁支承处的主梁内设置附加横向钢筋，形式有箍筋和和吊筋两种，如图16-15b)所示，一般宜优先采用箍筋。

255

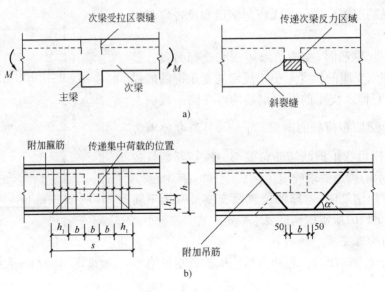

图 16-15　附加横向钢筋的布置

第三节　整体式双向板肋梁楼盖简介

双向板肋梁楼盖的梁格可以布置成正方形或接近正方形,外观整齐美观,常用于民用房屋的较大房间及门厅处;当楼盖为 5m 左右方形区格且使用荷载较大时,双向板楼盖比单向板楼盖经济,所以也常用于工业房屋的楼盖。

一　双向板的受力特点

双向板的受力特点是两个方向传递荷载,如图 16-16 所示。板中因有扭矩存在,使板的四角有翘起的趋势,受到墙的约束后,使板的跨中弯矩减少,刚度增大,双向板的跨度可达 5m,而单向板的常用跨度一般在 2.5m 以内。因此,双向板的受力性能比单向板优越。双向板的工作特点是两个方向共同受力,所以两个方向均须配置受力钢筋。

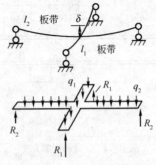

图 16-16　双向板带的受力

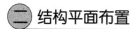

二 结构平面布置

整体式双向板肋梁楼盖的结构平面布置如图 16-17 所示。当面积不大且接近正方形时（如门厅），可不设中柱，双向板的支承梁支承在边墙（或柱）上，形成井式梁如图 16-17a)所示；当空间较大时，宜设中柱，双向板的纵、横梁分别为支承在中柱和边墙（或柱）上的连续梁如图 16-17b)所示；当柱距较大时，还可在柱网格中再设井式梁如图 16-17c)所示。

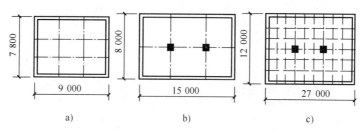

图 16-17　双向板肋梁楼盖结构布置(尺寸单位:mm)

三 结构内力计算

整体式双向板肋梁楼盖的内力计算的顺序是先板后梁。内力计算的方法有弹性计算方法和塑性计算方法。因塑性计算方法存在局限性，在工程中极少采用，一般用弹性计算方法。

1. 板的计算

无论是单块双向板还是连续双向板都有简单实用计算方法，具体计算略。

2. 梁的计算

(1)双向板支承梁的受力特点

板的荷载就近传给支承梁。因此，可从板角做 45°角平分线来分块。传给长梁的是梯形荷载，传给短梁的是三角形荷载。如图 16-18 所示。梁的自重为均布荷载。

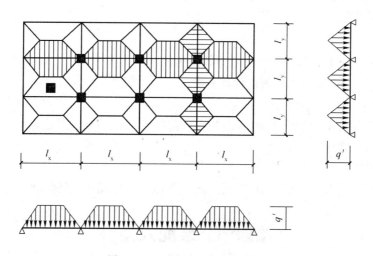

图 16-18　双向板支承梁所承受荷载

等跨连续梁承受梯形或三角形荷载的内力，可采用等效均布荷载计算。

梯形和三角形荷载的等效均布荷载为：

当荷载为三角形时：
$$p_{equ} = \frac{5}{8}p \qquad\qquad (16\text{-}7)$$

当荷载为梯形时：
$$p_{equ} = (1 - 2\alpha^2 + \alpha^3)p \qquad\qquad (16\text{-}8)$$

式中：p_{equ}——等效均布荷载；

$\quad\quad p$——梯形或三角形荷载的最大值；

$\quad\quad \alpha$——系数，$\alpha = \dfrac{a}{l_0}$（图16-19）。

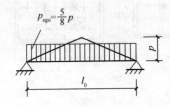 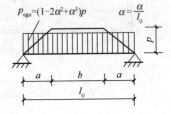

图16-19 双向板的等效均布荷载

（2）梁的内力计算

中间有柱时，纵、横梁一般可按连续梁计算；当梁柱线刚度比≤5时，宜按框架计算；中间无柱的井式梁，可查设计手册。

四 配筋计算

对于四边与梁整体连接的板，应考虑周边支承梁对板产生水平推力的有利影响，将计算所得的弯矩值根据规定予以减少。折减系数可查设计手册。具体计算略。

五 构造要求

1. 板厚

双向板的厚度一般为80～160mm。同时，为满足刚度要求，简支板还应不小于$l/45$，连续板不小于$l/50$，l为双向板的短向计算跨度。

2. 受力钢筋

沿短跨方向的跨中钢筋放在外层，沿长跨方向的跨中钢筋放在其上面。配筋形式有弯起式与分离式两种。常用分离式。

3. 构造钢筋

双向板的板边若置于砖墙上时，其板边、板角应设置构造钢筋，其数量、长度等同单向板。

第四节 装配式楼盖

装配式楼盖的形式很多，最常见的是采用铺板式楼盖，即由预制的楼板放在支承梁或砖墙上。

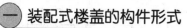

一 装配式楼盖的构件形式

(一)板

1. 实心板

实心板如图16-20a)所示,上下平整,制作方便,但自重大、刚度小,宜用于小跨度。跨度为1.2~2.4m,板厚为50~100mm,板宽为500~1 000mm。实心板常用作走廊板、楼梯平台板、地沟盖板等。

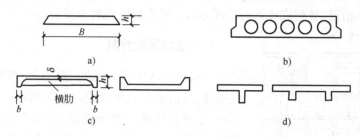

图 16-20 常用的预制板形式

2. 空心板

空心板如图16-20b)所示,刚度大,自重较实心板轻、节省材料,隔音隔热效果好,而且施工简便,因此在预制楼盖中使用较为普遍。

我国大部分省、自治区均有空心板定型图。空心板孔洞的形状有圆形、方形、矩形及椭圆形等,为便于抽芯,一般采用圆形孔。

空心板常用板宽600mm、900mm和1 200mm;板厚有120mm、180mm和240mm。普通钢筋混凝土空心板常用跨度为2.4~4.8m;预应力混凝土空心板常用跨度为2.4~7.5m。

3. 槽形板

槽形板如图16-20c)所示,由面板、纵肋和横肋组成。横肋除在板的两端必须设置外,在板的中部也可设置数道,以提高板的整体刚度。槽形板分为正槽形板和倒槽形板。

槽形板面板厚度一般为25~30mm;纵肋高(板厚)一般有120mm和180mm;肋宽50~80mm;常用跨度为1.5~5.6m;常用板宽500mm、600mm、900mm和1 200mm。

4. T形板

T形板如图16-20d)所示,受力性能好,能用于较大跨度,所以常用于工业建筑。T形板有单T形板和双T形板之分。

T形板常用跨度6~12mm;面板厚度一般为40~50mm,肋高300~500mm,板宽1 500~2 100mm。

(二)梁

装配式楼盖梁的截面有矩形、T形、倒T形、工字形、十字形及花篮形等,如图16-21所示。矩形截面梁外形简单,施工方便,应用广泛。当梁较高时,可采用倒T形、十字形或花篮形梁。

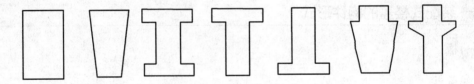

图 16-21　预制梁截面形式

二 装配式楼盖的平面布置

按墙体的支承情况,装配式楼盖的平面布置一般有以下几种方案:

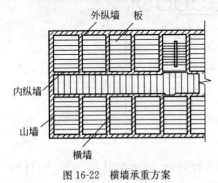

图 16-22　横墙承重方案

(一)横墙承重方案

当房间开间不大,横墙间距小,可将楼板直接搁置在横墙上,由横墙承重,如图 16-22 所示。当横墙间距较大时,也可在纵墙上架设横梁,将预制板沿纵向搁置在横墙或横梁上。横墙承重方案整体性好,空间刚度大,多用于住宅和集体宿舍类的建筑。

(二)纵墙承重方案

当横墙间距大且层高又受到限制时,可将预制板沿横向搁置在纵墙上,如图 16-23 所示。纵墙承重方案开间大,房间布置灵活,但刚度差。多用于教学楼、办公楼、实验楼、食堂等建筑。

(三)纵横墙承重方案

当楼板一部分搁置在横墙上,一部分搁置在大梁上,而大梁搁置在纵墙上,此为纵横墙承重方案,如图 16-24 所示。

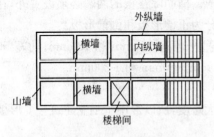

图 16-23　纵墙承重方案

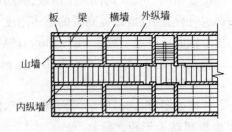

图 16-24　纵横墙承重方案

三 装配式楼盖构件的计算要点

装配式预制构件的计算包括使用阶段的计算、施工阶段的验算及吊环计算。

(一)使用阶段的计算

装配式预制构件无论是板还是梁,其使用阶段的承载力、变形和裂缝的验算与现浇整体式结构完全相同,可参阅第十三章。

(二)施工阶段的验算

装配式预制构件在运输和吊装阶段的受力状态与使用阶段不同,故须进行施工阶段验算,验算的要点如下:

(1)按构件实际堆放情况和吊点位置确定计算简图;

(2)考虑运输、吊装时的动力作用,构件自重应乘以1.5的动力系数。

(3)对于屋面板、檩条、挑檐板、预制小梁等构件,应考虑在其最不利位置作用有0.8kN的施工或检修集中荷载;对雨篷应取1.0kN进行验算。

(4)在进行施工阶段强度验算时,结构重要性系数应较使用阶段的计算降低一个安全等级,但不得低于三级,即不得低于0.9。

(三)吊环计算

吊环应采用HPB235级钢筋制作,严禁使用冷拉钢筋,以保持吊环具有良好的塑性,防止起吊时发生脆断。吊环锚入构件的深度应不小于$30d$。并应焊接或绑扎在钢筋骨架上。计算时每个吊环可考虑两个截面受力,在构件自重标准值作用下,吊环的拉应力不应大于$50N/mm^2$。此外,若在一个构件上,设有4个吊环时,设计时最多只考虑3个同时发挥作用。

四 装配式楼盖的构造要求

(一)板缝处理

板无论沿哪种承重方案布置,排下来都会有一定空隙,根据空隙宽度不同,可采取下列措施处理:

(1)采用调缝板。调缝板是一种专供调整缝隙宽度的特型板;

(2)采用不同宽度的板搭配;

(3)调整板缝。适当调整板缝宽度使板间空隙匀开,但最宽不得超过30mm。

(4)采用挑砖。当所余空隙小于半砖(120mm)时,可由墙面挑砖填补空隙。

(5)采用局部现浇。在空隙处吊底模,浇注混凝土现浇板带。

(二)构件的连接

装配式楼盖中板与板、板与梁、板与墙的连接要比现浇整体式楼盖差得多,因而整体性差,为了改善楼面整体性,需要加强构件间的连接,具体方法如下:

(1)在预制板间的缝隙中用强度不低于C15的细石混凝土或M15的砂浆灌缝,而且灌缝要密实,如图16-25a)所示;当板缝宽度≥50mm时,应按板缝上有楼板荷载计算配筋,如图16-25b)所示;当楼面上有振动荷载或房屋有抗震设防要求时,可在板缝内加拉结钢筋,如图16-26所示。当有更高要求时,可设置厚度为40~50mm的现浇层,现浇层可采用C20的细石混凝土,内配$\phi4@150$或$\phi6@250$双向钢筋网。

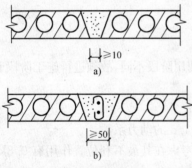

图 16-25 板与板的连接

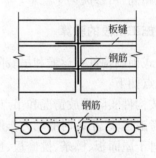

图 16-26 板缝间设短钢筋

(2)预制板支承在梁上,以及预制板、预制梁支承在墙上都应以 10～20mm 厚 1 :3 水泥砂浆坐浆、找平。

(3)预制板在墙上的支承长度应不小于 100mm;在预制梁上的支承长度应不小于 80mm。预制梁在墙上的支承长度一般应不小于 180mm。

(4)板与非支承墙的连接,一般可采用细石混凝土灌缝,如图16-27a)所示;当板跨≥4.8m时,靠外墙的预制板侧边应与墙或圈梁拉结,如图 16-27b)、c)所示。

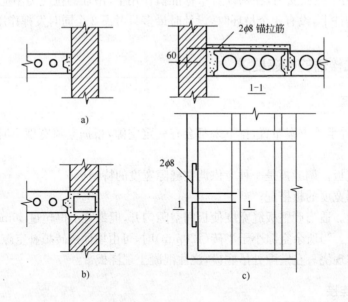

图 16-27 板与墙的连接构造

第五节 楼 梯

楼梯是多层和高层房屋的重要组成部分,可以解决竖向交通问题。楼梯主要由梯段和休息平台组成,其平面布置、踏步尺寸等由建筑设计确定。目前大多采用钢筋混凝土楼梯,以满足承重和防火要求。

钢筋混凝土楼梯有现浇整体式和预制装配式两类,但预制装配式楼梯整体性较差,现已很少采用。本节只介绍现浇钢筋混凝土楼梯。

 现浇钢筋混凝土楼梯的类型

现浇钢筋混凝土楼梯按其结构形式和受力特点分为板式、梁式、悬挑式楼梯和螺旋式楼梯。

1.板式楼梯

当楼梯使用荷载不大,梯段的水平投影跨度≤3m时,宜采用板式楼梯。板式楼梯由梯段板、平台板和平台梁组成。如图16-28a)所示。板式楼梯的优点是下表面平整,比较美观,施工支模方便,缺点是不适宜承受较大荷载。

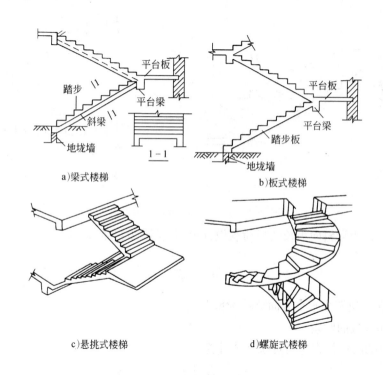

a)梁式楼梯　　　b)板式楼梯

c)悬挑式楼梯　　　d)螺旋式楼梯

图16-28　各种形式的楼梯

2.梁式楼梯

当使用荷载较大,且梯段水平投影长度>3m时,板式楼梯不够经济,宜采用梁式楼梯。梁式楼梯由踏步板、梯段梁、平台板和平台梁组成。如图16-28b)所示。梁式楼梯的优点是比较经济,缺点是不够美观,施工支模较复杂。

3.悬挑式楼梯

当建筑中不宜设置平台梁和平台板的支承时,可以采用折板悬挑式楼梯。如图16-28c)所示。悬挑式楼梯属空间受力体系,内力计算比较复杂,造价高、施工复杂。

4.螺旋楼梯

当建筑中有特殊要求,不便设置平台,或需要特殊建筑造型时,可采用螺旋楼梯。如图

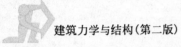

16-28d)所示。特点同悬挑式楼梯。

 现浇钢筋混凝土楼梯的计算要点和构造要求

(一)板式楼梯的计算要点和构造要求

计算时首先假定平台板、梯段板都是简支于平台梁上,且两板在支座处不连续。梯段板的计算简图如图 16-29 所示。

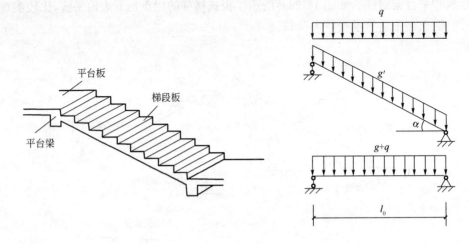

图 16-29　板式楼梯及梯段板的计算简图

图中荷载 g' 为沿斜向板长的恒荷载设计值,包括踏步自重和斜板自重。

$$g = \frac{g'}{\cos\alpha}$$

式中:g——由 g' 换算成水平方向分布的恒荷载;

α——梯段板的倾角。

则梯段板的跨中最大弯矩可按下式计算:

$$M_{max} = \frac{1}{10}(g+q)l_0^2 \tag{16-9}$$

式中:q——活荷载设计值。

同一般板一样,梯段斜板不进行斜截面受剪承载力计算。

竖向荷载在梯段板产生的轴向力,对结构影响很小,设计中不作考虑。

梯段板中的受力钢筋按跨中最大弯矩进行计算。梯段板的配筋形式可采用弯起式或分离式。在垂直受力钢筋方向按构造配置分布钢筋,并要求每个踏步板内至少放置一根钢筋。现浇板式楼梯的梯段板与平台梁整体连接,故应将平台板的负弯矩钢筋伸入梯段板,伸入长度不小于 $l_0/4$。板式楼梯的配筋图如图 16-30 所示。

(二)梁式楼梯的计算要点和构造要求

计算时假定各构件均为简支支承。

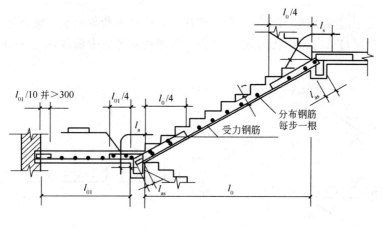

图 16-30　板式楼梯的配筋图

1.踏步板

踏步板简支于两侧梯段梁上,承受均布线荷载,计算简图如图 16-31 所示。

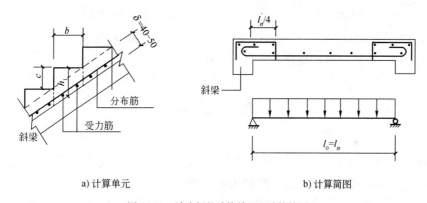

a)计算单元　　　　　　　　　　　b)计算简图

图 16-31　踏步板的计算单元和计算简图

跨中最大弯矩可按下式计算:

$$M = \frac{1}{10}(g + q)l_n^2 \tag{16-10}$$

式中:l_n——踏步板净跨度。

踏步板内受力钢筋要求每个踏步范围内不少于两根,且沿垂直于受力筋方向布置间距不大于 300mm 的分布筋。梯段梁中纵向受力筋在平台梁中应有足够的锚固长度。在靠梁边的板内应设置构造负筋不少于 $\phi 8@200$,伸出梁边 $l_n/4$。

2.梯段斜梁

梯段斜梁承受由踏步板传来的荷载和本身的自重,两端简支于平台梁上,斜梁的计算简图如图 16-32 所示。

梯段梁跨中最大弯矩可按下式计算:

$$M_{max} = \frac{1}{8}(g + q)l_0^2 \tag{16-11}$$

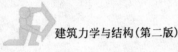

3.平台梁

平台梁简支于两端墙体上,承受平台板和梯段梁传来的荷载及平台梁自重,其中平台板传来的荷载及平台梁自重为均布线荷载,而梯段梁传来的则是集中荷载,平台梁的计算简图如图16-33所示。

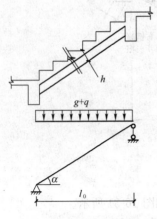

图 16-32　斜梁的计算简图

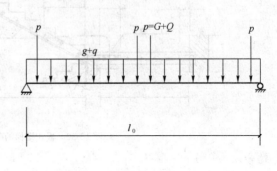

图 16-33　平台梁计算简图

4.平台板

平台板的内力计算与板式楼梯的平台板一样。

266

◀ **本 章 小 结** ▶

(1)钢筋混凝土楼盖按施工方法分为现浇楼盖和装配式楼盖等;现浇楼盖结构按受力和支承条件不同又分为单向板肋形楼盖和双向板肋形楼盖。

(2)四边支承的板,当长边与短边的比例大于2时,为单向板,否则为双向板。单向板主要沿短边方向受力,则沿短向布置受力钢筋;双向板须沿两个方向布置受力钢筋。单向板肋形楼盖构造简单,施工方便,应用较多。

(3)连续板、梁设计计算前,首先要明确计算简图。当连续板、梁各跨计算跨度相差不超过10%时,可按等跨计算。五跨以上可按五跨计算。对于多跨连续板、梁要考虑活荷载的不利位置。

(4)连续板的配筋方式有弯起式和分离式两种。板和次梁可按构造规定确定钢筋的弯起和截断。主梁纵向受力钢筋的弯起和截断,则应按弯矩包络图和抵抗弯矩图确定。次梁与主梁的交接处,应设主梁的附加横向钢筋。

(5)双向板配置受力筋时,应把短向受力钢筋放在长向受力钢筋外侧。多跨连续双向板的配筋也有弯起式和分离式。双向板传给四边支承梁上的荷载按自每一个区格四角做45°线分布,因此四边支承板传到短边支承梁上的荷载为三角形荷载,传给长边支承梁的荷载为梯形荷载。

(6)装配式楼盖由预制板、梁组成,不仅应按使用阶段计算,还应进行施工阶段的验算和吊环计算,从而保证构件在运输、堆放、吊装中的安全。

(7)整体式现浇楼梯主要有梁式和板式两种。二者的主要区别在于楼梯段是梁承重还是板承重。前者受力较合理,用材较省,但施工复杂且欠美观,宜用于荷载较大、梯段较长的楼梯。后者相反。装配式楼梯一般无需自行设计,可按通用图集施工。

◀ 复习思考题 ▶

1. 常见的现浇钢筋混凝土楼盖有哪几种类型?

2. 什么是单向板和双向板?如何划分?

3. 单向板和双向板的受力特点怎样?主要区别是什么?

4. 单向板、次梁和主梁的常用跨度各为多少?

5. 单向板和双向板楼盖支承梁的荷载各应如何计算?

6. 单向板、双向板在尺寸、受力特点、配筋等方面有何区别?

7. 按弹性理论计算连续梁板内力时,应如何进行活荷载的最不利位置?

8. 为什么要在主梁上设置附加横向钢筋?如何设置?

9. 装配式构件的计算特点是什么?

10. 装配式楼盖,在布置预制板时所剩空隙如何处理?

11. 梁式楼梯和板式楼梯的适用范围如何?如何确定各组成部分的计算简图?

第十七章
高层建筑结构简介

通过本章内容的学习,学生可以具备辨识高层建筑结构类型的能力。同时满足施工员职业资格考试的知识储备要求。

【学习要求】

(1)对高层建筑结构有基本的了解,知道其受力特点与多层建筑结构的主要区别。

(2)了解高层建筑常用的结构体系。

(3)掌握高层建筑常用的钢筋混凝土竖向结构体系,相应的组成及各竖向结构体系的适用范围。

第一节　概　　述

随着轻质、高强度材料的研制成功,抗侧力结构体系的发展,计算机的广泛应用,技术设备的日趋完善,高层建筑以作为现代化城市的象征,世界各地已经建成了大量的高层、超高层建筑。目前我国较为典型的高层建筑有:钢筋混凝土核芯筒与巨型钢骨架混合结构的上海金茂大厦,88层,高365m;钢结构的北京京广大厦,53层,208m;钢筋混凝土结构的广州中天广场,80层,322m。

我国高层建筑混凝土结构技术规程中规定10层及10层以上或房屋高度超过27m的混凝土结构高层民用建筑称为高层建筑。

高层建筑中,高度和层数是其两个主要的指标,在1972年召开的国际高层建筑会议上,建议把高层建筑划分为四类:第一类高层建筑为9～16层(最高到50m);第二类高层建筑为17～25层(最高到75m);第三类高层建筑为26～40层(最高到100m);第四类高层建筑为40层以上(或高度在100m以上)。

高层建筑结构的受力特点与多层建筑结构的主要区别在于侧向力成为影响结构内力、结构变形及建筑物土建造价的主要因素。在一般多层建筑结构中,竖向荷载是影响结构内力的主要因素。在结构变形方面,主要考虑梁在竖向荷载作用下的挠度,一般不考虑结构侧向位移对建筑使用功能或结构可靠性的影响。在高层建筑结构中,竖向荷载的作用与多层建筑相似,柱内轴力随层数的增加而增大,可近似认为轴力与建筑物的层数成线性关系,如图 17-1a)所示;而水平方向作用的风荷载或地震力作用可近似认为呈倒三角分布,该作用力在结构底部所产生的弯矩与结构高度的三次方成正比,如图 17-1b)所示;在水平力作用下,结构顶点的侧向位移与高度的四次方呈正比,如图 17-1c)所示。上述弯矩和侧向位移常成为决定结构方案、结构布置、构件截面尺寸的控制因素。

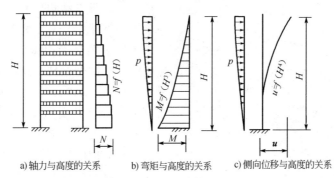

a)轴力与高度的关系   b)弯矩与高度的关系   c)侧向位移与高度的关系

图 17-1   高层建筑的受力特点

高层建筑也可以看作是底端固定的悬臂柱,承受竖向荷载和侧向力作用,建筑物产生的侧向位移,常会成为结构设计的控制因素。侧向位移过大,会导致建筑装修与隔墙的破坏,影响建筑物的正常使用,另一方面,侧向位移过大,竖向荷载将会产生显著的附加弯矩(即 p-Δ 效应),使结构内力增大,甚至会引起主体结构的开裂或破坏。因此,高层建筑混凝土结构技术规程对楼层间的最大位移与层高之比 $[\Delta\mu/h]$ 作了相关规定。

(1)高度不大于 150m 的高层建筑,其楼层间的最大位移与层高之比 $[\Delta\mu/h]$ 不宜大于表 17-1 的极限值。

楼层间的最大位移与层高之比的极限值   表 17-1

结 构 类 型	$[\Delta\mu/h]$	结 构 类 型	$[\Delta\mu/h]$
框架	1/550	筒中筒、剪力墙	1/1 000
框架—剪力墙、框架—核芯筒	1/800	框支筒	1/1 000

注:楼层间的最大位移 $\Delta\mu$ 以楼层最大的水平位移差计算,不扣除整体变形。

(2)高度为 250m 及 250m 以上的高层建筑,其楼层间的最大位移与层高之比 $[\Delta\mu/h]$ 的极限值为 1/500。

(3)高度为 150m 至 250m 之间的高层建筑,其楼层间的最大位移与层高之比 $[\Delta\mu/h]$ 的极限值按线性插入法取用。

为了实现"大震不倒",还应按照高层建筑混凝土结构技术规程对某些高层建筑进行罕遇地震作用下薄弱层的抗震变形验算。

第二节   高层建筑结构体系

高层建筑结构体系包括两个方面:竖向结构体系和水平结构体系。

竖向结构体系也称抗侧力结构。对于高层建筑结构来说,因为侧向力(例如水平风荷载和

269

水平地震力)对结构内力及变形的影响加大,所以竖向承重结构体系不但要承受与传递竖向荷载,还要抵抗侧向力作用。水平结构即建筑物的楼盖及屋盖结构。在高层建筑中,楼(屋)盖结构除承受与传递竖向荷载以外,还要协调各榀抗侧力结构的变形与位移,对结构的空间整体刚度的发挥和抗震性能有直接的影响。

高层建筑常用的钢筋混凝土竖向结构体系有:框架结构体系、剪力墙结构体系、框架—剪力墙结构体系、筒体结构体系等。

1.框架结构体系

框架结构(见图 17-2)是由梁、柱和基础以刚性连接而构成承重体系的结构,有时也将部分梁柱交接处的节点做成铰接或半铰接。高层建筑采用框架结构体系时,框架梁应纵横向布置,形成双向抗侧力结构。使之具有较强的空间整体性,以承受任意方向的侧向力。

框架结构具有建筑平面布置灵活、造型活泼等优点,可以形成较大的使用空间,易于满足多功能的使用要求。

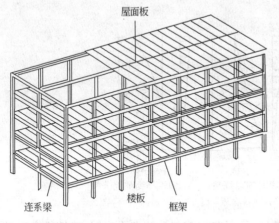

图 17-2 框架体系

在结构受力性能方面,框架结构属于柔性结构,自震周期较长,地震反应较小,经过合理的结构设计,可以具有较好的延性性能。

框架结构的缺点是结构抗侧刚度较小,在地震作用下侧向位移较大,容易使填充墙产生裂缝,并引起建筑装修、玻璃幕墙等非结构构件的破坏。当建筑层数较多或荷载较大时,要求框架柱截面尺寸较大,既减少了建筑使用面积,又会给室内办公用品或家具的布置带来不便。

框架结构体系一般适用于非地震区或层数较少的高层建筑。在抗震设防烈度较高的地区,在建筑高度上应严格控制。

2.剪力墙结构体系

剪力墙结构体系是由剪力墙同时承受竖向荷载和侧向力的结构,建筑平面形式如图 17-3 所示。剪力墙是利用建筑外墙和内隔墙位置布置的钢筋混凝土结构墙,是下端固定在基础顶面上的竖向悬臂板,竖向荷载在墙体内主要产生向下的压力,侧向力在墙体内产生水平剪力和弯矩。因这类墙体具有较大的承受侧向力的能力,故被称之为剪力墙。在地震区,侧向力主要为水平地震作用力,因此剪力墙有时也称为抗震墙。

剪力墙结构的适用范围较大,从十几层到三十几层都很常见,在四、五层及更高的

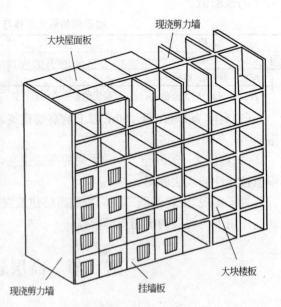

图 17-3 剪力墙体系

建筑中也很适用。它常被用于高层住宅和高层旅馆建筑中,因为这类建筑物的隔墙位置较为固定,布置剪力墙不会影响各个房间的使用功能,而且再房间内没有柱、梁等外凸构件,既整齐美观,又便于室内布置。为了满足使用要求,可将底层或底部两层的部分剪力墙改为框架,形成框支剪力墙体系,如图 17-4 所示。

3. 框架—剪力墙结构体系

在框架结构中的部分跨间布置剪力墙或把剪力墙结构中的剪力墙抽掉改为框架承重,即成为框架—剪力墙结构,图 17-5 为框架—剪力墙结构的布置方案示例。它既保留了框架结构建筑布置灵活、使用方便的优点,又具有剪力墙结构抗侧移刚度大、抗震性能好的优点,同时还可充分发挥材料的强度作用,具有较好的技术经济指标,因而被广泛地用于高层办公楼和旅馆建筑中。

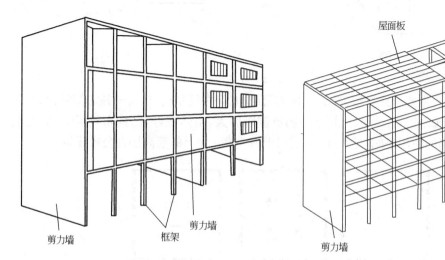

图 17-4 框支剪力墙体系   图 17-5 框架—剪力墙体系

框架—剪力墙结构的适用范围很广,10～40 层的高层建筑均可以采用这类结构体系。当建筑物层数较少时,仅布置较少量的剪力墙即可满足结构的抗侧力作用的要求;当建筑物较高时,则要有较多的剪力墙,并通过合理的布置使得整个结构具有较大的侧向刚度和较好的整体抗震性能。

4. 筒体结构体系

筒体结构体系主要有核芯筒结构和框筒结构体系组成。

核芯筒一般是由布置在电梯间、楼梯间及设备管线井道四周的钢筋混凝土墙组成。为底端固定、顶端自由、竖向放置的薄壁筒状结构,其水平截面为单孔或多孔。它既能承受竖向荷载,又能承受任意方向上的侧向力作用,是一个空间受力体系,在高层建筑平面布置中,为充分利用建筑物四周作为景观和采光,电梯等服务性设施的用房常位于建筑物的中部,故名核芯筒,因筒壁上仅开少量的洞口,故也可叫实腹筒。如图 17-6a)所示。

核芯筒的刚度除与筒壁厚有关外,还与筒的平面尺寸有关,从结构受力的角度出发,核芯筒的平面的尺寸愈大,结构的抗侧移刚度愈大。

框筒是由布置在房屋四周的密集立柱与高跨比很大的窗间梁组成的一个多孔筒体,从形

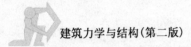

式上看,犹如由四榀平面框架在房屋的四个角组合而成,故称为框筒结构。立面上开有很多窗洞,故也可叫空腹筒。如图17-6b)所示。

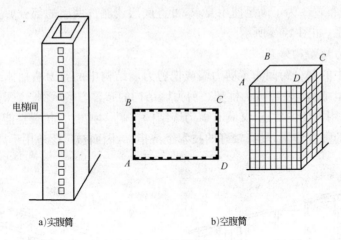

a)实腹筒

b)空腹筒

图17-6 筒体结构

筒体结构体系的主要形式有框筒结构、核芯筒结构、筒中筒结构、框架—核芯筒结构、束筒结构、多重筒结构,如图17-7所示。其结构的抗侧刚度大,整体性好,结构布置灵活,能提供很大的、可自由分隔的使用空间,适用于30层以上或100m以上的超高层办公楼建筑。

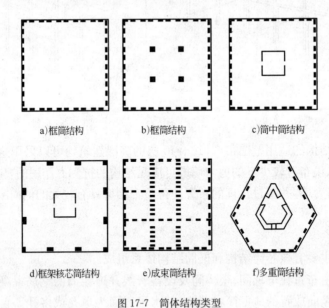

a)框筒结构

b)框筒结构

c)筒中筒结构

d)框架核芯筒结构

e)成束筒结构

f)多重筒结构

图17-7 筒体结构类型

◀ 本 章 小 结 ▶

(1)我国高层建筑混凝土结构技术规程中规定10层及10层以上或房屋高度超过27m的混凝土结构高层民用建筑称为高层建筑。

(2)高层建筑结构的受力特点与多层建筑结构的主要区别在于侧向力成为影响结构内力、

结构变形及建筑物土建造价的主要因素。

(3)高层建筑可以看作是底端固定的悬臂柱,承受竖向荷载和侧向力作用。

(4)高层建筑结构体系包括两个方面:竖向结构体系和水平结构体系。

(5)高层建筑常用的钢筋混凝土竖向结构体系有:框架结构体系、剪力墙结构体系、框架—剪力墙结构体系、筒体结构体系等。

◀ **复习思考题** ▶

1.何谓高层建筑?

2.高层建筑的结构体系有哪些? 各体系的适用范围是什么?

3.高层建筑的受力特点是什么?

4.高层建筑结构体系包括哪两个方面?

第十八章 单层工业厂房

【能力目标、知识目标】

通过本章内容的学习,学生可以具备辨识单层工业厂房结构形式、结构组成的能力,可以进行简单的结构布置。

【学习要求】

(1)对单层工业厂房的特点及结构形式、砌体材料有较清楚地认识,熟悉排架结构与钢架结构的组成及适用范围。

(2)掌握排架结构的组成及传力途径。

(3)了解单层工业厂房结构的布置(变形缝、抗风柱、圈梁、连系梁、基础梁等)。

(4)熟悉排架结构相关构件的设计(如牛腿、基础等构件)过程。

第一节 单层工业厂房的特点及结构形式

 单层工业厂房的特点

单层工业厂房是工业建筑中很普通的一种建筑形式,生产工艺流程较多,车间内部运输频繁,地面上放置较重的机械设备和产品。所以单层工业厂房不仅要满足生产工艺的要求,还要满足布置起重运输设备、生产设备及劳动保护要求。因此其特点一般跨度大、高度高,结构构件承受的荷载大,构件尺寸大,耗材多,同时设计时还要考虑动荷载作用。

 结构形式

钢筋混凝土单层工业厂房主要有两种结构类型:排架结构和刚架结构,如图18-1所示。

排架结构是由屋架(或屋面梁)、柱、基础等构件组成,柱与屋架铰接,与基础刚接。根据结构的材料的不同,排架可分为:钢—钢筋混凝土排架、钢筋混凝土排架和钢筋混凝土—砖排架。此类结构能承受较大的荷载作用,在冶金和机械工业厂房中广泛应用,其跨度可达30m,高度20~30m,吊车吨位可达150t或150t以上。

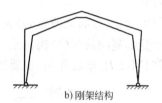

a) 排架结构　　　　　　　　　　　　b) 刚架结构

图 18-1　钢筋混凝土单层工业厂房的两种基本类型

　　刚架结构的主要特点是梁与柱刚接,柱与基础通常为铰接。因梁、柱整体结合,故受荷载后,在刚架的转折处将产生较大的弯矩,容易开裂;另外,柱顶在横梁推力的作用下,将产生相对位移,使厂房的跨度发生变化,故此类结构的刚度较差,仅适用于屋盖较轻的厂房或吊车吨位不超过 10t,跨度不超过 10m 的轻型厂房或仓库等。

　　本章主要讲述钢筋混凝土铰接排架结构的单层厂房,这类厂房的结构构件组成如图 18-2 所示。

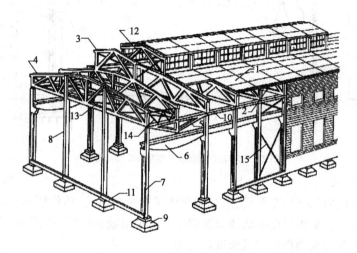

图 18-2　单层厂房结构组成

1-屋面板;2-天沟板;3-天窗架;4-屋架;5-托架;6-吊车梁;7-排架柱;8-抗风柱;9-基础;10-连系梁;11-基础梁;12-天窗架垂直支撑;13-屋架下弦横向水平支撑;14-屋架端部垂直支撑;15-柱间支撑

第二节　排架结构的组成及传力途径

结构组成

单层厂房由如图 18-2 所示的屋面板、屋架、吊车梁、连系梁、柱、基础等构件组成。

1. 屋盖结构

　　屋盖结构分无檩和有檩两种体系,前者由大型屋面板、屋面梁或屋架(包括屋盖支撑)组成;后者由小型屋面板、檩条、屋架(包括屋盖支撑)组成。屋盖结构有时还有天窗架、托架,其作用主要是维护和承重(承受屋盖结构的自重、屋面活载、雪载和其他荷载,并将这些荷载传给排架柱),以及采光和通风等。

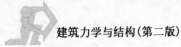
2. 横向平面排架

横向平面排架由横梁(屋面梁或屋架)和横向柱列(包括基础)组成,它是厂房的基本承重结构。厂房结构承受的竖向荷载(结构自重、屋面活载、雪载和吊车竖向荷载等)及横向水平荷载(风载和吊车横向制动力、地震作用)主要通过它将荷载传至基础和地基,如图 18-3 所示。

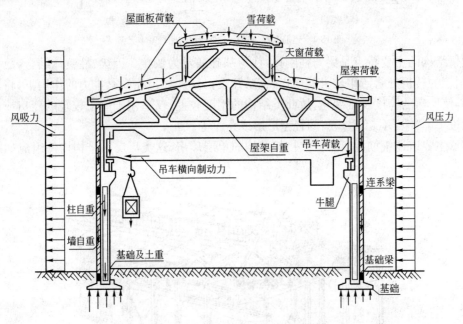

图 18-3　单层厂房的横向排架及受荷示意图

3. 纵向平面排架

由纵向柱列(包括基础)、连系梁、吊车梁和柱间支撑等组成,其作用是保证厂房结构的纵向稳定性和刚度,并承受作用在山墙和天窗端壁并通过屋盖结构传来的纵向风载、吊车纵向水平荷载(图 18-4)、纵向地震作用以及温度应力等。

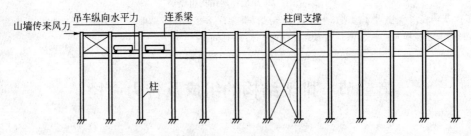

图 18-4　纵向排架示意图

4. 吊车梁

吊车梁是简支在柱牛腿上,主要承受吊车竖向和横向或纵向水平荷载,并将它们分别传至横向或纵向排架。

5. 支撑

支撑包括屋盖和柱间支撑,其作用是加强厂房结构的空间刚度,并保证结构构件在安装和使用阶段的稳定和安全。同时起传递风载和吊车水平荷载或地震力的作用。

6.基础

基础承受柱和基础梁传来的荷载并将它们传至地基。

7.围护结构

围护结构包括纵墙和横墙(山墙)及由墙梁、抗风柱(有时还有抗风梁或抗风桁架)和基础梁等组成的墙架。这些构件所承受的荷载,主要是墙体和构件的自重以及作用在墙面上的风荷载。

二 荷载及传荷路线

作用在厂房上的荷载有可变荷载和永久荷载两大类。

可变荷载又称活载,包括吊车竖向荷载,纵、横向水平制动力,屋面活荷载,风荷载等。

永久荷载又称恒载,包括各种结构构件(如屋面板、屋架等)的自重及各种构造层的重量等。

横向排架和纵向排架的传力途径如下:

1.横向平面排架

$$
\text{竖向荷载}
\begin{cases}
\text{屋面荷载→屋面板→屋架→} \\
\text{吊车荷载→吊车梁→} \\
\text{墙体荷载→}
\begin{cases}
\text{连系梁→} \\
\text{基础梁→基础}
\end{cases}
\end{cases}
\left.\begin{array}{c} \\ \end{array}\right\} \text{横向框架柱→基础→地基}
$$

$$
\text{水平荷载}
\begin{cases}
\text{风荷载→墙体→} \\
\text{吊车横向水平制动力→吊车梁→}
\end{cases}
\left.\begin{array}{c} \\ \end{array}\right\} \text{横向框架柱→基础→地基}
$$

2.纵向平面排架

$$
\text{风荷载→山墙→抗风柱→屋盖水平横向支撑→连系梁→}
$$
$$
\text{吊车纵向水平制动力→吊车梁→}
\left.\begin{array}{c} \\ \end{array}\right\} \begin{array}{l} \text{纵向排架柱→基础→地基} \\ \text{(柱间支撑)} \end{array}
$$

第三节 结 构 布 置

一 柱网及变形缝的布置

1.柱网布置

厂房承重柱(或承重墙)的纵向和横向定位轴线,在平面上排列所形成的网格,称为柱网。柱网布置就是确定纵向定位轴线之间(跨度)和横向定位轴线之间(柱距)的尺寸。确定柱网尺寸,既是确定柱的位置,同时也是确定屋面板、屋架和吊车梁等构件的跨度并涉及到厂房结构构件的布置。柱网布置恰当与否,将直接影响厂房结构的经济合理性和先进性,对生产使用也有密切关系。

柱网布置的一般原则应为:符合生产工艺要求;建筑平面和结构方案经济合理;在厂房结构形式和施工方法上具有先进性和合理性;符合《厂房建筑统一化基本规则》的有关规定;适应生产发展和技术革新的要求。

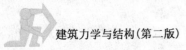
厂房跨度在18m及以下时,应采用3m的倍数;在18m以上时,应采用6m的倍数。厂房柱距应采用6m或6m的倍数,如图18-5所示。当工艺布置和技术经济有明显的优越性时,亦可采用21m、27m、33m的跨度和9m或其他柱距。

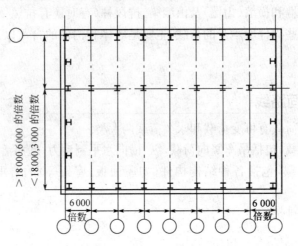

图18-5 柱网布置示意图(尺寸单位:mm)

目前,从经济指标、材料消耗、施工条件等方面来衡量,一般的,特别是高度较低的厂房,采用6m柱距比12m柱距优越。

但从现代化工业发展趋势来看,扩大柱距,对增加车间有效面积,提高设备布置和工艺布置的灵活性,机械化施工中减少结构构件的数量和加快施工进度等,都是有利的。当然,由于构件尺寸增大,也给制作、运输和吊装带来不便。12m柱距是6m柱距的扩大模数,在大小车间相结合时,两者可配合使用。此外,12m柱距可以利用现有设备做成6m屋面板系统(有托架梁);当条件具备时又可直接采用12m屋面板(无托架梁)。所以,在选择12m柱距和9m柱距时,应优先采用前者。

2.变形缝

变形缝包括伸缩缝、沉降缝和防震缝三种。

如果厂房长度和宽度过大,当气温变化时,将使结构内部产生很大的温度应力,严重的可将墙面、屋面等拉裂,影响使用。为减小厂房结构中的温度应力,可设置伸缩缝,将厂房结构分成几个温度区段。伸缩缝应从基础顶面开始,将两个温度区段的上部结构构件完全分开。并留出一定宽度的缝隙,使上部结构在气温变化时,水平方向可以自由地发生变形。温度区段的形状,应力求简单,并应使伸缩缝的数量最少。温度区段的长度(伸缩缝之间的距离),取决于结构类型和温度变化情况。《混凝土结构设计规范》(GB 50010—2010)对钢筋混凝土结构伸缩缝的最大间距做了规定,当厂房的伸缩缝间距超过规定值时,应验算温度应力。

在一般单层厂房中可不做沉降缝,只有在特殊情况下才考虑设置,如厂房相邻两部分高度相差很大(如10m以上)、两跨间吊车起重量相差悬殊,地基承载力或下卧层土质有较大差别,或厂房各部分的施工时间先后相差很长,土壤压缩程度不同等情况。沉降缝应将建筑物从屋顶到基础全部分开,以使在缝两边发生不同沉降时不致损坏整个建筑物。沉降缝可兼作伸缩缝。

防震缝是为了减轻厂房地震灾害而采取的有效措施之一。当厂房平、立面布置复杂或结构高度或刚度相差很大，以及在厂房侧边建生活间、变电所炉子间等附属建筑时，应设置防震缝将相邻部分分开。地震区的厂房，其伸缩缝和沉降缝均应符合防震缝的要求。

二 支撑的作用和布置原则

在装配式钢筋混凝土单层厂房结构中，支撑虽非主要的构件，但却是连系主要结构构件以构成整体的重要组成成分。实践证明，如果支撑布置不当，不仅会影响厂房的正常使用，甚至可能引起工程事故，所以应予以足够的重视。

下面主要讲述各类支撑的作用和布置原则，至于具体布置方法及与其他构件的连接构造，可参阅有关标准图集。

1. 屋盖支撑

屋盖支撑包括设置在屋面梁（屋架）间的垂直支撑、水平系杆以及设置在上、下弦平面内的横向支撑和通常设置在下弦水平面内的纵向水平支撑。

（1）屋面梁（屋架）间的垂直支撑及水平系杆

垂直支撑和下弦水平系杆是用以保证屋架的整体稳定（抗倾覆）以及防止在吊车工作时（或有其他振动荷载）屋架下弦的侧向颤动。上弦水平系杆则用以保证屋架上弦或屋面梁受压翼缘的侧向稳定（防止局部失稳）。

当屋面梁（或屋架）的跨度 $l>18m$ 时，应在第一或第二柱间设置端部垂直支撑并在下弦设置通长水平系杆；当 $l\leq18m$，且无天窗时，可不设垂直支撑和水平系杆；仅对梁支座进行抗倾覆验算即可。当为梯形屋架时，除按上述要求处理外，必须在伸缩缝区段两端第一或第二柱间内，在屋架支座处设置端部垂直支撑。

（2）屋面梁（屋架）间的横向支撑

上弦横向支撑的作用是：构成刚性框，增强屋盖整体刚度，保证屋架上弦或屋面梁上翼缘的侧向稳定，同时将抗风柱传来的风力传递到（纵向）排架柱顶。

当屋面采用大型屋面板，并与屋面梁或屋架有三点焊接，并且屋面板纵肋间的空隙用C20细石混凝土灌实，能保证屋盖平面的稳定并能传递山墙风力时，则认为可起上弦横向支撑的作用，这时不必再设置上弦横向支撑。凡屋面为有檩体系，或山墙风力传至屋架上弦而大型屋面板的连接又不符合上述要求时，则应在屋架上弦平面的伸缩缝区段内两端各设一道上弦横向支撑，当天窗通过伸缩缝时，应在伸缩缝处天窗缺口下设置上弦横向支撑。

下弦横向水平支撑的作用是：保证将屋架下弦受到的水平力传至（纵向）排架柱顶。故当屋架下弦设有悬挂吊车或受有其他水平力，或抗风柱与屋架下弦连接，抗风柱风力传至下弦时，则应设置下弦横向水平支撑。

（3）屋面梁（屋架）间的纵向水平支撑

下弦纵向水平支撑是为了提高厂房刚度，保证横向水平力的纵向分布，增强排架的空间工作性能而设置的。设计时应根据厂房跨度、跨数和高度，屋盖承重结构方案，吊车吨位及工作制等因素考虑在下弦平面端节点中设置。如厂房还设有横向支撑时，则纵向支撑应尽可能同横向支撑形成封闭支撑体系，如图18-6a)所示；当设有托架时，必须设置纵向水平支撑，如图

18-6b)所示;如果只在部分柱间设有托架,则必须在设有托架的柱间和两端相邻的一个柱间设置纵向水平支撑,如图 18-6c)所示,以承受屋架传来的横向风力。

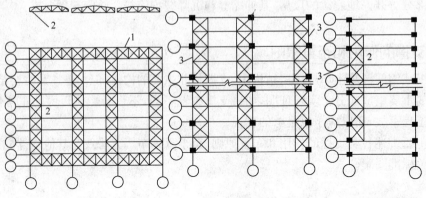

a)下部纵横向支撑形成封闭支撑体系　　b)设有托架的纵向水平支撑　　c)部分柱间设有托架

图 18-6　各类支撑平面图

1-下弦横向水平支撑;2-下弦纵向水平支撑;3-托梁

2.柱间支撑

柱间支撑的作用主要是提高厂房的纵向刚度和稳定性。对于有吊车的厂房,柱间支撑分上部和下部两种,前者位于吊车梁上部,用以承受作用在山墙上的风力并保证厂房上部的纵向刚度;后者位于吊车梁下部,承受上部支撑传来的力和吊车梁传来的吊车纵向制动力,并把它们传至基础,如图 18-4 所示。

一般单层厂房,凡属下列情况之一者,应设置柱间支撑:

(1)设有臂式吊车或 3t 及大于 3t 的悬挂式吊车时;

(2)吊车工作级别为 A6~A8 或吊车工作级别为 A1~A5 且在 10t 或大于 10t 时;

(3)厂房跨度在 18m 及大于 18m 或柱高在 8m 以上时;

(4)纵向柱的总数在 7 根以下时;

(5)露天吊车栈桥的柱列。

当柱间内设有强度和稳定性足够的墙体,且其与柱连接紧密能起整体作用,同时吊车起重量较小(≤5t)时,可不设柱间支撑。柱间支撑应设在伸缩缝区段的中央或临近中央的柱间。这样有利于在温度变化或混凝土收缩时,厂房可自由变形,而不致发生较大的温度或收缩应力。

当柱顶纵向水平力没有简捷途径传递时,则必须设置一道通长的纵向受压水平系杆(如连系梁)。柱间支撑杆件应与吊车梁分离,以免受吊车梁竖向变形的影响。

柱间支撑宜用交叉形式,交叉倾角通常在 35°~55°间。当柱间因交通、设备布置或柱距较大而不宜或不能采用交叉式支撑时,可采用图 18-7 所示的门架式支撑。

柱间支撑一般采用钢结构,杆件截面尺寸应经强度和稳定性验算。

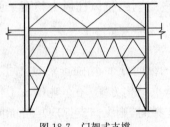

图 18-7　门架式支撑

抗风柱、圈梁、连系梁、过梁和基础梁的作用及布置原则

1. 抗风柱

单层厂房的端墙(山墙),受风面积较大,一般需要设置抗风柱将山墙分成几个区格,使墙面受到的风载一部分(靠近纵向柱列的区格)直接传至纵向柱列,另一部分则经抗风柱下端直接传至基础和经上端通过屋盖系统传至纵向柱列。

当厂房高度和跨度均不大(如柱顶在 8m 以下,跨度为 9~12m)时,可在山墙设置砖壁柱作为抗风柱;当高度和跨度较大时,一般都设置钢筋混凝土抗风柱,柱外侧再贴砌山墙。在很高的厂房中,为不使抗风柱的截面尺寸过大,可加设水平抗风梁或钢抗风桁架,如图 18-8a)所示,作为抗风柱的中间铰支点。

抗风柱一般与基础刚接,与屋架上弦铰接,根据具体情况,也可与下弦铰接或同时与上、下弦铰接。抗风柱与屋架连接必须满足两个要求:一是在水平方向必须与屋架有可靠的连接以保证有效地传递风载;二是在竖向允许两者之间有一定相对位移的可靠性,以防厂房与抗风柱沉降不均匀时产生不利影响。所以,抗风柱和屋架一般采用竖向可以移动,水平向又有较大刚度的弹簧板连接,如图 18-8b)所示;如厂房沉降较大时,则宜采用螺栓连接,如图 18-8c)所示。

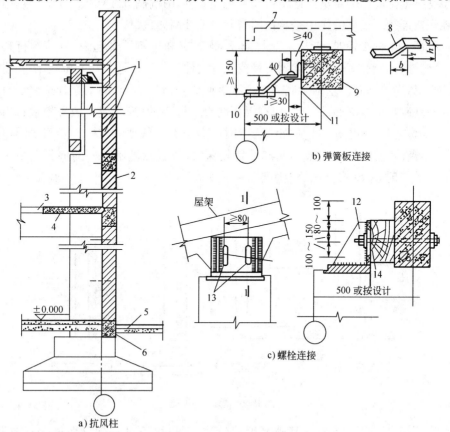

图 18-8 抗风柱及连接示意图

1-锚拉钢筋;2-抗风柱;3-吊车梁;4-抗风梁;5-散水坡;6-基础梁;7-屋面纵筋或檩条;8-弹簧板;9-屋架上弦;10-柱中预埋件;11-螺栓;12-加劲板;13-长圆孔;14-硬木块

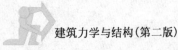

2. 圈梁、连系梁、过梁和基础梁

当用砖作为厂房围护墙时,一般要设置圈梁、连系梁、过梁及基础梁。

圈梁的作用是将墙体同厂房柱箍在一起,以加强厂房的整体刚度,防止由于地基的不均匀沉降或较大振动荷载引起对厂房的不利影响。圈梁设置于墙体内,和柱连接仅起拉结作用。圈梁不承受墙体重量,所以柱上不设置支承圈梁的牛腿。

圈梁的布置与墙体高度、对厂房刚度的要求以及地基情况有关。对于一般单层厂房,可参照下述原则布置:对无桥式吊车的厂房,当墙厚≤240mm,檐高为5～8m时,应在檐口附近布置一道,当檐高大于8m时,宜增设一道;对有桥式吊车或有极大振动设备的厂房,除在檐口或窗顶布置外,尚宜在吊车梁处或墙中适当位置增设一道,当外墙高度大于15m时,还应适当增设。

圈梁应连续设置在墙体的同一平面上,并尽可能沿整个建筑物形成封闭状。当圈梁被门窗洞口切断时,应在洞口上部墙体中设置一道附加圈梁(过梁),其截面尺寸不应小于被切断的圈梁。两者搭接长度应满足规范要求。

连系梁的作用是连系纵向柱列,以增强厂房的纵向刚度并传递风载到纵向柱列。此外,连系梁还承受其上部墙体的重量。连系梁通常是预制的,两端搁置在柱牛腿上,其连接可采用螺栓连接或焊接连接。过梁的作用是承托门窗洞口上部墙体重量。

在进行厂房结构布置时,应尽可能将圈梁、连系梁和过梁结合起来,以节约材料、简化施工,使一个构件在一般厂房中,能起到两种或三种构件的作用。通常用基础梁来承托围护墙体的重量,而不另做墙基础。基础梁底部距土壤表面应预留100mm的空隙,使梁可随柱基础一起沉降。当基础梁下有冻胀性土时,应在梁下铺设一层干砂、碎砖或矿渣等松散材料,并预留50～150mm的空隙,这可防止土壤冻结膨胀时将梁顶裂。基础梁与柱一般不要求连接,将基础梁直接放置在柱基础杯口上或当基础埋置较深时,放置在基础上面的混凝土垫块上,如图18-9所示。施工时,基础梁支承处应座浆。

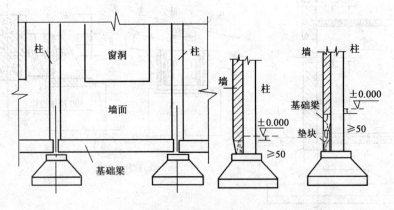

图 18-9 基础梁的位置

当厂房不高、地基比较好、柱基础又埋得较浅时,也可不设基础梁而做砖石或混凝土墙基础。

连系梁、过梁和基础梁的选用,均可查国标、省标或地区标准图集。

第四节　单层厂房柱

一　柱的形式

单层厂房柱的形式很多,常用的如图 18-10 所示,分为下列几种:

矩形截面柱:如图 18-10a)所示,其外形简单,施工方便,但自重大,经济指标差,主要用于截面高度 $h \leqslant 700mm$ 的偏压柱。

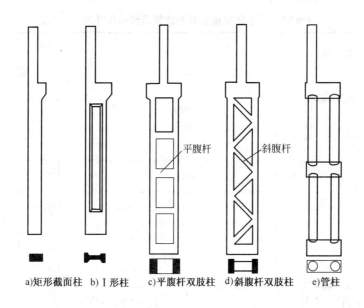

图 18-10　柱的形式

Ⅰ形柱:如图 18-10b)所示,能较合理地利用材料,在单层厂房中应用较多,已有全国通用图集可供设计者选用。但当截面高度 $h \geqslant 1600mm$ 后,自重较大,吊装较困难,故使用范围受到一定限制。

双肢柱:如图 18-10c)、d)所示,可分为平腹杆与斜腹杆两种。前者构造简单,制造方便,在一般情况下受力合理,且腹部整齐的矩形孔洞便于布置工艺管道,故应用较广泛。当承受较大水平荷载时,宜采用具有桁架受力特点的斜腹杆双肢柱。双肢柱与Ⅰ形柱相比,自重较轻,但整体刚度较差,构造复杂,用钢量稍多。

管柱:如图 18-10e)所示,可分为圆管和方管(外方内圆)混凝土柱,以及钢管混凝土柱三种。前两种采用离心法生产,质量好,自重轻,但受高速离心制管机的限制,且节点构造较复杂;后一种利用方钢管或圆钢管内浇膨胀混凝土后,可形成自应力(预应力)钢管混凝土柱,可承受较大荷载作用。

单层厂房柱的形式虽然很多,但在同一工程中,柱型及规格宜统一,以便为施工创造有利条件。通常应根据有无吊车、吊车规格、柱高和柱距等因素考虑,做到受力合理、模板简单、节约材料、维护简便,同时要因地制宜,考虑制作、运输、吊装及材料供应等具体情况。一般可按

柱截面高度 h 参考以下原则选用:

当 $h \leqslant 500$mm 时,采用矩形;

当 $600 \leqslant h \leqslant 800$mm 时,采用矩形或 I 形;

当 $900 \leqslant h \leqslant 1\,200$mm 时,采用 I 形;

当 $1\,300 \leqslant h \leqslant 1\,500$mm 时,采用工形或双肢柱;

当 $h \geqslant 1\,600$mm 时,采用双肢柱。

柱高 h 可按表 18-1 确定,柱的常用截面尺寸,边柱查表 18-2,中柱查表 18-3。对于管柱或其他柱形可根据经验和工程具体条件选用。

6m 柱距可不做刚度验算的柱截面最小尺寸表   表 18-1

项　目	简　图	适　用　条　件		截面高度 h	截面宽度 b
无吊车厂房		单跨		$\dfrac{H}{18}$	$\dfrac{H}{30}$ 及 300mm
		多跨		$\dfrac{H}{20}$	$r=105$mm 及 $d=300$mm 管柱
有吊车厂房		$G<10$t		$\dfrac{H_k}{14}$	
		$G=15\sim20$t	$H_k\leqslant10$m	$\dfrac{H_k}{11}$	
			$H_k\geqslant12$m	$\dfrac{H_k}{13}$	
		$G=30$t	$H_k\leqslant10$mm	$\dfrac{H_k}{10}$	$\dfrac{H_x}{20}$ 及 400mm
			$H_k\geqslant12$m	$\dfrac{H_k}{12}$	$r=\dfrac{H_x}{85}$
		$G=50$t	$H_k\leqslant11$m	$\dfrac{H_k}{9}$	及 $d=400$mm 管柱
			$H_k\geqslant13$m	$\dfrac{H_k}{11}$	
		$G=75\sim100$t	$H_k\leqslant12$m	$\dfrac{H_k}{9}$	
			$H_k\geqslant14$m	$\dfrac{H_k}{10}$	
露天吊车栈桥		$G<10$t		$\dfrac{H_k}{10}$	
		$G=15\sim30$t		$\dfrac{H_k}{9}$	$\dfrac{H_x}{25}$ 及 400mm
		$G=50$t		$\dfrac{H_k}{8}$	

注:1. 表中 G 为吊车起重量;r 为管柱单管回转半径;d 为单管外径。

    2. 有吊车厂房表中数值适用于重级工作制,当为中级工作制时截面高度 h 可乘以系数 0.95。

    3. 屋盖为有檩体系,且无下弦纵向水平支撑时柱截面高度 h 适当增大。

    4. 当柱截面为平腹杆双肢柱及斜腹杆双肢柱时柱截面高度 h 应分别乘以系数 1.1 及 1.05。

单层厂房边柱常用截面(mm)　　　表 18-2

吊车起重量(t)	轨顶高程(m)	6m柱距		12m柱距	
		上柱	下柱	上柱	下柱
≤5	6~7.8	矩 400×400	矩 400×600	矩 400×400	I 400×700×100×100
10	8.4	矩 400×400	I 400×700×100×100 （矩 400×600）	矩 400×400	I 400×800×150×100
	10.2	矩 400×400	I 400×800×150×100 （I 400×700×100×100）	矩 400×400	I 400×900×150×100
15~20	8.4	矩 400×400	I 400×900×150×100 （I 400×800×150×100）	矩 400×400	I 400×1000×150×100 （I 400×900×150×100）
	10.2	矩 400×400	I 400×1000×150×100 （I 400×900×150×100）	矩 400×400	I 400×1100×150×100 （I 400×1000×150×100）
	12.0	矩 500×400	I 500×1000×200×120 （I 500×900×150×120）	矩 500×400	I 500×1000×200×120 （I 500×1000×200×120）
30/5	10.2	矩 500×500 （矩 400×500）	I 500×1000×200×120 （I×400×1000×150×100）	矩 500×500	I 500×1100×200×120 （I 500×1000×200×120）
	12.0	矩 500×500	I 500×1100×200×120 （I 500×1000×200×120）	矩 500×500	I 500×1200×200×120 （I 500×1100×200×120）
	14.4	矩 600×500	I 600×1200×200×120	矩 600×500	I 600×1300×200×120 （I 600×1200×200×120）
50/10	10.2	矩 500×600	I 500×1200×200×120 （I 500×1100×200×120）	矩 500×600	I 500×1400×200×120 （I 500×1200×200×120）
	12.0	矩 500×600	I 500×1300×200×120 （I 500×1200×200×120）	矩 500×600	I 500×1400×200×120
	14.0	矩 600×600	（I 600×1400×200×120）	矩 600×600	双 600×1600×300 （I 600×1400×200×120）
75/20	12.0	矩 600×900	I 600×1400×200×120	矩 600×900	双 600×1800×300 （双 600×1600×300）
	14.4	矩 600×900	双 600×1600×300	矩 600×900	双 600×2000×350① （双 600×1600×300）
	16.2	矩 700×900	双 700×1800×300	矩 700×900	双 700×2000×250
100/20	12.0	矩 600×900	双 600×1600×300	矩 600×900	双 600×2000×350 （双 600×1800×300）
	14.4	矩 600×900	双 600×1800×300 （双 600×1600×300）	矩 600×900	双 600×2200×350 （双 600×2000×350）
	16.2	矩 700×900	双 700×2000×350	矩 700×900	双 700×2200×350

注:刚度控制的截面。

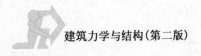

吊车起重量	轨顶标高	6m柱距		12m柱距	
(t)	(m)	上柱	下柱	上柱	下柱
≤5	6~7.8	矩 400×600	矩 400×600	矩 400×600	矩 400×800
10	8.4	矩 400×600	I 400×800×100×100	矩 500×600	I 500×1 100×200×120
	10.2	矩 400×600	I 400×900×150×100	矩 500×600	I 500×1 100×200×120
15~20	8.4	矩 400×600	I 400×900×150×100 (I 400×800×150×100)	矩 500×600	双 500×1 600×300
	10.2	矩 400×600	I 400×1 000×150×100	矩 500×600	双 500×1 600×300
	12.0	矩 500×600	(I 400×800×150×100) I 500×1 000×150×120	矩 500×600	双 500×1 600×300
30/5	10.2	矩 500×600	I 500×1 100×200×120	矩 500×700	双 500×1 600×300
	12.0	矩 500×600	I 500×1 200×200×120	矩 500×700	双 500×1 600×300
	14.4	矩 600×600	I 600×1 200×200×120	矩 600×700	双 600×1 600×300
50/10	10.2	矩 500×700	I 500×1 300×200×120	矩 600×700	双 600×1 800×300
	12.0	矩 500×700	I 500×1 400×200×120	矩 600×700	双 600×1 800×300
	14.4	矩 600×700	I 600×1 400×200×120	矩 600×700	双 600×1 800×300
75/20	12.0	矩 600×900	双 600×2 000×350	矩 600×900	双 600×2 000×350
	14.4	矩 600×900	双 600×2 000×350	矩 600×900	双 600×2 000×350
	16.2	矩 700×900	双 700×2 000×350	矩 700×900	双 700×2 000×350
100/20	12.0	矩 600×900	双 600×2 000×350	矩 600×900	双 600×2 000×350
	14.4	矩 600×900	双 600×2 000×350	矩 600×900	双 600×2 200×350
	16.2	矩 700×900	双 700×2 000×350	矩 700×900	双 700×2 200×350

单层厂房中柱常用截面(mm)　　　　　　　　　　表 18-3

二 柱的设计

柱的设计一般包括确定柱截面尺寸、截面配筋设计、构造、绘制施工图等。当有吊车时还需要进行牛腿设计。

1. 截面尺寸

使用阶段柱截面尺寸除应保证具有足够的承载力外,还应有一定的刚度以免造成厂房横向和纵向变形过大,发生吊车轮和轨道的过早磨损,影响吊车正常运行或导致墙和屋盖产生裂缝,影响厂房的使用。柱的截面尺寸可按表 18-1~表 18-3 确定。

I 形柱的翼缘高度不宜小于 120mm,腹板厚度不应小于 100mm,当处于高温或侵蚀性环境中,翼缘和腹板的尺寸均应适当增大。I 形柱的腹板可以开孔洞,当孔洞的横向尺寸小于柱截面高度的一半,竖向尺寸小于相邻两孔洞中距的一半时,柱的刚度可按实腹工形柱计算,承载力计算时应扣除孔洞的削弱部分。当开孔尺寸超过上述范围时,则应按双肢柱计算。

2. 截面配筋设计

根据排架计算求得的控制截面的最不利内力组合 M、N 和 V,按偏心受压构件进行截面配筋计算。由于柱截面在排架方向有正反方向相近的弯矩,并避免施工中主筋放错,一般采用对称配筋。采用刚性屋盖的单层厂房柱和露天栈桥柱的计算长度 l_0 可按表 18-4 取用。

采用刚性屋盖的单层工业厂房和露天吊车栈桥柱的计算长度 l_0　　　　表 18-4

项　次	柱 的 类 型		排 架 方 向	垂直排架方向	
				有柱间支撑	无柱间支撑
1	无吊车厂房柱	单跨	$1.5H$	$1.0H$	$1.2H$
		两跨及多跨	$1.25H$	$1.0H$	$1.2H$
2	有吊车厂房柱	上柱	$2.0H_u$	$1.25H_u$	$1.5H_u$
		下柱	$1.0H_l$	$0.8H_l$	$1.0H_l$
3	露天吊车和栈桥柱		$2.0H_l$	$1.0H_l$	

注：1. H——从基础顶面算起的柱全高；
　　　H_l——从基础顶面至装配式吊车梁底面或现浇式吊车梁顶面的柱下部高度；
　　　H_u——从装配式吊车梁底面或从现浇式吊车梁顶面算起的柱上部高度。
　　2. 表中有吊车厂房排架柱的计算长度，当计算中不考虑吊车荷载时，可按无吊车厂房的计算长度采用；但上柱的计算长度仍按有吊车厂房采用。

　　3. 吊装运输阶段的验算

　　单层厂房施工时，往往采用预制柱，现场吊装装配，故柱经历运输、吊装工作阶段。

　　柱在吊装运输时的受力状态与其使用阶段不同，故应进行施工阶段的承载力及裂缝宽度验算。

　　吊装时柱的混凝土强度一般按设计强度的 70% 考虑，当吊装验算要求高于设计强度的 70% 方可吊装时，应在设计图上予以说明。

　　如图 18-11 所示，吊点一般设在变阶处，故应按图中的 1-1，2-2，3-3 三个截面进行吊装时的承载力和裂缝宽度的验算。验算时，柱自重采用设计值，并乘以动力系数 1.5。

　　承载力验算时，考虑到施工荷载下的受力状态为临时性质，安全等级可降一级使用。裂缝宽度验算时，可采用受拉钢筋应力为：

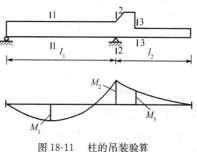

图 18-11　柱的吊装验算

$$\sigma_s = \frac{M}{0.87h_0A_s} \qquad (18\text{-}1)$$

　　求出 σ_s 后，可按混凝土结构设计原理确定裂缝宽度是否满足要求。当变阶处柱截面验算钢筋不满足要求时，可在该局部区段附加配筋。运输阶段的验算，可根据支点位置，按上述方法进行。

三　牛腿的受力特点分析

　　单层厂房排架柱一般都带有短悬臂（牛腿）以支承吊车梁、屋架及连系梁等，并在柱身不同高程处设有预埋件，以便和上述构件及各种支撑进行连接，如图 18-12 所示。

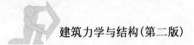

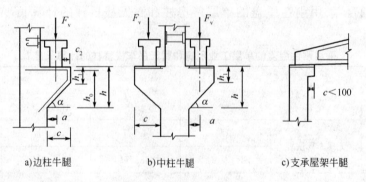

图 18-12　几种常见的牛腿形式

牛腿指的是其上荷载 F_v 的作用点至下柱边缘的距离 $a \leqslant h_0$（短悬臂梁的有效高度）的短悬臂梁。它的受力性能与一般的悬臂梁不同，属变截面深梁。主拉应力的方向基本上与牛腿的上表面平行，且分布较均匀；主压应力则主要集中在从加载点到牛腿下部转角点的连线附近，这与一般悬臂梁有很大的区别。

试验表明，在吊车的竖向和水平荷载作用下，随 a/h_0 值的变化，牛腿呈现出下列几种破坏形态，如图 18-13 所示。当 $a/h_0 < 0.1$ 时，发生剪切破坏；当 $a/h_0 = 0.1 \sim 0.75$ 时，发生斜压破坏；当 $a/h_0 > 0.75$ 时，发生弯压破坏；当牛腿上部由于加载板太小而导致混凝土强度不足时，发生局压破坏。

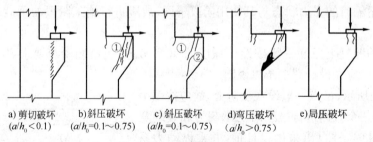

a) 剪切破坏	b) 斜压破坏	c) 斜压破坏	d) 弯压破坏	e) 局压破坏
$(a/h_0 < 0.1)$	$(a/h_0 = 0.1 \sim 0.75)$	$(a/h_0 = 0.1 \sim 0.75)$	$(a/h_0 > 0.75)$	

图 18-13　牛腿的各种破坏形态

常用牛腿的 $a/h_0 = 0.1 \sim 0.75$，其破坏形态为斜压破坏。实验验证的破坏特征是：随着荷载增加，首先牛腿上表面与上柱交接处出现垂直裂缝，但它始终开展很小（当配有足够受拉钢筋时），对牛腿的受力性能影响不大，当荷载增至 40%～60% 的极限荷载时，在加载板内侧附近出现斜裂缝①如图 18-13b）所示，并不断发展；当荷载增至 70%～80% 的极限荷载时，在裂缝①的外侧附近出现大量短小斜裂缝；随荷载继续增加，当这些短小斜裂缝相互贯通时，混凝土剥落崩出，表明斜压主压应力已达 f_c，牛腿即破坏。也有少数牛腿在斜裂缝①发展到相当稳定后，突然从加载板外侧出现一条通长斜裂缝②如图 18-13c）所示，然后随此斜裂缝的开展，牛腿破坏。破坏时，牛腿上部的纵向水平钢筋像桁架的拉杆一样，从加载点到固定端的整个长度上，其应力近于均匀分布，并达到 f_y。

根据上述破坏形态，$a/h_0 = 0.1 \sim 0.75$ 的牛腿可简化成图 18-14 所示的一个以纵向钢筋为拉杆，混凝土斜撑为压杆的三角形桁架，这即为牛腿的计算简图。

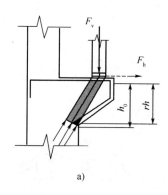
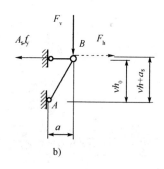

图 18-14　牛腿的计算简图

◀ 本 章 小 结 ▶

(1)钢筋混凝土单层工业厂房主要有两种结构类型:排架结构和刚架结构。

(2)排架结构是由屋架(或屋面梁)、柱、基础等构件组成,柱与屋架铰接,与基础刚接。

(3)刚架结构的主要特点是梁与柱刚接,柱与基础通常为铰接。

(4)钢筋混凝土单层工业厂房由屋面板、屋架、吊车梁、连系梁、柱、基础等构件组成。

(5)厂房承重柱(或承重墙)的纵向和横向定位轴线,在平面上排列所形成的网格,称为柱网。柱网布置就是确定纵向定位轴线之间(跨度)和横向定位轴线之间(柱距)的尺寸。

(6)变形缝包括伸缩缝、沉降缝和防震缝三种。

(7)圈梁的作用是将墙体同厂房柱箍在一起,以加强厂房的整体刚度,防止由于地基的不均匀沉降或较大振动荷载引起对厂房的不利影响。

◀ 复 习 思 考 题 ▶

1.简述单层工业厂房的结构组成。

2.何谓柱网? 其尺寸要求有哪些?

3.厂房中有哪些支撑系统? 各支撑系统有何作用?

4.简述排架结构的计算简图。

5.如何确定排架柱的截面尺寸和配筋?

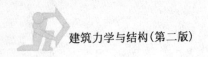

第十九章
砌体材料及砌体的力学性能

【能力目标、知识目标】

通过本章内容的学习,学生可以具备辨识砌体结构形式的能力,同时为施工员岗位资格考试进行知识储备。

【学习要求】

(1)要对砌体材料有较全面的认识,掌握砌体的力学性能,砌体受压破坏的机理及影响砌体抗压强度的相关因素。

(2)要能以砌体规范为基础,对无筋砌体、配筋砌体以及局部受压砌体进行承载力的计算。

(3)了解砌体结构中常用的块材和砂浆以及这两种主要材料的物理性质和力学性能。

(4)掌握配筋砌体和砌体局部受压的承载力计算及相关的构造要求。

第一节　砌体材料及砌体的力学性能

砌体结构是由块材和砂浆砌筑而成的。块材分为天然石材和人造砖石两大类。

一 砌体的块材

块材是砌体的主要部分,目前我国常用的块材可以分为砖、砌块和石材三大类。

1. 砖

砖的种类包括烧结普通砖、烧结多孔砖、蒸压灰砂和蒸压粉煤灰砖四种。我国标准砖的尺寸为 240mm×115mm×53mm。块材的强度等级符号用"MU"表示,单位为 MPa(N/mm²)。划分砖的强度等级,一般根据标准试验方法所测得的抗压强度确定,对于某些砖,还应考虑其抗折强度的要求。

砖的质量除按强度等级区分外,还应满足抗冻性、吸水率和外观质量等要求。

2. 砌块

常用的混凝土小型空心砌块包括单排孔混凝土和轻集料混凝土,砌块的强度等级是根据单个砌块的抗压破坏荷载,按毛截面计算的抗压强度确定的。

3. 石材

天然石材一般多采用花岗岩,砂岩和石灰岩等几种,表观密度大于 $18kN/m^2$ 者以用于基础砌体为宜,而表观密度小于 $18kN/m^2$ 者则用于墙体更为适宜。

石材的强度等级是根据边长为 70mm 立方体试块测得的抗压强度确定的,如采用其他尺寸立方体作为试块,则应乘以规定的换算系数。

二 砌体的砂浆

砂浆是由无机胶结料、细集料和水组成的,胶结料一般有水泥、石灰和石膏等。砂浆的作用是将块才连接成整体而共同工作,保证砌体结构的整体性;还可以找平块体接触面,使砌体受力均匀;此外,砂浆填满块体缝隙,减少了砌体的透气性,提高了砌体的隔热性。对砂浆的基本要求是强度、流动性(可塑性)和保水性。

按组成材料的不同,砂浆可分为水泥砂浆、石灰砂浆及混合砂浆。

1. 水泥砂浆

由水泥、砂和水拌和而成,它具有强度高、硬化快、耐久性好的特点,但和易性差,水泥用量大,适用于砌筑受力较大或潮湿环境中的砌体。

2. 石灰砂浆

由石灰、砂和水拌和而成,它具有保水性,流动性好的特点,但强度低,耐久性差,只适用于低层建筑和不受潮湿的地上砌体中。

3. 混合砂浆

由水泥、石灰、砂和水拌和而成,它的保水性能和流动性比水泥砂浆好,便于施工,而强度高于石灰砂浆,适用于砌筑一般墙、柱砌体。

砂浆的强度等级是用 70.7mm 的立方体标准试块,在温度为 $(20\pm3)°$ 和相对湿度(水泥砂浆在 90% 以上,混合砂浆在 60%～80%)的环境下硬化,龄期为 28d 的抗压强度确定的,砂浆的强度等级符号以"M"表示,单位为 $MPa(N/mm^2)$。

砌块专用砂浆由水泥、砂、水及根据需要掺入的掺和料和外加剂等组成,按一定比例,采用机械拌和制成,专门用于砌筑混凝土砌块,强度等级以符号"Mb"表示。

当验算施工阶段砂浆尚未硬化的新砌砌体承载力时,砂浆强度应取为零。

三 砌体材料的耐久性要求

建筑物所采用的材料,除满足承载力要求外,尚需满足耐久性要求,耐久性是指建筑结构在正常维护下,材料性能随时间变化,仍应能满足预定的功能要求,当块体的耐久性不足时,在使用期间,因风化、冻融等会引起面部剥蚀,影响建筑物的正常使用。有时这种剥蚀现象相当严重,会影响建筑物的承载力。

砌体材料的选用应本着因地制宜、就地取材、充分利用工业废料的原则,并考虑建筑物耐久性要求,工作环境,受力特点,施工技术要求等各方面因素。对五层及五层以上房屋的墙以及受振动或层高大于 6m 的墙、柱所用材料的最低强度等级,应符合下列要求:①砖采用

$MU10$；②砌块采用 $MU7.5$；③石材采用 $MU30$；④砂浆采用 $M5$。

对室内地面以下，室外散水坡顶面上的砌体内，应铺设防潮屋。防潮层材料一般情况下宜采用防水水泥砂浆。勒脚部位应采用水泥砂浆粉刷。地面以下或防潮层以下砌体，潮湿房间的墙体所用材料最低强度等级应符合表 19-1 的要求。

地面以下或防潮层以下的砌体、潮湿房间墙所用材料的最低强度等级 表 19-1

基土的潮湿程度	烧结普通砖、蒸灰砂砖		混凝土砌块	石 材	水泥砂浆
	严寒地区	一般地区			
稍潮湿的	$MU10$	$MU10$	$MU7.5$	$MU30$	$M5$
很潮湿的	$MU15$	$MU10$	$MU7.5$	$MU30$	$M7.5$
含水饱和的	$MU20$	$MU15$	$MU10$	$MU40$	$MU10$

注：1. 在冻胀地区，地面以下或防潮层以下的砌体，不宜采用多孔砖，如采用时，其孔洞应用水泥砂浆灌满，当采用混凝土砌块砌体时，其孔洞应采用强度等级不低于 Cb20 的混凝土灌实。

2. 对安全等级为一级或设计使用年限大于 50 年的房屋，表中材料强度等级应至少提高一级。

第二节　砌体的种类及受力性能

由不同尺寸和形状的块体用砂浆砌筑而成的墙、柱称为砌体。根据块体的类别和砌筑形式的不同，砌体主要分为以下几类：

1. 砖砌体

由砖和砂浆砌筑而成的砌体称为砖砌体，它是最普遍的一种砌体。在房屋建筑中砖砌体大量用作内外承重墙及隔墙。其厚度根据承载力及稳定性等要求确定，但外墙厚度还需考虑保温和隔热要求。承重墙一般多采用实心砌体。

实心砌体的组砌形式有一顺一丁、三顺一丁、梅花丁、全顺、全丁（图 19-1）。当采用标准砖砌筑砖砌体时，墙体的厚度常采用 120mm（半砖）、240mm（1 砖）、370mm（$1\frac{1}{2}$ 砖）、490mm（2 砖）、620mm（$2\frac{1}{2}$ 砖）等，有时为节约材料，还可组合侧砌成 180mm、300mm、420mm 等厚度。

a) 一顺一丁　　　　b) 梅花丁　　　　c) 三顺一丁

图 19-1　砖砌体的砌筑方法

2. 砌块砌体

由砌块和砂浆砌成的砌体称为砌块砌体，我国目前采用较多的有混凝土小型空心砌块砌体及轻集料混凝土小型砌块砌体，砌块砌体为实现工厂化、机械化、提高劳动生产率、减轻结构自重开辟了有效的途径。

3.天然石材

由天然石材和砂浆砌筑的砌体为石砌体,石砌体分为料石砌体和毛石砌体。石材价格低廉,可就地取材,它常用于挡土墙,承重墙或基础,但石砌体自重大,隔热性能差,作外墙时厚度一般较大。

4.配筋砌体

为了提高砌体的承载力和减小构件的截面尺寸,可在砌体内配置适量的钢筋形成配筋砌体,配筋砌体有横向配筋砖砌体和组合砌体等。在砖柱或墙体的水平灰缝内配置一定数量的钢筋网,称为横向配筋砖砌体,如图 19-2a)所示。在竖向灰缝内或在预留的竖槽内配置纵向钢筋和浇筑混凝土,形成组合砌体,也称为纵向配筋砌体,如图 19-2b)所示,这种砌体适用于承受偏心压力较大的墙和柱。

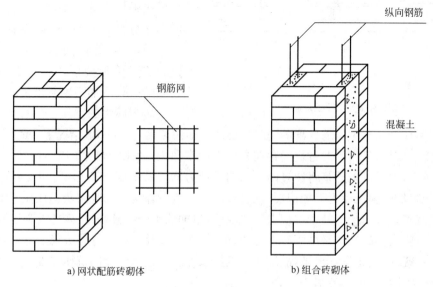

| a) 网状配筋砖砌体 | b) 组合砖砌体 |

图 19-2　配筋砌体

一　砌体的抗压强度

1.砌体受压破坏

砌体是由两种性质不同的材料(块材和砂浆)黏结而成,它的受压破坏特征将不同于单一材料组成的构件。砌体在建筑物中主要用作受压构件,因此了解其受压破坏机理就显得十分重要,根据国内外对砌体所进行的大量试验研究得知,轴心受压砌体在短期荷载作用下的破坏过程大致经历了以下三个阶段:

第一阶段:从开始加载到大约极限荷载的 50%～70% 时,首先在单块砖中产生细小裂缝,以竖向短裂缝为主,也有个别斜向短裂缝,如图 19-3a)所示。这些细小裂缝是因砖体本身形状不规则或砖间砂浆层不均匀,使单块砖受弯、剪产生的,如不增加荷载,这种单块砖内的裂缝不会继续发展。

第二阶段:随着外荷载增加,单块砖内的初始裂缝将向上,向下扩展,形成穿过若干皮砖的连续裂缝,同时产生一些新的裂缝,如图 19-3b)所示,此时即使不增加荷载,裂缝也会继续发

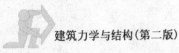

展,这时的荷载约为极限荷载的 80%～90%,砌体已接近破坏。

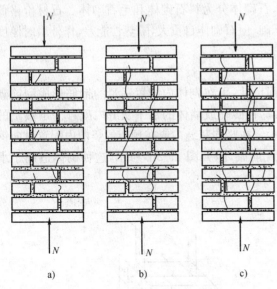

图 19-3　砖砌体的受压破坏

第三阶段:继续加载,裂缝急剧扩展,沿竖向发展成上下贯穿整个砌体的纵向裂缝,裂缝将砌体分割成若干半砖小柱体,如图 19-3c)所示。因各个半砖小柱体受力不均匀,小柱体将因失稳向外鼓出,其中某些部分被压碎,最后导致整个构件破坏。即将压坏时砌体所能承受的最大荷载即为极限荷载。

试验表明,砌体的破坏,并不是由于砖本身抗压强度不足,而是竖向裂缝扩展连通使砌体分割成小柱体,最终砌体因小柱体失稳而破坏,分析认为产生这一现象的原因除前述单砖较早开裂的原因外,使砌体裂缝随荷载增加不断发展的另一个原因是由于砖与砂浆的受压变形性能不一致造成的,当砌体在受压产生压缩变形的同时还要产生横向变形,但在一般情况下砖的横向变形小于砂浆的横向变形,又由于两者之间存在黏结力和摩擦力,砖阻止砂浆的横向变形,是砂浆受到横向的压力,但反过来砂浆将通过两者间的黏结力增大砖的横向变形,使砖受到横向拉力,砖内产生的附加横向拉应力将加快裂缝的出现和发展,另外砌体的竖向灰缝往往不饱满、不密实,这将造成砌体竖向灰缝处产生应力集中现象,也加快了砖的开裂,使砌体的强度降低。

综上所述,砌体的破坏是由于砖块受弯、剪、拉而开裂及最后小柱体失稳引起的,所以砖块的抗压强度并没有真正发挥出来,故砌体的抗压强度总是远低于砖的抗压强度。

2.影响砌体抗压强度的主要因素

根据试验分析,影响砌体抗压强度的因素主要有以下几个方面:

(1)砌体的抗压强度主要取决于块体的强度,因为它是构成砌体的主体。但试验也表明,砌体的抗压强度不只取决于块体的受压强度,还与块体的抗弯强度有关。块体的抗弯强度较低时,砌体的抗压强度也较低。因此,只有块体抗压强度和抗弯强度都高时,砌体的抗压强度才会高。

(2)砌体的抗压强度与块体高度也有很大关系,高度越大,其本身抗弯、剪能力越强,会推迟砌体的开裂。且灰缝数量减少,砂浆变形对块体影响减小,砌体抗压强度相应提高。

(3)块体外形平整,使砌体强度相对提高,因平整的外观使块体的附加弯矩、剪力影响相对较小,砂浆也易于铺平,使得应力分布较为均匀。

(4)砂浆强度等级越高,则其在压应力作用下的横向变形与块材的横向变形差会相对减小,因而改善了块材的受力状态,这将提高砌体强度。

(5)砂浆和易性和保水性好,则砂浆容易铺砌均匀,灰缝饱满程度就越高,块体在砌体内的受力就越均匀,减少了砌体的应力集中,故砌体强度得到提高。

另外砌体的砌筑质量也是影响砌体抗压强度的重要因素,其影响并不亚于其他各项因素,因此,规范中规定了砌体施工质量控制等级,它根据施工现场的质保体系,砂浆和混凝土的强度,砌筑工人技术等级方面的综合水平划分为 A、B、C 三个等级。

3.砌体的抗压强度

(1)各类砌体轴心抗压强度均值 f_m(表 19-2)

轴心抗压度平均值 f_m(N/mm²)   表 19-2

砌体种类	$f_m=k_1f_1(1+0.07f_2)k_2$		
	k_1	α	k_2
烧结普通砖、烧结多孔砖、蒸压灰砖、蒸压粉煤灰砖	0.78	0.5	当 $f_2<1$ 时,$k_2=0.6+0.4f_2$
混凝土砌块	0.46	0.9	当 $f_2=0$ 时,$k_2=0.8+0.8f_2$
毛料石	0.79	0.5	当 $f_2<1$ 时,$k_2=0.6+0.4f_2$
毛石	0.22	0.5	当 $f_2<2.5$ 时,$k_2=0.4+0.4f_2$

注:k_1 在表列条件以外时均等于 1。

近年来我国对各类砌体的强度作了广泛的试验,通过统计和回归分析,《砌体结构设计规范》(GB 5007—2011)给出了适用于各类砌体的轴心抗压强度平均值计算公式:

$$f_m = k_1f_1(1+0.07f_2)k_2 \tag{19-1}$$

式中:k_1——砌体种类和砌筑方法等因素对砌体强度的影响系变;

k_2——砂浆强度对砌体强度的影响系数;

f_1、f_2——分别为块材和砂浆抗压强度平均值;

α——与砌体种类有关的系数;

(2)各类砌体的轴心抗压强度标准值

抗压强度标准值是表示各类砌体抗压强度的基本代表值。在砌体验收及砌体抗裂等验算中,需采用砌体抗压强度标准值。砌体抗压强度的标准值为:

$$f_k = f_m(1-1.64\delta_f) \tag{19-2}$$

式中:δ_f——砌体强度的变异系数。

把式(19-1)求得的各类砌体的抗压强度平均值代入式(19-2),即得其标准值。

(3)各类砌体的轴心抗压强度设计值

对砌体进行承载力计算时,砌体强度应具有更大的可靠概率,需采用强度的设计值,砌体的抗压强度设计值 f 为:

$$f = \frac{f_k}{\gamma_f} \tag{19-3}$$

式中:γ_f——砌体结构的材料性能分项系数,对各类砌体及各种强度均取 $\gamma_f=1.6$,根据式(19-3)可求出各类砌体的抗压强度设计值。

二 砌体的抗拉、抗弯与抗剪强度

砌体的抗压强度比抗拉、抗剪强度高得多,因此砌体大多用于受压构件,以充分利用其抗压性能,但实际工程中有时也遇到受拉、受弯、受剪的情况,例如圆形水池的池壁受到液体的压力,在池壁内引起环向拉力,挡土墙受到侧向土压力使墙壁承受弯矩作用,拱支座处受到剪力作用等。

1.砌体的轴心抗拉和弯曲抗拉强度

试验表明:砌体的抗拉、抗弯强度主要取决于灰缝与块材的黏结强度。即取决于砂浆的强度和块材的种类,一般情况下,破坏发生在砂浆和块材的界面上。砌体在受拉时,发生破坏有以下三种可能,如图19-4a)、b)、c)所示:沿齿缝截面破坏、沿通缝截面破坏、沿竖向灰缝和块体截面破坏,其中前两种破坏是在块体强度较高而砂浆强度较低时发生,而最后一种破坏是在砂浆强度较高而块体强度较低时发生,因为法向黏结强度数值极低,且不易保证,故在工程中不应设计成利用法向黏结强度的轴心受拉构件。砌体受弯也有三种破坏可能,与轴心受拉时类似。

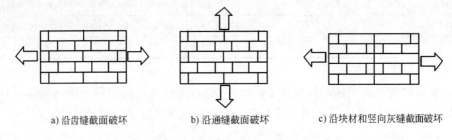

a) 沿齿缝截面破坏   b) 沿通缝截面破坏   c) 沿块材和竖向灰缝截面破坏

图 19-4　砌体轴心受拉破坏形态

根据实验分析,《砌体结构设计规范》(GB 50007—2011)给出了各类砌体轴心抗拉强度平均值 $f_{t,m}$ 和弯曲抗拉强度平均值 $f_{tm,m}$ 的计算方法。

2.砌体的抗剪强度

砌体的受剪是另一较为重要的性能,在实际工程中砌体受纯剪的情况几乎不存在,通常砌体截面上受到竖向压力和水平压力的共同作用。

砌体受剪力时,既可能发生齿缝破坏,也可能发生通缝破坏,但根据试验结果,两种破坏情况可取一致的强度值,不必区分。各类砌体的抗剪强度标准值、设计值见附录 12 。

三 砌体强度设计值的调整

在某些特定情况下,砌体强度设计值需加以调整,《砌体结构设计规范》(GB 50007—2011)规定,下列情况的各类砌体,其强度设计值应乘以调整系数 γ_a。

(1)有吊车房屋砌体、跨度不小于 9m 的梁下烧结普通砖砌体以及跨度不小于 7.5m 的梁下其他砖砌体和砌块砌体 $\gamma_a=0.9$。

(2)构件截面面积 A 小于 $0.3m^2$ 时,$\gamma_a=A+0.7$;砌体局部受压时,$\gamma_a=1$。对配筋砌体构件,当其中砌体截面面积小于 $0.2m^2$ 时,$\gamma_a=A+0.8$。

(3)各类砌体,当用水泥砂浆砌筑时,抗压强度计值的调整系数 $\gamma_a=0.9$,对于抗拉、抗弯、抗剪强度调整系数 $\gamma_a=0.9$。

对配筋砌体构件,砌体采用水泥砂浆砌筑时,仅对砌体的强度设计值乘以下述调整系数。

(1)当验算施工中房屋的构件时,$\gamma_a=1.1$。

(2)当施工质量控制等级为 C 级时,$\gamma_a=0.89$。

第三节 砌体结构构件的承载力计算

《砌体结构设计规范》(GB 50007—2011)采用了概率理论为基础的极限状态设计方法,砌体结构极限状态设计表达式与混凝土结构类似,即将砌体结构功能函数极限状态方程转化为以基本变量标准值和分项系数形式表达的极限状态设计表达式。

砌体结构除应按承载能力极限状态设计外,还应满足正常使用的极限状态的要求,不过在一般情况下,砌体结构正常使用极限状态的要求可以由相应的构造措施予以保证。

一 设计表达式

砌体结构按承载能力极限状态设计的表达式为:
$$\gamma_0 S \leqslant R \tag{19-4}$$
$$R = R(f_d, \alpha_k \cdots)$$

式中:γ_0——结构重要性系数,对安全等级为一级、二级、三级的砌体结构构件,可分别取 1.1、1.0、0.9;

S——内力设计值,分别表示为轴向力设计值 N,弯矩设计值 M 和剪力设计值 V 等;

R——结构构件抗力;

$R(\cdot)$——结构构件的承载力设计值函数(包括材料设计强度、构件截面面积等);

f_d——砌体的强度设计值,$f_d = \dfrac{f_k}{\gamma_f}$;

f_k——砌体的强度标准值,$f_k = f_m - 1.645\alpha_f$;

f_m——砌体的强度平均值;

α_f——砌体强度的标准差;

γ_f——砌体结构的材料性能分项系数,取用 1.6;

α_k——几何参数标准值。

当砌体结构作为一个刚体,需验算整体稳定性时,例如滑移、倾覆等,应按下列设计表达式进行验算:
$$0.8C_{G_1} G_{1k} - \gamma_0(1.2C_{G_2} G_{2k} + 1.4C_{Q_1} Q_{1k} + \sum_{i=2}^{n} 1.4C_{Q_i}\psi_{ik}) \geqslant 0 \tag{19-5}$$

式中:G_{1k}——起有利作用的永久荷载标准值;

G_{2k}——起不利作用的永久荷载标准值;

C_{G_1}、C_{G2}——分别为 G_{1k}、G_{2k} 的荷载效应系数;

C_{Q_1}、C_{Q_i}——分别为第一个可变荷载和其他第 i 个可变荷载效应系数;

Q_{1k}、Q_i——起不利作用的第一个和第 i 个可变荷载标准值;

ψ_{ik}——第 i 个可变荷载的组合系数,当风荷载与其他可变荷载组合时可取 0.6。

二 无筋砌体受压承载力计算

1.受压短柱

在实际工程中,无筋砌体大都被用作受压构件,试验表明,当构件的高厚比 $\beta = \dfrac{H_0}{h} \leqslant 3$ 时,

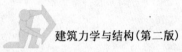

砌体破坏时材料强度可以得到充分发挥,不会因整体失去稳定影响其抗压能力,故可将 $\beta \leqslant 3$ 的柱划为短柱,受压砌体同样可以分为轴心受压和偏心压受两种情况,根据试验研究分析受压短柱的受力状态有以下特点:

在轴心压力作用下,砌体截面的应力分布是均匀的,当截面内应力达到轴心抗压强度 f 时截面达到最大承载能力,如图 19-5a)所示。在偏心受压时,截面虽仍然全部受压,但应力分布已不均匀,破坏将首先发生在压应力较大一侧。破坏时该侧压应力比轴心抗压强度略大,如图 19-5b)所示,当偏心距增大时,受力较小边的压应力向拉力过渡。此时,受拉一侧如没有达到砌体通缝抗拉强度,则破坏仍是压力大的一侧先被压坏,如图 19-5c)所示。当偏心距再大时,受拉区已形成通缝开裂,但受压区压应力的合力仍与偏心压力保持平衡。由几种情况的对比可见偏心距越大,受压面越小,如图 19-5d)所示,构件承载力也就越小。若用 φ_1 表示由于偏心距的存在引起构件承载力的降低,则偏心受压砌体短柱的承载力计算可用下式表达:

$$N_u = \varphi_1 f A \tag{19-6}$$

式中:N_u——砌体受压承载力设计值;

A——砌体截面积,按毛截面计算;

f——砌体抗压强度设计值;

φ_1——偏心影响系数,为偏心受压构件与轴心受压构件承载力之比。

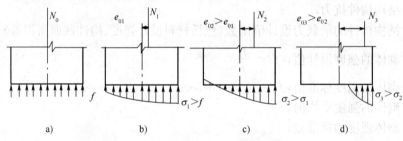

图 19-5 砌体受压时截面应力变化

偏心影响系数 φ_1 的试验统计公式为:

$$\varphi_1 = \frac{1}{1 + \left(\dfrac{e}{i}\right)^2} \tag{19-7}$$

式中:i——砌体截面的回转半径,$i = \sqrt{\dfrac{I}{A}}$(I 和 A 分别为截面的惯性矩和截面面积);

e——轴向力偏心矩,按内力设计值计算,即 $e = \dfrac{M}{N}$。

当截面为矩形时,因 $i = \dfrac{h}{\sqrt{12}}$,故:

$$\varphi_1 = \frac{1}{1 + 12\left(\dfrac{e}{i}\right)^2} \tag{19-8}$$

式中:h——矩形截面轴向力偏心方向的边长。

对非矩形截面,可折算厚度 $h_T = \sqrt{12}i \approx 3.5i$ 代替式中 h 进行计算。

2. 受压长柱

房屋中的墙、柱砌体大多为长柱，与钢筋混凝土受压长柱道理相同，也需考虑构件的纵向弯曲引起的附加偏心距 e_i 的影响，此时构件的承载力按下式计算：

$$N \leqslant N_u = \varphi A f \tag{19-9}$$

式中：N——构件所受轴力设计值；

φ——高厚比 β 和轴向力偏心距 e 对受压构件承载力的影响系数，可根据砂浆强度等级，砌体构件高厚比 β 及 $\dfrac{e}{h}$ 查表得到。

φ 值的计算公式如下：

$$\varphi = \frac{1}{1 + 12\left(\dfrac{e}{h} + \sqrt{\dfrac{1}{12}\left(\dfrac{1}{\varphi_0} - 1\right)}\right)^2} \tag{19-10}$$

式中：φ_0——轴心受压稳定系数。

$$\varphi_0 = \frac{1}{1 + \alpha\beta^2} \tag{19-11}$$

式中：α——与砂浆强度等级有关的系数，当砂浆强度等级大于或等于 M5 时，α 高于 0.001 5；当砂浆强度等级等于 M2.5 时，α 等于 0.002；当砂浆强度等级等于 0 时，α 等于 0.009。

式(19-11)中 β 为受压砌体高厚比，当 $\beta \leqslant 3$ 时，取 $\varphi_0 = 1$。高厚比 β 按下式计算：

$$\beta = \frac{H_0}{h} \tag{19-12}$$

式中：H_0——受压砌体的计算高度。

φ 值按公式计算麻烦，不便实用工程设计，故《砌体结构设计规范》(GB 50007—2011)已将其编成表格，见附录 13，对轴心受压砌体，取 $\varphi = \varphi_0$。

《砌体结构设计规范》(GB 50007—2011)规定计算 φ 或查表求 φ 时，应先对构件的高厚比 β 乘以调整系数 γ_β 来考虑砌体类型对受压构件承载力的影响，按表 19-3 采用。

高厚比修正系数 γ_β 表 19-3

砌体材料类别	γ_β	砌体材料类别	γ_β
烧结普通砖、烧结多孔砖	1.0	蒸压灰砂砖、蒸压粉煤灰砖、细料石、半细料石	1.2
混凝土及轻集料混凝土砌块	1.1	粗料石、毛石	1.5

注：对灌孔混凝土砌块 $\gamma_\beta = 1.0$。

系数 φ 概括了系数 φ_1 和 φ_0，使砌体受压构件承载力，无论是偏心受压还是轴心受压，长柱还是短柱，均统一为一个公式进行计算。

对矩形截面构件，当纵向力偏心方向的截面边长大于另一方向的边长时，除按偏心受压构件进行承载力计算外，还应对较小边长方向按上面各式进行轴心受压承载力验算。

当轴向力偏心距太大时，构件承载力明显降低，还可能使受拉边出现较宽的裂缝。因此，《砌体结构设计规范》(GB 50007—2011)规定偏心距 e 不宜超过 $0.6y$ 的限值，y 为截面形心到受压边的距离。

【例 19-1】 一轴心受压砖柱,截面尺寸为 370mm×490mm,采用 MU10 烧结普通砖及 M2.5 混合砂浆砌筑,荷载引起的柱顶轴向压力设计值为 $N=155$kN,柱的计算高度为 $H_0=1.0H=4.2$m。试验算该柱的承载力是否满足要求。

【解】 考虑砖柱自重,柱底截面的轴心压力最大,取砖砌体重力密度为 19kN/m³,则砖柱自重为:

$$G=1.2×19×0.37×0.49×4.2=17.4\text{kN}$$

柱底截面上的轴向力设计值:

$$N=155+17.4=172.4\text{kN}$$

砖柱高厚比:

$$\beta=\frac{H_0}{h}=\frac{4.2}{0.37}=11.35$$

查表 $\frac{e}{h}=0$,得 $\varphi=0.796$。

因为 $A=0.37×0.49=0.1813\text{m}^2<0.3\text{m}^2$,

$$\gamma_a=0.7+A=0.7+0.1813=0.8813$$

MU10 烧结普通砖,M2.5 混合砂浆砌体的抗压强度设计值 $f=1.30\text{N/mm}^2$。

$$\gamma_a\varphi Af=0.8813×0.796×0.1813×10^6×1.30=165\ 336\text{N}$$
$$=165.3\text{kN}<N=172.4\text{kN}$$

该柱承载力不满足要求。

【例 19-2】 已知一矩形截面偏心受压柱,截面尺寸为 490mm×740mm,采用 MU10 烧结普通砖及 M5 混合砂浆,柱的计算高度 $H_0=1.0H=5.9$m,该柱所受轴向力设计值 $N=320$kN(包含柱自重),沿长边方向作用的弯矩设计值 $M=33.3$kN·m,试验算该柱承载力是否满足要求。

【解】 (1)验算柱长边方向的承载力

偏心距:

$$e=\frac{M}{N}=\frac{33.3×10^6}{320×10^3}=104\text{mm}$$

$$y=\frac{h}{2}=\frac{740}{2}=340\text{mm}$$

$$0.6y=0.6×340=222\text{mm}>e=104\text{mm}$$

相对偏心距:

$$\frac{e}{h}=\frac{104}{740}=0.1405$$

高厚比:

$$\beta=\frac{H_0}{h}=\frac{5\ 900}{740}=7.79$$

查表 $\varphi=0.61$。

$$A=0.49×0.74=0.363\text{m}^2>0.3\text{m}^2,\gamma_a=1.0$$

查表 $f=1.5\text{N/mm}^2$,则

$$\gamma_a \varphi A f = 1.0 \times 0.61 \times 0.363 \times 10^6 \times 1.50 = 332\ 100\text{N} = 332.1\text{kN} > N = 320\text{kN}$$

该柱长方向满足承载力要求。

(2)验算柱短边方向的承载力

由于弯矩作用方向的截面边长 740mm 大于另一方向的边长 490mm,故还应对短边进行轴心受压承载力验算。

高厚比: $\beta = \dfrac{H_0}{h} = \dfrac{5\ 900}{490} = 12.04, \dfrac{e}{h} = 0$

查表 $\varphi = 0.819$。

$$\varphi A f = 0.819 \times 0.363 \times 10^6 \times 1.50 = 445\ 945.5\text{N} \approx 445.9\text{kN} > N = 320\text{kN}$$

该柱短方向满足承载力要求,故该柱满足承载力要求。

三 砌体局部受压承载力计算

局部受压是砌体结构经常遇到的问题,它是指压力仅作用在砌体部分面积上的受力状态。例如钢筋混凝土梁支承在砖墙上。其特点是砌体局部面积上支承着比自身强度高的构件,上部构件的压力通过局部受压面积传给下部砌体。

根据试验,砌体局部受压有三种破坏形态:①在局部压力作用下,首先在距承压面 1~2 皮砖以下出现竖向裂缝,并随局部压力增加而发展,最后导致破坏,对于局部受压,这是常见的破坏形态;②劈裂破坏。局部压力达到较高值时局部承压面下突然产生较长的纵向裂缝,导致破坏,当砌体面积大而局部受压面积很小时,可能发生这种破坏;③直接承压面下的砌体被压碎,而导致破坏,当砌体强度较低时,可能发生这种破坏。

试验表明,砌体局部抗压强度比砌体抗压强度高,因为直接承压面下部的砌体,其横向应变受到周围砌体的侧向约束,使承压面下部的核心砌体处于三向受压状态,周围砌体起到了套箍一样的强化作用(图 19-6)。

在实际工程中,往往出现按全截面验算砌体受压承载力满足,但局部受压承载力不足的情况,故在砌体结构设计中,还应进行局部受压承载力计算,根据实际工程中可能出现的情况,砌体的局部受压可分为以下几种情况:

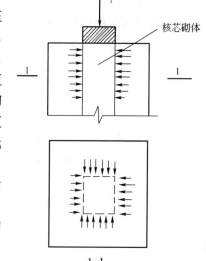

图 19-6 局部承压的套箍原理

1. 砌体局部均匀受压

(1)承载力公式

当砌体表面上受有局部均匀压力时(如轴心受压柱与砖基础的接触面处),称为局部均匀受压,砌体局部均匀受压承载力计算公式为:

$$N_l \leqslant \gamma f A_l \tag{19-13}$$

式中:N_l——局部受压面积上轴向力设计值;

A_l——局部受压面积;

γ——砌体局部抗压强度提高系数,按下式计算:

$$\gamma = 1 + 0.35\sqrt{\frac{A_0}{A_1} - 1} \tag{19-14}$$

式中:A_0——为影响砌体局部抗压强度的计算面积,按图19-7确定。

(2)砌体局部抗压强度提高系数的限值

砌体局部抗压强度主要取决于砌体原有抗压强度和周围砌体对局部受压区核芯砌体的约束程度。由式(19-14)可看出,$\frac{A_0}{A_1}$越大,周围砌体对核芯砌体的约束作用越大,因而砌体局部抗压强度提高程度也越大。但当$\frac{A_0}{A_1}$大于某一限值时,砌体可能发生前述的突然劈裂的脆性破坏,因此,《砌体结构设计规范》(GB 50007—2011)规定按式(19-14)计算得出的γ值还应符合下列规定:

①在图19-7a)的情况下,$\gamma \leqslant 2.5$;

②在图19-7b)的情况下,$\gamma \leqslant 2.0$;

③在图19-7c)的情况下,$\gamma \leqslant 1.5$;

④在图19-7d)的情况下,$\gamma \leqslant 1.25$;

⑤对多孔砖砌体和灌孔的砌体砌块,在以上①、②、③种的情况下,尚应符合$\gamma \leqslant 1.5$;未灌孔的混凝土砌块砌体$\gamma \leqslant 1.0$。

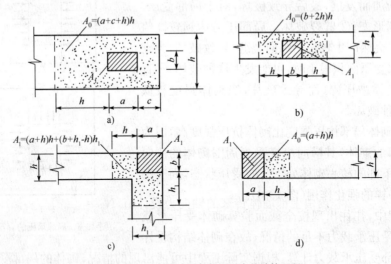

图19-7 影响局部抗压强度的计算面积

2.梁端支承处砌体局部受压

(1)梁端有效支承长度

当梁端直接支承在砌体上时,砌体在梁端压力下处于局压状态。当梁受荷载作用后,梁端将产生转角θ,使梁端支承面上的压力因砌体的弹塑性性质呈不均匀分布(图19-8)。由于梁的挠曲变形和支承处砌体压缩变形的缘故,这时梁端下面传递压力的实际长度a_0(即梁端有效支承长度)并不一定等于梁在墙上的全部搁置长度a,它取决于梁的刚度、局部承压力和砌体的弹性模量等。

根据试验及理论推导,梁端有效支承长度 a_0 可按下式计算:

$$a_0 = 10\sqrt{\dfrac{h_c}{f}} \qquad (19\text{-}15)$$

式中:a_0——梁端有效支承长度(mm),当 $a_0 > a$ 时,应取 $a_0 = a$,a 为梁端实际支承长度;

　　　h_c——梁的截面高度(mm);

　　　f——砌体的抗压强度设计值(N/mm^2)。

　　根据压应力分布情况,砌体规范规定,梁端底面压应力的合力,即梁对墙的局部压力 N_1,的作用点到墙内表面的距离取 $0.4a_0$。

　　(2)上部荷载对局部抗压强度的影响

　　当梁端支承在墙体中某个部位,即梁端上部还有墙体时,除由端传来的压力 N_1 外,还有由上部墙体传来的轴向压力。试验结果表明,上部砌体通过梁顶传来的压力并不总是相同的。当梁上受荷载较大时,梁端下砌体将产生较大压缩变形,使梁端顶面与上部砌体接触面上的压应力逐渐减小,甚至梁端顶面与上部砌体脱开,这时梁端范围内的上部荷载将会部分地或全部通过砌体中的内拱作用传给梁端周围的砌体。这种"内拱卸荷"作用随 $\dfrac{A_0}{A_1}$ 逐渐减小而减弱。砌体规范规定,当 $\dfrac{A_0}{A_1} \geqslant 3$ 时,可不考虑上部荷载对砌体局部受压的影响。

　　(3)梁端支承处砌体局部受压承载力计算

　　梁端支承处砌体局部受压承载力可由下式计算:

$$\psi N_0 + N_1 \leqslant \eta \gamma A_1 f \qquad (19\text{-}16)$$

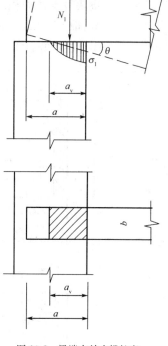

图 19-8　梁端有效支撑长度

式中:ψ——上部荷载的折减系数,$\psi = 1.5 - 0.5\dfrac{A_0}{A_1}$,当 $\dfrac{A_0}{A_1} \geqslant 3$ 时,取 $\psi = 0$;

　　　N_0——局部受压面积内由上部墙体传来的轴向力设计值,$N_0 = \sigma_0 A_1$,σ_0 上部墙体内平均压应力设计值;

　　　N_1——由梁上荷载在梁端产生的局部压力设计值;

　　　η——梁端底面压应力图形的完整系数,一般可取 0.7,对于过梁和墙梁可取 1.0;

　　　γ——砌体局部承压强度提高系数;

　　　A_1——局部受压面积,$A_1 = a_0 b$,b 为梁宽,a_0 为梁端有效支承长度;

　　　f——砌体的抗压强度设计值。

　　3.刚性垫块下砌体的局部受压

　　当梁端支承处砌体局部受压承载力不能满足要求时,可以在梁端下设置混凝土或钢筋混凝土垫块,以扩大梁端支承面积,增加梁端下砌体的局部受压承载力。

　　垫块一般采用刚性垫块,即垫块的高度 $t_b \geqslant 180\text{mm}$,自梁边算起的垫块挑出长度应不大

于 t_b，如图 19-9a)所示。设置垫块可增加砌体局部受压面积，以使梁端压力较均匀地传到砌体截面上。刚性垫块下砌体的局部受压承载力可按不考虑纵向弯曲影响的偏心受压砌体计算，但可考虑垫块外砌体对垫块下砌体抗压强度的有利影响，其计算公式为：

$$N_0 + N_1 \leqslant \varphi \gamma_1 A_b f \qquad (19-17)$$

式中：N_0——垫块面积 A_b 范围内上部墙体传来的轴向压力设计值，$N_0 = \sigma_0 A_l$；

　　φ——垫块上 N_0 及 N_1 合力偏心对承载力的影响系数，可由表查取 $\beta \leqslant 3$ 时的 φ 值，或按式(19-17)计算；

　　γ_1——垫块外砌体面积的有利影响系数，考虑到垫块底面压应力的不均匀性和偏于安全，取 $\gamma_1 = 0.8\gamma$，但不小于 1.0，γ 为砌体局部抗压强度提高系数，按式(19-17)以 A_b 代替 A_l 计算；

　　A_b——垫块面积，$A_b = a_b b_b$；其中 a_b 为垫块伸入墙内的长度，b_b 为垫块的宽度。

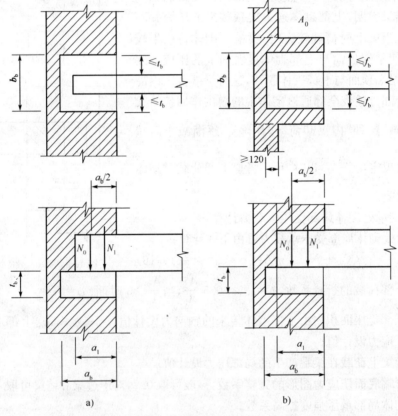

a)　　　　　　　　　　　b)

图 19-9　设有垫块时梁端局部受压(尺寸单位：mm)

　　在墙的壁柱内设刚性垫块时，如图 19-9b)所示，计算其局部承压强度提高系数 γ 所用的局部承压计算面积 A_0 只取壁柱截面面积，不计算翼缘面积。并且要求壁柱上的垫块伸入翼墙内的长度不应小于 120mm。

　　当现浇垫块与梁端整体浇筑时，垫块可在梁高范围内设置。

　　梁端设有刚性垫块时，梁端有效支承长度 a_0 应按下式计算：

304

$$a_0 = \delta_1 \sqrt{\frac{h}{f}} \tag{19-18}$$

式中：δ_1——刚性垫块的影响系数，可按表 19-4 采用，垫块上 N_1 作用点位置可取 $0.4a_0$ 处。

系 数 δ_1 值 表　　　　　　　　　　　　　　　　表 19-4

σ_0/f	0	0.2	0.4	0.6	0.8
δ_1	5.4	5.7	6.0	6.9	7.8

注：表中其间的数值可采用插入法求得。

当梁端下设有垫梁（如圈梁）时，则可利用垫梁来分散大梁的局部压力。垫梁一般很长，所以可视为一柔性梁垫，即在集中力作用下梁底压应力肯定不会沿梁长均匀分布，而如图 19-10 所示分布。《砌体结构设计规范》(GB 50007—2011) 规定当垫梁长度大于 πh_0 时，垫梁下砌体的局部受压承载力可按下式计算：

$$N_0 + N_1 \leqslant 2.4 \delta_1 f b_b h_0 \tag{19-19}$$

式中：N_0——垫梁 $\dfrac{\pi b_b h_0}{2}$ 的范围内上部轴向力设计值，$N_0 = \dfrac{\pi b_b h_0 \sigma_0}{2}$，$\sigma_0$ 为上部荷载设计值产生的平均压应力；

　　　　b_b——垫梁宽度；

　　　　δ_1——当荷载沿墙原方向均匀时取 1.0，不均匀时取 0.8；

　　　　h_0——垫梁折算高度，$h_0 = 2\sqrt[3]{\dfrac{E_b I_b}{Eh}}$，式中 E_b、I_b 分别为垫梁的弹性模量和截面惯性矩；

　　　　E、h 分别为砌体的弹性模量和墙厚。

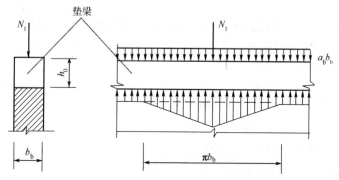

图 19-10　垫梁下局部受压

【例 19-3】 已知某窗间墙截面尺寸为 $1\,000\text{mm} \times 240\text{mm}$，采用 MU10 烧结普通砖、M5 混合砂浆，墙上支承钢筋混凝土梁。有梁端传至墙上的压力设计值为 $N_1 = 45\text{kN}$，上部墙体传至该截面的总压力设计值为 $N_u = 140\text{kN}$。试验算梁端支承处砌体的局部受压承载力是否满足要求。

【解】 由表查得：$f = 1.5\text{N/mm}^2$。

由图的局部受压计算面积：

$$A_0 = (b + 2h)h = (0.2 + 2 \times 0.24) \times 0.24 = 0.163\text{m}^2$$

$$a_0 = 10\sqrt{\frac{h_c}{f}} = 10 \times \sqrt{\frac{550}{1.5}} = 191.5\text{mm} < a = 240\text{mm}$$

局部承压面积：

$$A_1 = a_0 b = 0.1915 \times 0.2 = 0.0383\text{m}^2$$

$\dfrac{A_0}{A_1} = \dfrac{0.163}{0.0383} = 4.26 > 3$，取上部荷载折减系数 $\psi = 0$，既不考虑上部荷载的影响。

$$\gamma = 1 + 0.35 \sqrt{\frac{A_0}{A_1} - 1} = 1 + 0.35 \sqrt{\frac{0.163}{0.0383} - 1} = 1.8 < 2.0$$

由式得：

$$\eta A_1 f = 0.7 \times 1.80 \times 0.0383 \times 10^6 \times 1.50 = 72300\text{N} = 72.3\text{kN} > N_1 = 45\text{kN}$$

故局部受压满足要求。

◀ 本 章 小 结 ▶

(1)砌体结构是由块材和砂浆砌筑而成的。块材分为天然石材和人造砖石两大类。

(2)块材是砌体的主要部分，目前我国常用的块材可以分为砖、砌块和石材三大类。

(3)砂浆是由无机胶结料、细集料和水组成的，胶结料一般有水泥、石灰和石膏等。

(4)砌体材料的选用应本着因地制宜、就地取材、充分利用工业废料的原则，并考虑建筑物耐久性要求，工作环境，受力特点，施工技术要求等各方面因素。

(5)由不同尺寸和形状的块体用砂浆砌筑而成的墙、柱称为砌体。根据块体的类别和砌筑型式的不同，砌体主要分为以下几类：砖砌体、砌块砌体、天然石材、配筋砌体。

(6)砌体的抗压强度比抗拉、抗剪强度高得多，因此砌体大多用于受压构件，以充分利用其抗压性能。

(7)砌体结构除应按承载能力极限状态设计外，还应满足正常使用的极限状态的要求。在一般情况下，砌体结构正常使用极限状态的要求可以由相应的构造措施予以保证。

◀ 复习思考题 ▶

1.什么叫砌体结构？有哪些优缺点？

2.为何砖的抗压强度远高于砌体的抗压强度？

3.影响砌体抗压强度的主要因素。

4.什么叫砌体的局部受压？有哪几种破坏形态？

5.砌体轴心受拉、受压和受剪构件承载力与哪些因素有关？

6.何谓刚性梁垫？何种情况下需设置梁垫？刚性梁垫应满足哪些构造要求？

7.什么情况下采用网状配筋砌体？它有哪些构造要求？

第二十章
混合结构房屋墙和柱的设计

【能力目标、知识目标】

通过本章内容的学习,学生可以具备辨识混合结构房屋结构的能力,看懂混合结构房屋结构设计图纸的能力。

【学习要求】

(1)对混合结构房屋静力计算方案有一定的了解。
(2)能运用公式对墙、柱高厚比进行验算。
(3)了解刚性方案房屋计算,熟悉过梁、雨篷、圈梁相关的构造要求。
(4)掌握砌体的构造措施,能熟读砌体相关部位的构造图。

第一节　房屋静力计算方案

混合结构房屋是由楼、屋盖等水平承重结构构件和墙、柱、基础等竖向承重结构构件构成的空间受力体系,墙、柱承担着屋盖和楼盖传来的竖向荷载,以及由墙面或屋面传来的水平荷载(如风荷载)。在水平荷载及竖向偏心荷载的作用下,墙或柱的顶端产生水平位移;而混合结构的纵、横墙以及楼、屋盖是相互关联又相互制约的整体,在荷载作用下整个结构处于空间工作状态。因此,在静力计算中必须考虑房屋的空间工作性能。

根据试验研究分析,房屋的空间工作性能,主要取决于楼、屋盖水平刚度和横墙间距大小。当屋盖或楼盖的水平刚度大,横墙间距小,则房屋的空间刚度就大,在水平荷载或偏心竖向荷载作用下,水平位移就小,甚至可以忽略不计;反之,当屋盖或楼盖水平刚度较小,横墙间距较大时,房屋空间刚度就小,其水平位移就必须考虑。

一 房屋静力计算方案的种类

房屋的静力计算方案分为三种:刚性方案、刚弹性方案和弹性方案。

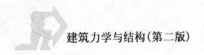

(一)刚性方案

房屋横墙间距很小,楼(屋)盖水平刚度较大时,房屋的空间刚度较大,在荷载作用下,房屋的水平位移较小,在确定房屋的计算简图时,可以忽略房屋水平位移,而将屋盖或楼盖视为不动铰支座,这种方案称为刚性方案。一般多层住宅、办公楼、医院多属于此类方案。

(二)弹性方案

房屋横墙间距较大,屋盖或楼盖水平刚度较小时,房屋的空间工作性能较差,在荷载作用下,房屋的水平位移较大。在确定房屋的计算简图时,必须考虑水平位移,把屋盖或楼盖与墙、柱的连接视为铰接,按不考虑空间工作的平面排架对墙、柱进行静力计算,这种方案称为弹性方案。一般单层厂房、仓库、礼堂、食堂等多属于弹性方案房屋。

(三)刚弹性方案

房屋的空间刚度介于刚性与弹性方案之间,在荷载作用下,房屋的水平位移比弹性方案小,但又不可忽略不计,这种房屋属于刚弹性方案房屋。其计算简图为屋盖(或楼盖)与墙、柱连接处为一具有弹性支撑的平面排架。

 房屋静力计算方案的确定

为了方便计算,房屋的屋盖(楼盖)按刚度划分为三种类型,并根据屋盖(楼盖)类别和房屋横墙间距 S 确定房屋静力方案,见表 20-1。

房屋的静力计算方案 表 20-1

屋盖或楼盖类别	刚性方案	刚弹性方案	弹性方案
整体式、装配整体式和装配式无檩体系钢筋混凝土屋盖或钢筋混凝土楼盖	$S<32$	$32{\leqslant}S{\leqslant}72$	$S>72$
装配式有檩体系钢筋混凝土屋盖、轻钢屋盖和密铺望板的木屋盖或木楼盖	$S<20$	$20{\leqslant}S{\leqslant}48$	$S>48$
瓦材屋面的木屋盖和轻钢屋盖	$S<16$	$16{\leqslant}S{\leqslant}36$	$S>36$

注:1. 表中 S 为房屋横墙间距,单位为 m。

2. 当屋盖、楼盖类别不同或横墙间距不同时,可按上柔下刚多层房屋的规定确定房屋的静力计算方案。

3. 对无山墙或伸缩缝处无横墙的房屋,应按弹性方案房屋考虑。

作为刚性和刚弹性方案静力计算的房屋横墙,应具有足够的刚度,以保证房屋的空间作用,应符合下列要求:

(1)横墙中开有洞口时,洞口的水平截面面积不应超过横墙截面积的 50%;

(2)横墙的厚度不宜小于 180mm;

(3)单层房屋的横墙长度不宜小于其高度,多层房屋的横墙长度不宜小于其总高度的 1/2;

当横墙不能同时符合上述三项要求时,应对横墙的刚度进行验算。如其最大水平位移值不超过横墙高度的 1/4 000 时,仍可视作刚性或刚弹性方案房屋的横墙。

值得注意的是,上述三种静力计算方案是按纵墙承重结构的房屋划分确定的,即是计算纵墙内力所需的。此时,横墙为主要抗侧力构件。当要计算山墙内力或横墙承重结构中横墙内力时,纵墙便成为主要抗侧力构件。此时,应以纵墙间距代替横墙间距作为划分静力计算方案的依据。

第二节　墙、柱高厚比验算

墙、柱的计算高度 H_0 和墙厚(或柱边长)h 的比值 H_0/h,称为高厚比。墙、柱的高厚比越大,其稳定越差,容易发生倾斜或失稳,倒塌破坏。验算高厚比的目的就是保证墙、柱在使用和施工过程中,具有足够的稳定性,不致过细过长而在荷载作用下发生失稳破坏;具有足够的刚度,避免出现过大侧向变形。高厚比要求是一种构造措施。

 矩形截面墙、柱高厚比验算

1. 公式

矩形截面墙、柱的高厚比 β 应按下式验算:

$$\beta = \frac{H_0}{h} \leqslant \mu_1 \mu_2 [\beta] \tag{20-1}$$

式中:H_0——墙、柱的计算高度;

　　h——墙厚或矩形柱与 H_0 相对应的边长;

　$[\beta]$——墙、柱的允许高厚比,按表 20-2 采用;

　μ_1——非承重墙允许高厚比的修正系数。当墙厚 $h=240mm$ 时,$\mu_1=1.2$;当 $h=90mm$ 时,$\mu_1=1.5$;当 $90mm<h<240mm$ 时,μ_1 按插入法取值;

　μ_2——有门窗洞口墙允许高厚比修正系数,按下式确定:

$$\mu_2 = 1 - 0.4 \frac{b_s}{S} \tag{20-2}$$

　b_s——在宽度 S 范围内的门窗洞口宽度(图 20-1);

　S——相邻窗间墙或壁柱间距离(图 20-1)。

当按公式(20-2)算得的 μ_2 值小于 0.7 时,应采用 0.7。当洞口高度等于或小于墙高的 1/5 时,取 $\mu_2=1.0$。

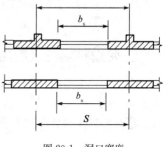

图 20-1　洞口宽度

墙、柱的允许高厚比[β]　　　　表 20-2

砂浆强度等级	墙	柱
$M2.5$	22	15
$M5$	24	16
$\geqslant M7.5$	26	17

注:1. 毛石墙、柱允许高厚比应按表中数值降低 20%。

　　2. 组合砖砌体构件的允许高厚比,可按表中数值提高 20%,但不是大于 28。

　　3. 验算施工阶段砂浆尚未硬化的新砌砌体高厚比时,允许高厚比对墙取 14,对柱取 11。

2.墙、柱的计算高度 H_0

受压构件的计算高度 H_0 与房屋类别和构件支撑条件有关,在进行墙、柱承载力和高厚比验算时,墙、柱的计算高度 H_0 按表 20-3 取用。

受压构件的计算高度 H_0 表 20-3

房屋类别			柱		带壁柱墙或周边拉结的墙		
			排架方向	垂直排架方向	$S>2H$	$2H \geqslant S>H$	$S \leqslant H$
有吊车的单层房屋	变截面柱上段	弹性方案	$2.5H_u$	$1.25H_u$	$2.5H_u$		
		刚性、刚弹性方案	$2.0H_u$	$1.25H_u$	$2.0H_u$		
	变截面柱下段		$1.0H_u$	$0.8H_l$	$1.0H_l$		
无吊车的单层和多层房屋	单跨	弹性方案	$1.5H$	$1.0H$	$1.5H$		
		刚弹性方案	$1.2H$	$1.0H$	$1.2H$		
	两跨或多跨	弹性方案	$1.25H$	$1.0H$	$1.25H$		
		刚弹性方案	$1.1H$	$1.0H$	$1.1H$		
	刚性方案		$1.0H$	$1.0H$	$1.0H$	$0.4S+0.2H$	$0.6S$

注:1.表中 H_u 为变截面构件上段的高度;H_l 为变截面构件下段的高度。

2.对于上段为自由端的构件,$H_0=2H$。

3.独立砖柱,当无柱间支撑时,柱在垂直排架方向的 H_0 应按表中数值乘以 1.25 后采用。

表中 H 为构件的实际高度,即楼板或其他水平支点间的距离,按下列规定采用:

(1)在房屋底层,为楼板底面到构件下端支点的距离。下端支点的位置,一般可取在基础顶面。当基础埋置较深且有刚性地坪时,则可取在室内地面或室外地面下 500mm 处。

(2)在房屋其他楼层,为楼板底面或其他水平支点间的距离。

(3)对于山墙,可取层高加山墙尖高度的 $\frac{1}{2}$;山墙壁柱则可取壁柱处的山墙高度。

二 带壁柱墙的高厚比验算

办公楼、学生宿舍楼等多层砌体房屋中,在大房间内常设有壁柱。此时的墙体稳定性验算应包括两部分,首先要验算两横墙之间整片墙的高厚比。同时,为了保证壁柱间墙的局部稳定性,还要按无壁柱墙验算壁柱间墙的高厚比,如图 20-2 所示。

1.整片墙的高厚比验算

整片墙的高厚比按下式进行验算:

$$\beta = \frac{H_0}{h_T} \leqslant \mu_1 \mu_2 [\beta] \qquad (20\text{-}3)$$

式中:h_T——带壁柱墙截面的折算厚度,$h_T=3.5i$;

i——带壁柱墙截面的回转半径 $i=\sqrt{\dfrac{I}{A}}$,其中 I、A

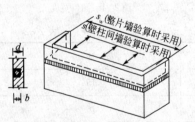

图 20-2 带壁柱墙的高厚比验算

分别为带壁柱墙截面的惯性矩和截面面积。

确定带壁柱墙的计算高度 H_0 时,墙长 S 取相邻横墙的间距。

计算截面回转半径 i 时,带壁柱墙的计算截面取为 T 形,其翼缘宽度 b_f 的取法为:对于多层房屋,当有门窗洞口时,取窗间墙宽度;无门窗洞口时,每侧翼墙宽度可取壁柱高度的1/3;对于单层房屋,取 $b_f = b + \dfrac{2}{3} H$ (b 为壁柱宽度,H 为墙高),但 b_f 不大于窗间墙宽度和相邻壁柱间距离。

2.壁柱间墙的高厚比验算

验算壁柱间墙的高厚比时,墙的长度 S 取相邻壁柱间的距离。考虑到此时的墙体四周支承条件对墙体稳定较有利,故无论此时房屋墙体静力计算属何种方案,壁柱间墙 H_0 的计算一律按刚性方案取值。

三 带构造柱墙的高厚比验算

1.整片墙的高厚比验算

当构造柱的截面宽度不小于墙厚时,带构造柱墙的高厚比按下式验算:

$$\beta = H_0/h \leqslant \mu_1 \mu_2 \mu_c [\beta] \tag{20-4}$$

式中:H_0——墙、柱的计算高度;

$\quad h$——墙厚或矩形柱与 H_0 相对应的边长;

$\quad \mu_c$——墙的允许高厚比提高系数,按下式计算:

$$\mu_c = 1 + \gamma b_c/l \tag{20-5}$$

式中:γ——系数。对细料石、半细料石砌体 $\gamma=0$;对混凝土砌块、粗料石、毛料石及毛石砌体 $\gamma=1.0$;其他砌体 $\gamma=1.5$;

$\quad b_c$——构造柱沿墙长方向的宽度;

$\quad l$——构造柱的间距。

当 $b_c/l > 0.25$ 时,取 $b_c/l = 0.25$;当 $b_c/l < 0.25$ 时,取 $b_c/l = 0$。

确定带构造柱墙的计算高度时,S 取相邻构造柱间的距离。

2.构造柱间墙的高厚比验算

构造柱间墙的高厚比按式(20-1)验算,S 取相邻构造柱间的距离。

【例 20-1】 某单层单跨无吊车厂房,柱间距为 6m,每开间有 2.8 宽的窗洞,车间长 42m,壁柱为 370mm×490mm,墙厚为 240mm,$y_1 = 146$mm,$y_2 = 344$mm,回转半径 $i = 103$mm,采用 M5 砂浆砌筑。试验算带壁柱墙的高厚比(验算整片墙和壁柱间墙时的计算高度分别为 6.6m、3.5m)。

【解】 (1)求截面几何特征

截面面积:$\quad A = 0.24 \times 3.2 + 0.37 \times 0.25 = 0.86 \text{m}^2$

折算厚度:$\quad h_T = 3.5i = 3.5 \times 0.103 = 0.36 \text{m}$

(2)带壁柱墙的高厚比验算

①带整片墙的高厚比验算:

查表 20-2

$$[\beta] = 24, \mu_1 = 1.0$$

$$\mu_2 = 1 - 0.4 \frac{b_s}{s} = 1 - 0.4 \times \frac{2.8}{6} = 0.814$$

$$\beta = \frac{H_0}{h_T} = \frac{6.6}{0.36} = 18.4 < \mu_1 \mu_2 [\beta] = 1.0 \times 0.814 \times 24 = 19.5$$

满足要求。

②壁柱间墙的高厚比验算：

$$\beta = H_0/h = \frac{3.5}{0.25} = 14.6 < 19.5$$

满足要求。

第三节　过梁、雨篷、圈梁

一 过梁

(一)过梁的种类与构造

墙体上门、窗洞口上用以承受上部墙体和楼盖传来荷载的梁称为过梁。主要有钢筋混凝土过梁，如图 20-3a)所示、钢筋砖过梁，如图 20-3b)所示、砖砌平拱过梁，如图 20-3c)所示、砖砌弧拱过梁，如图 20-3d)所示，等几种形式。

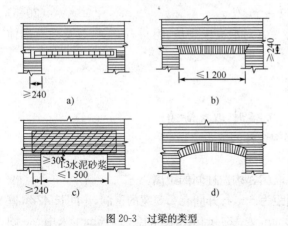

图 20-3　过梁的类型

1. 砖砌平拱过梁

砖砌平拱采用竖砖砌筑，竖砖砌筑部分的高度不应小于240mm。计算高度内的砂浆不宜低于 M5，其跨度不应超过 1.2m。

2. 砖砌弧拱过梁

砖砌弧拱采用竖砖砌筑，竖砖砌筑高度不小于120mm，其跨度与矢高有关，当 $f = \frac{1}{8} \sim \frac{1}{12}$ 时，最大跨度可达 3.0m；当 $f = \frac{1}{5} \sim \frac{1}{6}$ 时最大跨度可达 4.0m。这种过梁因施工复杂，已较少采用。

3. 钢筋砖过梁

钢筋砖过梁的砖块的砌法同一般砖墙，仅在过梁底部水平灰缝中配置直径不小于 5mm，间距不大于 120mm 的纵向受力钢筋。钢筋伸入支座砌体内的长度不宜小于 240mm，砌筑砂浆不低于 M5。过梁底面一般采用 1:3 水泥砂浆铺平，厚度不小于 30mm。钢筋砖过梁的跨度不应大于 1.5m。

4. 钢筋混凝土过梁

钢筋混凝土过梁多为预制梁，由于其具有施工方便，跨度大等优点，在砌体结构中大量采用，其端部支承长度不宜小于 1.5m。

(二)过梁的受力特点

过梁上的荷载包括梁、板荷载和墙体荷载。试验表明，由于过梁上的砌体与过梁的组合作用,形成墙梁,使作用在过梁上的墙体荷载大约只相当于高度为 1/3 的砌体自重。试验还表明,只有当梁、板距过梁下边缘的高度较小时,梁、板荷载才会传到过梁上;若梁、板位置较高,而过梁的跨度相对较小,则梁、板荷载将通过其下面砌体的起拱作用而直接传给支撑过梁的墙体。因此,过梁上的荷载按下列规定采用:

1. 墙体荷载

对砖砌体,当过梁上的墙体高度 $h_w < l_n/3$ 时(l_n 为过梁净跨),墙体荷载应按全部墙体的均布自重采用;当 $h_w \geq l_n/3$ 时,墙体荷载应按高度为 $l_n/3$ 墙体的均布自重采用,如图 20-4a)、b)所示。对混凝土砌块砌体,当过梁上墙体的高度 $h_w < l_n/3$ 时,墙体荷载应按墙体的均布自重采用;当墙体高度 $h_w \geq l_n/2$ 时,墙体荷载应按高度为 $l_n/2$ 墙体的均布自重采用。

2. 梁板荷载

对砖砌体和小型砌块砌体,梁、板下的墙体的高度 $h_w < l_n$ 时,应计入梁、板传来的荷载;当梁板下墙体的高度 $h_w > l_n$ 时,可不考虑梁、板荷载,如图 20-4c)所示。

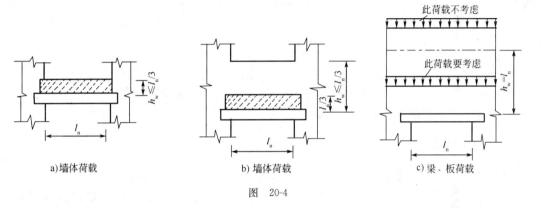

a)墙体荷载　　　　　b)墙体荷载　　　　　c)梁、板荷载

图 20-4

钢筋混凝土过梁可按钢筋混凝土受弯构件计算。

 雨篷

(一)雨篷的组成与受力特点

雨篷由雨篷梁和雨篷板组成。现浇雨篷的雨篷板一般做成变厚度。悬挑长度通常为 600~1 200mm,根部厚度不小于 80mm,板端部不小于 60mm,图 20-5 所示。当雨篷板的尺寸较大,或为使水有组织地排除时,雨篷板四周可设置凸沿或反梁(即梁位于板的上面)。更大的雨篷可以做成由柱支撑的梁板结构,这里只介绍无柱雨篷。

雨篷板上的荷载有雨篷板自重、防水层及抹灰等构造层重等恒载,以及板面均布活荷载、雪荷载、施工荷载等活荷载。

雨篷梁除支撑雨篷板外,它还兼作门洞口上的过梁。雨篷梁宽一般与墙厚相同,高度按计算确定。雨篷梁在墙上的支承长度为 a,当雨篷梁的净跨 $l_n =$

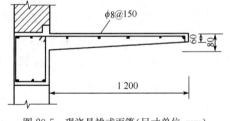

图 20-5　现浇悬挑式雨篷(尺寸单位:mm)

第二十章　混合结构房屋墙和柱的设计

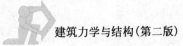

1 200～2 500 时, $a \geq 300mm$;当 $l_n = 2 600～3 000$ 时, $a \geq 370mm$。雨篷梁既承受雨篷板传来的荷载,又承受门洞口以上的墙体和楼(屋)盖传来的荷载。雨篷板传来的荷载除使雨篷梁受弯外,还使雨篷梁受扭。因此,雨篷梁是集受弯、受剪、受扭于一体的构件。

雨篷在荷载的作用下,有三种破坏可能:雨篷板沿根部断裂;雨篷梁受扭破坏;雨篷整体倾覆。

(二)雨篷的构造特点

对悬挑式雨篷,雨篷板的配筋与一般悬臂板相同。雨篷梁应受弯矩、剪力、扭矩共同作用,其配筋与一般受弯构件有所不同。

矩形截面受扭构件在扭矩作用下,剪应力沿构件周边分布较大,因此为了保证箍筋在整个周长上都能发挥抗拉作用,箍筋必须做成封闭式。当采用绑扎骨架时,箍筋的端部应做成 $135°$ 弯钩,弯钩末端的直线长度不应小于 $5d(d$ 为箍筋的直径)和 $50mm$。构件中的受扭纵筋应均匀地沿截面周边对称布置,间距不应大于 $300mm$,也不应大于截面短边尺寸。在截面的四个角必须设有受扭纵筋。

三 圈梁

为了增加房屋的整体刚度,防止地基不均匀沉降或较大振动荷载等对房屋引起的不利影响,可在墙中设置现浇钢筋混凝土圈梁。

(一)圈梁的设置

(1)车间、仓库、食堂等空旷的单层工业房屋应按下列规定设置圈梁:

①砖砌体房屋,檐口标高为 5～8m 时,应在檐口标高处设置圈梁一道,檐口高程大于 8m时,应增加设置数量;

②砌块及料石砌体房屋,檐口高程为 4～5m 时,应在檐口高程处设置圈梁一道,檐口高程大于 5m 时,应增加设置数量。

对有吊车或较大振动设备的单层工业房屋,除在檐口或窗顶边高处设置现浇钢筋混凝土圈梁外,尚应增加设置数量。

(2)宿舍、办公楼等多层砌体民用房屋,且层数为 3～4 层时,应在檐口高程处设置圈梁一道。当层数超过 4 层时,应在所有纵横墙上隔层设置。

多层砌体工业厂房,应在每层设置现浇钢筋混凝土圈梁。

设置墙梁的多层砌体房屋应在托梁、墙梁顶面和檐口高程处设置现浇钢筋混凝土圈梁,其他楼层处应在所有纵横墙上每层设置。

采用现浇钢筋混凝土楼(屋)盖的多层砌体结构房屋,当层数超过 5 层时,除在檐口高程处增设一道圈梁外,可隔层设置圈梁,并与楼(屋)面板一起现浇。未设置圈梁的楼面板嵌入墙内的长度不小于 $120mm$,并沿墙长配置不少于 $2\Phi10$ 的纵向钢筋。

(二)圈梁的构造要求

(1)圈梁宜连续地设在同一水平面上,并形成封闭状;当圈梁被门窗洞口截断时,应在洞口上部增设相同截面的附加圈梁。附加圈梁与圈梁的搭接长度不应小于其中到中垂直间距的2倍,且不得小于1m,如图20-6所示。

(2)纵横墙交接处的圈梁应有可靠的连接,圈梁在房屋拐角处和丁字交接处的连接构造如图。刚弹性和弹性方案房屋,圈梁应与屋架、大梁等构件可靠连接。

(3)钢筋混凝土圈梁的宽度宜与墙厚相同,当墙厚≥240mm时,其宽度不宜小于2h/3。圈梁高度不应小于120mm。纵向钢筋不应少于4Φ10,绑扎接头的搭接长度按受拉钢筋考虑,箍筋间距不应大于300mm,如图20-7所示。

(4)圈梁兼做过梁时,过梁部分的钢筋应按计算用量另行增配。

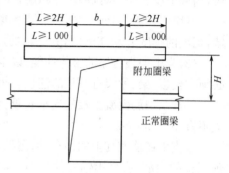

图20-6　附加圈梁

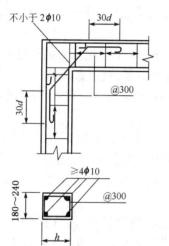
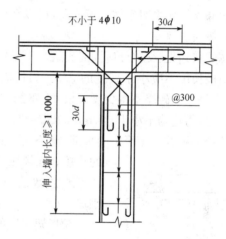

图20-7　圈梁在房屋转角处和丁字交接处的连接构造

第四节　砌体的构造措施

砌体结构设计包括计算设计和构造设计两部分。构造设计是指选择合理的材料和构件型式,墙、板之间的有效连接,各类构件和结构在不同受力条件下采取的特殊要求等措施。其作用一是保证计算设计的工作性能得以实现,二是反映一些计算设计中无法确定,但在实践中总结出的经验和要求,以确保结构或构件具有可靠的工作性能。因此,在墙体设计中不仅要掌握砌体结构的有关计算内容,而且还应十分重视墙体有关构造要求。

对于砌体结构,为了保证房屋的整体性和空间刚度,墙、柱除进行承载力计算和高厚比验算外,还应满足下列构造要求。

(1)为避免墙、柱截面过小导致的墙、柱稳定性能变差,规范规定:承重独立砖柱的截面尺寸不应小于240mm×370mm;毛石墙的厚度,不宜小于350mm;毛料石柱截面较小边长,不宜小400mm。当有振动荷载时,墙、柱不宜采用毛石砌体。

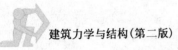
(2)为防止局部受压破坏,规范规定:跨度大于6m的屋架和跨度大于4.8m(对砖墙)、4.2m(对砌块和料石墙)、3.9m(对毛石墙)的梁,其支承面下应设置混凝土或钢筋混凝土垫块,当墙中设有圈梁时,垫块与圈梁宜浇成整体。

对厚度h为240mm的砖墙,当大梁跨度$l \geqslant 6m$和对厚度为180mm的砖墙及砌块、料石墙,当梁的跨度$l \geqslant 4.8m$时,其支承处宜加设壁柱或采取其他加强措施。

(3)为了加强房屋的整体性能,以承受水平荷载、竖向偏心荷载和可能产生的振动,墙、柱必须和楼板、梁、屋架有可靠的连接。规范规定:

①预制钢筋混凝土板的支承长度,在墙上不宜小于100mm;在钢筋混凝土圈梁或其他梁上不宜小于80mm。

②支承在墙和柱上的吊车梁、屋架,以及跨度$l \geqslant 9m$(对砖墙)、7.2m(对砌块和料石墙)的预制梁的端部,应采用锚固件与墙、柱上的垫块锚固。预制钢筋混凝土梁在砖墙上的支承长度,当梁高不大于500mm时,不小于180mm;当梁高大于500mm时,不小于240mm。为减小屋架或梁端部支承压力对砌体的偏心距,可以在屋架或梁端底面和砌体间设置带中心垫板的垫块或缺角垫块。

③墙体的转角处、交接处应同时砌筑。对不能同时砌筑,又必须留置的临时间断处,应砌成斜槎。斜槎长度不应小于高度的2/3。当留斜槎确有困难,也可做成直槎,但应加设拉结筋,其数量为每1/2砖厚不得少于一根$\phi6$钢筋,其间距沿墙高为400~500mm,埋入长度从墙的留槎处算起,每边均不小于600mm,末端应有90°弯钩。

④山墙处的壁柱宜砌至山墙顶部,檩条或屋面板与山墙应采取措施加以锚固,以保证两者的连接。在风压较大地区,屋盖不宜挑出山墙,否则大风的吸力可能会掀起局部屋盖,使山墙处于无支承的悬臂状态而倒塌。

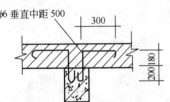

图20-8 墙与骨架柱拉接

⑤骨架房屋的填充墙与围护墙,应分别采用拉结筋和其他措施与骨架的柱和横梁连接。一般是在钢筋混凝土骨架中预埋拉结筋,在后砌砖时将其嵌入墙体的水平灰缝内(图20-8)。

⑥砌体应分皮错缝搭砌。小型空心砌块上下皮搭砌长度不得小于90mm。当搭砌长度不满足上述要求时,应在水平灰缝内设置不少于$2\phi4$的钢筋网片,网片每端均应超过该垂直缝,其长度不得小于300mm。纵横墙交接处要咬砌。搭接长度不宜小200mm和块高的1/3。为了满足上述要求,砌块的形式要预先安排。目前砌块房屋多采用两面粉刷,因此个别部位也可用黏土砖代替,从而减少砌体的品种。考虑到防水抗渗的要求,若墙不是两面粉刷时,砌块的两侧宜设置灌缝槽。

⑦砌块墙与后砌隔墙交接处,应沿墙高每400mm,在水平灰缝内设置不少于$2\phi4$的钢筋网片(图20-9)。

⑧混凝土小型空心砌块墙体的下列部位,如未设圈梁或混凝土垫块,应采用不低于C20灌孔混凝土将孔洞灌实:a.搁栅、檩条和钢筋混凝土楼板的支承面下,高度不应小于200mm的砌体;b.屋架、大梁等构件的支承面下,高度不应小于600mm,长度不应小于600mm的砌

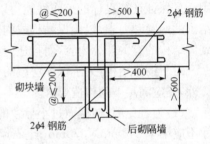

图20-9 砌块墙与后砌隔墙

体;c.挑梁支承面下,纵横墙交接处,距墙中心线每边不应小 300mm,高度不应小于 600mm 的砌体。

(4)防止墙体开裂的主要措施。

①防止温度变化和砌体收缩引起墙体开裂的主要措施:

混合结构房屋中,墙体与钢筋混凝土屋盖等结构的温度线膨胀系数和收缩率不同。当温度变化或材料收缩时,在墙体内将产生附加应力。当产生的附加应力超过砌体抗拉强度时,墙体就会开裂。裂缝不仅影响建筑物的正常使用和外观,严重时还可能危及结构的安全。因此应采用一些有效措施防止墙体开裂或抑制裂缝的开展。

②为防止钢筋混凝土屋盖的温度变化和砌体干缩变形引起墙体的裂缝(如顶层墙体的八字缝、水平缝等),可根据具体情况采取下列预防措施:

a.屋盖上宜设置可靠的保温层或隔热层,以降低屋面顶板与墙体的温差。

b.在钢筋混凝土屋盖下的外墙四角几皮砖内设置拉结钢筋,以约束墙体的阶梯状剪切裂缝的形成和发展。如图 20-10 所示。

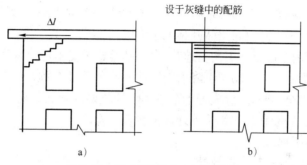

图 20-10　防止顶层墙角八字裂缝的措施

c.采用温度变形较小的装配式有檩体系钢筋混凝土屋盖和瓦材屋盖。

当有实践经验时,也可采取其他措施减小屋面与墙体间的相互约束,从而减小温度、收缩应力。

(5)为了防止房屋在正常使用条件下由温差和墙体干缩引起的墙体竖向裂缝,应在墙体中设置伸缩缝。伸缩缝应设在因温度和收缩变形可能引起应力集中,砌体产生裂缝可能性最大的地方。在伸缩缝处,墙体断开,而基础可不断开。伸缩缝的间距可通过计算确定,也可按表20-4 规定采用。

砌体房屋伸缩缝的最大间距(mm)

表 20-4

屋盖或楼盖类别		间　距
整体式或装配整体式钢筋混凝土结构	有保温层或隔热层的屋盖、楼盖	50
	无保温层或隔热层屋盖	40
装配式无檩体系钢筋混凝土结构	保温层或隔热层的屋盖、楼盖	60
	无保温层或隔热层的屋盖	50

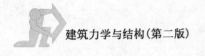

屋盖或楼盖类别		间 距
装配式有檩体系钢筋混凝土结构	有保温层或隔热层的屋盖	75
	无保温层或隔热层的屋盖	60
瓦材屋盖、木屋盖或楼盖、轻钢屋盖		100

注:1. 对烧结普通砖、多孔砖、配筋砌块砌体房屋取表中数值;对砌体、蒸压灰砂砖、蒸压粉煤灰砖混凝土砌块房屋取表中数值乘以0.8的系数。当有实践经验并采取有效措施时,可不遵守本表规定。

  2. 在钢筋混凝土屋面上挂瓦的屋盖应按钢筋混凝土屋盖采用。

  3. 按本表设置的墙体伸缩缝,一般不能同时防止由于钢筋混凝土屋盖的温度变形和砌体干缩变形引起的墙体局部裂缝。

  4. 层高大于5m的烧结普通砖、多孔砖、配筋砌块砌体结构单层房屋,其伸缩缝间距可按表中数值乘以1.3。

  5. 温差较大且变化频繁地区和严寒地区采暖的房屋及构筑物墙体的伸缩缝的最大间距,应按表中数值予以适当减小。

  6. 墙体的伸缩缝应与结构的其他变形缝相重合,在进行立面处理时,必须保证缝隙的伸缩作用。

(6)防止地基不均匀沉降引起墙体开裂的主要措施。

当混合结构房屋的基础处于不均匀地基、软土地基或承受不均匀荷载时,房屋将产生不均匀沉降,造成墙体开裂。防止不均匀沉降引起墙体开裂的重要措施之一是在房屋中设置沉降缝,沉降缝把墙和基础全部断开,分成若干个整体刚度较好的独立结构单元,使各单元能独立沉降,避免墙体开裂。一般宜在建筑物下列部位设置沉降缝:

①建筑平面的转折部位。

②建筑物高度或荷载有较大差异处。

③过长砌体承重结构的适当部位。

④地基上的压缩性有显著差异处。

⑤建筑物上部结构或基础类型不同处。

⑥分期建造房屋的交界处。

沉降缝两侧因沉降不同可能造成上部结构沉降缝靠拢的倾向。为避免其碰撞而产生挤压破坏,沉降缝应保持足够的宽度。根据经验,对于一般软土地基上的房屋沉降缝宽度可按表20-5选用。

房屋沉降缝宽度(mm) 表20-5

房屋层数	沉降缝宽度	房屋层数	沉降缝宽度
2~3层	50~80	5层以上	≥120
4~5层	80~120		

注:当沉降缝两侧单元层数不同时,缝宽应按层数低的数值取用。

沉降缝的做法较多,常见的有双墙式、跨越式、悬挑式和上部结构处理成简支式等,如图20-11所示。

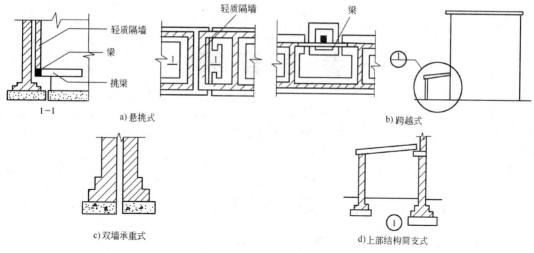

a) 悬挑式　　　　　　　　　　　　　　　　　　　b) 跨越式

c) 双墙承重式　　　　　　　　　　　　　　d) 上部结构简支式

图 20-11　沉降缝构造方案

◀ **本 章 小 结** ▶

（1）房屋的静力计算方案分为三种：刚性方案、弹性方案、刚弹性方案。

（2）墙、柱的计算高度 H_0 和墙厚（或柱边长）h 的比值 H_0/h，称为高厚比。墙、柱的高厚比越大，其稳定越差，容易发生倾斜或失稳，倒塌破坏。

（3）单层刚性方案房屋的纵墙顶端的水平位移很小，静力计算时可将墙、柱视为上端为不动铰支座，下端嵌固基础顶面处的竖向构件。

（4）墙体上门、窗洞口上用以承受上部墙体和楼盖传来荷载的梁称为过梁。过梁上的荷载包括梁、板荷载和墙体荷载。

（5）雨篷由雨篷梁和雨篷板组成。雨篷梁除支撑雨篷板外，它还兼作门洞口上的过梁。雨篷梁应受弯矩、剪力、扭矩共同作用，其配筋与一般受弯构件有所不同。

（6）为了增加房屋的整体刚度，防止地基不均匀沉降或较大振动荷载等对房屋引起的不利影响，可在墙中设置先浇钢筋混凝土圈梁。

（7）砌体结构设计包括计算设计和构造设计两部分。构造设计是指选择合理的材料和构件形式，墙、板之间的有效连接，各类构件和结构在不同受力条件下采取的特殊要求等措施。

◀ **复习思考题** ▶

1. 混合结构房屋的结构布置方案有哪些？

2. 混合结构房屋有几种静力计算方案？

3. 常用的过梁有几种？简述各种过梁的适用范围。

4. 挑梁的破坏形式有哪些？

5. 圈梁的作用是什么？圈梁的设置原则是什么？

6. 防止混合结构房屋墙体开裂的主要措施有哪些？

319

参 考 答 案

第 二 章

略。

第 三 章

3-1　$F_{1x}=172$kN　　$F_{1y}=100$kN　　$F_{2x}=0$N　　$F_{2y}=-150$kN

　　　$F_{3x}=140$kN　　$F_{3y}=140$kN　　$F_{4x}=F_4=250$kN

　　　$F_{4y}=0$N　　$F_{5x}=160$kN　　$F_{5y}=120$kN

3-2　$F_{1x}=10$N　　$F_{1y}=0.1$N　　$F_{2x}=0$N　　$F_{2y}=6$N

　　　$F_{3x}=-5.64$N　　$F_{3y}=4\sqrt{2}$N　　$F_{4x}=10.40$N　　$F_{4y}=6$N

3-3　(a)$F_{AC}=1.17$W

　　　　$F_{AB}=0.57$W

　　　(b)$F_{AB}=0.5$W

　　　　$F_{AB}=0.81$W

　　　(c)$F_{AB}=F_{AB}=0.57$W

3-4　略。

3-5　(a)$M_0=Fl$

　　　(b)$M_0=0$

　　　(c)$M_0=F\sin\beta \cdot l$

　　　(d)$M=F\sin\beta \cdot l$

　　　(e)$M_0=-F \cdot a$

　　　(f)$M_0=F\sin a \cdot L-F\cos a \cdot a$

3-6　$m_A(F)=-F\cos a \cdot b-F\sin a \cdot a$　　　$m_A(W)=W\cos a \cdot \dfrac{a}{2}-W\sin a \cdot \dfrac{a}{2}$

3-7　(a)$F_{Ay}=F$　　$F_{Ax}=0$　　$M_A=Fl$

　　　(b)$F_{Ax}=0$　　$M_B=0$　　$F_{Ay}(a+b)=Fb$

　　　(c)$F_{Ay}=\dfrac{Fb}{a+b}$　　$F_A=F_B=\dfrac{M}{a+b}$

3-8　(a)$F_{Ax}=0$kN　　$F_{Ay}=\dfrac{gl}{2}$　　$F_B=\dfrac{gl}{2}$

　　　(b)$F_{Ax}=0$kN　　$F_{Bx}=0$kN　　$M_A=300$N·m

3-9　$M_0 = 171.5\text{kN} \cdot \text{m}$

　　　$F_{Ax} = 75\text{kN}$　　　$F_{Ay} = 36\text{kN}$

3-10　$F_{Ax} = 2\text{kN}$　　　$F_{Ay} = 147.56\text{kN}$　　　$F_B = 2.44\text{kN}$

第 四 章

4-1　(1)距底边 $y_c = 86.7\text{mm}$，$I_{zc} = 78.72 \times 10^6 \text{mm}^4$，$I_{yc} = 14.72 \times 10^6 \text{mm}^4$

　　　(2)距底边 $y_c = 145\text{mm}$，$I_{zc} = 141.01 \times 10^6 \text{mm}^4$，$I_{yc} = 208.21 \times 10^6 \text{mm}^4$

　　　(3)距底边 $y_c = 90\text{mm}$，$I_{zc} = 56.75 \times 10^6 \text{mm}^4$，$I_{yc} = 8.11 \times 10^6 \text{mm}^4$

第 五 章

5-1　几何可变体系

5-2　几何可变体系

5-3　几何不变且无多余约束的体系

5-4　几何不变且无多余约束的体系

5-5　几何不变且无多余约束的体系

5-6　几何不变且无多余约束的体系

5-7　几何不变且无多余约束的体系

5-8　几何不变且无多余约束的体系

第 六 章

6-1　a)$N_1 = 20\text{kN}$　　　$N_2 = -20\text{kN}$

　　　b)$N_1 = 40\text{kN}$　　　$N_2 = 0\text{kN}$　　　$N_3 = 20\text{kN}$

　　　c)$N_1 = 40\text{kN}$　　　$N_2 = 20\text{kN}$　　　$N_3 = 60\text{kN}$

　　　d)$N_1 = -20\text{kN}$　　　$N_2 = -10\text{kN}$　　　$N_3 = 10\text{kN}$

　　　e)$N_1 = 20\text{kN}$　　　$N_2 = -20\text{kN}$　　　$N_3 = 20\text{kN}$

6-2　a)$M_{n1} = 2\text{kN} \cdot \text{m}$　　　$M_{n2} = 5\text{kN} \cdot \text{m}$

　　　b)$M_{n1} = -3\text{kN} \cdot \text{m}$　　　$M_{n2} = 4\text{kN} \cdot \text{m}$

6-3　a)$V_n = \dfrac{F}{2}$　　　$M_n = -\dfrac{FL}{4}$

　　　b)$V_n = 14\text{kN}$　　　$M_n = -26\text{kN} \cdot \text{m}$

　　　c)$V_n = 7\text{kN}$　　　$M_n = 2\text{kN} \cdot \text{m}$

　　　d)$V_n = -2\text{kN}$　　　$M_n = 4\text{kN} \cdot \text{m}$

6-4　a)$|V_{max}| = \dfrac{M_e}{L}$　　　$|M_{max}| = M_e$

　　　b)$|V_{max}| = \dfrac{ql}{2}$　　　$|M_{max}| = \dfrac{ql^2}{8}$

6-5　a)$|V_{max}| = 10\text{kN}$　　　$|M_{max}| = 12\text{kN} \cdot \text{m}$

b)$|V_{max}|=16kN$ $|M_{max}|=30kN \cdot m$

c)$|V_{max}|=6.5kN$ $|M_{max}|=5.28kN \cdot m$

d)$|V_{max}|=19kN$ $|M_{max}|=18kN \cdot m$

6-6 $M_B=-120kN \cdot m$

6-7 $M_B=4kN \cdot m, M_H=-8kN \cdot m$

6-8   a)$M_{DB}=120kN \cdot m$(下侧受拉)

b)$M_{BC}=25kN \cdot m$(下侧受拉)

   $M_{BA}=20kN \cdot m$(右侧受拉)

   $V_{BC}=0, V_{BA}=5kN$

   $N_{BC}=0, N_{BA}=0$

c)$M_{CB}=-340kN \cdot m$(上侧受拉)

   $M_{BA}=-120kN \cdot m$(左侧受拉)

   $V_{BA}=-40kN$

   $N_{BA}=-40kN$

d)$M_{BA}=504kN \cdot m$(右侧受拉)

   $M_{CB}=544kN \cdot m$(下侧受拉)

   $V_{AB}=168kN, V_{DC}=-120kN$

   $N_{BC}=168kN, N_{CE}=48kN$

6-9   a)$N_a=-1.8P$(压)$, N_b=2P$(拉)

b)$N_a=0kN, N_b=0kN, N_c=-\dfrac{5}{3}P$(压)

c)$N_a=120KN$(拉)$, N_b=-169.7kN$(压)$, N_c=0kN$

第 七 章

7-1 $\sigma_1=-50MPa$ $\sigma_2=-200MPa$ $\sigma_3=-100MPa$

7-2 $\Delta=0.66mm$ $\dfrac{\varepsilon_1}{\varepsilon_2}=1.38$

7-3 $\Delta_y=1.56mm$

7-4   不安全 $\sigma=7.78MPa$

7-5 $d=26mm$ $a=95mm$

7-6 $\sigma=9.55MPa<[\sigma]$ 安全

7-7 $\Delta=0.042m$ $P=11.86N$

7-8 $\sigma_{AC}=106.24MPa$ $\sigma_{BC}=59.76MPa$ 安全

7-9   安全

7-10 $d=15mm$(取 $d=16mm$)

7-11 $\sigma_{max}=126.6MPa$ $\tau_{max}=8.3MPa$

7-12 $\sigma_{max}^+=15.1MPa$ $\sigma_{max}^-=9.6MPa$

7-13　$F_{max}=6.48kN$

7-14　$d=145mm$

第 八 章

8-1　$F_{cr}=2536kN,F_{cr}=2540kN,F_{cr}=3130kN$

8-2　$F_{cr}=2536kN,F_{cr}=53kN,F_{cr}=2536kN$

8-3　$N_{max}\leqslant748kN,\sigma_{cr}=170MPa$

第 九 章

9-1　$\Delta l_{AD}=0.375mm$

9-2　$\Delta_{CV}=0.352cm$

9-3　$\Delta_B=\dfrac{Pa}{EA}$　　$\Delta_C=\dfrac{(2\sqrt{2}+1)Pa}{2EA}$

9-4　(a)$\Delta_{AV}=\dfrac{5Pl^3}{48EI}$　　$\theta_A=\dfrac{Pl^2}{8EI}$

　　　$\Delta_{AV}=\dfrac{ql^4}{8EI}$　　$\theta_A=\dfrac{ql^3}{6EI}$

9-5　$\Delta=\dfrac{PL^3}{16EI}$

9-6　$\Delta=\dfrac{23PL^3}{3EI}$

9-7　$\theta=\dfrac{qL^3}{48EI}$

9-8　a)$\Delta_{CH}=\dfrac{106.7}{EI}$　　$\theta_B=\dfrac{53.3}{EI}$

　　　b)$\Delta_{AV}=\dfrac{1\,760}{EI}$　　$\Delta_{AH}=\dfrac{773.3}{EI}$　　$\theta_B=\dfrac{466.6}{EI}$

9-9　$\dfrac{yc}{l}=3.75\times10^{-3}>\dfrac{1}{400}=2.5\times10^{-3}$,刚度不满足要求

9-10　$[q]=8.25kN/m$　　　$\sigma_{max}=72.1MPa$

第 十 章

10-1　a)$M_{AB}=\dfrac{3}{16}PL$(上部受拉)

　　　b)$M_{CA}=\dfrac{1}{28}qa^2$(上部受拉)　　$M_{BC}=\dfrac{3}{28}qa^2$(上部受拉)

　　　c)$M_{BA}=\dfrac{1}{16}qL^2$

　　　d)$Y_B=\dfrac{28}{53}P$

10-2 　a)$M_{BA}=\dfrac{3}{8}PL$(下部受拉)　　$M_{CB}=\dfrac{5}{8}PL$(左侧受拉)

　　　b)$M_{AB}=\dfrac{3}{28}qL^2$(上部受拉)　　$M_{BC}=\dfrac{1}{28}qL^2$(上部受拉)

　　　c)$M_{BA}=M_{BC}\dfrac{1}{8}qL^2$(上部受拉)

　　　d)$M_{BC}=M_{CE}\dfrac{1}{20}qL^2$(上部受拉)

　　　e)$M_{AB}=0$　$M_{BA}=4.5\mathrm{kN\cdot m}$(左侧受拉)　$M_{BC}=4.5\mathrm{kN\cdot m}$(右侧受拉)

　　　f)$M_{AD}=36.99\mathrm{kN\cdot m}$(右侧受拉)　$M_{BE}=104.43\mathrm{kN\cdot m}$(右侧受拉)

10-3 　$N_{AB}=0.415P$　$N_{DE}=0.17P$

第十一章

11-1 　25kN・m

11-2 　36.82kN・m

11-3 　(1)115.2kN・m　　(2)90kN・m;68.4kN・m

第十三章

13-1 　1 688mm²

13-2 　83.74kN・m

13-3 　772.8mm²,选用 4ϕ16

13-4 　200mm

13-5 　149.4kN

第十四章

14-1 　纵向钢筋 4ϕ20,箍筋 ϕ8@300

14-2 　1 632.3kN

14-3 　678mm²

14-4 　$A_s=A'_s=1\,277\mathrm{mm}^2$ 两侧各选项用 3ϕ25 的钢筋

14-5 　1 001.3kN

第十五章

15-1 　(1)$N_u=548\,040\mathrm{N}$,故使用阶段正截面承载力满足要求。

　　　(2)使用阶段正截面抗裂验算,使用阶段正截面抗裂强度满足要求。

　　　(3)施工阶段应力校核;满足要求。

附　录

附录1　恒荷载标准值

常用材料和构件自重

类别	名　　称	自重(kN/m²)	备　　注
隔墙及墙面	双面抹灰板条隔墙	0.9	灰厚16~24mm,龙骨在内
	单面抹灰板条隔墙	0.5	灰厚16~24mm,龙骨在内
	水泥粉刷墙面	0.36	20mm厚,水泥粗砂
	水磨石墙面	0.55	25mm厚,包括打底
	水刷石墙面	0.5	25mm厚,包括打底
	石灰粗砂墙面	0.34	20mm厚
	外墙拉毛墙面	0.7	包括25mm厚水泥砂浆打底
	剁假石墙面	0.5	25mm厚,包括打底
	贴瓷砖墙面	0.5	包括水泥砂浆打底,共厚25mm
屋面	小青瓦屋面	0.90~1.10	
	冷摊瓦屋前	0.50	
	黏土平瓦层面	0.55	
	水泥平瓦屋面	0.50~0.55	
	波形石棉瓦	0.20	1 820mm×725mm×8mm
	瓦楞铁	0.05	26号
	白铁皮	0.05	24号
	油毡防水层	0.05	一毡两油
	油毡防水层	0.25~0.30	一毡两油,上铺小石子
	油毡防水层	0.30~0.35	二毡三油,上铺小石子
	油毡防水层	0.35~0.40	三毡四油,上铺小石子
	硫化型橡胶油毡防水层	0.02	主材1.25mm厚
	氯化聚乙烯卷材防水层	0.03~0.04	主材0.8~1.5mm厚
	氯化聚乙烯—橡胶卷材防水层	0.03	主材1.2mm厚
	三元乙丙橡胶卷材防水层	0.03	主材1.2mm厚
屋架	木屋架	0.07+0.007×跨度	按屋面水平投影面积计算,跨度以米计
	钢屋架	0.12+0.011×跨度	无天窗,包括支撑,按屋面水平投影面积计算,跨度以米计

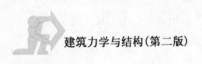
类别	名　　称	自重(kN/m²)	备　　注
门窗	木框玻璃窗	0.20~0.30	
	钢框玻璃窗	0.40~0.45	
	铝合金窗	0.17~0.24	
	玻璃幕墙	0.36~0.70	
	木门	0.10~0.20	
	钢铁门	0.40~0.45	
	铝合金门	0.27~0.30	
预制板	预应力空心板	1.73	板厚120mm,包括填缝
	预应力空心板	2.58	板厚180mm,包括填缝
	槽形板	1.2,1.45	肋高120mm、180mm,板宽600mm
	大型屋面板	1.3,1.47,1.75	板厚180mm、240mm、300mm,包括填缝
	加气混凝土板	1.3	板厚200mm,包括填缝
地面	硬木地板	0.2	厚25mm,剪刀撑、钉子等自重在内,不包括格栅自重
	地板搁栅	0.2	仅搁栅自重
	水磨石地面	0.65	面层厚10mm,20mm厚水泥砂浆打
	菱苦土地面	0.28	底厚20mm
顶棚	V形轻钢龙骨吊顶	0.12	一层9mm纸面石膏板、无保温层
	V形轻钢龙骨及铝合金龙骨吊顶	0.17	一层9mm纸面石膏板、有厚50mm的岩棉保温层
		0.20	二层9mm纸面石膏板、无保温层
		0.25	二层9mm纸面石膏板、有厚50mm的岩棉板保温层
		0.10~0.12	一层矿棉吸音板厚15mm,无保温层
	钢丝网抹灰吊顶	0.45	
	麻刀灰板条棚顶	0.45	吊木在内,平均灰厚20mm
	砂子灰板条棚顶	0.55	吊木在内,平均灰厚25mm
	三夹板顶棚	0.18	吊木在内
	木丝板吊顶棚	0.26	厚25mm,吊木及盖缝条在内
	顶棚上铺焦渣绝末绝缘层	0.2	厚50mm,焦渣;锯末按1:5混合
基本材料	素混凝土	22~24	振捣或不振捣
	钢筋混凝土	24~25	
	加气混凝土	5.50~7.50	单块
	焦渣混凝土	16~17	承重用
	焦渣混凝土	10~14	填充用

类别	名 称	自重(kN/m²)	备 注
基本材料	泡沫混凝土	4~6	
	石灰砂浆、混合砂浆	17	
	水泥砂浆	20	
	水泥蛭石砂浆	5~8	
	膨胀珍珠岩砂浆	7~15	
	水泥石灰焦渣砂浆	14	
	岩棉	0.50~2.50	
	矿渣棉	1.20~1.50	
	沥青矿渣棉	1.20~1.60	
	水泥膨胀珍珠岩	3.50~4	
	水泥蛭石	4~6	
砌体	浆砌普通砖	18	
	浆砌机砖	19	
	浆砌矿渣砖	21	
	浆砌焦渣砖	12.5~14	
	土坯砖砌体	16	
	三合土	17	灰∶砂∶土=1∶1∶9~1∶1∶4
	浆砌细方石	26.4,25.6,22.4	花岗石、石灰石、砂岩
	浆砌毛方石	24.8,24,20.8	花岗石、石灰石、砂岩
	干砌毛石	20.8,20,17.6	花岗石、石灰石、砂岩

附录2 活荷载标准值及其组合值、准永久值系数

民用建筑楼面均布活荷载标准值及其组合值、准永久值系数

序 号	类 别	标准值(kN/m²)	组合值系数 ψ_c	准永久值系数 ψ_q
1	(1)住宅、宿舍、旅馆、办公楼、医院病房、托儿所、幼儿园; (2)教室、试验室、阅览室、会议室、医院门诊室	2.0	0.7	0.4 0.5
2	食堂、餐厅、一般资料档案室	2.5	0.7	0.5
3	(1)礼堂、剧场、影院、有固定座位的看台; (2)公共洗衣房	3.0 3.0	0.7 0.7	0.3 0.5
4	(1)商店、展览厅、车站、港口、机场大厅及其旅客等候厅; (2)无固定座位的看台	3.5 3.5	0.7 0.7	0.5 0.3
5	(1)健身房、演出舞台; (2)舞厅	4.0 4.0	0.7 0.7	0.5 0.3
6	(1)书库、档案库、储藏室; (2)密集柜书库	5.0 12.0	0.9	0.8

序·号	类　别	标准值 (kN/m²)	组合值系数 ψ_c	准永久值 系数 ψ_q
7	通风机房、电梯机房	7.0	0.9	0.8
8	汽车通道及停车库： (1)单向板楼盖(板跨不小于 2m)。 客车； 消防车 (2)双向板楼盖和无梁楼盖(柱网尺寸不小于 6m)。 客车； 消防车	 4.0 35.0 2.5 20.0	 0.7 0.7 0.7 0.7	 0.6 0.6 0.6 0.6
9	(1)一般厨房； (2)餐厅厨房	2.0 4.0	0.7 0.7	0.5 0.7
10	浴室、厕所、盥洗室： (1)第 1 项中的民用建筑； (2)其他民用建筑	 2.0 2.5	 0.7 0.7	 0.4 0.5
11	走廊、门厅、楼梯： (1)宿舍、旅馆医院病房、托儿所、幼儿园、住宅； (2)办公楼、教室、餐厅、医院门诊室； (3)消防疏散楼梯、其他民用建筑	 2.0 2.5 3.5	 0.7 0.7 0.7	 0.4 0.5 0.3
12	阳台： (1)一般情况； (2)当人群有可能密集时	 2.5 3.5	 0.7	 0.5

注：1. 本表所给活荷载适用于一般使用条件，当使用荷载较大或情况特殊时，应按实际情况选用。

2. 第 6 项书库活荷载当书架高度大于 2m 时，书库活荷载尚应按每米书架高度不小于 2.5kN/m² 确定。

3. 第 8 项中的客车活荷载只适用于停放载人少于 9 人的客车；消防车活荷载是适用于满载总重为 300kN 的大型车辆；当不符合本表的要求时，应将车轮的局部荷载按结构效应的等效原则，换算为等效均布荷载。

4. 第 11 项楼梯活荷载，对预制楼梯踏步平板，尚应按 1.5kN 集中荷载验算。

5. 本表各项荷载不包括隔墙自重和二次装修荷载。对固定隔墙的自重应按恒荷载考虑，当隔墙位置可灵活自由布置时，非固定隔墙的自重应取每米长墙重(kN/m)的 1/3 作为楼面活荷载的附加值(kN/m²)计入，附加值不小于 1.0kN/m²。

附录 3　混凝土强度标准值、设计值和弹性模量

混凝土强度标准值、设计值和强性模量(N/mm²)

强度种类与弹性模量		混凝土强度等级													
		C15	C20	C25	C30	C35	C40	C45	C50	C55	C60	C65	C70	C75	C80
强度标准值	轴心抗压 f_{ck}	10.0	13.4	16.7	20.1	23.4	26.8	29.6	32.4	35.5	38.5	41.5	44.5	47.4	50.2
	轴心抗拉 f_{tk}	1.27	1.54	1.78	2.01	2.20	2.39	2.51	2.64	2.74	2.85	2.93	2.99	3.05	3.11
强度设计值	轴心抗压 f_c	7.2	9.6	11.9	14.3	16.7	19.1	21.1	23.1	25.3	27.5	29.7	31.8	33.8	35.9
	轴心抗拉 f_t	0.91	1.10	1.27	1.43	1.57	1.71	1.80	1.89	1.96	2.04	2.09	2.14	2.18	2.22
弹性模量 $E_c(10^4)$		2.20	2.55	2.80	3.00	3.15	3.25	3.35	3.45	3.55	3.60	3.65	3.70	3.75	3.80

附录4 热轧钢筋和预应力钢筋强度标准值、设计值和弹性模量

钢筋强度标准值、设计值和弹性模量（N/mm²）

种 类		符号	d(mm)	抗拉强度设计值 f_y	抗压强度设计值 f'_y	强度标准值 f_{yk}	强性模量 E_s
热轧钢筋	HPB235(Q235)	ϕ	8～20	210	210	235	2.1×10^5
	HRB335(20MnSi)	ϕ	6～50	300	300	335	2.0×10^5
	HRB400(20MnSiV, 20MnSiNb,20MnTi)	ϕ	6～50	360	360	400	2.0×10^5
	RRB400(20MnSi)	ϕ^R	8～40	360	360	400	2.0×10^5

注：1. 在钢筋混凝土结构中，轴心受拉和小偏心受拉构件的钢筋强度设计值大于 300N/mm² 时，仍应按 300N/mm² 取用。

2. 当采用直径大于 40mm 的钢筋时，应有可靠的工程经验。

预应力钢筋强度标准值、设计值和弹性模量（N/mm²）

种 类		符号	d(mm)	f_{ptk}	f_{py}	f'_{py}	E_s
钢绞线	1×3	ϕ^s	8.6～12.9	1 860	1 320	390	1.95×10^5
				1 720	1 220		
				1 570	1 110		
	1×7		9.5～15.2	1 860	1 320	390	
				1 720	1 220		
消除应力钢丝	光面 螺旋肋	ϕ^P ϕ^H ϕ^I	4～9	1 770	1 250	410	2.05×10^5
				1 670	1 180		
				1 570	1 110		
	刻痕		5,7	1 570	1 110	410	
热处理钢筋	40Si₂Mn 48Si₂Mn 45Si₂Cr	ϕ^{HT}	6～10	1 470	1 040	400	2.0×10^5

注：1. 钢绞线直径 d 系指钢绞线外接圆直径，即钢绞线标准 GB/T 5 224 中的公称直径 D_g。

2. 消除应力光面钢线直径 d 为 4～9mm，消除应力螺旋肋钢丝直径 d 为 4～8mm。

3. 当预应力钢绞线、钢丝的强度标准值不符合表中的规定时，其强度设计值应进行换算。

329

附录5 受弯构件的允许挠度值

受弯构件的挠度限值

构 件 类 型	挠 度 限 值
吊车梁：手动吊车 电动吊车	$l_0/500$ $l_0/600$
屋盖、楼盖及楼梯构件： 当 $l_0 < 7m$ 时 当 $7m \leqslant l_0 \leqslant 9m$ 时 当 $l_0 > 9m$ 时	$l_0/200(l_0/250)$ $l_0/250(l_0/300)$ $l_0/300(l_0/400)$

注：1. 表中 l_0 为构件的计算跨度。

2. 表中括号内的数值适用于使用上对挠度有较高要求的构件。

3. 如果构件制作时预先起拱，且使用上也允许，则在验算挠度时，可将计算所得的挠度值减去起拱值；对预应力混凝土构件，尚可减去预加力所产生的反拱值。

4. 计算悬臂构件的挠度限值时，其计算跨度 l_0 按实际悬臂长度的2倍取用。

附录6 结构构件最大裂缝宽度限值

结构构件的裂缝控制等级及最大裂缝宽度限值

环境类别	钢筋混凝土结构		预应力混凝土结构	
	裂缝控制等级	w_{lim}(mm)	裂缝控制等级	w_{lim}(mm)
一	三	0.3(0.4)	三	0.2
二	三	0.2	二	一
三	三	0.2	一	一

注：1. 表中的规定适用于采用热轧钢筋的钢筋混凝土构件和采用预应力钢丝、钢绞线及热处理钢筋的预应力混凝土构件；当采用其他类别的钢丝或钢筋时，其裂缝控制要求可按专门标准确定。

2. 对处于年平均相对湿度小于60%地区一类环境下的受弯构件，其最大裂缝宽度限值可采用括号内的数值。

3. 在一类环境下，对钢筋混凝土屋架、托架及需作疲劳验算的吊车梁，其最大裂缝宽度限值应取为0.2mm；对钢筋混凝土屋面梁和托梁，其最大裂缝宽度限值应取为0.3mm。

4. 在一类环境下，对预应力混凝土屋面梁、托梁、屋架、托架、屋面板和楼板，应按二级裂缝控制等级进行验算；在一类和二类环境下，对需作疲劳验算的预应力混凝土吊车梁，应按一级裂缝控制等级进行验算。

5. 表中规定的预应力混凝土构件的裂缝控制等级和最大裂缝宽度限值仅适用于正截面的验算；预应力混凝土构件的斜截面裂缝控制验算应符合《规范》第8章的要求。

6. 对于烟囱、筒仓和处于液体压力下的结构构件，其裂缝控制要求应符合专门标准的有关规定。

7. 对于处于四、五类环境下的结构构件，其裂缝控制要求应符合专门标准的有关规定。

8. 表中的最大裂缝宽度限值用于验算荷载作用引起的最大裂缝宽度。

附录7 钢筋截面面积表

钢筋的计算截面面积及理论重量表

公称直径 (mm)	不同根数钢筋的计算截面面积(mm²)									单根钢筋理论重量 (kg/m)
	1	2	3	4	5	6	7	8	9	
6	28.3	57	85	113	142	170	198	226	255	0.222
6.5	33.2	66	100	133	166	199	232	265	299	0.260
8	50.3	101	151	201	252	302	352	402	453	0.395
8.2	52.8	106	158	211	264	317	370	423	475	0.432
10	78.5	157	236	314	393	471	550	628	707	0.617
12	113.1	226	339	452	565	678	791	904	1 017	0.888
14	153.9	308	461	615	769	923	1 077	1 231	1 385	1.21
16	201.1	402	603	804	1 005	1 206	1 407	1 608	1 809	1.58
18	254.5	509	763	1 017	1 272	1 527	1 781	2 036	2 290	2.00
20	314.2	628	942	1 256	1 570	1 884	2 199	2 513	2 827	2.47
22	380.1	760	1 140	1 520	1 900	2 281	2 661	3 041	3 421	2.98
25	490.9	982	1 473	1 964	2 454	2 945	3 436	3 927	4 418	3.85
28	615.8	1 232	1 847	2 463	3 079	3 695	4 310	4 926	5 542	4.83
32	804.2	1 609	2 413	3 217	4 021	4 826	5 630	6 434	7 238	6.31
36	1 017.9	2 036	3 054	4 072	5 089	6 107	7 125	8 143	9 161	7.99
40	1 256.6	2 513	3 770	5 027	6 283	7 540	8 796	10 053	11 310	9.87
50	1 964	3 928	5 892	7 856	9 820	11 784	13 748	15 712	17 676	15.42

注：表中直径 $d=8.2$mm 的计算截面面积及理论重量仅适用于有纵肋的热处理钢筋。

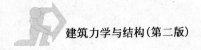

附录8 每米板宽内的钢筋截面面积

每米板宽内的钢筋截面面积

钢筋间距 (mm)	当钢筋直径(mm)为下列数值时的钢筋截面面积(mm²)													
	3	4	5	6	6/8	8	8/10	10	10/12	12	12/14	14	14/16	16
70	101	179	281	404	561	719	920	1 121	1 369	1 616	1 908	2 199	2 536	2 872
75	94.3	167	262	377	524	671	859	1 047	1 277	1 508	1 780	2 053	2 367	2 681
80	88.4	157	245	354	491	629	805	981	1 198	1 414	1 669	1 924	2 218	2 513
85	83.2	148	231	333	462	592	758	924	1 127	1 331	1 571	1 811	2 088	2 365
90	78.5	140	218	314	437	559	716	872	1 064	1 257	1 484	1 710	1 972	2 234
95	74.5	132	207	298	414	529	678	826	1 008	1 190	1 405	1 620	1 868	2 116
100	70.6	126	196	283	393	503	644	785	958	1 131	1 335	1 539	1 775	2 011
110	64.2	114	178	257	357	457	585	714	871	1 028	1 214	1 399	1 614	1 828
120	58.9	105	163	236	327	419	537	654	798	942	1 112	1 283	1 480	1 676
125	56.5	100	157	226	314	402	515	628	766	905	1 068	1 232	1 420	1 608
130	54.4	96.6	151	218	302	387	495	604	737	870	1 027	1 184	1 366	1 547
140	50.5	89.7	140	202	281	359	460	561	684	808	954	1 100	1268	1 436
150	47.1	83.8	131	189	262	335	429	523	639	754	890	1 026	1 183	1 340
160	44.1	78.5	123	177	246	314	403	491	599	707	834	962	1 110	1 257
170	41.5	73.9	115	166	231	296	379	462	564	665	786	906	1 044	1 183
180	39.2	69.8	109	157	218	279	358	436	532	628	742	855	985	1 117
190	37.2	66.1	103	149	207	265	339	413	504	595	702	810	934	1 058
200	35.3	62.8	98.2	141	196	251	322	393	479	565	607	770	888	1 005
220	32.1	57.1	89.3	129	178	228	392	357	436	514	607	700	807	914
240	29.4	52.4	81.9	118	164	209	268	327	399	471	556	641	740	838
250	28.3	50.2	78.5	113	157	201	258	314	383	452	534	616	710	804
260	27.2	48.3	75.5	109	151	193	248	302	368	435	514	592	682	773
280	25.2	44.9	70.1	101	140	180	230	281	342	404	477	550	634	718
300	23.6	41.9	66.5	94	131	168	215	262	320	377	445	513	592	670
320	22.1	39.2	61.4	88	123	157	201	245	299	353	417	481	554	628

注:表中钢筋直径中的6/8、8/10等系指两种直径的钢筋间隔放置。

附录9 矩形和T形截面受弯构件正截面承载力计算系数 γ_s、α_s

矩形和T形截面受弯构件正截面承载力计算系数表

ξ	γ_s	α_s	ξ	γ_s	α_s
0.01	0.995	0.010	0.32	0.840	0.269
0.02	0.990	0.020	0.33	0.835	0.276
0.03	0.985	0.030	0.34	0.830	0.282
0.04	0.980	0.039	0.35	0.825	0.289
0.05	0.975	0.049	0.36	0.820	0.295
0.06	0.970	0.058	0.37	0.815	0.302
0.07	0.965	0.068	0.38	0.810	0.308
0.08	0.960	0.077	0.39	0.805	0.314
0.09	0.955	0.086	0.40	0.800	0.320
0.10	0.950	0.095	0.41	0.795	0.326
0.11	0.945	0.104	0.42	0.790	0.332
0.12	0.940	0.113	0.43	0.785	0.338
0.13	0.935	0.122	0.44	0.780	0.343
0.14	0.930	0.130	0.45	0.775	0.349
0.15	0.925	0.139	0.46	0.770	0.354
0.16	0.920	0.147	0.47	0.765	0.360
0.17	0.915	0.156	0.48	0.760	0.365
0.18	0.910	0.164	0.49	0.755	0.370
0.19	0.905	0.172	0.50	0.750	0.375
0.20	0.900	0.180	0.51	0.745	0.380
0.21	0.895	0.188	0.518	0.741	0.384
0.22	0.890	0.196	0.52	0.740	0.385
0.23	0.885	0.204	0.53	0.735	0.390
0.24	0.880	0.211	0.54	0.730	0.394
0.25	0.875	0.219	0.55	0.725	0.399
0.26	0.870	0.226	0.56	0.720	0.403
0.27	0.865	0.234	0.57	0.715	0.408
0.28	0.860	0.241	0.58	0.710	0.412
0.29	0.855	0.248	0.59	0.705	0.416
0.30	0.850	0.255	0.60	0.700	0.420
0.31	0.845	0.262	0.614	0.693	0.426

注:当混凝土强度等级为C50以下时,表中 $\xi_b=0.614,0.55,0.518$ 分别为HPB235、HRB335、HRB400和RRB400钢筋的界限相对受压区高度。

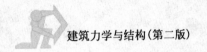

附录10 等跨连续梁的内力计算系数表

均布荷载和集中荷载作用下等跨连续梁的内力系数

均布荷载：$M=Kql_0^2$ $V=K_1ql_0$

集中荷载：$M=KFl_0$ $V=K_1F$

式中：q——单位长度上的均布荷载；

    F——集中荷载；

K,K_1——内力系数，由表中相应栏内查得。

(1) 两 跨 梁

序号	荷载简图	跨内最大弯矩		支座弯矩	横 向 剪 力			
		M_1	M_2	M_B	V_A	$V_{B左}$	$V_{B右}$	V_C
1		0.070	0.070	-0.125	0.375	-0.625	0.625	-0.375
2		0.096	-0.025	-0.063	0.437	-0.563	0.063	0.063
3		0.156	0.156	-0.188	0.312	-0.688	0.688	-0.312
4		0.203	-0.047	-0.094	0.406	-0.594	0.094	0.094
5		0.222	0.222	-0.333	0.667	-1.334	1.334	-0.667
6		0.278	-0.056	-0.167	0.833	-1.167	0.167	0.167

(2) 三 跨 梁

序号	荷载简图	跨内最大弯矩		支座弯矩		横 向 剪 力					
		M_1	M_2	M_B	M_C	V_A	$V_{B左}$	$V_{B右}$	$V_{C左}$	$V_{C右}$	V_D
1		0.080	0.025	−0.100	0.100	0.400	−0.600	0.500	−0.500	0.600	−0.400
2		0.101	−0.050	−0.050	−0.050	0.450	−0.550	0.000	0.000	0.550	−0.450
3		−0.025	0.075	−0.050	−0.050	−0.050	−0.050	0.500	−0.500	0.050	0.050
4		0.073	0.054	−0.117	−0.033	0.383	−0.617	0.583	−0.417	0.033	0.033
5		0.094	—	−0.067	0.017	0.433	−0.567	0.083	0.083	−0.017	−0.017
6		0.175	0.100	−0.150	−0.150	0.350	−0.650	0.500	−0.500	0.650	−0.350
7		0.213	−0.075	−0.075	−0.075	0.425	−0.575	0.000	0.000	0.575	−0.425
8		−0.038	0.175	−0.075	−0.075	−0.075	−0.075	0.500	−0.500	0.075	0.075
9		0.162	0.137	−0.175	−0.050	0.325	−0.675	0.625	−0.375	0.050	0.050
10		0.200	—	−0.100	0.025	0.400	−0.600	0.125	0.125	−0.025	−0.025
11		0.244	0.067	0.267	0.267	0.733	−1.267	1.000	−1.000	1.267	−0.733
12		0.289	−0.133	0.133	0.133	0.866	−1.134	0.000	0.000	1.134	−0.866
13		−0.044	0.200	0.133	0.133	0.133	−0.133	1.000	−1.000	0.133	0.133
14		0.229	0.170	−0.133	−0.089	0.689	1.311	1.222	−0.778	0.089	0.089
15		0.274		0.178	0.044	0.822	−1.178	0.222	0.222	−0.044	−0.044

(3)四跨梁

序号	荷载简图	跨内最大弯距				支座弯距			横向剪力							
		M_1	M_2	M_3	M_4	M_B	M_C	M_D	V_A	$V_{B左}$	$V_{B右}$	$V_{C左}$	$V_{C右}$	$V_{D左}$	$V_{D右}$	V_E
1		0.077	0.036	0.036	0.077	−0.107	−0.071	−0.107	0.393	0.607	0.536	−0.464	0.464	−0.536	0.607	−0.393
2		0.100	−0.045	0.081	−0.023	−0.054	−0.036	−0.054	0.446	−0.554	0.018	0.018	0.482	−0.518	0.054	0.054
3		0.072	0.061	—	0.098	−0.121	−0.018	−0.058	0.380	−0.620	0.603	−0.397	−0.040	−0.040	0.558	−0.442
4		—	0.056	0.056	—	−0.036	−0.107	−0.036	−0.036	−0.036	0.429	−0.571	0.571	−0.429	0.036	0.036
5		0.094	—	0.116	—	−0.067	0.018	−0.004	0.433	−0.567	0.085	−0.085	−0.022	0.022	0.004	0.004
6		—	0.071	0.183	−0.040	−0.049	−0.054	0.013	−0.049	0.049	0.496	−0.504	0.067	0.067	−0.013	−0.013
7		0.169	0.116	0.116	0.169	−0.161	−0.107	−0.161	0.339	−0.661	0.533	−0.446	0.446	−0.554	0.661	−0.339
8		0.210	−0.067	0.183	−0.040	−0.080	−0.054	−0.080	0.420	−0.580	0.027	0.027	0.473	−0.527	0.080	0.080
9		0.159	0.146	—	0.206	−0.181	−0.027	−0.087	0.319	−0.681	0.654	−0.346	−0.060	−0.060	0.587	0.413

序号	荷载简图	跨内最大弯矩				支座弯矩			横向剪力							
		M_1	M_2	M_3	M_4	M_B	M_C	M_D	V_A	$V_{B左}$	$V_{B右}$	$V_{C左}$	$V_{C右}$	$V_{D左}$	$V_{D右}$	V_E
10		—	0.142	0.142	—	−0.054	−0.161	−0.054	0.054	−0.054	0.393	−0.607	0.607	−0.393	0.054	0.054
11		0.202	—	—	—	−0.100	0.027	−0.007	0.400	−0.600	0.127	0.127	−0.033	−0.033	0.007	0.007
12		—	0.173	—	—	−0.074	−0.080	0.020	−0.074	−0.074	0.493	−0.507	0.100	0.100	−0.020	−0.020
13		0.238	0.111	0.111	0.238	−0.286	−0.191	−0.286	0.714	−1.286	1.095	−0.905	0.905	−1.095	1.286	−0.714
14		0.286	−0.111	0.222	−0.048	−0.143	−0.095	−0.143	0.875	−1.143	0.048	0.048	0.952	−1.048	0.143	0.143
15		0.226	0.194	—	0.282	−0.321	−0.048	−0.155	0.679	−1.321	1.274	−0.726	−0.107	−0.107	1.155	−0.845
16		—	0.175	0.175	—	−0.095	−0.286	−0.095	−0.095	−0.095	0.810	−1.190	1.190	−0.810	0.095	0.095
17		0.274	—	—	—	−0.178	0.048	−0.012	0.822	−1.178	0.226	0.226	−0.060	−0.060	0.012	0.012
18		—	0.198	—	—	−0.131	−0.143	0.036	−0.131	−0.131	0.988	−1.012	0.178	0.178	−0.036	−0.036

338

(4) 五 跨 梁

序号	荷载简图	跨内最大弯矩			支座弯矩				横 向 剪 力									
		M_1	M_2	M_3	M_B	M_C	M_D	M_E	V_A	$V_{B左}$	$V_{B右}$	$V_{C左}$	$V_{C右}$	$V_{D左}$	$V_{D右}$	$V_{E左}$	$V_{E右}$	V_F
1		0.078 1	0.033 1	0.046 2	−0.105	−0.079	−0.079	−0.105	0.394	−0.606	0.526	−0.474	0.500	−0.500	0.474	−0.526	0.606	−0.394
2		0.100 0	0.078 7	0.085 5	−0.053	−0.040	−0.040	−0.053	0.447	−0.533	0.513	0.013	0.500	−0.500	−0.013	−0.013	0.553	−0.447
3		−0.026 3	0.059		−0.053	−0.040	−0.040	−0.053	−0.053	−0.053	0.513	−0.487	0.000	0.000	0.487	−0.513	0.053	0.053
4		0.073	0.055		−0.119	−0.022	−0.044	−0.051	0.380	−0.620	0.598	−0.402	−0.023	−0.023	0.493	−0.507	0.052	0.052
5				0.064	−0.035	−0.111	−0.020	−0.057	−0.035	−0.035	0.424	−0.576	0.591	−0.049	−0.037	−0.037	0.557	−0.443
6		0.094			−0.067	0.018	−0.005	0.001	0.433	−0.567	0.085	0.085	−0.023	−0.023	0.006	0.006	−0.001	−0.001
7			0.074		−0.049	−0.054	−0.014	−0.004	−0.049	−0.049	0.495	−0.505	0.068	0.068	−0.018	−0.018	0.004	0.004
8				0.072	0.013	−0.053	−0.053	0.013	0.013	0.013	−0.066	−0.066	0.500	−0.500	0.066	0.066	−0.013	−0.013

序号	荷载简图	M_1	M_2	M_3	M_B	M_C	M_D	M_E	V_A	$V_{B左}$	$V_{B右}$	$V_{C左}$	$V_{C右}$	$V_{D左}$	$V_{D右}$	$V_{E左}$	$V_{E右}$	V_F
		跨内最大弯矩			支座弯矩				横向剪力									
9		0.171	0.112	0.132	0.158	-0.118	-0.118	-0.158	0.342	-0.658	0.540	-0.460	0.500	-0.500	0.460	-0.540	0.658	-0.342
10		0.211	0.069	0.191	0.079	0.059	0.059	0.079	0.421	-0.579	0.020	0.020	0.500	-0.500	-0.020	-0.020	0.579	-0.421
11		0.039	0.181	0.059	0.079	0.059	0.059	0.079	-0.079	-0.079	0.520	-0.480	0.000	0.000	0.480	-0.520	0.079	0.079
12		0.160	0.144	—	0.179	0.032	0.066	0.077	0.321	0.679	0.647	0.353	0.034	0.034	0.489	-0.511	0.077	0.077
13		—	0.140	0.151	0.052	0.167	0.031	0.086	0.052	0.052	0.385	0.615	0.637	0.363	0.056	-0.056	0.586	-0.414
14		0.200	—	—	0.100	0.027	0.007	0.002	0.400	-0.600	0.127	0.127	-0.034	-0.034	0.009	0.009	-0.002	-0.002
15		—	0.173	—	-0.073	-0.081	0.022	-0.005	-0.073	-0.073	0.493	-0.507	0.102	0.102	-0.027	-0.027	0.005	0.005
16		—	—	0.171	0.020	0.079	-0.079	0.020	0.020	0.020	-0.099	-0.099	0.500	-0.500	0.099	0.099	-0.020	-0.020

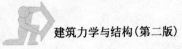
续上表

序号	荷载简图	跨内最大弯矩			支座弯矩				横 向 剪 力									
		M_1	M_2	M_3	M_B	M_C	M_D	M_E	V_A	$V_{B左}$	$V_{B右}$	$V_{C左}$	$V_{C右}$	$V_{D左}$	$V_{D右}$	$V_{E左}$	$V_{E右}$	V_F
17		0.240	0.100	0.122	−0.281	−0.211	−0.211	−0.281	0.719	−1.281	1.070	−0.930	1.000	−1.000	0.930	−1.070	1.281	−0.719
18		0.287	−0.117	0.228	−0.140	−0.105	−0.105	−0.140	0.860	−1.140	0.035	0.035	1.000	−1.000	−0.035	−0.035	1.140	−0.860
19		−0.047	−0.216	−0.105	−0.140	−0.105	−0.105	−0.140	−0.140	0.140	1.035	−0.965	0.000	0.000	0.965	−1.035	0.140	0.140
20		0.227	0.189	—	−0.319	−0.057	−0.118	−0.137	0.681	−1.319	1.262	−0.738	−0.061	−0.061	0.981	−1.019	0.137	0.137
21		0.172	—	0.198	−0.093	−0.297	−0.054	−0.153	−0.093	−0.093	0.796	−1.204	1.243	−0.757	−0.099	−0.099	1.153	−0.847
22		0.274	—	—	−0.179	0.048	−0.013	0.003	0.821	−1.179	0.227	0.227	−0.061	−0.061	0.016	0.016	−0.003	−0.003
23		—	0.198	—	−0.131	−0.144	0.038	−0.010	−0.131	−0.131	0.987	−1.013	0.182	0.182	−0.048	−0.048	0.010	0.010
24		—	—	0.193	0.035	−0.140	−0.140	0.035	0.035	0.035	−0.175	−0.175	1.000	−1.000	0.175	0.175	−0.035	−0.035

附录 11　各类砌体的抗压强度

砖砌体的抗压强度标准值 f_k（N/mm²）

砖强度等级	砖浆强度等级					砂浆强度
	M15	M10	M7.5	M5	M2.5	0
MU30	6.30	5.23	4.69	4.15	3.61	1.84
MU25	5.75	4.77	4.28	3.79	3.30	1.68
MU20	5.15	4.27	3.83	3.39	2.95	1.50
MU15	4.46	3.70	3.32	2.94	2.56	1.30
MU10	3.64	3.02	2.71	2.40	2.09	1.07

混凝土砌块砌体的抗压强度标准值 f_k（N/mm²）

砌块强度等级	砂浆强度等级				砂浆强度
	M15	M10	M7.5	M5	0
MU20	9.08	7.93	7.11	6.30	3.73
MU15	7.38	6.44	5.78	5.12	3.03
MU10	—	4.47	4.01	3.55	2.10
MU7.5	—	—	3.10	2.74	1.62
MU5	—	—	—	1.90	1.13

毛料石砌体的抗压强度标准值 f_k（N/mm²）

料石强度等级	砂浆强度等级			砂浆强度
	M7.5	M5	M2.5	0
MU100	8.67	7.68	6.68	3.41
MU80	7.76	6.87	5.98	3.05
MU60	6.72	5.95	5.18	2.64
MU50	6.13	5.43	4.72	2.41
MU40	5.49	4.86	4.23	2.16
MU30	4.75	4.20	3.66	1.87
MU20	3.88	3.43	2.99	1.53

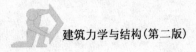

毛石砌体的抗压强度标准值 f_k（N/mm²）

毛石强度等级	砂浆强度等级			砂浆强度
	M7.5	M5	M2.5	0
MU100	2.03	1.80	1.56	0.53
MU80	1.82	1.61	1.40	0.48
MU60	1.57	1.39	1.21	0.41
MU50	1.44	1.27	1.11	0.38
MU40	1.28	1.14	0.99	0.34
MU30	1.11	0.98	0.86	0.29
MU20	0.91	0.80	0.70	0.24

沿砌体灰缝截面破坏时的轴心抗拉强度标准值 $f_{t,k}$ 弯曲抗拉强度标准值 $f_{tm,k}$ 和抗剪强度标准值 $f_{v,k}$（N/mm²）

强度类别	破坏特征	砌体种类	砂浆强度等级			
			≥M10	M7.5	M5	M2.5
轴心抗拉	沿齿缝	烧结普通砖、烧结多孔砖； 蒸压灰砂砖、蒸压粉煤灰砖； 混凝土砌块； 毛石	0.30 0.19 0.15 0.14	0.26 0.16 0.13 0.12	0.21 0.13 0.10 0.10	0.15 — — 0.07
弯曲抗拉	沿齿缝	烧结普通砖、烧结多孔砖； 蒸压灰砂砖、蒸压粉煤灰砖； 混凝土砌块； 毛石	0.53 0.38 0.17 0.20	0.46 0.32 0.15 0.18	0.38 0.26 0.12 0.14	0.27 — — 0.10
	沿通缝	烧结普通砖、烧结多孔砖； 蒸压灰砂砖、蒸压粉煤灰砖； 混凝土砌块	0.27 0.19 0.12	0.23 0.16 0.10	0.19 0.13 0.08	0.13 — —
抗剪		烧结普通砖、烧结多孔砖； 蒸压灰砂砖、蒸压粉煤灰砖； 混凝土砌块； 毛石	0.27 0.19 0.15 0.34	0.23 0.16 0.13 0.29	0.19 0.13 0.10 0.24	0.13 — — 0.17

附录12 各种砌体的强度设计值

烧结普通砖和烧结多孔砖砌体的抗压强度设计值（N/mm²）

砌块强度等级	砂浆强度等级					砂浆强度
	M15	M10	M7.5	M5	M2.5	0
MU30	3.94	3.27	2.93	2.59	2.26	1.15
MU25	3.60	2.98	2.68	2.37	2.06	1.05
MU20	3.22	2.67	2.39	2.12	1.84	0.94
MU15	2.79	2.31	2.07	1.83	1.60	0.82
MU10	—	1.89	1.69	1.50	1.30	0.67

蒸压灰砂砖和蒸压粉煤灰砖砌体的抗压强度设计值（N/mm²）

砌块强度等级	砂浆强度等级				砂浆强度
	M15	M10	M7.5	M5	0
MU25	3.60	2.98	2.68	2.37	1.05
MU20	3.22	2.67	2.39	2.12	0.94
MU15	2.79	2.31	2.07	1.83	0.82
MU10	—	1.89	1.69	1.50	0.67

单排孔混凝土和轻集料混凝土砌块砌体的抗压强度设计值（N/mm²）

砌块强度等级	砂浆强度等级				砂浆强度
	Mb15	Mb10	Mb7.5	Mb5	0
MU20	5.68	4.95	4.44	3.94	2.33
MU15	4.61	4.02	3.61	3.20	1.89
MU10	—	2.79	2.50	2.22	1.31
MU7.5	—	—	1.93	1.71	1.01
MU5	—	—	—	1.19	0.70

注：1. 对错孔砌筑的砌体，应按表中数值乘以0.8。

2. 对独立柱或厚度为双排组砌的砌块砌体，应按表中数值乘以0.7。

3. 对T形截面砌体，应按表中数值乘以0.85。

4. 表中轻集料混凝土砌块为煤矸石和水泥煤渣混凝土砌块。

轻集料混凝土砌块砌体的抗压强度设计值（N/mm²）

砌块强度等级	砂浆强度等级			砂浆强度
	Mb10	Mb7.5	Mb5	0
MU10	3.08	2.76	2.45	1.44
MU7.5	—	2.13	1.88	1.12
MU5	—	—	1.31	0.78

注：1. 表中的砌块为火山渣、浮石和陶料轻集料混凝土砌块。

2. 对厚度方向为双排组砌的轻骨料混凝土砌块砌体的坑压强度设计值，应按表中数值乘以0.8。

毛料石砌体的抗压强度设计值(N/mm²)

毛料石强度等级	砂浆强度等级			砂浆强度
	M7.5	M5	M2.5	0
MU100	5.42	4.80	4.18	2.13
MU80	4.85	4.29	3.73	1.91
MU60	4.20	3.71	3.23	1.65
MU50	3.83	3.39	2.95	1.51
MU40	3.43	3.04	2.64	1.35
MU30	2.97	2.63	2.29	1.17
MU20	2.42	2.15	1.87	0.95

注:对下列各类料石砌体,应按表中数值分别乘以系数:

细料石砌体	1.5;
半细料石砌体	1.3;
粗料石砌体	1.2;
干砌勾缝石砌体	0.8。

毛石砌体的抗压强度设计值(N/mm²)

毛石强度等级	砂浆强度等级			砂浆强度
	M7.5	M5	M2.5	0
MU100	1.27	1.12	0.98	0.34
MU80	1.13	1.00	0.87	0.30
MU60	0.98	0.87	0.76	0.26
MU50	0.90	0.80	0.69	0.23
MU40	0.80	0.71	0.62	0.21
MU30	0.69	0.61	0.53	0.18
MU20	0.56	0.51	0.44	0.15

附录13　受压砌体承载力影响系数 φ

影响系数 φ(砂浆强度等级≥M5)

β	$\dfrac{e}{h}$ 或 $\dfrac{e}{h_T}$						
	0	0.025	0.05	0.075	0.1	0.125	0.15
≤3	1	0.99	0.97	0.94	0.89	0.84	0.79
4	0.98	0.95	0.90	0.85	0.80	0.74	0.69
6	0.95	0.91	0.86	0.81	0.75	0.69	0.64
8	0.91	0.86	0.81	0.76	0.70	0.64	0.59

β	$\dfrac{e}{h}$ 或 $\dfrac{e}{h_T}$					
	0	0.025	0.05	0.075	0.1	0.125	0.15
10	0.87	0.82	0.76	0.71	0.65	0.60	0.55
12	0.82	0.77	0.71	0.66	0.60	0.55	0.51
14	0.77	0.72	0.66	0.61	0.56	0.51	0.47
16	0.72	0.67	0.61	0.56	0.52	0.47	0.44
18	0.67	0.62	0.57	0.52	0.48	0.44	0.40
20	0.62	0.57	0.53	0.48	0.44	0.40	0.37
22	0.58	0.53	0.49	0.45	0.41	0.38	0.35
24	0.54	0.49	0.45	0.41	0.38	0.35	0.32
26	0.50	0.46	0.42	0.38	0.35	0.33	0.30
28	0.46	0.42	0.39	0.36	0.33	0.30	0.28
30	0.42	0.39	0.36	0.33	0.31	0.28	0.26

β	$\dfrac{e}{h}$ 或 $\dfrac{e}{h_T}$					
	0.175	0.2	0.225	0.25	0.275	0.3
≤3	0.73	0.68	0.62	0.57	0.52	0.48
4	0.64	0.58	0.53	0.49	0.45	0.41
6	0.59	0.54	0.49	0.45	0.42	0.38
8	0.54	0.50	0.46	0.42	0.39	0.36
10	0.50	0.46	0.42	0.39	0.36	0.33
12	0.47	0.43	0.39	0.36	0.33	0.31
14	0.43	0.40	0.36	0.34	0.31	0.29
16	0.40	0.37	0.34	0.31	0.29	0.27
18	0.37	0.34	0.31	0.29	0.27	0.25
20	0.34	0.32	0.29	0.27	0.25	0.23
22	0.32	0.30	0.27	0.25	0.24	0.22
24	0.30	0.28	0.26	0.24	0.22	0.21
26	0.28	0.26	0.24	0.22	0.21	0.19
28	0.26	0.24	0.22	0.21	0.19	0.18
30	0.24	0.22	0.21	0.20	0.18	0.17

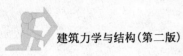
影响系数 φ(砂浆强度等级≥M2.5)

β	$\frac{e}{h}$ 或 $\frac{e}{h_T}$						
	0	0.025	0.05	0.075	0.1	0.125	0.15
≤3	1	0.99	0.97	0.94	0.89	0.84	0.79
4	0.97	0.94	0.89	0.84	0.78	0.73	0.67
6	0.93	0.89	0.84	0.78	0.73	0.67	0.62
8	0.89	0.84	0.78	0.72	0.67	0.62	0.57
10	0.83	0.78	0.72	0.67	0.61	0.56	0.52
12	0.78	0.72	0.67	0.61	0.56	0.52	0.47
14	0.72	0.66	0.61	0.56	0.51	0.47	0.43
16	0.66	0.61	0.56	0.51	0.47	0.43	0.40
18	0.61	0.56	0.51	0.47	0.43	0.40	0.36
20	0.56	0.51	0.47	0.43	0.39	0.36	0.33
22	0.51	0.47	0.43	0.39	0.36	0.33	0.31
24	0.46	0.43	0.39	0.36	0.33	0.31	0.28
26	0.42	0.39	0.36	0.33	0.31	0.28	0.26
28	0.39	0.36	0.33	0.30	0.28	0.26	0.24
30	0.36	0.33	0.30	0.28	0.26	0.24	0.22

β	$\frac{e}{h}$ 或 $\frac{e}{h_T}$					
	0.175	0.2	0.225	0.25	0.275	0.3
≤3	0.73	0.68	0.62	0.57	0.52	0.48
4	0.62	0.57	0.52	0.48	0.44	0.40
6	0.57	0.52	0.48	0.44	0.40	0.37
8	0.52	0.48	0.44	0.40	0.37	0.34
10	0.47	0.43	0.40	0.37	0.34	0.31
12	0.43	0.40	0.37	0.34	0.31	0.29
14	0.40	0.36	0.34	0.31	0.29	0.27
16	0.36	0.34	0.31	0.29	0.26	0.25
18	0.33	0.31	0.29	0.26	0.24	0.23
20	0.31	0.28	0.26	0.24	0.23	0.21
22	0.28	0.26	0.24	0.23	0.21	0.20
24	0.26	0.24	0.23	0.21	0.20	0.18
26	0.24	0.22	0.21	0.20	0.18	0.17
28	0.22	0.21	0.20	0.18	0.17	0.16
30	0.21	0.20	0.18	0.17	0.16	0.15

影响系数 φ(砂浆强度 0)

β	$\dfrac{e}{h}$ 或 $\dfrac{e}{h_T}$						
	0	0.025	0.05	0.075	0.1	0.125	0.15
≤3	1	0.99	0.97	0.94	0.89	0.84	0.79
4	0.87	0.82	0.77	0.71	0.66	0.60	0.55
6	0.76	0.70	0.65	0.59	0.54	0.50	0.46
8	0.63	0.58	0.54	0.49	0.45	0.41	0.38
10	0.53	0.48	0.44	0.41	0.37	0.34	0.32
12	0.44	0.40	0.37	0.34	0.31	0.29	0.27
14	0.36	0.33	0.31	0.28	0.26	0.24	0.23
16	0.30	0.28	0.26	0.24	0.22	0.21	0.19
18	0.26	0.24	0.22	0.21	0.19	0.18	0.17
20	0.22	0.20	0.19	0.18	0.17	0.16	0.15
22	0.19	0.18	0.16	0.15	0.14	0.14	0.13
24	0.16	0.15	0.14	0.13	0.13	0.12	0.11
26	0.14	0.13	0.13	0.12	0.11	0.11	0.10
28	0.12	0.12	0.11	0.11	0.10	0.10	0.09
30	0.11	0.10	0.10	0.09	0.09	0.09	0.08

β	$\dfrac{e}{h}$ 或 $\dfrac{e}{h_T}$					
	0.175	0.2	0.225	0.25	0.275	0.3
≤3	0.73	0.68	0.62	0.57	0.52	0.48
4	0.51	0.46	0.43	0.39	0.36	0.33
6	0.42	0.39	0.36	0.33	0.30	0.28
8	0.35	0.32	0.30	0.28	0.25	0.24
10	0.29	0.27	0.25	0.23	0.22	0.20
12	0.25	0.23	0.21	0.20	0.19	0.17
14	0.21	0.20	0.18	0.17	0.16	0.15
16	0.18	0.17	0.16	0.15	0.14	0.13
18	0.16	0.15	0.14	0.13	0.12	0.12
20	0.14	0.13	0.12	0.12	0.11	0.10
22	0.12	0.12	0.11	0.10	0.10	0.09
24	0.11	0.10	0.10	0.09	0.09	0.08
26	0.10	0.09	0.09	0.08	0.08	0.07
28	0.09	0.08	0.08	0.08	0.07	0.07
30	0.08	0.07	0.07	0.07	0.07	0.06

附录14 弯矩系数表

按弹性理论计算矩形双向板在均布荷载作用下的弯矩系数表

1.符号说明

M_x,$M_{x,\max}$——分别为平行于 l_x 方向板中心点弯矩和板跨内的最大弯矩;

M_y,$M_{y,\max}$——分别为平行于 l_y 方向板中心点弯矩和板跨内的最大弯矩;

M_x^0——固定边中点沿 l_x 方向的弯矩;

M_y^0——固定边中点沿 l_y 方向的弯矩;

M_{0x}——平行于 l_x 方向自由的中点弯矩;

M_{0x}^0——平行于 l_x 方向自由边上固定端的支座弯矩。

代表固定边　　　代表简支边　　　代表自由边

2.计算公式

$$弯矩=表中系数\times ql_x^2$$

式中:q——作用在双向板上的均布荷载;

l_x——板跨,见表中插图所示。

表中弯矩系数均为单位板宽的弯矩系数。表达系数为泊松比 $\nu=1/6$ 时求得的,适用于钢筋混凝土板。表中系数是根据1975年版《建筑结构静力计算手册》中 $\nu=0$ 的弯矩系数表,通过换算公式 $M_x^{(\nu)}=M_x^{(0)}+\nu M_y^{(0)}$ 及 $M_y^{(\nu)}=M_y^{(0)}+\nu M_x^{(0)}$ 得出的。表中 $M_{x,\max}$ 及 $M_{y,\max}$ 也按上列换算公式求得,但由于板内两个方向的跨内最大弯矩一般并不在同一点,因此,由上式求得的 $M_{x,\max}$ 及 $M_{y,\max}$ 仅为比实际弯矩偏大的近似值。

(1)

边界条件	(1)四边简支		(2)三边简支,一边固定									
l_x/l_y	M_x	M_y	M_x	$M_{x,\max}$	M_y	$M_{y,\max}$	M_y^0	M_x	$M_{x,\max}$	M_y	$M_{y,\max}$	M_x^0
0.50	0.099 4	0.033 5	0.091 4	0.093 0	0.035 2	0.039 7	−0.121 5	0.059 3	0.065 7	0.051 7	0.017 1	−0.121 2
0.55	0.092 7	0.035 9	0.083 2	0.084 6	0.037 1	0.040 5	−0.119 3	0.057 7	0.063 3	0.017 5	0.019 0	−0.118 7
0.60	0.086 0	0.037 9	0.075 2	0.076 5	0.038 6	0.040 9	−0.116 0	0.055 6	0.060 8	0.019 4	0.020 9	−0.115 8
0.65	0.079 5	0.039 6	0.067 6	0.068 8	0.039 6	0.041 2	−0.113 3	0.053 4	0.058 1	0.021 2	0.022 6	−0.112 4
0.70	0.073 2	0.041 0	0.060 4	0.061 6	0.040 0	0.041 7	−0.109 6	0.051 0	0.055 5	0.022 9	0.024 2	−0.108 7

边界条件	(1)四边简支		(2)三边简支,一边固定									
0.75	0.0673	0.0420	0.0538	0.0519	0.0400	0.0417	−0.1056	0.0485	0.0525	0.0244	0.0257	−0.1048
0.80	0.0617	0.0428	0.0478	0.0490	0.0397	0.0415	−0.1014	0.0459	0.0495	0.0258	0.0270	−0.1007
0.85	0.0564	0.0432	0.0425	0.0436	0.0391	0.0410	−0.0970	0.0434	0.0466	0.0271	0.0283	−0.0965
0.90	0.0516	0.0434	0.0377	0.0388	0.0382	0.0402	−0.0926	0.0409	0.0438	0.0281	0.0293	−0.0922
0.95	0.0471	0.0432	0.0334	0.0345	0.0371	0.0393	−0.0882	0.0384	0.0409	0.0290	0.0301	−0.0880
1.00	0.0429	0.0429	0.0296	0.0306	0.0360	0.0388	−0.0839	0.0360	0.0388	0.0296	0.0306	−0.0839

(2)

边界条件	(3)两对边简支,两对边固定						(4)两邻边简支,两对边固定					

l_x/l_y	M_x	M_y	M_y^0	M_x	M_y	M_x^0	M_x	$M_{x,max}$	M_y	$M_{y,max}$	M_x^0	M_y^0
0.50	0.0837	0.0367	−0.1191	0.0419	0.0086	−0.0843	0.0572	0.0584	0.0172	0.0229	−0.1179	0.0786
0.55	0.0743	0.0383	−0.1156	0.0415	0.0096	−0.0840	0.0546	0.0556	0.0192	0.0241	−0.1140	−0.0785
0.60	0.0653	0.0393	−0.1114	0.0409	0.0109	−0.0834	−0.0518	0.0526	0.0212	0.0252	−0.1095	−0.0782
0.65	0.0569	0.0394	−0.1066	0.0402	0.0122	−0.0826	0.0486	0.0496	0.0228	0.0261	−0.1045	−0.0777
0.70	0.0494	0.0392	−0.1031	0.0391	0.0135	−0.0814	0.0455	0.0465	0.0243	0.0267	−0.0992	−0.0770
0.75	0.0428	0.0383	−0.0959	0.0381	0.0149	−0.0799	0.0422	0.0430	0.0254	0.0272	−0.0938	−0.0760
0.80	0.0369	0.0372	−0.0904	0.0368	0.0162	−0.0782	0.0390	0.0397	0.0263	0.0278	−0.0883	−0.0748
0.85	0.0318	0.0358	−0.0850	0.0355	0.0174	−0.0763	0.0358	0.0366	0.0269	0.0284	−0.0829	−0.0733
0.90	0.0275	0.0343	−0.0767	0.0341	0.0186	−0.0743	0.0328	0.0337	0.0273	0.0288	−0.0776	−0.0716
0.95	0.0238	0.0328	−0.0746	0.0326	0.0196	−0.0721	0.0299	0.0308	0.0273	0.0289	−0.0726	−0.0698
1.00	0.0206	0.0311	−0.0698	0.0311	0.0206	−0.0698	0.0273	0.0281	0.0273	0.0289	−0.0677	−0.0677

(3)

边界条件	(5)一边简支、三边固定

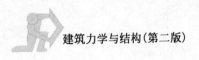
边界条件	(5)一边简支、三边固定					
l_x/l_y	M_x	$M_{x,max}$	M_y	$M_{y,max}$	M_x^0	M_y^0
0.50	0.041 3	0.042 4	0.009 6	0.015 7	−0.083 6	−0.056 9
0.55	0.040 5	0.041 5	0.010 8	0.016 0	−0.082 7	−0.057 0
0.60	0.039 4	0.040 4	0.012 3	0.016 9	−0.081 4	−0.057 1
0.65	0.038 1	0.039 0	0.013 7	0.017 8	−0.079 6	−0.057 2
0.70	0.036 6	0.037 5	0.015 1	0.018 6	−0.077 4	−0.057 2
0.75	0.034 9	0.035 8	0.016 4	0.019 3	−0.075 0	−0.057 2
0.80	0.033 1	0.033 9	0.017 6	0.019 9	−0.072 2	−0.057 0
0.85	0.031 2	0.031 9	0.018 6	0.020 4	−0.069 3	−0.056 7
0.90	0.029 5	0.030 0	0.020 1	0.020 9	−0.066 3	−0.056 3
0.95	0.027 4	0.028 1	0.020 4	0.021 4	−0.063 1	−0.055 8
1.00	0.025 5	0.026 1	0.020 6	0.021 9	−0.060 0	−0.050 0

(4)

边界条件	(5)一边简支、三边固定						(6)四边固定			
l_x/l_y	M_x	$M_{x,max}$	M_y	$M_{y,max}$	M_y^0	M_x^0	M_x	M_y	M_x^0	M_y^0
0.50	0.055 1	0.060 5	0.018 8	0.020 1	−0.078 4	−0.114 6	0.040 6	0.010 5	−0.082 9	−0.057 0
0.55	0.051 7	0.056 3	0.021 0	0.022 3	−0.078 0	−0.109 3	0.039 4	0.012 0	−0.081 4	−0.057 1
0.60	0.048 0	0.052 0	0.022 9	0.024 2	−0.077 3	−0.103 3	0.038 0	0.013 7	−0.079 3	−0.057 1
0.65	0.044 1	0.047 6	0.024 4	0.025 6	−0.076 2	−0.097 0	0.036 1	0.015 2	−0.076 6	−0.057 1
0.70	0.040 2	0.043 3	0.025 6	0.026 7	−0.074 8	−0.090 3	0.034 0	0.016 7	−0.073 5	−0.056 9
0.75	0.036 4	0.039 0	0.026 3	0.027 3	−0.072 9	−0.083 7	0.031 8	0.017 9	−0.070 1	−0.056 5
0.80	0.032 7	0.034 8	0.026 7	0.026 7	−0.070 7	−0.077 2	0.029 5	0.018 9	−0.066 4	−0.055 9
0.85	0.029 3	0.031 2	0.026 8	0.027 7	−0.068 3	−0.071 1	0.027 2	0.019 7	−0.062 6	−0.055 1
0.90	0.026 1	0.027 7	0.026 5	0.027 3	−0.065 6	−0.065 3	0.024 9	0.020 2	−0.058 8	−0.054 1
0.95	0.023 2	0.024 6	0.026 1	0.026 9	−0.062 9	−0.059 9	0.022 7	0.020 5	−0.055 0	−0.052 8
1.00	0.020 6	0.021 9	0.025 5	0.026 1	−0.060 0	−0.055 0	0.020 5	0.020 5	−0.051 3	−0.051 3

边界 条件	（7）三边固定、一边自由											

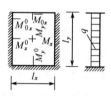

l_x/l_y	M_x	M_y	M_x^0	M_y^0	M_{0x}	M_{0x}^0	l_x/l_y	M_x	M_y	M_x^0	M_y^0	M_{0x}	M_{0x}^0
0.30	0.001 8	−0.003 9	−0.013 5	−0.034 4	0.006 8	−0.034 5	0.85	0.026 2	0.012 5	−0.558	−0.056 2	0.040 9	−0.065 1
0.35	0.003 9	−0.002 6	−0.017 9	−0.040 6	0.011 2	−0.043 2	0.90	0.027 7	0.012 9	−0.061 5	−0.056 3	0.041 7	−0.064 4
0.40	0.006 3	0.000 8	−0.022 7	−0.045 4	0.016 0	−0.050 6	0.95	0.029 1	0.013 2	−0.063 9	−0.056 4	0.042 2	−0.063 8
0.45	0.009 0	0.001 4	−0.027 5	−0.048 9	0.020 7	−0.056 4	1.00	0.030 4	0.013 3	−0.066 2	−0.056 5	0.042 7	−0.063 2
0.50	0.016 6	0.003 4	−0.032 2	−0.051 3	0.025 0	−0.060 7	1.10	0.032 7	0.013 3	−0.070 1	−0.056 6	0.043 1	−0.062 3
0.55	0.014 2	0.005 4	−0.036 8	−0.053 0	0.028 8	−0.063 5	1.20	0.034 5	0.013 0	−0.073 2	−0.056 7	0.043 3	−0.061 7
0.60	0.016 6	0.007 2	−0.041 2	−0.054 1	0.032 0	−0.065 2	1.30	0.036 8	0.012 5	−0.075 8	−0.056 8	0.043 4	−0.061 4
0.65	0.018 8	0.008 7	−0.045 3	−0.054 8	0.034 7	−0.066 1	1.40	0.038 0	0.011 9	−0.077 8	−0.056 8	0.043 3	−0.061 4
0.70	0.020 9	0.010 0	−0.049 0	−0.055 3	0.036 8	−0.066 3	1.50	0.039 0	0.011 3	−0.079 4	0.056 9	0.043 3	−0.061 6
0.75	0.022 8	0.011 1	−0.052 6	−0.055 7	0.038 5	−0.066 1	1.75	0.040 5	0.009 9	−0.081 9	−0.056 9	0.043 1	−0.062 5
0.80	0.024 6	0.011 9	−0.055 8	−0.056 0	0.039 9	−0.065 6	2.00	0.041 3	0.008 7	−0.083 2	−0.056 9	0.043 1	−0.063 7

参考文献

[1]　沈养中,等.理论力学,材料力学,结构力学[M].北京:科学出版社,2002.

[2]　孙训方.材料力学[M].北京:高等教育出版社,2001.

[3]　武建华.材料力学[M].重庆:重庆大学出版社,2002.

[4]　单祖辉,谢传锋.材料力学[M].北京:高等教育出版社,2004.

[5]　龙驭球,包世华.结构力学[M].北京:高等教育出版社,1979.

[6]　李连琨.结构力学[M].北京:高等教育出版社,1997.

[7]　于光瑜,秦惠民.建筑力学[M].北京:高等教育出版社,1999.

[8]　刘寿梅.建筑力学[M].北京:高等教育出版社,2002.

[9]　孔七一.工程力学[M].北京:人民交通出版社,2002.

[10]　沈伦序.建筑力学[M].北京:高等教育出版社,1994.

[11]　杨力彬,赵萍.建筑力学(上册)[M].北京:机械工业出版社,2004.

[12]　中国建筑科学研究院.GB 50010—2002　混凝土结构设计规范[S].北京:中国建筑工业出版社,2002.

[13]　中国建筑科学研究院.GB 50009—2001　建筑结构荷载规范[S].北京:中国建筑工业出版社,2001.

[14]　罗相荣.钢筋混凝土结构[M].北京:高等教育出版社,2003.

[15]　张学宏.建筑结构[M].北京:中国建筑工业出版社,2004.

[16]　过镇海,时旭东.钢筋混凝土原理和分析[M].北京:清华大学出版社,2003.

[17]　郭继武,等.建筑结构[M].北京:清华大学出版社,1995.

[18]　李永光.建筑力学与结构[M].北京:机械工业出版社,2006.

[19]　沈蒲生,罗国强,熊丹安.混凝土结构(下册)(第三版)[M].3版.北京:中国建筑工业出版社,2001.

[20]　宋玉普.新型预应力混凝土结构[M].北京:机械工业出版社,2006.

[21]　江正荣.建筑地基与基础施工手册(精)(第二版)[M].2版.北京:中国建筑工业出版社,2006.

[22]　曾庆军,梁景章.土力学与地基基础[M].北京:清华大学出版社,2006.

[23]　王心田.建筑结构体系与选型[M].上海:同济大学出版社,2003.

[24]　张友全.建筑力学与结构[M].北京:中国电力出版社,2004.

[25]　丰定国,王社良.抗震结构设计[M].武汉:武汉工业大学出版社,2001.

[26]　中华人民共和国国家标准.GB 50017—2003　钢结构设计规范[S].北京:中国计划出版社,2003.